遥感卫星辐射校正与真实性检验

李 元　孙 凌　张 勇　著
刘京晶　李贵才　戎志国

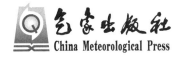

气象出版社
China Meteorological Press

内容简介

在国家防灾减灾和应对气候变化需求的牵引下,定量化的遥感应用是我国遥感卫星特别是气象卫星工程建设与科研的重要内容。本书总结了公益性行业(气象)科研专项"辐射校正场与真实性检验外场仪器设备与技术研发"(GYHY200906036)的部分成果,详细介绍了基于辐射校正场的卫星遥感器在轨后的可见—近红外通道校正技术、红外通道校正技术、航空飞行校正方法、遥感产品真实性检验以及基于多目标的综合辐射校正方法。书中多项成果属于首次公开发表,对从事遥感卫星辐射校正与真实性检验工作的科研人员具有积极的借鉴意义。

图书在版编目(CIP)数据

遥感卫星辐射校正与真实性检验 / 李元等著. — 北京:气象出版社,2020.8

ISBN 978-7-5029-7117-5

Ⅰ.①遥… Ⅱ.①李… Ⅲ.①遥感卫星-辐射校正-研究 Ⅳ.①TP751

中国版本图书馆 CIP 数据核字(2020)第 129139 号

遥感卫星辐射校正与真实性检验

Yaogan Weixing Fushe Jiaozheng yu Zhenshixing Jianyan

出版发行:气象出版社

地　　址:北京市海淀区中关村南大街 46 号	邮政编码:100081
电　　话:010-68407112(总编室)　010-68408042(发行部)	
网　　址:http://www.qxcbs.com	**E-mail**:　qxcbs@cma.gov.cn
责任编辑:王　迪	终　　审:吴晓鹏
责任校对:张硕杰	责任技编:赵相宁
封面设计:博雅思	
印　　刷:北京建宏印刷有限公司	
开　　本:787 mm×1092 mm　1/16	印　　张:23.25
字　　数:600 千字	
版　　次:2020 年 8 月第 1 版	印　　次:2020 年 8 月第 1 次印刷
定　　价:150.00 元	

本书如存在文字不清、漏印以及缺页、倒页、脱页等,请与本社发行部联系调换

序

数据校正和真实性检验是高质量定量遥感必须履行的工作。传感器最初输出的仪器响应值是相对的模拟量,只能做相对比较和定性分析。即使是印制的卫星云图图片,也需要考虑太阳高度角与照射角度造成的辉度不一致,从而进行调整与判识。为了对卫星遥感数据进行定量应用,必须把观测数据准确地转换为入瞳电磁辐射量。数据校正就是把仪器的响应转换成进入卫星观测仪器的入瞳电磁辐射量。在卫星制造的过程中,已经在实验室建立了各种观测条件下传感器信号的输出和进入传感器入瞳电磁辐射量之间的关系。但是,在卫星运行过程中,星上仪器工作的环境条件与实验室有差异,仪器的性能会随时间衰减。所以,对原始观测数据要不断地进行辐射校正,使得交给使用者的数据,是校准过的甚至是溯源过的电磁辐射量。常规履行的辐射校正途径有两种:一种是让扫描镜对辐射值已知的星上靶面进行观测校正,称为星上校正;另一种是让卫星对辐射值相对稳定的地面或天体靶面进行观测校正,称为外校正。外校正因为电磁辐射信号要穿过大气层,所以大气辐射传输计算将是关键技术。真实性检验指检验各种定量产品的真实可信度。卫星遥感观测不是场地观测,它所得到的物理量是否真实、准确,需要进行严格的检验。

中国的气象卫星在设计规划之初就重视定量遥感。1988 年 9 月 7 日,随着我国气象卫星 FY-1A 成功入轨运行,卫星遥感资料的使用,特别是定量使用问题更加成为重要的研究课题。在调研了美国、欧洲的做法后,中国卫星气象领域的科学家提出了建设我国辐射校正场来开展卫星遥感资料的辐射校正工作。1991 年,国家卫星气象中心向国家航天领导小组办公室上报了《气象卫星定量遥感外校正和真实性检验方法研究》项目申请书,提出了加强卫星定量遥感外校正和真实性检验的研究工作。该项工作是提高气象卫星遥感反演(也包括资源卫星、海洋卫星等其他对地观测卫星)定量化应用水平的关键技术之一。

随后,在原国家计委和原国防科工委的领导下,以相关单位前期工作为基础,于 1993 年开始了中国遥感卫星辐射校正场的论证。1994 年 12 月 1 日,由国防科工委、科技部主持召开了"中国遥感卫星辐射校正场技术方案评审会",以王大珩院士为主任委员、陈述彭院士为副主任委员的评审委员会通过了对《中国遥感卫星辐射校正场技术方案》和《辐射校正场选址报告》的评审。1995 年,中国遥感卫星辐射校正场建设任务正式列入国家"九五"航天计划。1996 年 4 月 11 日,国家计委办公厅下发文件,明确辐射校正场立项工作由中国气象局牵头,投资由国家专项解决。1996 年 12 月 21 日,原国防科工委下发《关于下达一九九六年第三批卫星应用研制项目的通知》,批准《中国遥感卫星辐射校正场科研立项报告》。1997 年 1 月 21 日,国家计委国防司下文批准《中国遥感卫星辐射校正场可行性实施方案》,辐射校正场项目正式立项。

由国家卫星气象中心牵头,联合中国资源卫星应用中心、总参二部技术局、国家海洋局海洋技术研究所、中国科学院安徽光学精密机械研究所、中国科学院上海技术物理研究所、航天五院 508 所、国土资源部航空物探遥感中心、核工业北京地质研究院、甘肃省气象局和青海省气象局共 11 家单位开展了系统建设和科研攻关合作，完成了 5 个技术分系统的建设和 6 个科研课题的研究。1999 年，初步完成项目基础建设，基本达到设计要求，并开始试运行。2001 年 9 月，分别完成项目内 5 个分系统和 6 个科研课题的验收。2002 年 9 月，完成专家组评审，同年 10 月完成国家验收。

中国遥感卫星辐射校正场的建设完成，填补了我国在这一重要领域的空白，在相当程度上赶上了世界先进水平。

随着 FY-1 号 02 批及 FY-2 卫星以及海洋卫星、资源卫星的陆续发射和在轨运行，如何加快提高卫星遥感资料的定量化应用的问题变得越来越紧迫。一方面，工业部门加大力度研制高质量的星载校正器，另一方面进一步研究辐射校正场技术的关键环节，提升外场辐射校正精度也是刻不容缓。2007 年，中国气象局开始编制四大研究计划，向着气象现代化迈进。辐射校正场技术及真实性检验技术研发成为了公益性行业专项的重点任务。项目组在继承老一辈科学家的研究成果基础上，经过技术革新和创新，进一步提高了外场辐射校正精度，使误差小于 5%（可见—近红外通道）和 1 K（红外通道）。即使在今天，新一代极轨与静止气象卫星（FY-3 与 FY-4）星载校正器已相当成熟，外场辐射校正特别是真实性检验工作仍然起到了不可或缺的重要作用。

本书汇集了作者们多年的研究成果，对于关注辐射校正场技术的科学家和学者具有重要参考价值。我推荐给大家研读。

许健民[*]

2020 年 3 月

---

* 许健民，中国工程院院士，曾任国家卫星气象中心总工程师。

前　言

在原国家计委和国防科工委的支持下,由中国气象局国家卫星气象中心牵头,协同来自七个部委和两个省(甘肃省和青海省)的 11 个科研和应用单位,开展了中国遥感卫星辐射校正场项目的论证、立项和建设工作。经过近十年的艰苦努力,项目在 2002 年通过了国家验收,胜利完成了中国遥感卫星辐射校正场的建设任务,填补了我国在这一重要领域的空白,在相当程度赶上了世界先进水平。

中国遥感卫星辐射校正场建设成果主要是确定了两个辐射校正场(敦煌可见—近红外到短波红外通道的辐射校正场和青海湖热红外通道辐射校正场),完成了对试验场地区气象和环境参数资料的收集分析和评价,完成了敦煌和青海湖试验场后勤支持土建工程项目,完成了天气、环境参数观测系统(包括地面气象参数观测设备、高空气象参数观测设备和水面环境参数观测设备三部分)的建设实施工作,完成了中国遥感卫星辐射校正主、次校正实验室的建设,完成了地物和大气辐射特性观测(包括地表光学特性观测仪器、大气光学特性测量仪器和配套辅助测量仪器)系统的建设,建立了中国遥感卫星辐射校正场的资料处理、存档和信息服务系统。

中国遥感卫星辐射校正场的建成,为我国遥感卫星辐射校正事业的发展奠定了良好基础,初步满足了我国各种在轨遥感卫星的辐射校正需求,对于提高辐射校正精度,促进遥感资料的定量化应用发挥了重要作用。在辐射校正场转入业务运行期间,经中国气象局小型基建及国家自然科学基金等项目与课题的支持下,辐射校正场技术发展进入了创新研发阶段,攻克了多项技术难点,提高了各项关键技术指标精度。

2007 年,《中国气象局关于发展现代气象业务的意见》(气发〔2007〕477 号)发布。为加强对地球系统的观测,建立全面、协调和可持续的综合观测系统,为社会发展提供更可靠的观测数据及信息产品,中国气象局组织编制了包括《综合气象观测研究计划(2009—2014 年)》在内的四大研究计划,将卫星辐射校正场技术发展列为计划实施内容,并设立公益性行业专项。

本书总结了"辐射校正场与真实性检验外场仪器设备与技术研发"公益性行业(气象)科研专项(GYHY200906036)的部分成果,也得到了国家高新技术研究计划(863)"自校准光谱辐射源综合性能评估与应用示范(2015AA123702-3)",国家自然科学基金"基于静止卫星多星观测的场地 TOA BRDF 日更新算法研究(41271373)""风云卫星载荷反射通道在轨精细化校正模型研究(41471303)"和"基于变分原理的星载遥感器红外通道在轨光谱校正方法研究(41471304)"、国家重点研发计划"多源气象融合分析产品真实性检验(2018YFC1506605)"等项目的出版资助。全书共分 6 个章节。第 1 章由戎志国、李元、张勇、孙凌、李贵才和刘京晶撰写;第 2 章由李元、张玉香、刘京晶、张立军、陈林、孙凌、戎志国撰写;第 3 章由张勇、闵敏、胡菊旸、漆成莉、戎志国撰写;第 4 章由刘京晶、张勇、张立军、闵敏撰写;第 5 章由孙凌、徐娜、陈林、郑照军、闵敏、张勇、胡秀清、郭茂华、张玉香撰写;第 6 章由李贵才、王圆圆、王园香、朱琳、王猛、胡菊旸、张勇、张立军、戎志国撰写。其中主要作者撰写的具体章节为:李元撰写了第 2.1 至第 2.3 节,第 2.5.2 小节和第 2.9 至 2.11 节。孙凌撰写了第 2.4 节,第 5.1 至 5.3 节和第 5.7 节。张勇参与撰写了第 3 章(不包含第 3.2.4、3.3.2 小节)和第 4.3、5.6 和 6.2 节。刘京晶撰写了第 2.7 和 4.1 节,第 4.2.1、4.2.2 小节和第 4.2.5 至 4.2.8 小节,参与撰写了第 4.3 节。李贵才撰写了第 6.7 至 6.9 节,参与撰写了第 6.1 至 6.6 节。戎志国撰写了第 1 章,参与撰写了第 3 章(不包含第 3.2.4、3.3.2 小节)和第 6.1 节。张立军撰写了第 2.5.1、4.2.3 和 4.2.4 小节,参与撰写了第 4.3 和 6.2 节。

感谢许健民院士对本书的撰写工作给予了细致指导。许院士欣然答应为本书作序,令作者深感荣幸。感谢国家卫星气象中心总工程师卢乃锰研究员的关心和帮助。项目实施期间,卢乃锰总工带领项目组成员共同努力,成功申请"中国遥感卫星辐射校正场技术"项目荣获 2012 年度国家科技进步奖二等奖。这既是对项目前期成果的肯定,也为后期顺利完成项目目标给予了极大鼓励。感谢中国气象局大气探测中心副主任、中国气象局综合观测计划首席科学家曹晓钟研究员对项目立项和实施给予的大力支持。感谢国家卫星气象中心老一辈科学家方宗义研究员、邱康睦研究员、范天锡研究员和刘玉洁研究员的悉心指导;感谢中国科学院遥感应用研究所顾行发研究员,安徽光学精密机械研究所乔延利研究员、郑小兵研究员的指导;感谢国家卫星气象中心主任、中国气象局气象卫星工程总设计师杨军研究员,风云三号卫星应用系统总指挥张鹏研究员和总设计师杨忠东研究员、副总设计师谷松岩研究员,风云二号/四号卫星应用系统总指挥魏彩英研究员和总设计师张志清研究员、副总设计师陆风研究员与郭强研究员,以及唐世浩研究员、陆其峰研究员、张兴嬴研究员与覃丹宇研究员对本书出版给予的热诚帮助与大力支持。感谢国家卫星气象中心卫星气象研究所、业务科技处和办公室各位同事的大力支持!感谢历年参加辐射校正外场试验的各单位参试人员,感谢甘肃省气象局、青海省气象局,特别感谢敦煌市气象局巴秀天局长和同事们的大力协作!

限于作者水平,书中疏漏之处在所难免,敬请读者批评指正。

作者

2020 年 3 月

目 录

第 1 章　概　述

《国家中长期科学和技术发展规划纲要(2006—2020 年)》重点领域公共安全领域第 62 优先主题要求,重点研究开发地震、台风、暴雨、洪水、地质灾害等监测、预警和应急处置关键技术,森林火灾、溃坝、决堤险情等重大灾害的监测预警技术以及重大自然灾害综合风险分析评估技术。中国综合气象观测研究计划是实现以上目标的重要步骤。

综合气象观测是我国气象事业发展的基础,是现代气象业务体系的重要组成部分,在国家防灾减灾和应对气候变化中占有重要地位。综合气象观测研究是现代气象观测系统建设和发展的重要支撑,是现代气象业务的根本保障,是国家气象科技创新体系建设的重要任务。

气象卫星作为综合气象观测系统立体观测之天基观测载体,正在突飞猛进地发展,表现在如下几个方面:

(1)向"一星多用"、组网观测方向发展,对地球系统进行连续、稳定的综合观测;

(2)探测技术向高空间分辨率、高时间分辨率、高光谱分辨率、高辐射精度以及全球、全天候、多通道观测的"四高两全一多"方向发展;

(3)探测方式向主、被动相结合发展,可更好地获取全球降水、土壤湿度、风场、大气气溶胶垂直廓线等定量信息;

(4)遥感应用向定量化方向发展,遥感应用的定量化水平和精度不断提高,气象卫星遥感资料在数值预报预测中将得到充分应用。

作为遥感应用定量化的关键环节,辐射校正[①]与真实性检验技术越来越引起工程建设和科学计划的关注。

辐射校正包括卫星发射前的实验室校正、发射后的卫星遥感器星上校正系统的校正和包括辐射校正场在内的各种替代校正。辐射校正场辐射校正技术已经成为我国遥感卫星在轨后的主要业务校正和检验手段,特别是反射太阳通道。其原因在于我国卫星星载遥感器星上校正装置设计能力及其制造工艺水平有限,难以满足定量化应用所需的辐射校正精度和稳定度需求,在缺乏可靠星上校正的条件下,只能更多依赖于辐射校正场与交叉校正等替代校正技术。因此,基于中国遥感卫星辐射校正场项目的建成与业务运行,基于中国气象局气象台站观测网络系统,开展适应于卫星遥感器观测光谱通道多样性需求的辐射校正场观测设备与辐射校正技术的研发变得十分必要与迫切。同时,作为对定量遥感产品精度验证的真实性检验技术,其重要性也日益凸显。

通常,卫星遥感器在轨存在衰变,须持续开展校正检验工作。但是,现有辐射校正场还存在辐射校正业务能力弱、辐射校正场单一,不能适应我国遥感卫星,特别是气象卫星遥感器光谱通道增加与细化、宽动态范围内较高辐射校正精度与处理频次等需求。

---

①　在英语中为"Calibration",也可翻译为"定标",文中除部分固定用法使用"定标",其他均使用"校正"。

对物理量的准确测量是卫星遥感产品定量反演的基础和标准,在此基础上,可及时发现卫星遥感器性能衰减等变化,以及卫星遥感算法的不足,进而在提高卫星遥感参数反演精度的过程中,扩展遥感资料定量化处理和分析的广度和深度。校正(Calibration)与真实性检验(Validation)是定量遥感发展中两个相辅相成的关键环节。

20世纪70年代开始,航天技术大国先后发展了基于地面目标的星载遥感器绝对辐射校正技术。美国国家航空航天局(NASA)和亚利桑那大学光学科学中心在美国新墨西哥州的白沙导弹基地(MSMR)和加利福尼亚爱德华空军基地(EAFB),法国空间局(CNES)和法国农业科学院(INRA)在法国东南部马赛附近的La Crau辐射校正场,欧洲航天局(ESA)在非洲撒哈拉沙漠,日本和澳大利亚在澳洲北部沙漠,先后对LANDSAT/TM、SPOT/HRV、NOAA/AVHRR、NIMBUS/CZCS、GMS/VISSR等遥感仪器进行了在轨绝对辐射校正,取得了很好的效果,卫星校正精度达到了优于5%的水平。

我国在原国家计委和总装备部(原国防科工委)的领导下,以相关单位前期工作为基础,于1993年开始了中国遥感卫星辐射校正场的论证工作。1994年12月1日,由前国防科工委、科技部主持召开了"中国遥感卫星辐射校正场技术方案评审会",以王大珩院士为主任委员、陈述彭院士为副主任委员的评审委员会通过了对"中国遥感卫星辐射校正场技术方案"和"辐射校正场选址报告"的评审。1995年中国遥感卫星辐射校正场建设任务正式列入国家"九五"航天计划。1996年4月11日,国家计委办公厅下文,明确辐射校正场立项工作由中国气象局牵头,投资由国家专项解决。1996年12月21日,原国防科工委下发〔1996〕计字第3321号文《关于下达一九九六年第三批卫星应用研制项目的通知》,批准"中国遥感卫星辐射校正场科研立项报告"。1997年1月21日,国家计委国防司下发计国防〔1997〕80号文,批准《中国遥感卫星辐射校正场可行性实施方案》。至此,辐射校正场项目正式立项。

1988年9月7日,随着我国气象卫星FY-1A成功入轨运行,卫星遥感资料的应用,特别是定量应用问题成为主要研究课题。遥感器输出的数字量或模拟量都是相对值,只能做相对比较和定性分析。即使印制卫星观测图片,也需要对观测几何所造成的亮度不一致进行调整。我国卫星气象领域的科学家在调研了美国、欧洲的工作后,提出了通过建设中国的辐射校正场来开展卫星遥感资料辐射校正的研究课题。1991年,国家卫星气象中心向国家航天领导小组办公室上报了《气象卫星定量遥感外校正和真实性检验方法研究》项目申请书,明确提出卫星定量遥感外校正和真实性检验研究是提高气象卫星(也包括资源、海洋等其他对地观测卫星)遥感定量化应用水平的基本关键技术之一。

1997年9月,完成了项目建设的初步设计和科研实施方案的编制。同年11月,由中国气象局国家卫星气象中心牵头,分别与中国资源卫星应用中心、总参二部技术局、国家海洋局海洋技术研究所、中国科学院安徽光学精密机械研究所、中国科学院上海技术物理研究所、航天五院508所、国土资源部航空物探遥感中心、核工业北京地质研究院、甘肃省气象局和青海省气象局共11家单位签订了系统建设和科研攻关合作协议。项目建设和科研工作全面启动,其中包括五个技术分系统:"试验场及其基础设施分系统""天气和环境参数观测分系统""实验室校正、校正和标准传递分系统""地物和大气辐射特性观测分系统"与"资料处理、存档和服务分系统";六个科研课题:"辐射校正场特性观测和分析""场地辐射校正工作流程设计、精度分析和技术指标评价""辐射标准建立方案和标准传递方法研究""校正场同步观测方法和数据处理模型研究""资料存档、管理和服务以及其他软件学问题研究""微波遥感辐射校正方法研究"。

　　经过艰苦攻关,1999 年初步完成项目基础建设,基本达到设计要求,并开始试运行。2001年 9 月,分别完成项目 5 个分系统和 6 个科研课题的验收。

　　2002 年 9 月,完成专家组评审,同年 10 月完成国家验收。

　　中国遥感卫星辐射校正场的建设完成,填补了我国在这一重要领域的空白,在相当程度赶上了世界先进水平。

　　中国遥感卫星辐射校正场建设成果主要是确定了两个光学辐射校正场,包括敦煌可见—近红外到短波红外通道辐射校正场和青海湖热红外通道辐射校正场,完成了对试验场地区气象和环境参数资料的收集分析和评价,完成了敦煌和青海湖试验场后勤支持土建工程项目,完成了天气、环境参数观测系统(包括地面气象参数观测设备、高空气象参数观测设备和水面环境参数观测设备三部分)的建设实施工作,完成了中国遥感卫星辐射校正主、次校正实验室的建设,完成了地物和大气辐射特性观测系统(包括地表光学特性观测仪器、大气光学特性测量仪器和配套辅助测量仪器)的建设,建立了中国遥感卫星辐射校正场的资料处理、存档和信息服务系统。通过科研项目的持续攻关,使得可见—通道校正误差达到小于 6％的世界先进水平,热红外通道校正误差小于 1.5 K(300 K 时)。

　　中国遥感卫星辐射校正场的建成为我国遥感卫星辐射校正事业的发展奠定了良好基础,初步满足了我国各种遥感卫星的在轨辐射校正需求,对于提高辐射校正精度,促进遥感资料的定量化应用发挥了重要作用。利用敦煌和青海湖试验场,1999—2018 年,针对我国在轨的多种遥感卫星连续开展了场地同步观测试验,进一步细化了辐射校正工作流程,取得了比较理想的试验成果,直接支持了我国遥感卫星的在轨测试和辐射校正的检验与校正。已开展辐射校正的国内遥感卫星包括:风云一号系列(FY-1C、FY-1D)、风云三号系列(FY-3A、FY-3B、FY-3C 和 FY-3D)和风云二号系列(FY-2B、FY-2C、FY-2D、FY-2E、FY-2F 和 FY-2G)以及 FY-4A气象卫星,CBERS-01、CBERS-02 和 CBERS-02B 资源卫星,军事卫星,神舟三号飞船遥感仪器,HY-1A 和 HY-1B 海洋卫星,以及 HJ-1A 和 HJ-1B 环境小卫星等。为了满足应用部门对国外遥感卫星资料的定量化应用和促进遥感技术的国际合作,也开展了针对法国 SPOT-4 卫星、美国 NOAA-14、NOAA-16、NOAA-17、NOAA-18 和 EOS-AQUA/TERRA 卫星的辐射校正工作。

　　在遥感产品真实性检验方面,以美国、欧洲为主的遥感应用部门,积极开展遥感产品的真实性检验测量与数据处理工作。他们不仅开展地面测量,还开展航空测量来检验遥感产品的精度,分析处理结果,改善产品反演方法,极大地促进了卫星遥感应用技术的提高。为了加强校正工作的国际合作和交流,国际地球观测卫星委员会(CEOS)专门成立了"校正和检验工作组(WGCV)",以协调相关领域的国际活动。

　　美国对地观测系统计划(EOS)开展了大量卫星产品真实性检验工作。这些工作大多围绕相应的传感器或观测内容分别开展,涉及不同的卫星、传感器和目标类型,以及不同的观测手段。例如,EOS/MODIS 陆地工作组的真实性检验计划开展了针对众多陆表产品的真实性检验工作,包括陆表反照率/双向反射率、火点、叶面指数/光合有效辐射、土地覆盖、陆表温度、陆表反射比和植被指数等。其真实性检验手段包括地面实测、站网观测以及同类卫星产品比对等,建立了完整的参数指标、工作流程和方法框架。

　　2007 年,《中国气象局关于发展现代气象业务的意见》(气发〔2007〕477 号)发布。为加强对地球系统的观测,建立全面、协调和可持续的综合观测系统,为社会发展提供更精准、更丰富的观测数据及信息产品,中国气象局组织编制了包括《综合气象观测研究计划(2009—2014年)》在内的四大研究计划,将卫星辐射校正场技术发展列为了计划实施内容,并设立了公益性行业专项。

本书汇总了公益性行业(气象)科研专项"辐射校正场与真实性检验外场仪器设备与技术研发(GYHY200906036)"项目的部分成果,除概述外,用五个章节分别介绍卫星遥感器可见—近红外通道在轨辐射校正、红外通道校正技术航空飞行辐射校正方法、综合辐射校正方法、遥感产品真实性检验技术。

(1)卫星遥感器可见—近红外通道在轨辐射校正方法。经过多年的研究和方法、算法的改进,校正精度逐渐达到 6%。然而,场地校正过程的环节相当复杂,遥感器校正误差贡献主要来自通道的光谱特性、场地特性、反射比测量、大气散射和吸收特性及可选择的辐射传输模型等,因此校正误差分配的不确定性因素难以控制和把握。在对辐射校正过程各项误差进一步分析的基础上,重点考虑了改进场地表面和大气参数测量方法,特别是场地表面双向反射分布函数(Bidirection Reflectance Distribution Function,BRDF)特性和气溶胶光学特性的测量方法;研究大气吸收通道辐射校正方法;推导天空漫射辐射各向异性分布的普适公式,研究在不同天空漫射辐射半球分布函数下的地表反射比修正算法。在综合分析可见—近红外通道辐射校正方法误差来源与误差权重比例的基础上,改进场地表面反射比、BRDF 特性、气溶胶光学参数、天空漫射辐射的测量与计算精度,改进大气吸收通道辐射校正方法,基于上述研究并结合场地同步测量试验和校正精度验证,相继解决了辐射校正中从现场测量到数据处理各环节的技术问题,使可见—近红外通道校正精度提高到 5% 的水平。

(2)红外通道辐射校正方法。深入分析目前国内外已经产生的众多温度与发射率分离反演方法,针对反演目标的特性,有针对性地选择合适的反演算法或发展新的温度与发射率分离反演算法。能够针对不同的地表目标给出精确的发射率与温度反演结果。通过对场地校正各个关键环节误差的定量化分析,结合已经获取发射率数据的陆表目标,对卫星遥感器进行在轨场地辐射校正算法优化,使场地校正精度由原先的 1.5 K 提高到 1.0 K(300 K 时)。利用国际公认精度的 TERRA 与 AQUA/MODIS 对改进和优化的热红外通道在轨场地绝对辐射校正结果进行检验,将 MODIS 观测的入瞳亮温与外场实测数据通过辐射传输模式模拟到卫星入瞳的亮温进行比较,来评价外场校正方法的精度。综合本研究中 2010 年、2011 年和 2012 年的外场观测试验与 MODIS 卫星观测的比对结果:对 $10.5 \sim 11.5~\mu m$ 通道,误差在 0.747 K 以内;对 $11.5 \sim 12.5~\mu m$ 通道,误差在 0.988 K 以内。

(3)航空飞行辐射校正方法。选用低成本航空测量平台和适当的光谱辐射计,经过绝对辐射校正和机载测量方式适应性改装,装载到轻型飞机测量平台上;于 2010—2012 年组织开展了 3 次的航空辐亮度法校正试验。试验过程解决了光谱辐设计绝对辐射校正和高空测量的适应性改装,开发了高空测量期间仪器温度漂移的定期自动校正方法和飞行高度以上大气辐射校正方法。试验安排了多次与国际公认在轨校正精度较高的 MODIS 遥感器的同步测量实验。试验结果表明,采用超轻型动力三角翼飞机搭载光谱辐射计,建设的航空辐亮度校正系统,校正精度达到 3%,其中针对 FY-3/MERSI 气体吸收通道的航空校正结果已经成功地用于业务校正;实验费用较采用常规航测飞机大幅降低,可以满足目前气象卫星业务校正要求。

(4)综合辐射校正方法。针对传统的辐射校正场技术不能满足气象卫星遥感器宽动态范围内在轨高频次校正检验需求的问题,利用多种地球稳定目标、国际参考仪器等开展了在轨综合校正方法研究。发展了基于全球多目标场的反射太阳通道高频次、宽动态辐射校正跟踪(也称定标跟踪)方法,针对 FY-3/MERSI 开展了在轨校正跟踪应用,利用 MODIS 完成了 MERSI 辐射校正基准的不确定性分析,建立了在轨辐射校正质量综合评估方案,完成了 FY-3/MER-SI 再校正效果的评估分析;发展了基于冰雪目标和深对流云目标的反射通道辐射响应跟踪方法,针对 FY-3/MERSI 开展了在轨响应跟踪应用,并利用 MODIS 验证了方法的有效性;针对 FY-3/VIRR 和 MERSI 发展了基于参考仪器同时星下点交叉比对的反射通道和热红外通道在轨辐射校正跟踪方法;针对 FY-3/MERSI 发展了基于全球浮标观测的热红外通道在轨辐射校正跟踪方法。在多种在轨辐射校正跟踪研究的基础上,提出了遥感器反射太阳通道在轨再校正方案,即确定辐射响应的衰减率,实现以日为单位的校正系数计算和更新。研究成果已成为 FY-3 和 FY-2 光学遥感器在轨衰变综合分析和定标更新决策的重要支撑。其中,基于全球多场地的高频次辐射校正已成为 FY-3B/MERSI 反射太阳通道的业务校正手段,业务运行结果表明,有效改进了 L1 辐射数据精度,并明显改进了 L2 反演产品的质量。

(5)遥感产品真实性检验技术。针对陆表产品的种类和特点,建立了用于遥感辐射校正和陆表遥感产品真实性检验的核心试验场。针对具体产品的特点,设计了特定的仪器观测方法和野外观测设计;选用不同的观测场作为目标,开展卫星陆表产品的比对和分析。初步建立了我国陆表卫星遥感产品真实性检验原型系统。以现有气象部门观测台站为基础,结合陆表产品真实性检验的观测需求,联合锡林浩特国家气候观象台、敦煌市气象局、中国科学院千烟洲试验站等野外观测台站,初步建立了针对陆表产品真实性检验的站点观测网络。完善了"观测数据收集处理系统(CPOD)",实现了多参数、多台套野外固定观测仪器数据的定期传送和收集。通过 VEX-2011 星地同步试验等研究手段,设计了适用于公里级像元水平叶面积指数地面观测的样线采样技术,实现了 MERSI/LAI 检验;引入地学统计领域的循环采样技术,实现了 MODIS/LAI 检验;提出并建立了基于遥感 LST 的气温估算方法;设计并实现了基于偏差估计的 FY-3/OLR 产品检验。研发陆表产品真实性检验数据处理软件(RS-Val),建立了软件化的陆表遥感产品真实性检验的方法和流程。

第2章 卫星遥感器可见—近红外通道在轨辐射校正

2.1 引言

我国星载遥感器可见—近红外通道场地辐射校正始于 20 世纪 90 年代,期间主要采用了三种校正方法:反射率基法、辐照度基法和辐亮度基方法(Biggar,1990)。其中反射率基法校正精度可达到 6%(Biggar et al.,1994;Slater et al.,1995;Frouin,1995;张玉香,2002;Zhang et al.,2004;李元,2009a;李元,2009b;Li et al.,2010;孙凌 等,2012)。遥感器校正误差贡献主要来自通道的光谱特性、场地特性、反射率测量、大气散射和吸收特性及可选择的辐射传输模型等,在综合分析各项误差来源与误差权重比例的基础上,着重改进了场地表面反射率、BRDF 特性、气溶胶光学参数、天空漫射辐射的测量与计算精度。基于上述研究并结合场地同步测量试验和校正精度以验证,证明了可将可见—近红外校正精度提高到 5%的水平。本章着重从 8 个方面进行论述和分析。

(1)在辐射传输模型参数敏感性与误差分析环节,从辐射传输模型的误差组成入手,分析了输入参数(地表反射率、地表面 BRDF、气溶胶光学厚度)自带误差、类型选择误差(气溶胶类型)、模型自身计算误差等各环节不确定度与灵敏系数,建立了不确定度计算公式。为了更准确地掌握辐射传输模型的误差及其对场地在轨辐射校正计算的误差贡献,在公式推导结论指导下开展特征通道敏感性分析试验,对可见—近红外通道模型误差展开普适研究,并以 FY-3A/MERSI 可见—近红外通道为例开展了个例分析。

(2)在基于场地的在轨辐射校正方法误差分析环节,使用误差分析、与参考遥感器比对这两种方法统计基于场地的在轨辐射校正方法误差。在针对可见—近红外通道的反射率基法中,参与校正误差贡献的主要有地表反射率测量误差、大气参数的测量误差(气溶胶、水汽和臭氧等)、卫星象元误差、观测几何和辐射传输模式自身的误差等。误差分析法分别统计各误差源的误差与敏感系数,最终计算总的误差;与参考遥感器比对法通过比较场地替代校正结果与参考遥感器发布的校正结果间的差异获取算法误差,同时参考遥感器自身校正误差可从官方发布信息获取,定义其为参考误差,算法误差与参考误差共同作用,构成总的误差。

(3)在场地表面反射率同步测量采样方法研究环节,使用地学统计学的循环采样法对地表空间分布特征进行分析,设计合理的采样方法来减少不同观测尺度下测量数据的误差;建立采样方法评价依据,使用邻近点绘图与高分辨率卫星遥感图比较法,判识与遥感图像最为接近的采样数据集。

(4)在大气吸收通道的辐射校正方法研究环节,采用深对流云(DCC)法有效提高了大气吸收通道辐射校正方法的精度。采用深对流云目标作为目标跟踪物对 2008 年 8 月到 2010 年 10 月我国极轨气象卫星 FY-3A/MERSI 的可见—近红外通道进行校正跟踪试验。通过与交叉校正、全球多目标场校正方法相比较,DCC 校正跟踪的 2σ/Mean 指标明显小于其他两方法。这表明了 DCC 辐射跟踪校正方法稳定,特别是在传统辐射校正方法无法很好解决的水汽吸收通道,该方法是一种较为可靠的辐射校正跟踪方法。

(5)在场地表面 BRDF 特性测量与分析环节,使用多角度测量系统,分别于 2008 年、2011 年于敦煌戈壁进行了室外 BRDF 的测量试验。测量整个周期(66 个方向点)用时 10 min,测量主平面(间隔 5°,共 31 个方向点)用时 2.5 min。通过对所得数据的初步分析,得到以下结论:目标的反射为非朗伯性,并在主平面的反射方向性最强烈。采用两台绝对校正的光谱辐射计同时分别测量太阳光谱辐照度和目标光谱辐亮度的系统设计可以克服半球测量期间太阳照度的变化对测量数据的影响,明显提高 BRDF 测量精度。用同一模型模拟不同时间测量的 BRDF 数据存在系统偏差,但最大偏差不超过 5%。

(6)在气溶胶光学参数反演环节,分别于 2010 年与 2013 年采用激光雷达实时获取了气溶胶消光系数、光学厚度总量与垂直廓线、大气粒子浓度垂直廓线等多项参数,得出以下结论:2010 年与 2013 年激光雷达观测结果较为一致。辐射校正期间,敦煌地区大气洁净。532 nm 的大气光学厚度为 0.1 左右,355 nm 的大气光学厚度为 0.12 左右,且整日比较稳定。辐射校正期间大气偏振系数在 0.15 以下,大气中气溶胶主要为规则的细粒子和少量沙尘粒子,基本没有云层。辐射校正期间敦煌地区大气边界层为 3~4 km。辐射校正期间,卫星过顶时大气中粒子含量较小,细粒子数峰值浓度在 1000 个/cm³ 以下,粗粒子峰值数浓度在 8 个/cm³ 以下,粒子有效半径主要集中在 1 μm 以下。

(7)在野外漫射光各向异性校正环节,创新性的通过敦煌辐射校正场天空漫射辐射分布模型对参考板与地表 BRF 的变化情况展开了分析。得到的结果显示:天空漫射辐射使参考板 BRF 的变化范围在 0.37% 以内,地表 BRF 的变化范围可达 1.65%。在垂直观测的模式下,天空漫射辐射对参考板与地表方向性的影响可两相抵消;在倾斜观测模式下,天空漫射辐射的各向异性分布对二者的影响不可抵消,忽略天空漫射辐射带来的地表反射率测量误差将随之增大。所得结论同样适用于其他天空漫射辐射符合中心对称模型的场地。

(8)在上述研究工作基础上,协同辐射校正场业务,分别于 2010 年、2011 年、2012 年开展了基于场地同步测量的辐射校正试验、太阳光度计标定试验、场地采样试验、BRDF 测量试验、气溶胶全天候观测试验等。

2.2　辐射传输模型参数敏感性与误差分析

辐射传输模型的总不确定度 u 由输入参数(地表面反射率、地表面 BRDF、气溶胶光学厚度)、自带误差、类型选择误差(气溶胶类型)、模型自身计算误差等各环节不确定度 u_i,u_j、灵敏系数 a_i,a_j 与环节间的相关系数 ρ_{ij} 综合决定。

$$u = \sqrt{\sum_{i=1}^{N}(a_i u_i)^2 + 2\sum_{i=1}^{N-1}\sum_{j=i+1}^{N}\rho_{ij} a_i a_j u_i u_j} \tag{2.1}$$

作为场地辐射校正的主要传输模型,6S 模型需要多种地表、大气参数作为输入参数开展计算。传统上的误差分析认为辐射传输模型的所有环节严格地互不相关,各环节灵敏系数均为 1。但是从以往使用情况来看,6S 模型对不同输入参数的敏感程度不同,部分参数间存在着一定的相关性。为准确评估 6S 模型不确定度,需要计算各环节不确定度 u、灵敏系数 a 与环

节间的相关系数 ρ，建立不确定度计算公式，衡量各参数测量误差与模型误差对整个辐射校正流程的误差贡献。

为了更准确地掌握辐射传输模型的误差及其对场地在轨辐射校正计算的误差贡献，在公式推导结论指导下开展特征通道敏感性分析试验，对可见—近红外通道模型误差展开普适研究，并以 FY-3A/MERSI 可见—近红外通道为例开展了个例分析。

2.2.1 6S 辐射传输模型各环节灵敏系数推导

基于场地的在轨辐射校正方法，借助辐射传输模型计算卫星入瞳处的表观辐亮度或表观反射率。实际进入卫星入瞳处的辐射能量由表观辐亮度决定，其与表观反射率的关系如下。

$$L^* \pi = \mu_s \frac{r_0^2}{r^2} E_0 \rho^* = \mu_s E_s \rho^* \tag{2.2}$$

式中 ρ^* 为表观反射率（无量纲），L^* 为表观辐亮度，θ_s 为太阳天顶角，r_0 为平均日地距离，r 为实际日地距离，$\mu_s = \cos(\theta_s)$，E_0 为太阳常数，E_s 为日地距离校正后的太阳常数。

一般的辐射传输模型（6S，MODTRAN）均将大气辐射传输过程分为散射与吸收两个过程各自确定。散射过程比较复杂，包括瑞利散射与米散射两部分。吸收过程可单独用吸收测量来确定。6S 模型（Tanre et al.，1990；Vermote et al.，1997；Kotchenova et al.，2008）考虑多种气体（水汽、臭氧、氧气、二氧化碳、一氧化碳、甲烷、一氧化二氮）的吸收作用，选用随机指数通道模型 Goody 模型来计算水汽，Malkmus 模型来计算其他气体。

2.2.1.1 散射过程

遥感器观测到的辐亮度由两部分构成：其一是到达地表的下行辐射经地表反射和大气衰减耦合作用后到达遥感器的地气耦合散射，其二是太阳辐射中直接被大气反射到达遥感器的能量，通常称为大气内反射。

（1）地气耦合散射

首先考虑下行辐射。令大气光学厚度为 τ，散射传输因子为 t_d，卫星观测天顶角与方位角分别是 θ_v、ϕ_v，太阳天顶角方位角分别是 θ_s、ϕ_s，场地测量的地表反射率为 ρ_t。可见—近红外通道的辐射传输忽略发射辐射的影响，其下行辐射可分解为：

下行的直接太阳辐射

$$E_{sol}^{dir} = \mu_s E_s e^{-\frac{\tau}{\mu_s}} \tag{2.3}$$

和下行的漫射太阳辐射

$$E_{sol}^{diff}(\theta_s) = \mu_s E_s t_d(\theta_s) \tag{2.4}$$

太阳直射辐射到达地表被反射后，又被大气反射到地表后再次反射，以及对更多次被大气反射到地表辐射的反射：

$$E_s^{diff} = \mu_s E_s \left[e^{-\frac{\tau}{\mu_s}} + t_d(\theta_s) \right] \times (\rho_t S + \rho_t^2 S^2 + \cdots) \tag{2.5}$$

其中 S 为球面反照率。

总的下行辐射 $E_\downarrow$ 为上述三项的和

$$E_\downarrow = \frac{\mu_s E_s \left[e^{-\frac{\tau}{\mu_s}} + t_d(\theta_s) \right]}{1 - \rho_t S} = \frac{\mu_s E_s T(\theta_s)}{1 - \rho_t S} \tag{2.6}$$

式中 $T(\theta_s)$ 为下行辐射散射透过率。

对于可见—近红外通道遥感,上行辐射 $E_\uparrow$ 即为太阳辐射到达地表的下行辐射经过地表反射和大气衰减作用后到达遥感器方向的辐射。

$$E_\uparrow = \rho_\mathrm{t} E_\downarrow T(\theta_\mathrm{v}) = \frac{\rho_\mathrm{t}}{1 - \rho_\mathrm{t} S} \mu_\mathrm{s} E_\mathrm{s} T(\theta_\mathrm{s}) T(\theta_\mathrm{v}) \tag{2.7}$$

式中 $T(\theta_\mathrm{v})$ 为上行辐射散射透过率。

(2)大气内反射率

大气内反射率是太阳辐射中直接被大气反射到达遥感器的能量,通常用 ρ_a 表示。大气内反射率主要由瑞利散射与气溶胶散射贡献。

对于瑞利散射,6S 模型使用 Chandrasekhar 方法计算大气内反射率、使用 delta-Eddington 二流算法计算散射透过率。

对于气溶胶散射,6S 模型使用预置的大陆、海洋、城市、背景沙漠、平流层、用户定义 6 种模式计算光学散射参数。每种模式赋予 4 种不同的基础元素(粉尘状,海洋,气溶胶,烟尘)不同的数值。

2.2.1.2　吸收过程

$T_\mathrm{g}(\mu_\mathrm{s}, \mu_\mathrm{v})$ 是气体吸收透过率,它降低可见光(如臭氧 Chappuis 吸收带)和近红外大气窗区的表观反射率。吸收可以从散射过程中分离出来,单独用吸收测量来确定。6S 模型考虑多种气体(水汽、臭氧、氧气、二氧化碳、一氧化碳、甲烷、一氧化二氮)的吸收作用,其中氧气、二氧化碳、甲烷和一氧化二氮被认为是常量,均匀混合在大气中;水汽与臭氧的贡献随时间和空间变化。上行、下行、总的气体吸收透过率等于上述各气体透过率的乘积。从结果来看,除水汽外其他气体的总的吸收透过率等于上行与下行吸收透过率的乘积。

模型采用逐线集分的方式计算吸收,这种模式需要一个非常大的计算时间,这使得它有必要使用等效带模型。6S 模型使用的是 HITRAN 数据库的 $10\ \mathrm{cm}^{-1}$ 间隔太阳光谱,选用两种随机指数通道模型 Goody 模型来计算水汽,Malkmus 模型来计算其他气体。

2.2.1.3　散射与吸收的交互作用

大气辐射取决于大气透过率,而大气透过率则受到吸收气体的影响,因此必须为每个散射路径计算气体的吸收。不同的气体吸收对透过率的影响情况是不同的。

对透过率而言,臭氧与引起瑞利和气溶胶散射的物质位于不同海拔上,因此可以忽略散射的影响;水汽与二氧化碳的吸收带位于近、中红外通道,瑞利散射可以忽略,气溶胶散射与太阳直射辐射情况类似;由于氧气吸收带较窄且非常本地化,也可以做类似的推导。

对大气反射率而言,情况略有不同。水汽是否位于气溶胶层将直接影响气溶胶散射的多少。如果水汽在气溶胶层以上,吸收最多,如果水汽位于气溶胶层以下,则吸收最小。在 6S 模型中取二者的平均情况,即水汽有一半位于气溶胶层以下。考虑到臭氧的稀少与二氧化碳等气体的均匀分布,除水汽以外的其他气体可以作为一体处理。

2.2.1.4　辐射传输计算公式

经过散射过程后遥感器入瞳处的表观反射率计算公式可以表示如下

$$\rho^* = \rho_a + \frac{E_\uparrow}{\mu_\mathrm{s} E_\mathrm{s}} = \rho_a + \frac{\rho_\mathrm{t}}{1 - \rho_\mathrm{t} S} T(\theta_\mathrm{s}) T(\theta_\mathrm{v}) \tag{2.8}$$

考虑到散射与吸收的交互作用后

$$\rho^* (\theta_s, \theta_v, \phi_s - \phi_v)$$

$$= T_g{}^{OG}(\theta_s, \theta_v)\Big[\rho_R + (\rho_{R+A} - \rho_R) T_g{}^{H_2O}\Big(\theta_s, \theta_v, \frac{1}{2}U_{H_2O}\Big)$$

$$+ \frac{T^\downarrow(\theta_s) T^\uparrow(\theta_v)\rho_t}{1 - S\rho_t} T_g{}^{H_2O}(\theta_s, \theta_v, U_{H_2O})\Big] = T_g(\theta_s, \theta_v)\Big[\rho_a + \frac{T^\downarrow(\theta_s) T^\uparrow(\theta_v)\rho_t}{1 - S\rho_t}\Big]$$

$$\tag{2.9}$$

$$= T_g(\theta_s, \theta_v)\Big[\rho_a + \frac{T_s(\theta_s, \theta_v)\rho_t}{1 - S\rho_t}\Big]$$

式中：T_g 为气体吸收透过率，上标 OG 代表电水汽外的其他气体；上标 H_2O 代表水汽。U_{H_2O} 代表水汽含量，ρ_R 为瑞利散射反射比，ρ_{R+A} 为瑞利与气溶胶反射比。

$$\rho_a = \frac{\rho_R}{T_g{}^{H_2O}(\theta_s, \theta_v, U_{H_2O})} + \frac{T_g{}^{H_2O}\Big(\theta_s, \theta_v, \frac{1}{2}U_{H_2O}\Big)}{T_g{}^{H_2O}(\theta_s, \theta_v, U_{H_2O})}(\rho_{R+A} - \rho_R) \tag{2.10}$$

$$T_s = T^\downarrow(\theta_s) T^\uparrow(\theta_v) \tag{2.11}$$

6S 模型考虑到地表不均匀的情况，令目标反射率为 $\rho_c(M)$，半径 r 以外的环境反射率为 ρ_e，则有：

$$\rho^* = \rho_a + \frac{T(\theta_s)}{1 - \rho_e S}\Big[\rho_c(M) e^{-\frac{\tau}{\mu_v}} + \rho_e t_d(\theta_v)\Big] \tag{2.12}$$

$$\rho^* (\theta_s, \theta_v, \phi_s - \phi_v)$$

$$= T_g{}^{OG}(\theta_s, \theta_v)\Big\{\rho_R + (\rho_{R+A} - \rho_R) T_g{}^{H_2O}\Big(\theta_s, \theta_v, \frac{1}{2}U_{H_2O}\Big)$$

$$+ \frac{T^\downarrow(\theta_s)}{1 - S\rho_e} T_g{}^{H_2O}(\theta_s, \theta_v, U_{H_2O})\Big[\rho_c(M) e^{-\frac{\tau}{\mu_v}} + \rho_e t_d(\theta_v)\Big]\Big\} \tag{2.13}$$

2.2.1.5　大气与地表参数敏感系数计算公式

（1）非吸收通道

在非吸收通道，大气内反射率、散射透过率、球面反照率均只随气溶胶光学厚度的改变而改变，改变幅度随气溶胶类型的不同而不同；吸收透过率在非吸收通道基本维持不变。在瑞利散射较强的（短波可见）通道情况依然类似。在此基础上，可通过对辐射传输公式求导的形式获得 6S 模型在非吸收通道、水汽吸收通道、臭氧吸收通道对大气参数敏感系数计算公式及 6S 模型对地表参数的敏感系数，分别如下。

表观反射率 ρ^* 对光学厚度 τ_{OA} 的敏感系数

$$\frac{\mathrm{d}\rho^*(\theta_s, \theta_v, \phi_s - \phi_v)}{\mathrm{d}\tau_{OA}} = T_g(\theta_s, \theta_v)\Big[\frac{\mathrm{d}\rho_a}{\mathrm{d}\tau_{OA}} + \frac{\rho_t}{1 - S\rho_t}\frac{\mathrm{d}T_s(\theta_s, \theta_v)}{\mathrm{d}\tau_{OA}} + \frac{T_s(\theta_s, \theta_v)\rho_t^2}{(1 - S\rho_t)^2}\frac{\mathrm{d}S}{\mathrm{d}\tau_{OA}}\Big]$$

$$\tag{2.14}$$

其中，

$$\frac{\mathrm{d}\rho_a}{\mathrm{d}\tau_{OA}} = \frac{T_g{}^{H_2O}\Big(\theta_s, \theta_v, \frac{1}{2}U_{H_2O}\Big)}{T_g{}^{H_2O}(\theta_s, \theta_v, U_{H_2O})}\frac{\mathrm{d}\rho_{R+A}}{\mathrm{d}\tau_{OA}} \tag{2.15}$$

表观反射率对水汽含量的敏感系数

$$\frac{\mathrm{d}\rho^*(\theta_s, \theta_v, \varphi_s - \varphi_v)}{\mathrm{d}U_{H_2O}} = 0 \tag{2.16}$$

表观反射率对臭氧含量的敏感系数

$$\frac{\mathrm{d}\rho^*(\theta_s,\theta_v,\varphi_s-\varphi_v)}{\mathrm{d}U_{O_3}}=0 \tag{2.17}$$

（2）水汽吸收通道

在水汽吸收通道，散射透过率、球面反照率均只随气溶胶光学厚度的改变而改变，改变幅度随气溶胶类型的不同而不同；吸收透过率只随水汽含量的改变而改变；大气内反射率则较为复杂，即随气溶胶光学厚度变化，也随水汽含量变化。在影响大气内反射率的参量中，瑞利反射率基本不变，总反射率（瑞利＋气溶胶）随光学厚度变化，水汽透过率则随水汽含量变化。

表观反射率对光学厚度的敏感系数如式（2.14）所示。表观反射率对水汽含量的敏感系数

$$\frac{\mathrm{d}\rho^*(\theta_s,\theta_v,\varphi_s-\varphi_v)}{\mathrm{d}U_{H_2O}}=\frac{\mathrm{d}T_g(\theta_s,\theta_v)}{\mathrm{d}U_{H_2O}}\left[\rho_a+\frac{T_s(\theta_s,\theta_v)\rho_t}{1-S\rho_t}\right]+T_g(\theta_s,\theta_v)\frac{\mathrm{d}\rho_a}{\mathrm{d}U_{H_2O}} \tag{2.18}$$

式中，

$$\frac{\mathrm{d}\rho_a}{\mathrm{d}U_{H_2O}}=\frac{-\rho_R}{(T_{g}^{H_2O}(\theta_s,\theta_v,U_{H_2O}))^2}\frac{\mathrm{d}T_{g}^{H_2O}(\theta_s,\theta_v,U_{H_2O})}{\mathrm{d}U_{H_2O}}+\frac{(\rho_{R+A}-\rho_R)}{T_{g}^{H_2O}(\theta_s,\theta_v,U_{H_2O})}\frac{\mathrm{d}T_{g}^{H_2O}\left(\theta_s,\theta_v,\frac{1}{2}U_{H_2O}\right)}{\mathrm{d}U_{H_2O}}$$
$$-\frac{T_{g}^{H_2O}\left(\theta_s,\theta_v,\frac{1}{2}U_{H_2O}\right)(\rho_{R+A}-\rho_R)}{(T_{g}^{H_2O}(\theta_s,\theta_v,U_{H_2O}))^2}\frac{\mathrm{d}T_{g}^{H_2O}(\theta_s,\theta_v,U_{H_2O})}{\mathrm{d}U_{H_2O}} \tag{2.19}$$

表观反射率对臭氧含量的敏感系数

$$\frac{\mathrm{d}\rho^*(\theta_s,\theta_v,\varphi_s-\varphi_v)}{\mathrm{d}U_{O_3}}=0 \tag{2.20}$$

（3）臭氧吸收通道

在臭氧吸收通道，大气内反射率、散射透过率、球面反照率均只随气溶胶光学厚度的改变而改变，改变幅度随气溶胶类型的不同而不同；吸收透过率只随臭氧含量的改变而改变。

表观反射率对光学厚度的敏感系数如式（2.14）所示。表观反射率对水汽含量的敏感系数为

$$\frac{\mathrm{d}\rho^*(\theta_s,\theta_v,\varphi_s-\varphi_v)}{\mathrm{d}U_{H_2O}}=0 \tag{2.21}$$

表观反射率对臭氧含量的敏感系数

$$\frac{\mathrm{d}\rho^*(\theta_s,\theta_v,\varphi_s-\varphi_v)}{\mathrm{d}U_{O_3}}=\frac{\mathrm{d}T_g(\theta_s,\theta_v)}{\mathrm{d}U_{O_3}}\left[\rho_a+\frac{T_s(\theta_s,\theta_v)\rho_t}{1-S\rho_t}\right] \tag{2.22}$$

（4）地表参数敏感系数

在任意通道，吸收透过率、散射透过率、大气内反射率、球面反照率均不随地表反射率变化。

表观反射率对地表反射率的敏感系数

$$\frac{\mathrm{d}\rho^*(\theta_s,\theta_v,\varphi_s-\varphi_v)}{\mathrm{d}\rho_t}=\frac{T_g(\theta_s,\theta_v)T_s(\theta_s,\theta_v)}{(1-S\rho_t)^2} \tag{2.23}$$

2.2.2　特征通道敏感性分析试验

在已积累试验数据的基础上确定大气参数的取值范围,选定特定的地表反射率光谱数据,在冬至与夏至两个太阳极端位置使用 6S 辐射传输模型 version 4.1,分别计算各特征通道下表观反射率、吸收透过率、散射透过率、大气内反射率、球面反照率随大气参数的变化情况。每次试验均在各参数的取值范围内随机确定一个值,重复试验尽可能多次后(1000 次)对所得结果展开分析。

2.2.2.1　波长

选取三种具有代表性的敦煌场大气参数和地表反射率数据,在 $350\sim2500$ nm 谱段内每隔 10 nm 与 100 nm 计算一次表观反射率数据。参数 1 是敦煌场晴空时的大气参数,水汽(H_2O)含量 0.1 g/cm^2,550 nm 处气溶胶光学厚度(AOD)0.1,臭氧柱(OZONE)总量 0.27 cm·atm。参数 2 是敦煌场晴空但有轻度雾霾时的大气参数,水汽含量 1.5 g/cm^2,550 nm 处气溶胶光学厚度 0.25,臭氧柱总量 0.284 cm·atm。参数 3 是敦煌场晴空但有中度雾霾时的大气参数,水汽含量 3 g/cm^2,550 nm 处气溶胶光学厚度 0.4,臭氧柱总量 0.3 cm·atm。将所得地表反射率(ρ,ρ_b)与分谱的大气透过率(T_g,T_{gb})、表观反射率数据(ρ^*,ρ_b^*)进行对比。图 2.1、图 2.2、图 2.3 分别为模式输出表观反射率与地表测量值的对比(参数 1、2、3)。在下文中若无特殊标注,图表纵坐标均为无单位的比值。臭氧柱总量单位 cm·atm:表示标准大气压与温度下的气层厚度(cm)。下标 b 代表 100 nm。

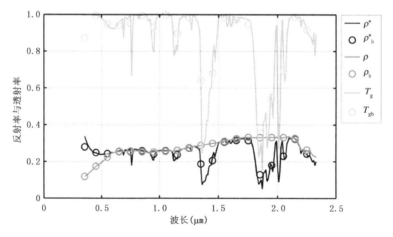

$H_2O=0.1\ g/cm^2$, $AOD=0.1$, $OZONE=0.27\ cm\cdot atm$

图 2.1　模式输出表观反射率与地表测量值的对比(参数 1)

按照反射率的差异情况,按四个特征通道,即近红外非吸收通道、短波可见非吸收通道、水汽吸收通道和臭氧吸收通道分别进行模拟计算,分析表观反射率随大气参数变化情况。6S 辐射传输模型将气溶胶分为 1 大陆、2 水体、3 城市、4 自定义、5 荒漠、6 生物质、7 平流层这几类。后面具体分析时仅讨论 4 以外的气溶胶类型。

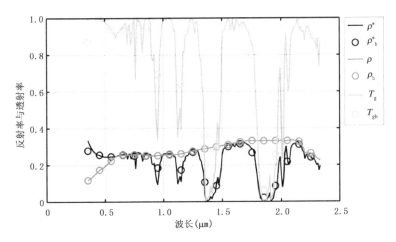

$H_2O=1.5 \; g/cm^2$，$AOD=0.25$，$OZONE=0.284 \; cm \cdot atm$

图 2.2 模式输出表观反射率与地表测量值的对比（参数 2）

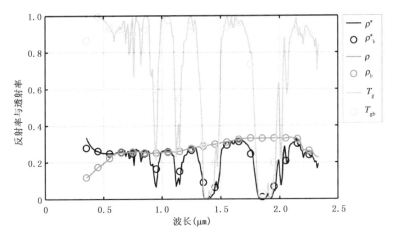

$H_2O=3 \; g/cm^2$，$AOD=0.4$，$OZONE=0.3 \; cm \cdot atm$

图 2.3 模式输出表观反射率与地表测量值的对比（参数 3）

2.2.2.2 近红外非吸收通道

在夏至日，近红外非吸收通道的表观反射率不随水汽与臭氧变化，随气溶胶类型与气溶胶光学厚度变化明显。除大陆与城市类型外，表观反射率随气溶胶光学厚度增加而增加，增减幅度从大到小依次为城市、大陆、水体、荒漠、生物质（图 2.4）。球面反照率不随水汽与臭氧变化，随气溶胶类型与气溶胶光学厚度变化明显。球面反照率随气溶胶光学厚度增加而增加，增大幅度从大到小依次为荒漠、水体、生物质、大陆、城市（图 2.5）。大气内反射率不随水汽与臭氧变化，随气溶胶类型与气溶胶光学厚度变化明显。大气内反射率随气溶胶光学厚度增加而增加，增大幅度从大到小依次为水体、荒漠、大陆、生物质、城市（图 2.6）。吸收透过率不随水汽、臭氧、气溶胶光学厚度与气溶胶类型变化（图 2.7）。散射透过率不随水汽与臭氧变化，随气溶胶类型与气溶胶光学厚度变化明显。散射透过率随气溶胶光学厚度增加而减小,减小幅度从大到小依次为城市、荒漠、大陆、水体、生物质(图2.8)。图中不同颜色代表不同气溶胶类型(IAER)。

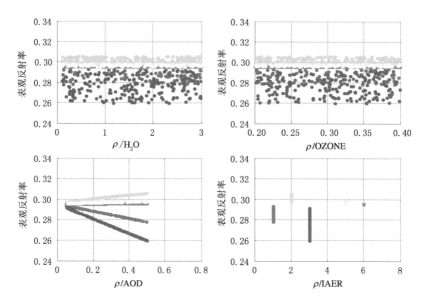

图2.4　表观反射率随大气参数变化情况(非吸收通道,近红外,夏至)

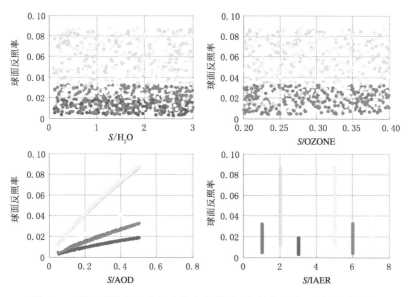

图2.5　球面反照率随大气参数变化情况(非吸收通道,近红外,夏至)

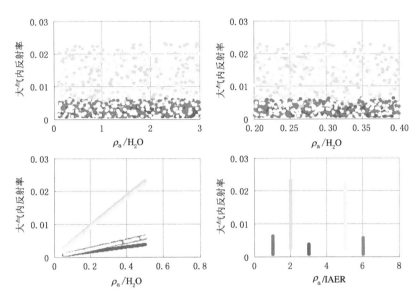

图 2.6　大气内反射率随大气参数变化情况（非吸收通道，近红外，夏至）

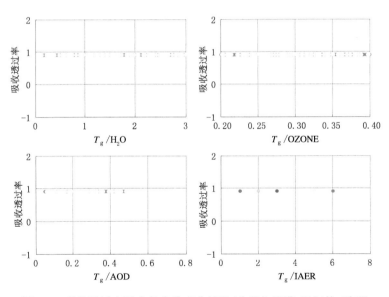

图 2.7　吸收透过率随大气参数变化情况（非吸收通道，近红外，夏至）

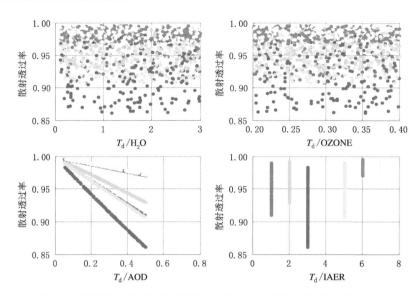

图 2.8　散射透过率随大气参数变化情况(非吸收通道,近红外,夏至)

　　比较不同气溶胶类型下表观反射率随大气地表输入参数的变化情况,按照 2.2.1 节定义的公式计算敏感系数(图 2.9)。在夏至日,近红外非吸收通道的表观反射率对气溶胶光学厚度的敏感系数从大到小依次为城市、大陆、水体、荒漠、生物质。在各个气溶胶类型中,表观反射率对地表反射率(REF)的敏感系数均接近于 0.9。说明地表反射率的测量误差将以近似于 1∶0.9 的尺度传递给表观反射率。

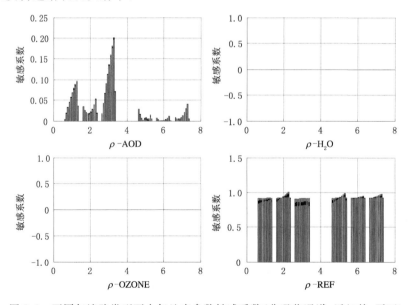

图 2.9　不同气溶胶类型下大气地表参数敏感系数(非吸收通道,近红外,夏至)

　　在冬至日,近红外非吸收通道的表观反射率不随水汽与臭氧变化,随气溶胶类型与气溶胶光学厚度变化明显。与夏至日不同的是,表观反射率全部随气溶胶光学厚度增加而减小,减小幅度从大到小依次为城市、大陆、荒漠、水体、生物质(图 2.10)。球面反照率不随水汽与臭氧变化,随气溶胶类型与气溶胶光学厚度变化明显。球面反照率随气溶胶光学厚度增加而增加,增大幅度从大到小依次为荒漠、水体、生物质、大陆、城市(图 2.11)。大气内反射率不随水汽与臭氧变化,随气溶胶类型与气溶胶光学厚度变化明显。大气内反射率随气溶胶光学厚度增加而增加,增大幅度从大到小依次为荒漠、水体、生物质、大陆、城市(图 2.12)。吸收透过率不随水汽、臭氧、气溶胶光学厚度与气溶胶类型变化(图 2.13)。散射透过率不随水汽与臭氧变化,随气溶胶类型与气溶胶光学厚度变化明显。散射透过率随气溶胶光学厚度增加而减小,减小幅度从大到小依次为城市、荒漠、水体、大陆、生物质(图 2.14)。

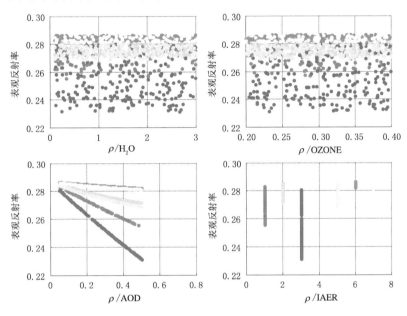

图 2.10　表观反射率随大气参数变化情况(非吸收通道,近红外,冬至)

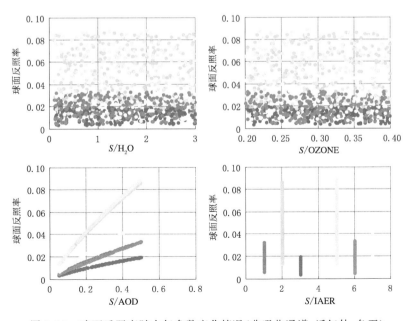

图 2.11　球面反照率随大气参数变化情况(非吸收通道,近红外,冬至)

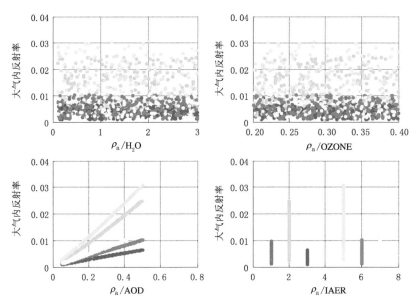

图 2.12　大气内反射率随大气参数变化情况（非吸收通道，近红外，冬至）

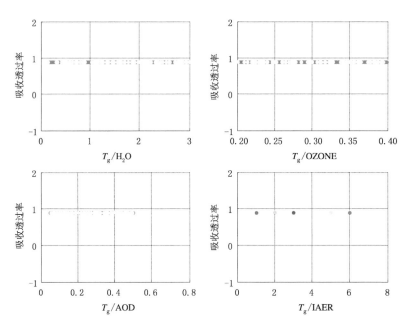

图 2.13　吸收透过率随大气参数变化情况（非吸收通道，近红外，冬至）

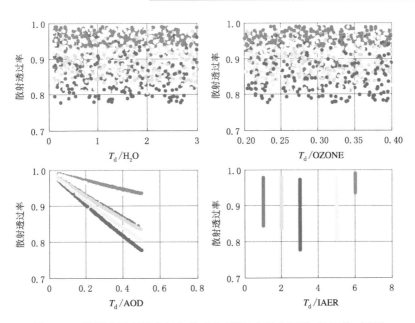

图 2.14　散射透过率随大气参数变化情况（非吸收通道，近红外，冬至）

在冬至日，近红外非吸收通道的表观反射率对气溶胶光学厚度的敏感系数从大到小依次为城市、大陆、荒漠、水体、生物质。在各个气溶胶类型中，表观反射率对地表反射率的敏感系数均接近于 0.9。说明地表反射率的测量误差将以近似于 1∶0.9 的尺度传递给表观反射率（图 2.15）。不同的季节对应不同的观测几何，通过比较近红外非吸收通道在夏至与冬至日的敏感性分析结果，可以发现不同气溶胶类型对辐射传输敏感性的影响是随观测几何变化的。

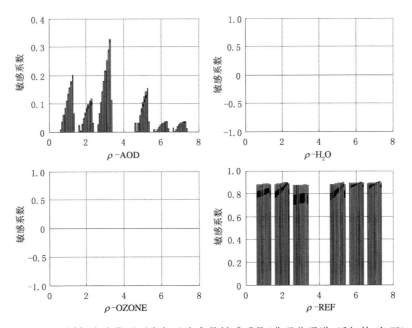

图 2.15　不同气溶胶类型下大气地表参数敏感系数（非吸收通道，近红外，冬至）

2.2.2.3 短波可见非吸收通道

在夏至日,短波可见非吸收通道的表观反射率不随水汽与臭氧变化,随气溶胶类型与气溶胶光学厚度变化明显。除城市类型外,表观反射率随气溶胶光学厚度增加而增加,增减幅度从大到小依次为城市、生物质、水体、荒漠、大陆(图2.16)。球面反照率不随水汽与臭氧变化,随气溶胶类型与气溶胶光学厚度变化明显。除城市类型外,球面反照率随气溶胶光学厚度增加而增加,增减幅度从大到小依次为生物质、城市、水体、大陆、荒漠(图2.17)。大气内反射率不

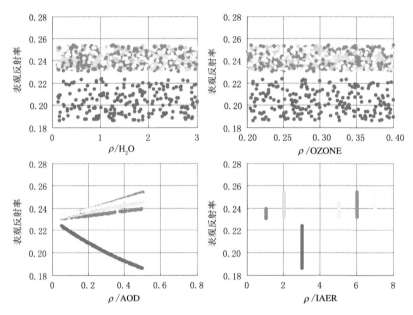

图2.16 表观反射率随大气参数变化情况(非吸收通道,短波可见,夏至)

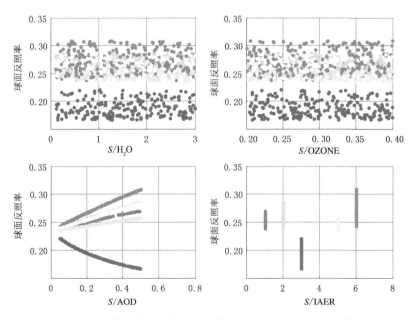

图2.17 球面反照率随大气参数变化情况(非吸收通道,短波可见,夏至)

随水汽与臭氧变化,随气溶胶类型与气溶胶光学厚度变化明显。大气内反射率随气溶胶光学厚度增加而增加,增大幅度从大到小依次为生物质、大陆、荒漠、水体、城市(图 2.18)。吸收透过率仍然不随水汽、臭氧、气溶胶光学厚度与气溶胶类型变化(图 2.19)。散射透过率不随水汽与臭氧变化,随气溶胶类型与气溶胶光学厚度变化明显。散射透过率随气溶胶光学厚度增加而减小,减小幅度从大到小依次为城市、大陆、荒漠、生物质、水体(图 2.20)。

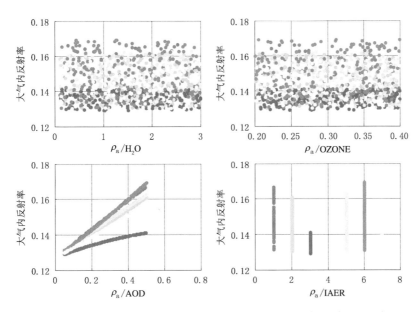

图 2.18　大气内反射率随大气参数变化情况(非吸收通道,短波可见,夏至)

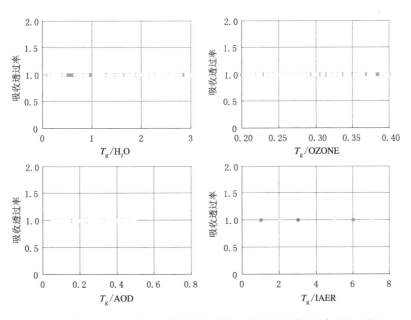

图 2.19　吸收透过率随大气参数变化情况(非吸收通道,短波可见,夏至)

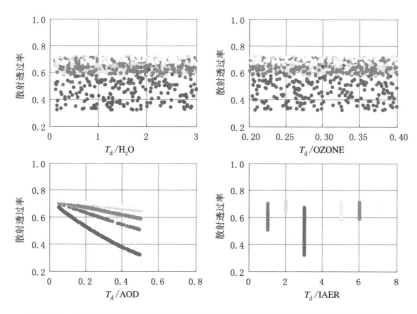

图 2.20　散射透过率随大气参数变化情况（非吸收通道，短波可见，夏至）

在夏至日，短波可见非吸收通道的表观反射率对气溶胶光学厚度的敏感系数从大到小依次为城市、大陆、荒漠、生物质、水体。在城市气溶胶类型中，表观反射率对气溶胶光学厚度的敏感系数接近于 1，远大于近红外非吸收通道的同类系数。在各个气溶胶类型中，表观反射率对地表反射率的敏感系数均接近于 1.2。说明地表反射率的测量误差将以近似于 1∶1.2 的尺度放大传递给表观反射率（图 2.21）。

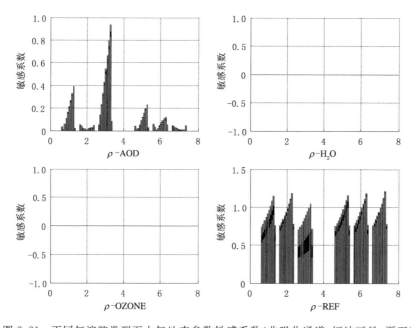

图 2.21　不同气溶胶类型下大气地表参数敏感系数（非吸收通道，短波可见，夏至）

在冬至日,短波可见非吸收通道的表观反射率不随水汽与臭氧变化,随气溶胶类型与气溶胶光学厚度变化明显。与夏至日相同,除城市类型外,表观反射率随气溶胶光学厚度增加而增大,不过增减幅度从大到小的顺序不一致,依次为城市、生物质、水体、大陆、荒漠(图 2.22)。球面反照率不随水汽与臭氧变化,随气溶胶类型与气溶胶光学厚度变化明显。除城市类型外,球面反照率随气溶胶光学厚度增加而增加,增大幅度从大到小依次为生物质、城市、水体、大陆、荒漠(图 2.23)。大气内反射率不随水汽与臭氧变化,随气溶胶类型与气溶胶光学厚度变

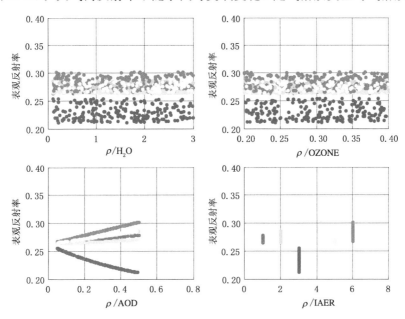

图 2.22　表观反射率随大气参数变化情况(非吸收通道,短波可见,冬至)

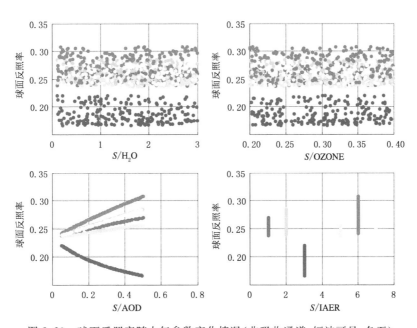

图 2.23　球面反照率随大气参数变化情况(非吸收通道,短波可见,冬至)

化明显。大气内反射率随气溶胶光学厚度增加而增加,增大幅度从大到小依次为生物质、大陆、水体、荒漠、城市(图 2.25)。吸收透过率不随水汽、臭氧、气溶胶光学厚度与气溶胶类型变化。散射透过率不随水汽与臭氧变化,随气溶胶类型与气溶胶光学厚度变化明显。散射透过率随气溶胶光学厚度增加而减小,减小幅度从大到小依次为城市、大陆、荒漠、生物质、水体(图 2.26)。

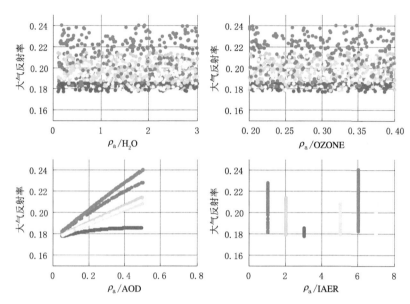

图 2.24　大气内反射率随大气参数变化情况(非吸收通道,短波可见,冬至)

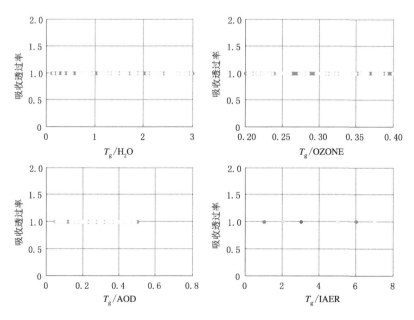

图 2.25　吸收透过率随大气参数变化情况(非吸收通道,短波可见,冬至)

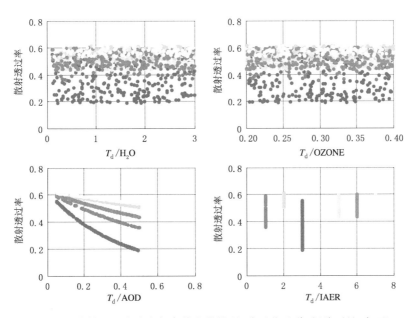

图 2.26　散射透过率随大气参数变化情况（非吸收通道，短波可见，冬至）

　　在冬至日，短波可见非吸收通道的表观反射率对气溶胶光学厚度的敏感系数从大到小依次为城市、大陆、荒漠、生物质、水体。在城市气溶胶类型中，表观反射率对气溶胶光学厚度的最大敏感系数接近于 1，远大于近红外非吸收通道的同类系数。在各个气溶胶类型中，表观反射率对地表反射率的最大敏感系数均接近于 1。说明地表反射率的测量误差将以近似于 1∶1 的尺度传递给表观反射率（图 2.27）。

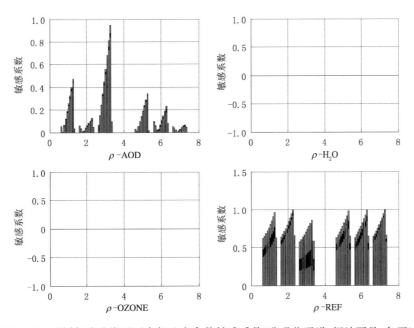

图 2.27　不同气溶胶类型下大气地表参数敏感系数（非吸收通道，短波可见，冬至）

2.2.2.4 水汽吸收通道

在吸收通道,敏感性分析试验的结果与非吸收通道有显著不同。在夏至日,水汽吸收通道的表观反射率不随臭氧变化,随气溶胶类型与水汽变化明显,随气溶胶光学厚度轻微变化。表观反射率随水汽增加而减小,当水汽小于 0.5 g/cm² 时随水汽的增加快速下降,当水汽大于 0.5 g/cm² 时表观反射率减小幅度变缓。在水汽吸收通道表观反射率随气溶胶类型变化的程度较小,在 0.07~0.1 的范围内变化,变化幅度从大到小依次为生物质、水体、荒漠、大陆、城市(图 2.28)。球面反照率不随水汽与臭氧变化,随气溶胶类型与气溶胶光学厚度变化明显。球面反照率随气溶胶光学厚度增加而增加,增加幅度从大到小依次为荒漠、水体、生物质、大陆、城市(图 2.29)。大气内反射率变化较为复杂,不随臭氧变化,随水汽、气溶胶类型变化明显,随气溶胶光学厚度有略微变化。大气内反射率随气溶胶光学厚度与水汽增加而增加,增大幅度从大到小依次为水体、荒漠、生物质、城市、大陆(图 2.30)。吸收透过率不随臭氧、气溶胶光学厚度变化,随水汽显著变化,随气溶胶类型轻微变化。吸收透过率随水汽增加而减小,当水汽小于 0.5 g/cm² 时随水汽的增加快速下降,当水汽大于 0.5 g/cm² 时吸收透过率减小幅度变缓。在水汽吸收通道吸收透过率随气溶胶类型变化幅度相近,从大到小依次为生物质、城市、荒漠、大陆、水体(图 2.31)。散射透过率不随水汽与臭氧变化,随气溶胶类型与气溶胶光学厚度变化明显。散射透过率随气溶胶光学厚度增加而减小,减小幅度从大到小依次为城市、大陆、荒漠、水体、生物质(图 2.32)。水汽吸收透过率不随臭氧、气溶胶光学厚度变化,随水汽与气溶胶类型显著变化。水汽透过率随水汽增加而减小,当水汽小于 0.5 g/cm² 时随水汽的增加快速下降,当水汽大于 0.5 g/cm² 时水汽透过率减小幅度变缓。在水汽吸收通道水汽透过率随气溶胶类型变化幅度从大到小依次为生物质、荒漠、水体、城市、大陆(图 2.33)。

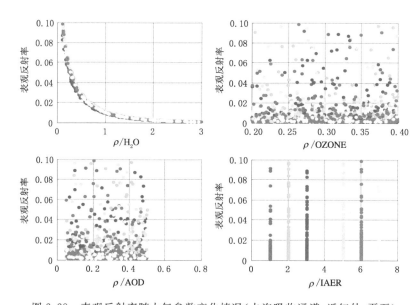

图 2.28　表观反射率随大气参数变化情况(水汽吸收通道,近红外,夏至)

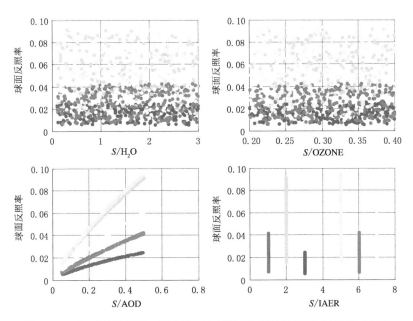

图 2.29　球面反照率随大气参数变化情况(水汽吸收通道,近红外,夏至)

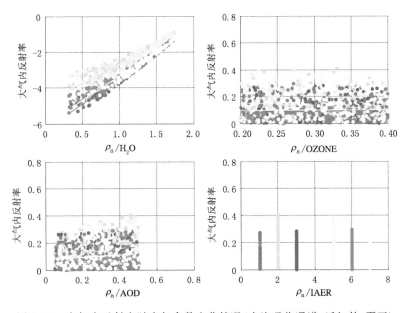

图 2.30　大气内反射率随大气参数变化情况(水汽吸收通道,近红外,夏至)

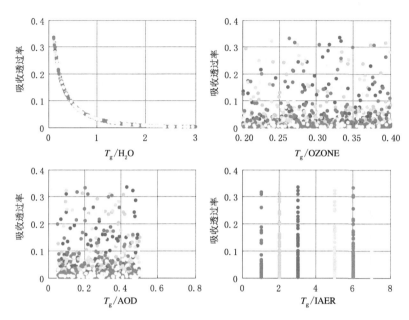

图 2.31　吸收透过率随大气参数变化情况（水汽吸收通道，近红外，夏至）

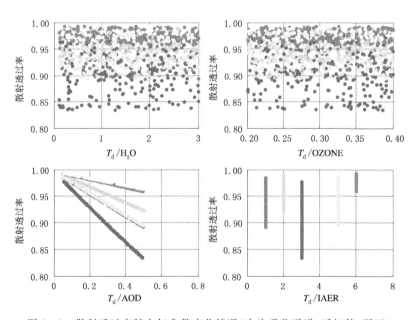

图 2.32　散射透过率随大气参数变化情况（水汽吸收通道，近红外，夏至）

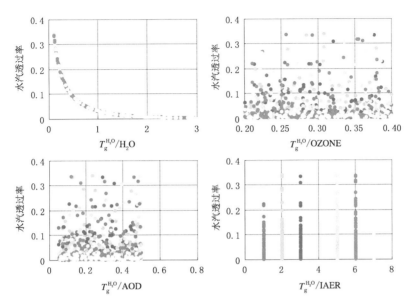

图 2.33　水汽透过率随大气参数变化情况（水汽吸收通道，近红外，夏至）

在夏至日，水汽吸收通道的表观反射率对气溶胶光学厚度的敏感系数从大到小依次为城市、水体、大陆、荒漠、生物质。表观反射率对气溶胶光学厚度的敏感系数几乎为 0（最大值 0.08）。表观反射率对水汽的敏感系数可达 1.7，说明在水汽吸收通道水汽测量误差将以 1:1.7 的尺度放大传递给表观反射率。在各个气溶胶类型中，表观反射率对地表反射率的最大敏感系数接近于 0.35。说明地表反射率的测量误差将以近似于 1:0.35 的尺度传递给表观反射率（图 2.34）。

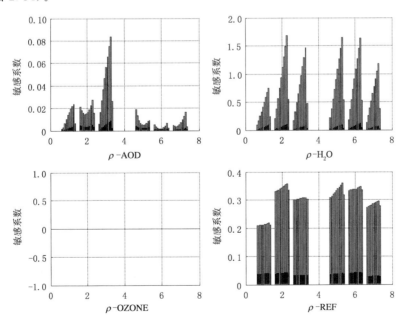

图 2.34　不同气溶胶类型下大气地表参数敏感系数（水汽吸收通道，近红外，夏至）

在冬至日,水汽吸收通道的表观反射率不随臭氧变化,随气溶胶类型与水汽变化明显,随气溶胶光学厚度轻微变化。表观反射率随水汽增加而减小,当水汽小于 0.5 g/cm² 时随水汽的增加快速下降,当水汽大于 0.5 g/cm² 时表观反射率减小幅度变缓。在水汽吸收通道表观反射率随气溶胶类型变化的程度较小,在 0.07～0.1 的范围内变化,变化幅度从大到小依次为水体、荒漠、生物质、城市、大陆(图 2.35)。球面反照率不随水汽与臭氧变化,随气溶胶类型与气溶胶光学厚度变化明显。球面反照率随气溶胶光学厚度增加而增加,增加幅度从大到小依次为荒漠、水体、生物质、大陆、城市(图 2.36)。大气内反射率变化较为复杂,不随臭氧变化,随水汽、气溶胶类型变化明显,随气溶胶光学厚度变化有略微变化。大气内反射率随气溶胶光学厚度与水汽增加而增加,增大幅度从大到小依次为荒漠、水体、生物质、城市、大陆(图 2.37)。吸收透过率不随臭氧、气溶胶光学厚度变化,随水汽显著变化,随气溶胶类型轻微变化。吸收透过率随水汽增加而减小,当水汽小于 0.5 g/cm² 时随水汽的增加快速下降,当水汽大于 0.5 g/cm² 时吸收透过率减小幅度变缓。在水汽吸收通道吸收透过率随气溶胶类型变化幅度相近,从大到小依次为水体、城市、荒漠、生物质、大陆(图 2.38)。散射透过率不随水汽与臭氧变化,随气溶胶类型与气溶胶光学厚度变化明显。散射透过率随气溶胶光学厚度增加而减小,减小幅度从大到小依次为城市、荒漠、大陆、水体、生物质(图 2.39)。水汽吸收透过率不随臭氧、气溶胶光学厚度变化,随水汽显著变化,随气溶胶类型轻微变化。水汽透过率随水汽增加而减小,当水汽小于 0.5 g/cm² 时随水汽的增加快速下降,当水汽大于 0.5 g/cm² 时水汽透过率减小幅度变缓(图 2.40)。

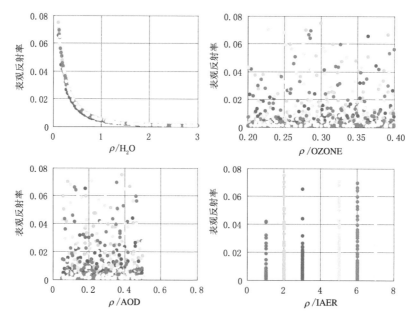

图 2.35　表观反射率随大气参数变化情况(水汽吸收通道,近红外,冬至)

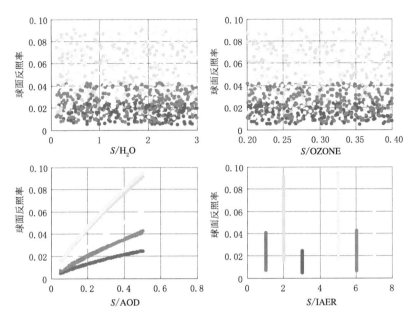

图 2.36　球面反照率随大气参数变化情况(水汽吸收通道,近红外,冬至)

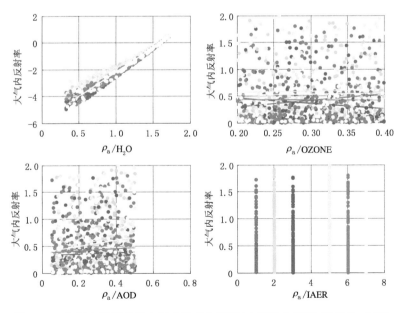

图 2.37　大气内反射率随大气参数变化情况(水汽吸收通道,近红外,冬至)

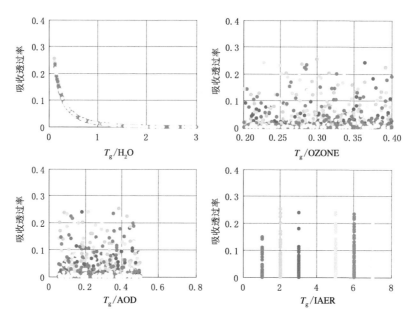

图 2.38　吸收透过率随大气参数变化情况(水汽吸收通道,近红外,冬至)

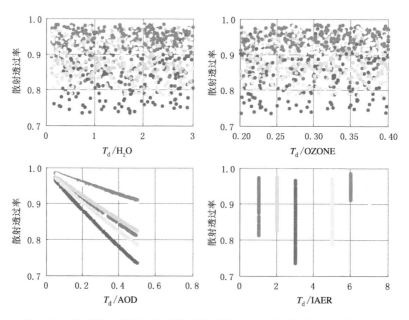

图 2.39　散射透过率随大气参数变化情况(水汽吸收通道,近红外,冬至)

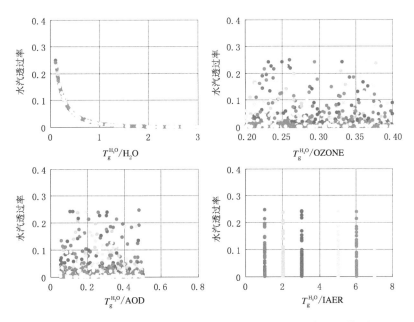

图 2.40　水汽透过率随大气参数变化情况（水汽吸收通道，近红外，冬至）

　　在冬至日，水汽吸收通道的表观反射率对气溶胶光学厚度的敏感系数从大到小依次为城市、大陆、荒漠、水体、生物质。表观反射率对气溶胶光学厚度的敏感系数几乎为 0（最大值 0.1）。表观反射率对水汽的敏感系数可达 1.4，说明在水汽吸收通道水汽测量误差将以 1∶1.4 的尺度放大传递给表观反射率。在各个气溶胶类型中，表观反射率对地表反射率的最大敏感系数接近 0.23。说明在水汽吸收通道最主要的误差源是水汽测量误差，地表反射率的测量误差仅以近似于 1∶0.23 的尺度传递给表观反射率（图 2.41）。

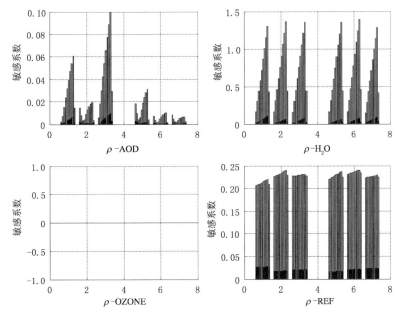

图 2.41　不同气溶胶类型下大气地表参数敏感系数（水汽吸收通道，近红外，冬至）

2.2.2.5 臭氧吸收通道

在夏至日,臭氧吸收通道的表观反射率不随水汽变化,随气溶胶类型与气溶胶光学厚度变化明显,随臭氧轻微变化。表观反射率随臭氧增加而减小。除大陆与城市类型外表观反射率随气溶胶光学厚度增加而增加。在臭氧吸收通道表观反射率随气溶胶类型变化的幅度从大到小依次为城市、水体、大陆、荒漠、生物质(图 2.42)。球面反照率不随水汽与臭氧变化,随气溶胶类型与气溶胶光学厚度变化明显。球面反照率随气溶胶光学厚度增加而增加,增加幅度从大到小依次为生物质、荒漠、水体、大陆、城市(图 2.43)。大气内反射率不随水汽、臭氧变化,随

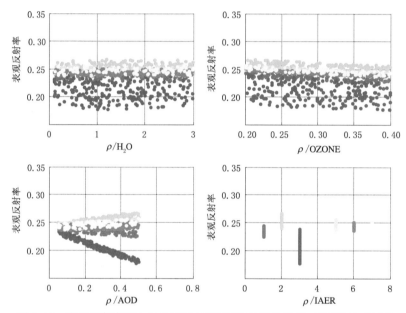

图 2.42 表观反射率随大气参数变化情况(臭氧吸收通道,短波可见,夏至)

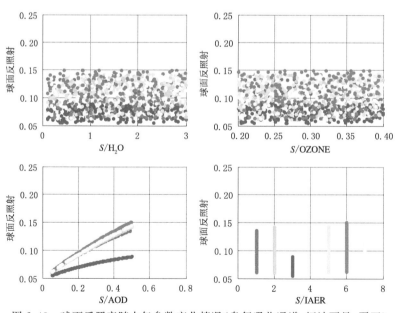

图 2.43 球面反照率随大气参数变化情况(臭氧吸收通道,短波可见,夏至)

气溶胶光学厚度、气溶胶类型变化明显。大气内反射率随气溶胶光学厚度增加而增加,增大幅度从大到小依次为荒漠、水体、大陆、生物质、城市(图 2.44)。吸收透过率不随水汽、气溶胶光学厚度、气溶胶类型变化,随臭氧显著变化。吸收透过率随臭氧增加而线性减小(图 2.45)。散射透过率不随水汽与臭氧变化,随气溶胶类型与气溶胶光学厚度变化明显。散射透过率随气溶胶光学厚度增加而减小,减小幅度从大到小依次为城市、大陆、荒漠、生物质、水体(图 2.46)。

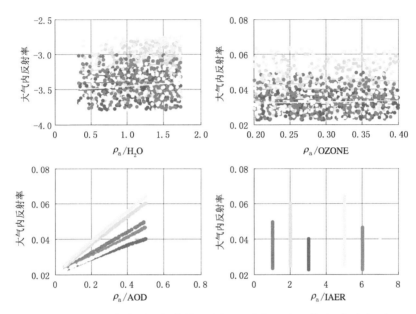

图 2.44 大气内反射率随大气参数变化情况(臭氧吸收通道,短波可见,夏至)

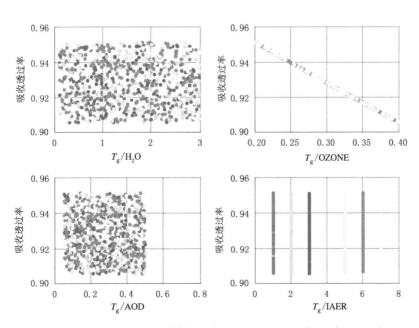

图 2.45 吸收透过率随大气参数变化情况(臭氧吸收通道,短波可见,夏至)

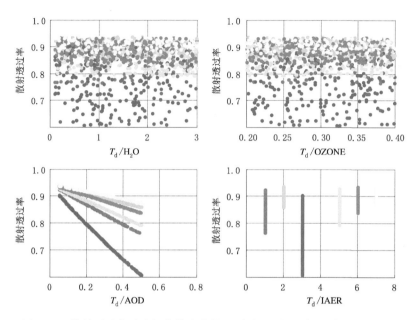

图 2.46　散射透过率随大气参数变化情况(臭氧吸收通道,短波可见,夏至)

在夏至日,臭氧吸收通道的表观反射率对气溶胶光学厚度的敏感系数从大到小依次为城市、大陆、水体、荒漠、生物质。表观反射率对气溶胶光学厚度的敏感系数最大值达 0.5。表观反射率对臭氧的敏感系数可达 0.22,说明在臭氧吸收通道臭氧测量误差将以 1∶0.22 的尺度传递给表观反射率。在各个气溶胶类型中,表观反射率对地表反射率的敏感系数均接近于 1。说明地表反射率的测量误差将以近似于 1∶1 的尺度传递给表观反射率(图 2.47)。

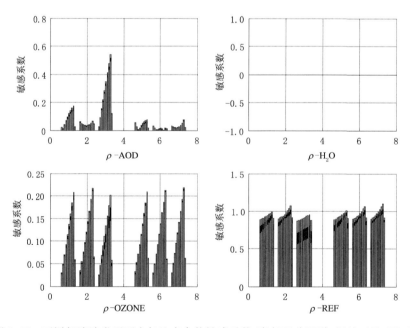

图 2.47　不同气溶胶类型下大气地表参数敏感系数(臭氧吸收通道,短波可见,夏至)

在冬至日,臭氧吸收通道的表观反射率不随水汽变化,随气溶胶类型与气溶胶光学厚度变化明显,随臭氧轻微变化。表观反射率随臭氧增加而减小。除大陆、城市、荒漠外表观反射率随气溶胶光学厚度增加而增加。在臭氧吸收通道表观反射率随气溶胶类型变化的幅度从大到小依次为城市、大陆、荒漠、生物质、水体(图 2.48)。球面反照率不随水汽与臭氧变化,随气溶胶类型与气溶胶光学厚度变化明显。球面反照率随气溶胶光学厚度增加而增加,增加幅度从大到小依次为生物质、荒漠、水体、大陆、城市(图 2.49)。大气内反射率不随水汽、臭氧变化,

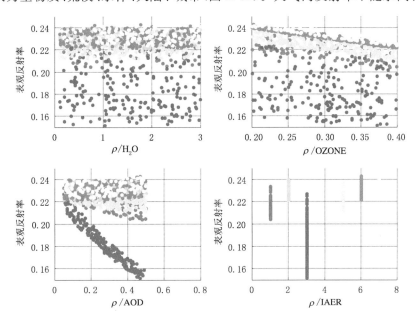

图 2.48　表观反射率随大气参数变化情况(臭氧吸收通道,短波可见,冬至)

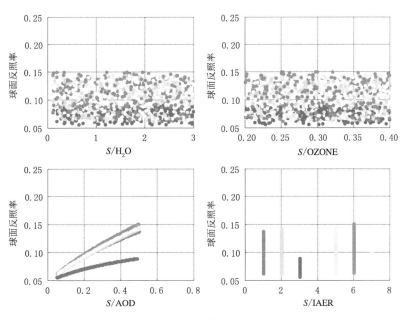

图 2.49　球面反照率随大气参数变化情况(臭氧吸收通道,短波可见,冬至)

随气溶胶光学厚度、气溶胶类型变化明显。大气内反射率随气溶胶光学厚度增加而增加,增大幅度从大到小依次为生物质、大陆、荒漠、水体、城市(图 2.50)。吸收透过率不随水汽、气溶胶光学厚度、气溶胶类型变化,随臭氧显著变化。吸收透过率随臭氧增加而线性减小(图 2.51)。散射透过率不随水汽与臭氧变化,随气溶胶类型与气溶胶光学厚度变化明显。散射透过率随气溶胶光学厚度增加而减小,减小幅度从大到小依次为城市、大陆、荒漠、生物质、水体(图 2.52)。

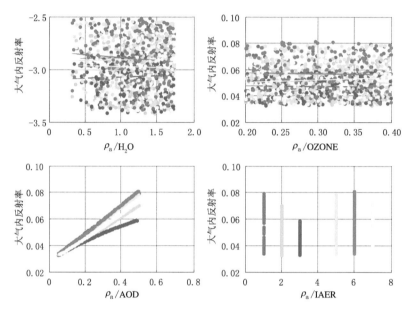

图 2.50 大气内反射率随大气参数变化情况(臭氧吸收通道,短波可见,冬至)

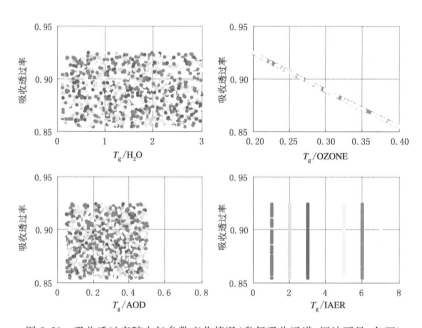

图 2.51 吸收透过率随大气参数变化情况(臭氧吸收通道,短波可见,冬至)

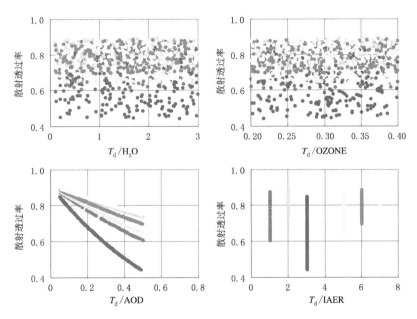

图 2.52　散射透过率随大气参数变化情况（臭氧吸收通道，短波可见，冬至）

　　在冬至日，臭氧吸收通道的表观反射率对气溶胶光学厚度的敏感系数从大到小依次为城市、大陆、荒漠、生物质、水体。表观反射率对气溶胶光学厚度的敏感系数最大值 0.8。表观反射率对臭氧的敏感系数可达 0.3，说明在臭氧吸收通道臭氧测量误差将以 1∶0.3 的尺度传递给表观反射率。在各个气溶胶类型中，表观反射率对地表反射率的敏感系数均接近于 0.9。说明地表反射率的测量误差将以近似于 1∶0.9 的尺度传递给表观反射率（图 2.53）。

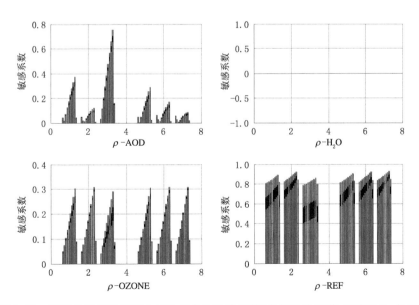

图 2.53　不同气溶胶类型下大气地表参数敏感系数（臭氧吸收通道，短波可见，冬至）

2.2.2.6　结论

在非吸收通道,大气内反射率、散射透过率、球面反照率均只随气溶胶光学厚度的改变而改变,改变幅度随气溶胶类型的不同而不同;吸收透过率在非吸收通道基本维持不变。表观反射率基本不随水汽含量及臭氧含量的改变而改变。在瑞利散射较强的(短波可见)通道情况依然类似。经过辐射传输计算得到的表观反射率随气溶胶光学厚度、气溶胶类型、地表反射率、观测几何、观测通道改变,与水汽及臭氧含量无关(图 2.54)。就表观反射率对气溶胶光学厚度的敏感系数而言,如果地表反射率取敦煌场典型值,则夏季小于冬季、沙漠类型最小、城市类型最大,平均大小为 0.041(表 2.1)。

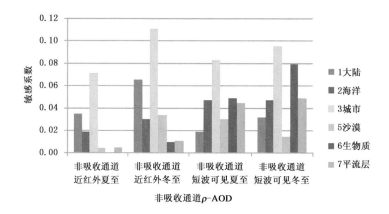

图 2.54　非吸收通道表观反射率对气溶胶光学厚度的敏感系数

表 2.1　非吸收通道表观反射率对气溶胶光学厚度的敏感系数

	非吸收通道 近红外 夏至	非吸收通道 近红外 冬至	非吸收通道 短波可见 夏至	非吸收通道 短波可见 冬至	非吸收通道均值
1 大陆	0.0352	0.0653	0.0193	0.0316	0.0379
2 海洋	0.0191	0.0299	0.0473	0.0473	0.0359
3 城市	0.0714	0.1107	0.0829	0.0949	0.0900
5 沙漠	0.0041	0.0343	0.0302	0.0146	0.0208
6 生物质	0.0004	0.0097	0.0491	0.0789	0.0345
7 平流层	0.0048	0.0109	0.0443	0.0487	0.0272
平均值					0.0410

在水汽吸收通道,散射透过率、球面反照率均只随气溶胶光学厚度的改变而改变,改变幅度随气溶胶类型的不同而不同;吸收透过率只随水汽含量的改变而改变;大气内反射率则较为复杂,既随气溶胶光学厚度变化,也随水汽含量变化。在影响大气内反射率的参量中,瑞利反射率基本不变,总反射率(瑞利＋气溶胶)随光学厚度变化,水汽透过率则随水汽含量变化。

由于水汽通道的吸收透过率随水汽含量非线性改变,因此大气内反射率、表观反射率(图 2.55,图 2.56)对光学厚度的敏感程度也随水汽含量非线性改变,在定性分析时分别计算敏感系数的最大、最小值(表 2.2、表 2.3);需要准确数值时需要具体计算。

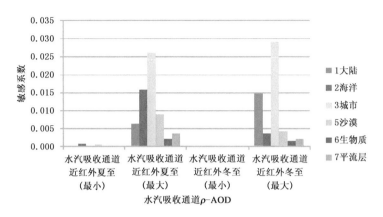

图 2.55　水汽吸收通道表观反射率对气溶胶光学厚度的敏感系数

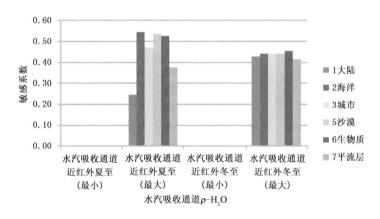

图 2.56　水汽吸收通道表观反射率对水汽含量的敏感系数

表 2.2　水汽吸收通道表观反射率对气溶胶光学厚度的敏感系数

	水汽吸收通道 近红外夏至(最小)	水汽吸收通道 近红外夏至(最大)	水汽吸收通道 近红外冬至(最小)	水汽吸收通道 近红外冬至(最大)	水气吸收通道均值
1 大陆	0.0000	0.0063	0.0000	0.0148	0.0053
2 海洋	0.0008	0.0159	0.0003	0.0036	0.0051
3 城市	0.0001	0.0261	0.0000	0.0292	0.0138
5 沙漠	0.0007	0.0090	0.0003	0.0043	0.0036
6 生物质	0.0002	0.0021	0.0001	0.0016	0.0010
7 平流层	0.0002	0.0037	0.0002	0.0022	0.0016
平均值					0.0050

表 2.3　水汽吸收通道表观反射率对水汽含量的敏感系数

	水汽吸收通道近红外夏至(最小)	水汽吸收通道近红外夏至(最大)	水汽吸收通道近红外冬至(最小)	水汽吸收通道近红外冬至(最大)	水气吸收通道均值
1 大陆	0.0008	0.2439	0.0002	0.4291	0.1685
2 海洋	0.0009	0.5464	0.0002	0.4428	0.2476
3 城市	0.0007	0.4731	0.0002	0.4410	0.2288
5 沙漠	0.0009	0.5357	0.0002	0.4425	0.2448
6 生物质	0.0008	0.5280	0.0003	0.4555	0.2461
7 平流层	0.0008	0.3768	0.0002	0.4159	0.1984
平均值					0.2224

在臭氧吸收通道,大气内反射率、散射透过率、球面反照率均只随气溶胶光学厚度的改变而改变,改变幅度随气溶胶类型的不同而不同;吸收透过率只随臭氧含量的改变而改变。

臭氧吸收通道表观反射率对光学厚度的敏感程度依气溶胶类型变化明显,受季节的影响也略有体现(图 2.57)。对臭氧含量的敏感程度随气溶胶类型略有变化,受季节的影响则更为明显(图 2.58)。从季节平均上来看,臭氧吸收通道表观反射率对光学厚度的敏感系数依不同的气溶胶类型在 0.0086～0.1360 变化,差异达到了一个数量级(表 2.4)。对臭氧含量的敏感

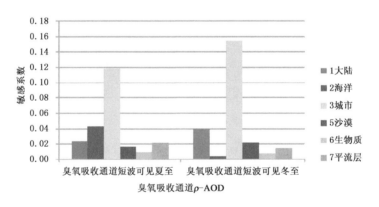

图 2.57　臭氧吸收通道表观反射率对气溶胶光学厚度的敏感系数

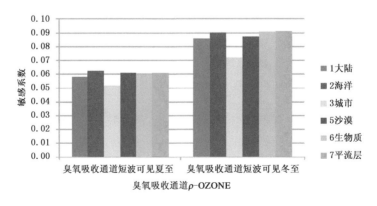

图 2.58　臭氧吸收通道表观反射率对臭氧含量的敏感系数

系数依不同的气溶胶类型则在 0.0616～0.0765 变化,相对更为稳定(表 2.5)。虽然从平均值上来看光学厚度的敏感系数(0.0396)要小于臭氧含量的敏感系数(0.0726),但是在某些气溶胶类型时(城市型),光学厚度的影响更为显著。

表 2.4　臭氧吸收通道表观反射率对气溶胶光学厚度的敏感系数

AOD	臭氧吸收通道 短波可见 夏至	臭氧吸收通道 短波可见 冬至	臭氧吸收均值
1 大陆	0.0241	0.0396	0.0318
2 海洋	0.0429	0.0043	0.0236
3 城市	0.1183	0.1538	0.1360
5 沙漠	0.0164	0.0214	0.0189
6 生物质	0.0094	0.0078	0.0086
7 平流层	0.0221	0.0147	0.0184
均值			0.0396

表 2.5　臭氧吸收通道表观反射率对臭氧含量的敏感系数

OZONE	臭氧吸收通道 短波可见 夏至	臭氧吸收通道 短波可见 冬至	臭氧吸收均值
1 大陆	0.0581	0.0855	0.0718
2 海洋	0.0628	0.0903	0.0765
3 城市	0.0513	0.0718	0.0616
5 沙漠	0.0611	0.0873	0.0742
6 生物质	0.0602	0.0906	0.0754
7 平流层	0.0611	0.0916	0.0763
均值			0.0726

在任意通道,吸收透过率、散射透过率、大气内反射率、球面反照率均不随地表反射率变化。表观反射率则随地表反射率有明显变化(图 2.59)。从具体的数值(表 2.6)来看,除了水汽吸收通道,非吸收通道与臭氧吸收通道的敏感系数均在 0.7 以上。与影响表观反射率的其他大气参数(气溶胶、水汽含量、臭氧含量)相对,地表反射率的影响无疑是最显著的。

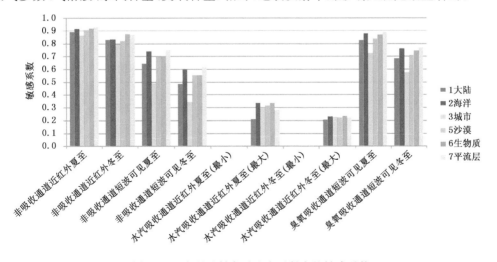

图 2.59　表观反射率对地表反射率的敏感系数

表 2.6　表观反射率对地表反射率的敏感系数

REF	非吸收均值	水汽吸收均值	臭氧吸收均值
1 大陆	0.7126	0.1061	0.7563
2 海洋	0.7751	0.1421	0.8195
3 城市	0.6225	0.1335	0.6520
5 沙漠	0.7449	0.1365	0.7762
6 生物质	0.7644	0.1430	0.8072
7 平流层	0.7910	0.1267	0.8299
均值	0.7351	0.1313	0.7735

2.2.3　FY-3A/MERSI 场地校正误差分析

在星载遥感器的外场地校正中,校正不确定度的估算是一个复杂的技术问题。在针对可见—近红外通道的反射率基法中,参与校正误差贡献的主要有地表反射率测量误差、大气参数的测量误差(气溶胶、水汽和臭氧等)、卫星像元误差、观测几何、大气模型的假设和辐射传输模式自身的误差等等。

2.2.3.1　场地地表反射率测量误差

敦煌场地地面尽管光学均一性和朗伯特性较好,但针对低空间分辨率的气象卫星来说,在 10 km×10 km 的覆盖区内,在卫星过境前后地面只能获取有限的测量数据。该数据与卫星测量的真实值存在差异,另外,场地的颗粒大小也存在差异,加上仪器、参考板和测量误差,这些构成了地表反射率测量的误差。分析先前的敦煌测量结果,敦煌垂直测量反射率标准偏差在 2%~3%。由于太阳、卫星观测几何的变化,倾斜测量相对于星下点测量可能产生 25% 的误差。由此,选择 FY-3A/MERSI 19 个通道作为研究对象,选取敦煌地面分谱垂直测量反射率样本,并转换成卫星对应通道的数据,分别给定一个 ±2.5%、±25% 的误差,进行辐射传输模拟计算,比较其表观反射率的变化,进行地表反射率测量误差对校正总误差贡献的灵敏度分析。

(1) 使用 6S 辐射传输模型 version 4.1 版本软件包,输入敦煌场卫星通道地表反射率,假定水汽、臭氧、气溶胶光学厚度分别为:1.50 g/cm² 、0.284 和 0.25,运行 6S 辐射传输模型,计算结果如表 2.7 所示。

表 2.7　FY-3A/MERSI 通道 1~20(通道 5 除外)模拟结果

通道	中心波长(μm)	太阳天顶角(°)	地表反射率	卫星入瞳处表观反射率
1	0.470	40.2326	0.1570	0.1988
2	0.550	40.2326	0.1960	0.2029
3	0.650	40.2326	0.2220	0.2176
4	0.865	40.2326	0.2270	0.2236
6	1.640	40.2326	0.3050	0.2936
7	2.130	40.2326	0.3160	0.3006
8	0.412	40.2326	0.1280	0.2088
9	0.443	40.2326	0.1470	0.2025

通道	中心波长（μm）	太阳天顶角（°）	地表反射率	卫星入瞳处表观反射率
10	0.490	40.2326	0.1640	0.1981
11	0.520	40.2326	0.1790	0.1980
12	0.565	40.2326	0.2050	0.2041
13	0.650	40.2326	0.2220	0.2166
14	0.685	40.2326	0.2250	0.2131
15	0.765	40.2326	0.2300	0.1942
16	0.865	40.2326	0.2270	0.2275
17	0.905	40.2326	0.2260	0.1884
18	0.940	40.2326	0.2260	0.1069
19	0.980	40.2326	0.2310	0.2048
20	1.030	40.2326	0.2340	0.2281

（2）将敦煌地表反射率±2.5％、±25％的误差加入后，重新进行模拟计算，给出的表观反射率如表 2.8、表 2.9 所示。

表 2.8　增加±2.5％误差后 FY-3A/MERSI 通道 1～20（通道 5 除外）模拟结果

通道	中心波长（μm）	增加 2.5％地表反射率	表观反射率	大气顶反射率误差	减少 2.5％地表反射率	表观反射率	大气顶反射率误差
1	0.470	0.1609	0.2018	0.0151	0.1531	0.1958	0.0151
2	0.550	0.2009	0.2069	0.0197	0.1911	0.1990	0.0192
3	0.650	0.2275	0.2224	0.0221	0.2165	0.2129	0.0216
4	0.865	0.2327	0.2288	0.0233	0.2213	0.2184	0.0233
6	1.640	0.3126	0.3008	0.0245	0.2974	0.2864	0.0245
7	2.130	0.3239	0.3080	0.0246	0.3081	0.2932	0.0246
8	0.412	0.1312	0.2110	0.0105	0.1248	0.2066	0.0105
9	0.443	0.1507	0.2053	0.0138	0.1433	0.1998	0.0133
10	0.490	0.1681	0.2014	0.0167	0.1599	0.1949	0.0162
11	0.520	0.1835	0.2016	0.0182	0.1745	0.1944	0.0182
12	0.565	0.2101	0.2082	0.0201	0.1999	0.2000	0.0201
13	0.650	0.2275	0.2213	0.0217	0.2165	0.2119	0.0217
14	0.685	0.2306	0.2178	0.0221	0.2194	0.2084	0.0221
15	0.765	0.2357	0.1986	0.0227	0.2243	0.1898	0.0227
16	0.865	0.2327	0.2329	0.0237	0.2213	0.2222	0.0233
17	0.905	0.2316	0.1927	0.0228	0.2203	0.1840	0.0234
18	0.940	0.2316	0.1092	0.0215	0.2203	0.1044	0.0234
19	0.980	0.2368	0.2096	0.0234	0.2252	0.2000	0.0234
20	1.030	0.2398	0.2334	0.0232	0.2282	0.2227	0.0237

表 2.9　增加±25％误差后 FY-3A/MERSI 通道 1～20(通道 5 除外)模拟结果

通道	中心波长(μm)	增加 25％地表反射率	表观反射率	大气顶反射率误差	减少 25％地表反射率	表观反射率	大气顶反射率误差
1	0.470	0.1963	0.2293	0.1534	0.1177	0.1687	0.1514
2	0.550	0.2450	0.2427	0.1962	0.1470	0.1637	0.1932
3	0.650	0.2775	0.2655	0.2201	0.1665	0.1704	0.2169
4	0.865	0.2838	0.2757	0.2330	0.1703	0.1720	0.2308
6	1.640	0.3812	0.3658	0.2459	0.2288	0.2219	0.2442
7	2.130	0.3950	0.3750	0.2475	0.2370	0.2266	0.2462
8	0.412	0.1600	0.2310	0.1063	0.0960	0.1868	0.1054
9	0.443	0.1838	0.2299	0.1353	0.1102	0.1756	0.1328
10	0.490	0.2050	0.2308	0.1651	0.1230	0.1659	0.1625
11	0.520	0.2238	0.2343	0.1833	0.1342	0.1621	0.1813
12	0.565	0.2562	0.2454	0.2024	0.1538	0.1632	0.2004
13	0.650	0.2775	0.2640	0.2188	0.1665	0.1697	0.2165
14	0.685	0.2813	0.2607	0.2234	0.1688	0.1661	0.2206
15	0.765	0.2875	0.2387	0.2291	0.1725	0.1501	0.2271
16	0.865	0.2838	0.2806	0.2334	0.1703	0.1750	0.2308
17	0.905	0.2825	0.2318	0.2304	0.1695	0.1453	0.2288
18	0.940	0.2825	0.1310	0.2254	0.1695	0.0829	0.2245
19	0.980	0.2888	0.2528	0.2344	0.1733	0.1572	0.2324
20	1.030	0.2925	0.2820	0.2363	0.1755	0.1745	0.2350

可看出,地表反射率为±2.5％和±25％的测量误差,上行传递到大气顶时,在卫星遥感器入瞳处表观反射率的误差在 1.05％～2.46％和 10.5％～24.8％,这说明地表反射率误差对卫星通道校正总误差贡献接近于 1∶1 。

2.2.3.2　大气误差分析

(1)水汽误差

在敦煌场地校正中,需要考虑大气柱中的水汽含量,水汽含量通常利用卫星过境前后施放的探空气球获得的探空廓线导出 ,利用探空廓线获得的水汽含量本身存在一定的误差。为了分析水汽误差对大气顶表观反射率的影响,假定水汽含量为 1.5 g/cm²,然后给定几个水汽误差,针对 FY-3A 19 个通道分别进行辐射传输模拟计算,分析相关通道水汽误差对上行到达大气顶的误差贡献(毕研盟 等,2011)。

由表 2.10 数据计算出大气顶表观反射率误差如表 2.11 所示(假定水汽含量为 1.5 g/cm²)。

表 2.10　增加水汽误差时,FY-3A/MERSI 通道 1～20(通道 5 除外)表观反射率

通道	中心波长(μm)	1.5 g/cm² 水汽	10％误差	20％误差	30％误差	40％误差	50％误差	60％误差
1	0.470	0.1988	0.1988	0.1987	0.1987	0.1987	0.1987	0.1987
2	0.550	0.2029	0.2029	0.2029	0.2029	0.2029	0.2029	0.2029
3	0.650	0.2176	0.2176	0.2175	0.2174	0.2173	0.2172	0.2171
4	0.865	0.2236	0.2233	0.2230	0.2228	0.2225	0.2223	0.2221

通道	中心波长(μm)	1.5 g/cm² 水汽	10%误差	20%误差	30%误差	40%误差	50%误差	60%误差
6	1.640	0.2936	0.2935	0.2935	0.2934	0.2934	0.2933	0.2933
7	2.130	0.3006	0.2998	0.2991	0.2984	0.2977	0.2970	0.2964
8	0.412	0.2088	0.2088	0.2088	0.2088	0.2088	0.2088	0.2088
9	0.443	0.2025	0.2025	0.2025	0.2025	0.2025	0.2025	0.2025
10	0.490	0.1981	0.1981	0.1981	0.1981	0.1981	0.1981	0.1981
11	0.520	0.1980	0.1980	0.1980	0.1980	0.1980	0.1980	0.1980
12	0.565	0.2041	0.2040	0.2040	0.2039	0.2039	0.2039	0.2038
13	0.650	0.2166	0.2164	0.2163	0.2161	0.2160	0.2158	0.2156
14	0.685	0.2131	0.2130	0.2128	0.2127	0.2125	0.2124	0.2122
15	0.765	0.1942	0.1942	0.1941	0.1941	0.1941	0.1941	0.1941
16	0.865	0.2275	0.2275	0.2275	0.2275	0.2274	0.2274	0.2274
17	0.905	0.1884	0.1863	0.1844	0.1825	0.1808	0.1791	0.1775
18	0.940	0.1069	0.1031	0.0997	0.0966	0.0937	0.0910	0.0885
19	0.980	0.2048	0.2032	0.2018	0.2004	0.1990	0.1978	0.1965
20	1.030	0.2281	0.2278	0.2276	0.2274	0.2271	0.2269	0.2268

表 2.11　FY-3A/MERSI 通道水汽误差对表观反射率误差贡献

通道	中心波长(μm)	10%误差	20%误差	30%误差	40%误差	50%误差	60%误差
1	0.470	0	0.0005	0.0005	0.0005	0.0005	0.0005
2	0.550	0	0	0	0	0	0
3	0.650	0	0.0005	0.0009	0.0014	0.0018	0.0023
4	0.865	0.0013	0.0027	0.0036	0.0049	0.0058	0.0067
6	1.640	0.0003	0.0003	0.0007	0.0007	0.0010	0.0010
7	2.130	0.0027	0.0050	0.0073	0.0096	0.0120	0.0140
8	0.412	0	0	0	0	0	0
9	0.443	0	0	0	0	0	0
10	0.490	0	0	0	0	0	0
11	0.520	0	0	0	0	0	0
12	0.565	0.0005	0.0005	0.0010	0.0010	0.0010	0.0015
13	0.650	0.0009	0.0014	0.0023	0.0028	0.0037	0.0046
14	0.685	0.0005	0.0014	0.0019	0.0028	0.0033	0.0042
15	0.765	0	0.0005	0.0005	0.0005	0.0005	0.0005
16	0.865	0	0	0	0.0004	0.0004	0.0004
17	0.905	0.0111	0.0212	0.0313	0.0403	0.0494	0.0579
18	0.940	0.0355	0.0674	0.0964	0.1235	0.1487	0.1721
19	0.980	0.0078	0.0146	0.0215	0.0283	0.0342	0.0405
20	1.030	0.0013	0.0022	0.0031	0.0044	0.0053	0.0057

假定水汽含量为 2.5 g/cm², 给定几个水汽误差, 辐射传输模拟结果如表 2.12 所示。

表 2.12　FY-3A/MERSI 通道 1～20(通道 5 除外)模拟计算表观反射率

通道	中心波长(μm)	2.5 g/cm² 水汽	10%误差	20%误差	30%误差	40%误差	50%误差	60%误差
1	0.470	0.1987	0.1987	0.1987	0.1987	0.1987	0.1987	0.1987
2	0.550	0.2029	0.2028	0.2028	0.2028	0.2028	0.2028	0.2027
3	0.650	0.2170	0.2169	0.2168	0.2166	0.2165	0.2164	0.2162
4	0.865	0.2219	0.2216	0.2212	0.2209	0.2206	0.2202	0.2200
6	1.640	0.2933	0.2932	0.2931	0.2930	0.2930	0.2929	0.2928
7	2.130	0.2960	0.2949	0.2939	0.2929	0.2920	0.2911	0.2902
8	0.412	0.2088	0.2088	0.2088	0.2088	0.2088	0.2088	0.2088
9	0.443	0.2025	0.2025	0.2025	0.2025	0.2025	0.2025	0.2025
10	0.490	0.1981	0.1981	0.1981	0.1981	0.1981	0.1981	0.1981
11	0.520	0.1980	0.1980	0.1980	0.1980	0.1980	0.1980	0.1980
12	0.565	0.2038	0.2037	0.2037	0.2036	0.2035	0.2035	0.2034
13	0.650	0.2155	0.2153	0.2151	0.2148	0.2146	0.2144	0.2141
14	0.685	0.2121	0.2119	0.2117	0.2115	0.2113	0.2111	0.2109
15	0.765	0.1941	0.1941	0.1941	0.1941	0.1941	0.1941	0.1940
16	0.865	0.2274	0.2273	0.2273	0.2273	0.2272	0.2272	0.2271
17	0.905	0.1765	0.1741	0.1718	0.1697	0.1677	0.1658	0.1640
18	0.940	0.0869	0.0833	0.0800	0.0770	0.0743	0.0718	0.0694
19	0.980	0.1958	0.1939	0.1921	0.1904	0.1888	0.1873	0.1859
20	1.030	0.2266	0.2264	0.2261	0.2258	0.2256	0.2254	0.2251

由表 2.12 中数据计算出大气顶表观反射率误差如表 2.13 所示(假定水汽含量为 g/cm²)。

表 2.13　FY-3A/MERSI 通道水汽误差对表观反射率误差贡献

通道	中心波长(μm)	10%误差	20%误差	30%误差	40%误差	50%误差	60%误差
1	0.470	0	0	0	0	0	0
2	0.550	0.0005	0.0005	0.0005	0.0005	0.0005	0.0010
3	0.650	0.0005	0.0009	0.0018	0.0023	0.0028	0.0037
4	0.865	0.0014	0.0032	0.0045	0.0059	0.0077	0.0086
6	1.640	0.0003	0.0007	0.0010	0.0010	0.0014	0.0017
7	2.130	0.0037	0.0071	0.0105	0.0135	0.0166	0.0196
8	0.412	0	0	0	0	0	0
9	0.443	0	0	0	0	0	0
10	0.490	0	0	0	0	0	0
11	0.520	0	0	0	0	0	0
12	0.565	0.0005	0.0005	0.0010	0.0015	0.0015	0.0020
13	0.650	0.0009	0.0019	0.0032	0.0042	0.0051	0.0065

通道	中心波长（μm）	10％误差	20％误差	30％误差	40％误差	50％误差	60％误差
14	0.685	0.0009	0.0019	0.0028	0.0038	0.0047	0.0057
15	0.765	0	0	0	0	0	0.0005
16	0.865	0.0004	0.0004	0.0004	0.0009	0.0009	0.0013
17	0.905	0.0136	0.0266	0.0385	0.0499	0.0606	0.0708
18	0.940	0.0414	0.0794	0.1139	0.1450	0.1738	0.2014
19	0.980	0.0097	0.0189	0.0276	0.0358	0.0434	0.0506
20	1.030	0.0009	0.0022	0.0035	0.0044	0.0053	0.0066

水汽含量的误差对水汽通道比较灵敏，在 0.94 μm 强吸收带影响最大，一个 30％的水汽误差，对大气顶的表观反射率产生 11.4％的误差，而对于非水汽吸收通道水汽误差对大气顶误差贡献则很小。

（2）臭氧误差贡献

假定臭氧含量为 300 DU，加入 ±10％、±20％、±30％、±40％的误差后，分别进行辐射传输模拟计算，给出的表观反射率如表 2.14 所示。

表 2.14　不同臭氧下 FY-3A/MERSI 通道 1～20（通道 5 除外）模拟计算表观反射率

通道	中心波长（μm）	300DU	−10％误差	+10％误差	−20％误差	+20％误差	−30％误差	+30％误差	−40％误差	+40％误差
1	0.470	0.1987	0.1988	0.1985	0.1990	0.1984	0.1991	0.1982	0.1993	0.1981
2	0.550	0.2023	0.2034	0.2011	0.2046	0.1999	0.2058	0.1988	0.2070	0.1976
3	0.650	0.2168	0.2178	0.2159	0.2187	0.2150	0.2197	0.2140	0.2206	0.2131
4	0.865	0.2227	0.2227	0.2227	0.2227	0.2227	0.2227	0.2227	0.2227	0.2227
6	1.640	0.2934	0.2934	0.2934	0.2934	0.2934	0.2934	0.2934	0.2934	0.2934
7	2.130	0.2982	0.2982	0.2982	0.2982	0.2982	0.2982	0.2982	0.2982	0.2982
8	0.412	0.2088	0.2088	0.2087	0.2088	0.2087	0.2088	0.2087	0.2088	0.2087
9	0.443	0.2025	0.2026	0.2025	0.2026	0.2024	0.2026	0.2024	0.2027	0.2024
10	0.490	0.1980	0.1983	0.1977	0.1985	0.1975	0.1988	0.1972	0.1990	0.1970
11	0.520	0.1976	0.1983	0.1969	0.1990	0.1962	0.1997	0.1956	0.2004	0.1949
12	0.565	0.2031	0.2046	0.2016	0.2062	0.2001	0.2078	0.1986	0.2093	0.1971
13	0.650	0.2155	0.2165	0.2145	0.2176	0.2135	0.2186	0.2125	0.2197	0.2114
14	0.685	0.2124	0.2128	0.2119	0.2133	0.2114	0.2137	0.2110	0.2142	0.2105
15	0.765	0.1941	0.1942	0.1940	0.1942	0.1940	0.1943	0.1939	0.1943	0.1939
16	0.865	0.2274	0.2275	0.2274	0.2275	0.2274	0.2275	0.2274	0.2275	0.2274
17	0.905	0.1819	0.1820	0.1818	0.1820	0.1818	0.1821	0.1817	0.1822	0.1817
18	0.940	0.0956	0.0956	0.0956	0.0956	0.0956	0.0956	0.0956	0.0956	0.0956
19	0.980	0.1999	0.1999	0.1999	0.1999	0.1999	0.1999	0.1999	0.1999	0.1999
20	1.030	0.2273	0.2273	0.2273	0.2273	0.2273	0.2273	0.2273	0.2273	0.2273

由表 2.14 数据计算出大气顶表观反射率误差如表 2.15 所示(假定臭氧含量为 300 DU)。

表 2.15　FY-3A/MERSI 通道臭氧误差对表观反射率误差贡献

通道	中心波长(μm)	−10％误差	10％误差	−20％误差	20％误差	−30％误差	30％误差	−40％误差	40％误差
1	0.470	0.0005	0.0010	0.0015	0.0015	0.0020	0.0025	0.0030	0.0030
2	0.550	0.0054	0.0059	0.0114	0.0119	0.0173	0.0173	0.0232	0.0232
3	0.650	0.0046	0.0042	0.0088	0.0083	0.0134	0.0129	0.0175	0.0171
4	0.865	0	0	0	0	0	0	0	0
6	1.640	0	0	0	0	0	0	0	0
7	2.130	0	0	0	0	0	0	0	0
8	0.412	0	0.0005	0	0.0005	0	0.0005	0	0.0005
9	0.443	0.0005	0	0.0005	0.0005	0.0005	0.0005	0.0010	0.0005
10	0.490	0.0015	0.0015	0.0025	0.0025	0.0040	0.0040	0.0051	0.0051
11	0.520	0.0035	0.0035	0.0071	0.0071	0.0106	0.0101	0.0142	0.0137
12	0.565	0.0074	0.0074	0.0153	0.0148	0.0231	0.0222	0.0305	0.0295
13	0.650	0.0046	0.0046	0.0097	0.0093	0.0144	0.0139	0.0195	0.0190
14	0.685	0.0019	0.0024	0.0042	0.0047	0.0061	0.0066	0.0085	0.0089
15	0.765	0.0005	0.0005	0.0005	0.0005	0.0010	0.0010	0.0010	0.0010
16	0.865	0.0004	0	0.0004	0	0.0004	0	0.0004	0
17	0.905	0.0005	0.0005	0.0005	0.0005	0.0011	0.0011	0.0016	0.0011
18	0.940	0	0	0	0	0	0	0	0
19	0.980	0	0	0	0	0	0	0	0
20	1.030	0	0	0	0	0	0	0	0

臭氧含量误差对 FY-3A/MERSI 通道 2(550 nm)、3(650 nm)、11(520 nm)、12(565 nm)、13(650 nm)有一定影响。在通道 12(565 nm),臭氧含量误差对大气顶表观反射率误差贡献影响最大,±30％的臭氧误差,对大气顶的表观反射率产生 2％~3％的误差,对其他通道影响很小。在太阳反射通道内,臭氧的吸收带主要有三个,分别是哈特莱(Hartley)吸收带(200~300 nm,中心在 255.3 nm)、哈金斯(Huggins)吸收带(300~360 nm,随波长增加而降低)和查普斯(Chappuis)吸收带(440~1180 nm,中心在 602.3 nm)。对 FY-3A/MERSI 而言受臭氧影响较大的是位于查普斯吸收带的各通带。其中最接近查普斯(Chappuis)吸收带中心的通道 12 明显受到的影响最大。由于一 d 之内地表臭氧浓度有一个明显的变化,一般正午达最大值,变化幅度可达数十倍,所以在可见一近红外通道,传统场地校正方法中仅使用臭氧气候产品或日产品开展辐射传输会引入一定的误差。同步试验时增加臭氧含量的实时监测将有助于减小臭氧的误差贡献。

(3)气溶胶测量误差

为了分析气溶胶光学厚度测量误差对卫星高度表观反射率的误差贡献,首先,假定气溶胶光学厚度测值为 0.250,然后增加±10％、±20％、±30％、±40％的测量误差,分别进行辐射传输模拟计算,获得的大气顶表观反射率如表 2.16 所示。

表 2.16 不同气溶胶下 FY-3A/MERSI 通道 1~20(通道 5 除外)模拟计算表观反射率

通道	中心波长 (μm)	AOD550 =0.250	-10% 误差	+10% 误差	-20% 误差	+20% 误差	-30% 误差	+30% 误差	-40% 误差	+40% 误差
1	0.470	0.1987	0.1983	0.1991	0.1980	0.1994	0.1976	0.1998	0.1973	0.2003
2	0.550	0.2023	0.2023	0.2023	0.2023	0.2024	0.2023	0.2025	0.2023	0.2025
3	0.650	0.2171	0.2173	0.2170	0.2174	0.2169	0.2176	0.2168	0.2178	0.2167
4	0.865	0.2236	0.2237	0.2235	0.2237	0.2234	0.2238	0.2234	0.2240	0.2233
6	1.640	0.2936	0.2939	0.2933	0.2942	0.2930	0.2945	0.2927	0.2948	0.2924
7	2.130	0.3006	0.3008	0.3003	0.3010	0.3001	0.3013	0.2999	0.3015	0.2996
8	0.412	0.2088	0.2082	0.2093	0.2076	0.2099	0.2070	0.2105	0.2065	0.2112
9	0.443	0.2025	0.2020	0.2030	0.2016	0.2035	0.2011	0.2040	0.2006	0.2046
10	0.490	0.1980	0.1977	0.1983	0.1975	0.1986	0.1973	0.1989	0.1970	0.1992
11	0.520	0.1976	0.1975	0.1978	0.1973	0.1979	0.1972	0.1981	0.1972	0.1983
12	0.565	0.2032	0.2033	0.2032	0.2033	0.2032	0.2034	0.2032	0.2035	0.2032
13	0.650	0.2160	0.2162	0.2159	0.2163	0.2158	0.2165	0.2157	0.2167	0.2156
14	0.685	0.2129	0.2130	0.2127	0.2132	0.2126	0.2133	0.2125	0.2135	0.2124
15	0.765	0.1941	0.1942	0.1940	0.1944	0.1939	0.1945	0.1938	0.1946	0.1937
16	0.865	0.2275	0.2276	0.2275	0.2277	0.2274	0.2278	0.2273	0.2280	0.2272
17	0.905	0.1883	0.1883	0.1884	0.1883	0.1884	0.1883	0.1884	0.1883	0.1885
18	0.940	0.1069	0.1067	0.1070	0.1066	0.1071	0.1064	0.1073	0.1063	0.1075
19	0.980	0.2048	0.2048	0.2048	0.2048	0.2047	0.2049	0.2047	0.2049	0.2047
20	1.030	0.2281	0.2282	0.2280	0.2283	0.2279	0.2284	0.2278	0.2285	0.2277

由表 2.16 中数据计算出大气顶表观反射率误差如表 2.17 所示(假定:AOD550=0.250(±40% 的测量误差分别为 0.150、0.350))。

表 2.17 FY-3A/MERSI 通道气溶胶先测量误差对表观反射率误差贡献

通道	中心波长(μm)	-10%误差	10%误差	-20%误差	20%误差	-30%误差	30%误差	-40%误差	40%误差
1	0.470	0.0020	0.0020	0.0035	0.0035	0.0055	0.0055	0.0070	0.0081
2	0.550	0	0	0	0.0005	0	0.0010	0	0.0010
3	0.650	0.0009	0.0005	0.0014	0.0009	0.0023	0.0014	0.0032	0.0018
4	0.865	0.0004	0.0004	0.0004	0.0009	0.0009	0.0009	0.0018	0.0013
6	1.640	0.0010	0.0010	0.0020	0.0020	0.0031	0.0031	0.0041	0.0041
7	2.130	0.0007	0.0010	0.0013	0.0017	0.0023	0.0023	0.0030	0.0033
8	0.412	0.0029	0.0024	0.0057	0.0053	0.0086	0.0081	0.0110	0.0115
9	0.443	0.0025	0.0025	0.0044	0.0049	0.0069	0.0074	0.0094	0.0104
10	0.490	0.0015	0.0015	0.0025	0.0030	0.0035	0.0045	0.0051	0.0061
11	0.520	0.0005	0.0010	0.0015	0.0015	0.0020	0.0025	0.0020	0.0035
12	0.565	0.0005	0	0.0005	0	0.0010	0	0.0015	0

通道	中心波长(μm)	−10%误差	10%误差	−20%误差	20%误差	−30%误差	30%误差	−40%误差	40%误差
13	0.650	0.0009	0.0005	0.0014	0.0009	0.0023	0.0014	0.0032	0.0019
14	0.685	0.0005	0.0009	0.0014	0.0014	0.0019	0.0019	0.0028	0.0023
15	0.765	0.0005	0.0005	0.0015	0.0010	0.0021	0.0015	0.0026	0.0021
16	0.865	0.0004	0	0.0009	0.0004	0.0013	0.0009	0.0022	0.0013
17	0.905	0	0.0005	0	0.0005	0	0.0005	0	0.0011
18	0.940	0.0019	0.0009	0.0028	0.0019	0.0047	0.0037	0.0056	0.0056
19	0.980	0	0	0	0.0005	0.0005	0.0005	0.0005	0.0005
20	1.030	0.0004	0.0004	0.0009	0.0009	0.0013	0.0013	0.0018	0.0018

气溶胶光学厚度测量误差对卫星测量误差的贡献并不敏感。尽管波长较短的蓝光附近通道(通道1、8、9、10)误差贡献高于其他波长的通道。然而,在这些蓝光通道,±40%的气溶胶测量误差,对大气顶的表观反射率误差贡献仅为1%左右。

2.2.3.3 气溶胶类型假定误差分析

在辐射传输计算中,通常根据校正试验场环境信息假定气溶胶类型,根据WMO(世界气象组织)规定有大陆性、海洋性、城镇性、乡村性等类型。为了分析敦煌气溶胶类型,对敦煌CE-318太阳光度计测量结果与模拟进行比对,将类型假定误差对大气顶误差贡献进行了分析。

敦煌CE-318太阳光度计在2008年、2009年获得了289组测量数据,对计算结果进行平均,给出CE-318 7个通道(380,440,500,670,870,1020,1640 nm)气溶胶平均光学厚度分别为0.2459、0.2411、0.2118、0.1958、0.1856、0.1752、0.1464,获得的Angstrom系数为0.4352。

利用敦煌获得的Angstrom系数计算了20个通道的气溶胶光学厚度,另外,利用6S code,对大陆性和沙漠型气溶胶进行20个通道的模拟计算,给出的结果如表2.18所示,6S输入:AOD550=0.2273,H_2O=1.20,O_3=0.300(注:AOD为气溶胶光学厚度;APPR-R为表观反射率)。

表 2.18　气溶胶光学厚度测值和表观反射率模拟结果

通道	波长(nm)	敦煌气溶胶测值	Angstrom系数	大陆性AOD模拟	大陆性APPR-R模拟	沙漠型AOD模拟	沙漠型APPR-R模拟	气溶胶类型误差
1	380	0.2459	0.2669	0.33716	0.3624	0.24643	0.3572	0.0146
2	400		0.2610	0.31909	0.3238	0.24384	0.3210	0.008
3	440	0.2411	0.2504	0.28914	0.2706	0.23927	0.2706	0
4	480		0.2411	0.26410	0.2344	0.23515	0.2358	0.0059
5	500	0.2118	0.2369	0.25291	0.2188	0.23299	0.2210	0.0100
6	520		0.2329	0.24233	0.2044	0.23071	0.2074	0.0145
7	560		0.2255	0.22256	0.1781	0.22606	0.1829	0.0262
8	600		0.2188	0.20525	0.1624	0.22135	0.1681	0.0339

续表

通道	波长 (nm)	敦煌气溶 胶测值	Angstrom 系数	大陆性 AOD 模拟	大陆性 APPR-R 模拟	沙漠型 AOD 模拟	沙漠型 APPR-R 模拟	气溶胶类型 误差
9	640		0.2128	0.19025	0.1611	0.21693	0.1676	0.0388
10	670	0.1958	0.2086	0.18015	0.1610	0.21347	0.1686	0.0451
11	680		0.2072	0.17700	0.1608	0.21237	0.1686	0.0463
12	720		0.2021	0.16476	0.1403	0.20767	0.1488	0.0571
13	760		0.1974	0.15369	0.0998	0.20307	0.1066	0.0638
14	800		0.1931	0.14386	0.1496	0.19879	0.1609	0.0702
15	840		0.1890	0.13510	0.1467	0.19481	0.1584	0.0739
16	870	0.1856	0.1861	0.12920	0.1474	0.1916	0.1595	0.0759
17	880		0.1852	0.12741	0.1467	0.19032	0.1589	0.0768
18	940		0.1800	0.11745	0.0650	0.18302	0.0717	0.0934
19	1020	0.1752	0.1737	0.10620	0.1417	0.17437	0.1547	0.0840
20	1640	0.1464	0.1413	0.05754	0.1317	0.12964	0.1421	0.0732

为了比较不同地区的气溶胶光学特性,下载 AERONET 北京香河(北京城以东,远离市区,经度＝116.962°E,纬度＝39.754°N,海拔＝36 m)气溶胶产品,对 2007—2010 年接近 10000 个样本进行平均,给出的结果如表 2.19 所示,获得的 Angstrom 系数为 1.0585。

表 2.19　北京香河气溶胶光学厚度

波长(nm)	340	380	440	500	675	870	1020
AOD	0.4320	0.3821	0.3320	0.2934	0.2130	0.1728	0.1532

利用表中数据给出的曲线如图 2.60 所示。

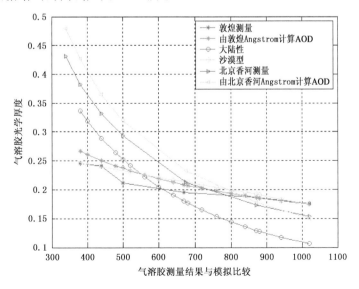

图 2.60　不同地区的气溶胶光学特性

53

从以上曲线看出,敦煌场极其周边气溶胶类型属于典型的沙漠型气溶胶类型;而北京香河地区气溶胶测量结果与大陆性气溶胶比较接近,即为大陆性气溶胶类型。

在利用敦煌场进行卫星遥感器的在轨辐射校正中,气溶胶类型应该选择为沙漠型,如果假定敦煌场为大陆性,则对可见—近红外通道大气顶表观反射率相对误差贡献在 0.01~0.1。

2.3 基于场地的在轨辐射校正方法误差分析

在星载遥感器的外场地校正中,校正不确定度的估算是一个复杂的技术问题。在针对可见—近红外通道的反射率基法中,参与校正误差贡献的主要有地表反射率测量误差、大气参数的测量误差(气溶胶、水汽和臭氧等)、卫星像元误差、观测几何和辐射传输模式自身的误差等。统计基于场地的在轨辐射校正方法误差可以使用误差分析与参考遥感器比对这两种方法。误差分析法需要分别统计各误差源的误差与敏感系数,最终计算总的误差;与参考遥感器比对法通过比较场地替代校正结果与参考遥感器发布的校正结果间的差异获取算法误差,同时参考遥感器自身校正误差可从官方发布信息获取,定义其为参考误差,算法误差与参考误差共同作用,构成总的误差。

2.3.1 误差分析法

分别分析大气参数误差(气溶胶、水汽和臭氧等)、地表反射率误差、辐射传输模式自身的误差、卫星像元误差和观测几何误差,最终获取总的误差。

2.3.1.1 气溶胶

气溶胶误差包括两部分,使用 Langley 法校正的误差和算法误差,下面分别分析。

(1)标定误差

测量气溶胶光学厚度的关键环节是利用 Langley 法对太阳光度计的标定。Langley 法是根据太阳光度计当天观测的电信号值外推到大气外界大气质量数为零时的电信号值,因此对天气条件要求苛刻。要求天气晴好、能见度高、无云、大气稳定等理想洁净的天气条件。

公认准确的标定方法是采用 Langley 法在海拔 2500~3500 m 高山上进行。在大气气溶胶状况接近恒定不变的天气条件下,做十几次上午期间(大气质量数在 2~5)的太阳直射辐射测量,利用兰勒(Langley)—伯格定律获得仪器各通道校正系数($V0$)。仪器出厂前就是通过上述方法开展标定的。由于光度计随使用时间的增长缓慢衰减,需要选择合适的观测数据开展 Langley 校正,对校正系数 $V0$ 进行更新。但是由于受标定环境的限制,很难达到出厂标定的水平。

为评价实时标定与出厂标定间的精度差异,于 2009 年 6 月 16—23 日,开展 Langley 法校正精度的测试试验。试验地点为北京西郊门头沟区的灵山(灵山索道下站平台,40°2′27.4″N,115°29′53.7″E,海拔 1567 m),灵山海拔 2000 多米,大气稳定洁净,可以满足光度计校正要求。

分别于 2009 年 6 月 17、20、22、23 日对标准仪器 T683 利用 Langley 方法进行标定处理,该仪器在 2009 年 4 月进行了厂家标定。17 日大气水汽含量约为 0.88 ± 0.10 g/cm^2,13:30 之前大气相对稳定;14:00 之前,气溶胶光学厚度具有升高的趋势,340 nm 气溶胶光学厚度基本都高于 0.25,500 nm 气溶胶光学厚度基本都高于 0.15。20 日水汽含量约为 0.49 ± 0.09

g/cm²,大气基本稳定,但较 17 日差,340 nm 通道在正午时存在饱和现象;气溶胶光学厚度具有中午高早晚低的特点,340 nm 气溶胶光学厚度高于 0.2,500 nm 气溶胶光学厚度除了正午前后基本都高于 0.2,Angstrom 指数偏低。22 日水汽含量约为 0.62±0.05 g/cm²,大气相对稳定,340 nm 通道在正午左右存在饱和现象;气溶胶光学厚度较为稳定,特别是 09:00—12:00,340 nm 气溶胶光学厚度低于 0.15,500 nm 气溶胶光学厚度低于 0.1。23 日水汽含量为0.90±0.07 g/cm²,大气稳定,340 nm 通道在正午左右存在饱和现象;气溶胶光学厚度较为稳定,特别是 10:00—13:00,09:30 之后 340 nm 气溶胶光学厚度低于 0.2,500 nm 气溶胶光学厚度在 0.1 附近。为了对获得的校正系数与出厂结果比较,利用下式计算各通道偏差。

偏差计算公式:$dif_i = (CN0i\ 标定 - CN0\ 出厂) / CN0\ 出厂 \times 100$。

表 2.20 为 Langley 标定结果比较,各天的标定系数和出厂值的相对偏差。可以看出,除了 17 日之外,各通道的标定系数均比同年 4 月份的厂家标定系数偏高,其中 22 日的标定结果与同年 4 月份的厂家标定结果最为接近。从不同日期标定系数间的较大相对偏差可以看出,对于仪器 Langley 标定来说,不同的大气状态将导致 Langley 标定存在较大误差。

表 2.20 标准仪器(T683)Langley 标定结果比较

CN0	1020nm	1640Inm	870nm	670nm	440nm	500nm	1020Inm	380nm	340nm
出厂标定 0904	9168	21095	13711	22407	9551	21025	3162.8	33973	76697
20090617	8935	19838	12635	20106	7926	18000	3115	27084	60060
R^2(N=91)	0.9789	0.9726	0.9664	0.975	0.9874	0.9828	0.9763	0.993	0.9962
dif_1(%)	−2.5414	−5.9565	−7.8444	−10.2671	−17.0139	−14.3876	−1.5124	−20.2783	−21.6922
20090620	11614	24637	16673	27205	11378	25302	4047	39851	89830
R^2(N=85)	0.9867	0.9872	0.9862	0.9881	0.9935	0.9913	0.9858	0.996	0.9975
dif_2(%)	26.6798	16.7935	21.6075	21.4157	19.1289	20.3424	27.9549	17.3014	17.1227
20090622	9410	21159	13961	22986	10050	21892	3321	36205	82887
R^2(N=77)	0.9694	0.9824	0.9831	0.9929	0.9975	0.9967	0.9727	0.9984	0.9988
dif_3(%)	2.6396	0.3058	1.8271	2.5863	5.2246	4.1237	5.0008	6.5694	8.0703
20090623	10543	22463	15199	25367	11653	24949	3679	42898	100772
R^2	0.9612	0.9476	0.9624	0.9792	0.9933	0.9899	0.9582	0.9961	0.9974
dif_4(%)	14.9978	6.4875	10.8566	13.2127	22.0082	18.6635	16.3198	26.2702	31.3892
平均值	10125.5	22024.25	14617	23916	10251.75	22535.75	3540.5	36509.5	83387.25
误差(%)	10.44%	4.41%	6.61%	6.73%	7.34%	7.19%	11.94%	7.47%	8.72%

总的来说,22 日的大气状况最好,气溶胶光学厚度(AOD)较低且比较稳定。以 4 d 标定系数的平均值相对于出厂值的相对偏差作为实时 Langley 法校正精度,500 nm 处校正精度为7.19%(图 2.61)。

(2)算法误差

在外场星—地同步观测时通常使用 Langley 法获取太阳光度计的校正系数。利用各通道校正系数结合测量的太阳直射辐射计算大气总消光光学厚度 τ(2.32),然后分离出瑞利散射光学厚度,继而获得大气气溶胶光学厚度。定义 Langley 法校正不确定度为 δ_1,光学厚度不确定度为 δ_2,测量时刻大气质量数为 m,光学厚度为 τ,根据光学厚度的计算公式(2.24),可

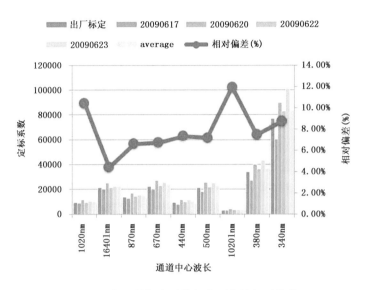

图 2.61 各天的标定系数与出厂值的相对偏差

分别得到准确测量与含误差测量 时的计算公式。其中 $V_0(\lambda)$，$\tau(\lambda)$ 为准确值，$V'_0(\lambda)$，$\tau'(\lambda)$ 为含误差测量值，将误差计算公式(2.27)(2.28)代入公式(2.25)，(2.26)并整理，可得到光学厚度与 Langley 法校正误差关系式(2.29)。

$$E_{dir}(\lambda) = d_s E_0(\lambda) \mathrm{e}^{[-m\tau(\lambda)]} \tag{2.24}$$

$$\ln V_{dir}(\lambda) - \ln(d_s) = \ln V_0(\lambda) - m\tau(\lambda) \tag{2.25}$$

$$\ln V_{dir}(\lambda) - \ln(d_s) = \ln V'_0(\lambda) - m\tau'(\lambda) \tag{2.26}$$

$$\delta_1 = \frac{V'_0(\lambda) - V_0(\lambda)}{V_0(\lambda)} \times 100\% \tag{2.27}$$

$$\delta_2 = \frac{\tau'(\lambda) - \tau(\lambda)}{\tau(\lambda)} \times 100\% \tag{2.28}$$

$$\ln(1 + \delta_1) = m\delta_2\tau(\lambda) \tag{2.29}$$

按照之前的分析 $\delta_1 = 7.19\%$，取 $m = 2$，$\tau = 0.2$ 代入(2.29)式，可计算得到 $\delta_2 = 17.36\%$。

2.3.1.2 水汽含量

水汽含量主要是通过探空气球观测分层水汽量计算获得。误差源包括标定误差、测量误差与算法误差，下面逐一分析。

(1)标定误差

气象局观象台与辐射校正外场试验常用的探空仪型号分别是 GTS1 型数字探空仪(SH)和便携式 MW31 探空系统(VAISALA)。二者的参数信息见表 2.21。测量水汽的精度分别是 SH：5%(环境温度在 $-25\,^\circ\mathrm{C}$ 以上)或 10%(环境温度在 $-25\,^\circ\mathrm{C}$ 以下)；VAISALA：5%。

表 2.21　试验仪器信息对比表

仪器名称	GTSl 型数字探空仪(SH)	便携式 MW31 探空系统(VAISALA)
厂商	上海长望气象科技有限公司	芬兰维萨拉公司
测风方式	雷达	GPS
探空高度	4 万 m	4 万 m
中心频率 f0	1671(或 1676.5)±3 MHz	403±3 MHz
测量范围和准确度		
温度	−80～40℃,准确度:$\Delta T \leqslant \pm 0.2$℃	−90～60℃,0.5℃
湿度	15%～95%RH,准确度:环境温度在−25℃以上为 $\Delta U \leqslant \pm 5$%RH, 环境温度在−25℃以下为 $\Delta U \leqslant \pm 10$%RH	0～100% RH, 5%RH
气压	1050 hPa～10 hPa,准确度:气压在 500 hPa 以下为 $\Delta P \leqslant \pm 2$ hPa, 气压在 500 hPa 以上为 $\Delta P \leqslant \pm 1$hPa	3～1080 hPa, 1 hPa

　　为检验 SH 与 VAISALA 探空系统性能,2011 年 6 月 9 日在北京市气象局观象台开展了两台探空仪的比对试验(表 2.21)。分别使用 SH 和 VAISALA 在相同地点进行探空观测。为避免探空气球拖线的相互干扰,观测时间间隔 15 min。试验使用相同重量的探空气球,且使用砝码保证前后充氢气量一致。

　　SH 和 VAISALA 测量得到的湿度随高度变化情况如图 2.62 所示。其中 SH 使用的是规定等压面数据,VAISALA 使用的是秒数据。测量数据显示 SH 和 VAISALA 测量得到的温、压与风速随高度变化情况基本一致,但相对湿度数据在 1.2 万 m 以上高空差异明显。究其原因,SH 测量湿度的准确程度受环境温度影响,而 VAISALA 为防止低温环境下湿度探头上水汽凝结,采用了专门设计的双探头交替加热的模式,SH 上没有这样的设计,所以在高空温度过低时会出现湿度测量响应较慢、无法反映湿度快速变化的现象。

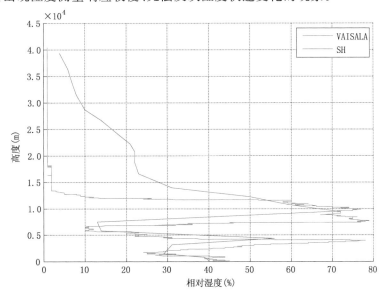

图 2.62　相对湿度测量结果比对(2011 年 6 月 9 日,UTC 11:00)

保守估计时取标定误差的最大值参与计算，即 10%。

（2）测量误差

测量误差受环境影响，若测量时风速较大，气球在高空偏离测点距离可能达到上百千米。测量误差可达 20%。

（3）算法误差

董双林等（1992）曾提出，在计算饱和水汽压的公式中 wexler 方法公认最为准确，计算值与美国国家标准局试验值的误差为 0～43 ppm*，算法精度在试验误差范围之内。因此算法误差可忽略不计。

2.3.1.3 臭氧含量

提取同步观测日的场地 OMI 臭氧总量产品作为辐射传输模式的输入，臭氧含量误差由产品算法误差决定。OMI TOMS-V8 TOTAL OZONE COLUMNS 算法误差为（SZA＜70 deg）−3.2±3.1%，方差为 4.5±1.5%。保守统计总误差时取臭氧含量的误差最大值参与计算，数值大小为 12.3%。

2.3.1.4 地表反射率

使用地物光谱仪分别测量地物目标反射能量与参考板反射能量，得到二者的比值并考虑参考板反射系数获得地表反射率。为准确起见，输入辐射传输模式的地表反射率是在卫星像元级别 10 倍范围内规划的若干采样点反射率的平均值。在每个采样点处也会测量多个地物与参考板的反射能量并取平均。地表反射率的误差由地物光谱仪和参考板的标定误差、地表均匀性、采样代表性、地表方向性、参考板水平等组成的测量误差，地表反射率的算法误差三部分构成。

（1）标定误差

测量地表反射率时使用地物光谱仪分别测量地表与参考板辐亮度，利用参考板反射率因子将参考板辐亮度折算为太阳入射辐亮度后，二者的比值就是地表反射率。地物光谱仪的绝对辐射校正误差在求商运算时两相抵消，因此不会对精度产生影响。但是参考板反射率因子的标定精度将直接影响地表反射率的精度。

参考板反射率因子为在指定方向上的反射通量与该方向上理想郎伯体反射通量之比。在反射率因子测量装置上，测量不同角度下的样品亮度值，依据测量的几何条件转换后，拟合得到反射比因子的相对分布，而后由反射率因子与方向—半球反射率之间的关系计算得到各角度下的反射率因子。参考板反射率因子的标定同样不受绝对辐射校正精度的影响。长期暴露在野外造成的漫射板衰减是需要带入总误差的一个环节。在最容易产生误差的短波通道，350 nm 反射率在 120 h 等效紫外辐照下的衰变＜3%。试验前后分别对参考板在实验室展开标定，根据参考板使用时间进行线性插值可以减小漫射板衰减带来的误差。

（2）测量误差

敦煌场地表面非均匀性为 2%（相对标准差，10 km×10 km），合理的采样方法设计可以进一步减小表面非均匀带来的误差。场区地面坡降为均匀下降，自然坡度角为 0.5°，在摆放参考板时借助水平仪适当调整可消除自然坡度角的影响。

地表方向性带来的测量误差随季节与卫星过境时观测角度不同而改变，方向反射率与垂

---

* 1 ppm=10^{-6}。

直照射、垂直观测时的垂直反射率的比值在 0.76～0.92 变化。如果不做方向性校正,将带来 8％～24％的误差。经过场地表面 BRDF 特性测量与分析并建立 BRDF 模型,方向性误差由 BRDF 模型误差决定。

后文会说明此项误差小于 5％。图 2.63 为敦煌场相对方向反射率变化图。相应的具体数值见表 2.22。

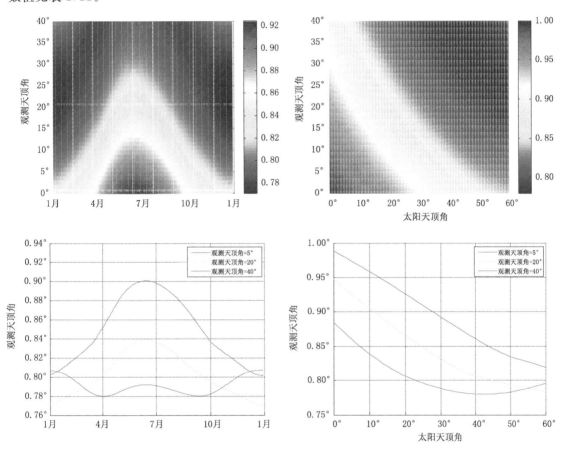

图 2.63　敦煌场相对方向反射率变化图

表 2.22 是敦煌场相对方向反射率随时间变化值。在太阳直射北回归线时随观测天顶角的变化最大。差异可达 12.834％。

表 2.22　敦煌场相对方向反射率随时间变化值

观测天顶角	1 月	2 月	3 月	4 月	5 月	6 月	7 月	8 月	9 月	10 月	11 月	12 月
5°	0.8061	0.8201	0.8348	0.8648	0.8918	0.9010	0.8945	0.8777	0.8527	0.8308	0.8169	0.8042
20°	0.7747	0.7843	0.7940	0.8090	0.8307	0.8394	0.8332	0.8184	0.8029	0.7911	0.7822	0.7732
40°	0.8060	0.7959	0.7834	0.7810	0.7883	0.7923	0.7894	0.7837	0.7803	0.7861	0.7989	0.8067

（3）算法

算法误差由于只是简单的求商运算,误差可以忽略。因此总的精度在 $\sqrt{3^2+2^2+5^2}=$ 6.16％左右。

2.3.1.5 模型固有精度

所使用的 V6S 辐射传输模型在可见—近红外通道非吸收通道的计算误差在 1% 左右。

2.3.1.6 卫星计数值

在读取场地对应卫星观测计数值时,受卫星定位配准、探测器归一化等因素的影响,存在测量误差,大小在 1% 左右。在场地同步测量范围内一般对应多个卫星输出计数值,取其平均数参与计算时会引入算法误差。同时场地校正仅能获取一个亮度级别的表观反射率,为实现校正计算需要读取卫星探测器观测黑体时的输出,作为零反射率对应的输出,此近似同样会引入部分算法误差。总的算法误差可控制在 1% 左右。

（1）观测几何

观测几何指校正计算需要的太阳天顶角等角度的计算误差,可控制在 2% 以内。太阳天顶角对整个场地校正计算误差的影响体现在其余弦值下,在实际起作用的 60°天顶角以内,2% 的角度计算误差对应的余弦值敏感系数小于 0.30。

（2）讨论

通过以上分析,结合在"2.2 辐射传输模型参数敏感性与误差分析"小节获取的各环节敏感系数,可以对场地在轨辐射校正方法误差进行评价,如表 2.23 所示。在非吸收通道,场地校正误差可控制在 5% 以内。

表 2.23　各误差源与总的误差贡献

误差源	标定误差	测量误差	算法误差	总误差	敏感系数			误差贡献		
					非吸收	水汽吸收	臭氧吸收	非吸收	水汽吸收	臭氧吸收
气溶胶	7.19	0.00	17.36	18.79	0.02	0.00	0.02	0.38	0.00	0.38
水汽含量	10.00	20.00	0.00	22.36	0.00	0.24	0.00	0.00	5.37	0.00
臭氧含量	0.00	0.00	12.30	12.30	0.00	0.00	0.07	0.00	0.00	0.86
地表反射率	3.00	5.39	0.00	6.16	0.74	0.14	0.78	4.56	0.86	4.81
模型固有精度			1.00	1.00	1.00	1.00	1.00	1.00	1.00	1.00
卫星计数值		1.00	1.00	1.41	1.00	1.00	1.00	1.41	1.41	1.41
太阳天顶角			2.00	2.00	0.30	0.30	0.30	0.60	0.60	0.60
总误差								4.93	5.74	5.23

2.4　与参考遥感器比对法

通过比较场地替代校正结果与参考遥感器发布的校正结果间的差异获取算法误差,同时参考遥感器自身校正误差可从官方发布信息获取,定义其为参考误差,算法误差与参考误差方根和构成总的误差。MODIS 具有 2% 的校正不确定度,以 MODIS 为辐射基准,鉴于 AQUA/MODIS 辐射性能优于 TERRA/MODIS,以 AQUA/MODIS 作为辐射基准并与 MODIS 实际观测值进行比较,可以对校正辐射计算的精度进行评估。

2.4.1　2011 年比对结果

从 NASA 获取了敦煌试验期间的 Version5 MODIS 1 km L1（MYD1KM）和定位产品（MYD03）。

(1)以距离场地中心(40.138°N,94.321°E)最近的像元为中心,取出 3×3 像元窗口,若最近像元与场地中心的距离偏差超过 0.01°,则剔除;

(2)计算 3×3 像元窗口的均值 Mean 与方差 Std,若 3×3 像元窗口通道 4(555 nm)的方差系数 CV 超过 1.5%,则剔除;

(3)以 3×3 像元窗口的均值进行 TOA 辐射计算。

基于上述卫星数据选取规则,并剔除无同步地表测量的日期,可用的 AQUA/MODIS 数据共 4 日。表 2.24 列出了同步日的大气和角度参数信息。由于 MODIS 通道 11~16 在敦煌场地存在饱和现象,通道 18、19 和 26 受水汽吸收影响严重,因此,TOA 辐射计算只针对前 10 和第 17 通道(中心波长分别为 645、858、469、555、1240、1640、2130、412、443、490 和 905 nm)进行。

表 2.24　AQUA/MODIS 2011 年敦煌场地同步参数信息

日期	光学厚度(550nm)	Angstrom 系数	水汽含量(g/cm²)	太阳天顶角(°)	卫星天顶角(°)	相对方位角(°)
2011-8-18	0.082	1.215	2.020	34.464	50.731	−39.230
2011-8-22	0.276	0.406	1.680	32.657	18.202	−44.070
2011-8-24	0.144	1.109	1.300	32.066	4.420	−229.750
2011-8-26	0.137	0.991	1.130	31.689	25.800	−233.128

图 2.64、图 2.65、表 2.25 分别给出了 AQUA/MODIS 正演 TOA 辐亮度与卫星观测值的光谱对比和散点图以及 AQUA/MODIS 正演 TOA 辐亮度与卫星观测值的相对偏差信息。可以看出,对于 AQUA/MODIS,当卫星天顶角<30°时,TOA 辐射正演计算结果在通道 1、4、7、8 和 17 具有偏高趋势,而在通道 2、3、5、9 和 10 具有偏低趋势。除了近红外通道 7(TOA 辐射值太低)之外,平均相对偏差在 5% 以内,而当波长<1000 nm 时,平均相对偏差约在 4% 以内。

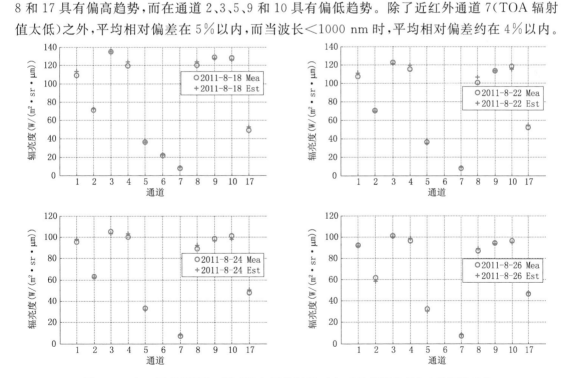

图 2.64　AQUA/MODIS 正演 TOA 辐亮度(Est)与卫星观测值(Mea)的光谱对比

根据分析可以认为:对于可见—近红外窗区通道(波长<1000 nm)TOA 辐射计算偏差平均可保证在3%(除了最短波长的通道8),最短波长的通道8和水汽吸收翼区通道TOA辐射计算偏差平均可保证在4%,近红外通道(波长>1000 nm)TOA辐射计算偏差平均可保证在5%(除了2.1 μm的通道7)。

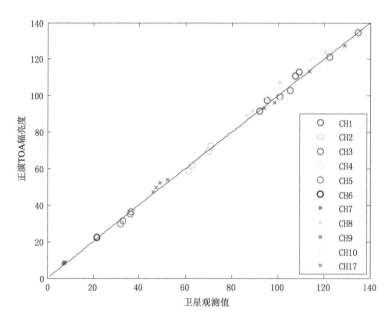

图2.65 AQUA/MODIS 正演 TOA 辐亮度(Est)与卫星观测值(Mea)的散点图

表 2.25 2011 年敦煌场地 AQUA/MODIS 正演 TOA 辐亮度与卫星观测值的相对偏差
(dif(%)=(Rad_Est-Rad_Mea)/Rad_Mea×100)

通道\日期	1	2	3	4	5	6	7	8	9	10	17
2011-8-18	3.633	1.9963	−0.0435	3.4452	−0.2952	1.8201	15.9351	3.0089	−1.1528	−1.7791	6.7452
2011-8-22	3.017	−0.5876	−0.7251	3.8696	−2.6191	——①	14.5304	6.1321	−0.4498	−2.5325	3.6076
2011-8-24	2.2068	−1.4094	−1.9976	2.9831	−5.2173	——①	11.6549	3.1608	−2.298	−2.8872	5.0325
2011-8-26	−0.3263	−4.4175	−0.8483	2.5261	−7.1617	——①	12.5525	2.9432	−0.7873	−1.6686	2.7487
平均值	2.1326	−1.1046	−0.9036	3.2060	−3.8233	1.8201	13.6682	3.8113	−1.1720	−2.2169	4.5335
方差	1.7402	2.6427	0.8107	0.5801	2.9992	0.0000	1.9305	1.5499	0.8037	0.5891	1.7496
平均值(SenZ<30°)	1.6325	−2.1382	−1.1903	3.1263	−4.9994	——①	12.9126	4.0787	−1.1784	−2.3628	3.7963
方差(SenZ<30°)	1.7441	2.0163	0.7018	0.6831	2.2791	——①	1.4712	1.7816	0.9842	0.6268	1.1535

注:①AQUA/MODIS 通道6存在饱和探元。

2.4.2 2012 年比对结果

从 NASA 获取了敦煌同步试验期间的版本 5 的 MODIS 1 级（MYD1KM 和 MOD1KM）和定位（MYD03 和 MOD03）产品。星地同步的卫星数据选取采用如下规则：以距离场地中心（40.138°N，94.321°E）最近的像元为中心，取 3×3 窗口像元，若最近像元与场地中心的距离偏差超过 0.01°，则剔除；计算 3×3 像元窗口的均值（Mean）与方差（Std），若像元窗口通道 4（555 nm）的方差系数 CV（Std/Mean×100）超过 1.5%，则剔除；以 3×3 窗口均值进行计算。

由于 MODIS 通道 11～16 在敦煌场存在饱和现象，通道 18、19 和 26 受水汽吸收影响严重，因此，计算分析只针对前 10 和第 17 通道（中心波长分别为 645、858、469、555、1240、1640、2130、412、443、490 和 905 nm）进行。

MODIS 为多探元并扫的观测方式，在 1 km 数据文件中，每次扫描（10 行）对应于 10 个探元（250 m 通道 1～2 和 500 m 通道 3～7 分别与原始 40 个探元和 20 个探元的降分辨率等效）。其中，通道 1、2、4、6 的探元间均匀性良好。TERRA/MODIS 的通道 3 的探元 10 测量值偏低，通道 5 的探元 2 测量值偏高。可用的 AQUA MODIS 数据共 5 日。同步日的参数信息如表 2.26 所示。

表 2.26　AQUA/MODIS 2012 年敦煌场地同步参数信息

日期	光学厚度(550 nm)	Angstrom 系数	水汽含量(g/cm²)	太阳天顶角(°)	卫星天顶角(°)	相对方位角(°)
2012-8-3	0.222	0.717	1.596	25.503	15.280	−226.752
2012-8-7	0.103	1.031	2.238	24.670	48.500	−237.553
2012-8-10	0.314	0.367	2.360	27.961	4.330	−226.137
2012-8-12	0.228	0.640	1.998	27.411	25.620	−231.023
2012-8-13	0.186	0.562	1.836	32.457	44.530	−39.458

MODIS 正演大气顶辐亮度与卫星观测值的相对偏差信息如表 2.27、图 2.66 所示，其中 dif(%)=100(RadEst-RadMea)/RadMea。可以看出，对于 AQUA MODIS，当卫星天顶角<30°时，除了近红外通道 7（辐射值太低）之外，平均相对偏差在 3% 以内。

表 2.27　2012 年 AQUA/MODIS 正演大气顶辐亮度与卫星观测值的相对偏差

通道 日期	1	2	3	4	5	6	7	8	9	10
2012-8-3	2.686	0.778	−0.466	4.222	−1.089	—①	17.061	2.891	−0.655	−1.497
2012-8-7	−0.743	−2.277	−1.012	1.786	−4.117	—①	14.218	−2.604	−2.056	−1.573
2012-8-10	1.520	−0.086	−2.837	2.064	−0.726	—①	21.047	1.249	−2.955	−4.090
2012-8-12	0.213	−1.809	−2.917	1.720	−4.660	—①	16.343	−1.990	−3.813	−3.797
2012-8-13	4.897	2.188	2.854	5.649	−1.982	—①	15.834	5.274	1.785	0.756
平均值	1.715	−0.241	−0.876	3.088	−2.515	—①	16.900	0.964	−1.539	−2.040
方差	2.202	1.841	2.351	1.765	1.781	—①	2.543	3.310	2.195	1.976
平均值 (SenZ<30°)	1.473	−0.372	−2.074	2.669	−2.158	—①	18.150	0.717	−2.474	−3.128
方差 (SenZ<30°)	1.237	1.317	1.393	1.356	2.174	—①	2.534	2.483	1.633	1.420

注：①通道 6 存在饱和探元。

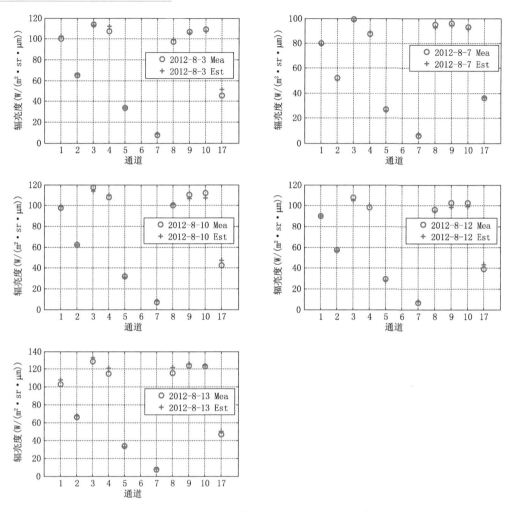

图 2.66　AQUA/MODIS 模拟 TOA 辐亮度与观测值的对比

2.4.3　结论

以各年平均偏差的绝对值加上相对标准差来衡量总体偏差,对比 2011 年与 2012 年的偏差结果可以发现,随着场地校正方法的深入研究,偏差最大值得到控制(表 2.28,图 2.67)。

表 2.28　2011—2012 年场地误差评估(以 AQUA/MODIS 作为基准)

通道 日期	1	2	3	4	5	8	9	10	平均值
2011 平均值(SenZ<30°)	1.6325	−2.1382	−1.1903	3.1263	−4.9994	4.0787	−1.1784	−2.3628	
2011 方差(SenZ<30°)	1.7441	2.0163	0.7018	0.6831	2.2791	1.7816	0.9842	0.6268	
总体偏差	3.9245	4.6108	2.7532	4.3025	7.5483	6.1922	2.9456	3.5969	4.4843
2012 平均值(SenZ<30°)	1.4730	−0.3720	−2.0740	2.6690	−2.1580	0.7170	−2.4740	−3.1280	
2012 方差(SenZ<30°)	1.2370	1.3170	1.3930	1.3560	2.1740	2.4830	1.6330	1.4200	
总体偏差	3.3681	2.6178	4.0025	4.4945	4.7714	3.7736	4.5681	4.9683	4.0705

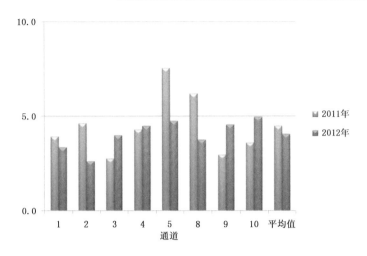

图 2.67　2011—2012 年场地误差评估(以 AQUA/MODIS 作为基准)

其中总体偏差的计算公式为 $\Delta = \sqrt{\Delta_{\mathrm{ref}}^2 + (|Mean_{\mathrm{err}}| + Std_{\mathrm{err}})^2}$ ，2012 年最大误差为 4.9683%(10 通道)，平均误差为 4.0705%。

2.5　场地表面反射率同步测量采样方法研究

场地表面反射率是辐射校正的关键参数。由于气象卫星星下点地面分辨率(GIFOV)超过 1 km，而地面反射率测量的视场直径通常为 20～50 cm，两者的测量尺度相差 2000 倍以上。历史研究表明，在 1 km 尺度，场地表面反射率分布的均方差约为反射率的 2%，表现出比较理想的空间均匀性。而在 50 cm 以下的尺度，一方面，由于敦煌场场地表面主要由 2～10 cm 尺度的不同成分的砾石构成，砾石的种类和成分的差异使其或亮或暗，颜色各异；另一方面，场地表面的微地貌差异在降水及其蒸腾过程的作用下形成随机分布的泛碱斑块。上述两个原因使得敦煌场表面在 50 cm 以下尺度表现出明显的空间分布差异。事实上，历年来的同步测量试验数据表明，在 10 km×10 km 的同步观测区内，无论是单一测点的五个采样点之间，还是同一时次的 11 个同步测量点之间，地面测量的反射率数据的确存在较大的离散性(Zhang et al.，2001；Hu，2010)。

为了通过地面同步观测获取卫星过境期间空间遥感器像元尺度的表面反射率，需要对两个差异悬殊尺度条件下表面反射率的空间分布特征进行详细的研究，进而对地面测量采样方法进行合理的设计。

2.5.1　循环采样法

2.5.1.1　基于循环采样统计的敦煌辐射校正场表面反射率空间变异特征研究

在利用场地同步测量数据开展气象卫星遥感器辐射校正过程中，由于卫星遥感器获取的地面像元尺度与地面测量视场尺度有巨大差异，需要对地表空间分布特征进行分析，以设计合理的采样方法来减少不同观测尺度下测量数据的误差。地学统计学的循环采样法是非常适合于快速准确地测量地理参数随空间变异特性的方法。

风云卫星的地面反射率同步试验通常是在卫星过境时刻的前后 1 h 内,对同步场内的 11 个同步测点进行测量,其中在每个同步测点的多次测量只是在 3 m 范围内随机采样(表 2.29)。2010 年在敦煌采用了地学统计的循环采样方法计算 FY-3A/MERSI 的 19 个通道反射率的半方差比,确定不同通道反射率的空间变异性和测量采样距离,其中通道 10 变程最大距离为 48.83 m。

2.5.1.2 地学统计学循环采样法介绍

当一个变量在空间上与其位置有关时称为区域化变量。区域化变量在空间上因其相互之间的位置关系或空间相关性而存在一定的规律性变化,即空间变异。地学统计学就是定量地描述并模拟这种空间变异规律的科学,或者说是通过测定区域化变量分隔等距离的样点间的差异来研究区域化变量的空间相关性和空间结构的科学。

表 2.29 气象卫星同步测点地理位置

同步测点	同步点 1	同步点 2	同步点 3	同步点 4	同步点 5	同步点 6
经度	94.38333	94.38333	94.38333	94.32083	94.32083	94.32083
纬度	40.09167	40.1375	40.18333	40.18333	40.16056	40.1375
同步测点	同步点 7	同步点 8	同步点 9	同步点 10	同步点 11	
经度	94.32083	94.32083	94.25833	94.25833	94.25833	
纬度	40.11472	40.09167	40.09167	40.1375	40.18333	

应用地学统计学分析空间相关和空间结构时,半方差函数(semivariance)是最常用的工具之一。所谓半方差函数是指区域化变量 $z(x_i)$ 和 $z(x_{i+h})$ 的增量平方的数学期望,即区域化变量增量的方差。半方差函数既是距离 h 的函数,又是方向 α 的函数。其计算公式如下。

$$\gamma(h) = \frac{1}{2N(h)} \sum_{i=1}^{N(h)} \left[z(x_i) - z(x_{i+h}) \right]^2 \tag{2.30}$$

式中,$\gamma(h)$ 为半方差函数值,半方差函数曲线图(semivariogram)是半方差函数 $\gamma(h)$ 对距离 h 的坐标图形。$N(h)$ 是被 h 分隔的数据对的数量,$z(x_i)$ 和 $z(x_{i+h})$ 分别是在点 x_i 和 x_{i+h} 处样本的测量值,h 是两分隔样点的距离。N 是两分隔样点的距离为 h 的数量。

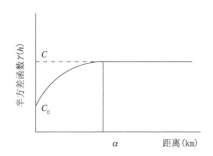

图 2.68 半方差函数模式图

从图 2.68 可以直观地分析变量在不同方向的空间变异特征,包括空间分布的结构或空间相关类型、空间变异的范围等。对于一个典型的聚集分布,半方差函数值一般随着距离的增大而增大,亦即区域化变量的空间变异愈来愈大,空间相关性逐渐减小,但增加至某一值时,半方差函数值不再增加而是保持稳定,这表示样点间已不存在空间相关关系。将半方差函数值不再增加时的距离称为空间依赖范围(range of spatial dependence),简称变程或相关程(range),用 α 表示。此时的半方差函数值称为基台值(sill),用 C 表示。半方差函数曲线在 y 轴上的截距称为区域不连续性值,亦称块金(nugget)系数,用 C_0 表示。理论上 $\gamma(0)=0$,但 $\gamma(0)$ 通常大于 0,这可能是由于抽样的空间尺度不合适或者是由于数据的内禀随机性引起的。因此,C_0 的大小可以反映区域化变量的局部随机性大小。(基台—块金)/基台(即 $(C-C_0)/C$)的大小可以反映空间变异在总变异中所占的比例,或用随机程度(块金/基台,即 C_0/C)的大小反映研究范围内不是由空间自相关引起的那部分变异在总变异中所占的比率,也就是参数随机性和结构性所占成分。半方差函数有球状(Spherical)、指数(Exponential)、高斯(Gaussian)和线性(Linear)等模型。

可以采用包括等间距均匀采样、随机采样等多种方法估计半方差函数。Clinger 和 Van Ness 于 1976 年提出了一维时间域循环采样方法。这种特殊设计的采样方法可以以最少的采样数得到任意距离的采样对,而且很容易推广到多维空间。循环采样法的突出优点是在同等置信度水平下,可以大大地减少采样数,提高测量效率;其主要缺点是测网设计与实现较复杂。

循环采样采用 4/13 的模式(图 2.69)。根据中等分辨率卫星遥感器 ALI 图像分析结果,估计敦煌场表面反射率变程为 10～20 m。所以实际最小采样间隔可选择 0.5～1 m。

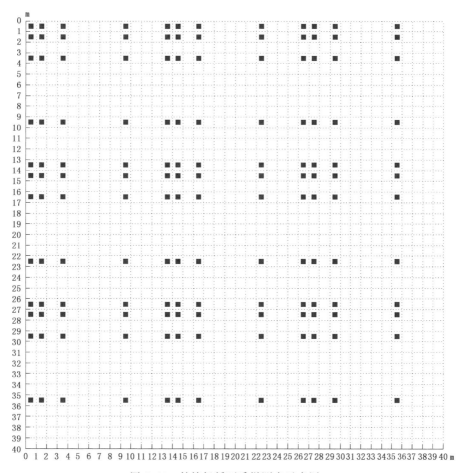

图 2.69　敦煌场循环采样测点示意图

在 10 km×10 km 的同步观测区东南西北和中心点各进行一次循环采样测量。

2.5.1.3 循环采样设计和试验

在气象卫星同步测量场地的中心点附近选择了一个 35 m×35 m 代表性区域进行试验, 试验区域的经纬度是东南:40°08′14.5″N, 94°19′8.9″E;东北:40°08′15.8″N, 94°19′8.9″E;西北:40°08′15.9″N, 94°19′7.2″E;西南:40°08′14.5″N, 94°19′7.1″E;各个测点的位置见图 2.69,图中黑点的位置为测点,即共有 12×12 个测点(张立军,2011)。

首先测量 10 次参考板的反射辐射,然后在每个测点测量 2 次戈壁的反射辐射,每测量一行 12 个点后,再测量 10 次参考板的反射辐射,计算如下。

$$\rho_\lambda = \frac{F_{O\lambda}}{F_{R\lambda}} \times \mathrm{BRF}_\lambda \tag{2.31}$$

式中,ρ_λ 是地表反射率,$F_{O\lambda}$ 是来自目标的平均反射辐射测值,$F_{R\lambda}$ 是来自参考板的平均反射辐射测值,BRF_λ 是与目标测量时刻太阳天顶角对应的参考板的双向反射率因子。

首先根据各测点的地理位置数据和测量光谱的时刻就可以算出太阳天顶角,并利用已在实验室测定的参考板的 BRF 数据进行插值,计算出在该点测量时参考板的双向反射率 BRF_λ。然后利用所有测值算出该测点的目标反射率。循环采样场 144 个测点的反射率光谱见下图。

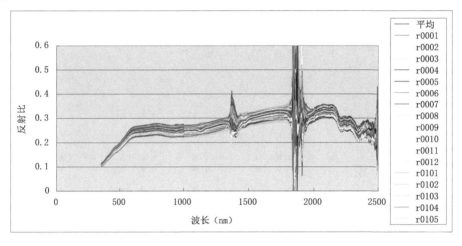

图 2.70 敦煌循环采样场 144 个测点的反射率光谱

利用式(2.32),可以把循环采样场 3500～2500 nm 的光谱数据卷积到 FY-3A/MERSI 的 19 个通道中,再将 MERSI 的每个通道的 144 个数据按其坐标 (x, y) 值输入到地学统计软件 GS7.0 中计算,GS7.0 就可以计算不同距离的半方差,并绘出半方差图,各个通道的变程见表 2.30,19 个通道中心波长对应的变程见图 2.71。

$$\rho_b = \frac{\int_{\lambda_1}^{\lambda_2} \rho_i R_i \, \mathrm{d}\lambda}{\int_{\lambda_1}^{\lambda_2} R_i \, \mathrm{d}\lambda} \tag{2.32}$$

式中,ρ_b 是通道的反射率,ρ_i 是波长的反射率,R_i 是通道在波长 $\lambda_1 \sim \lambda_2$ 的光谱响应。

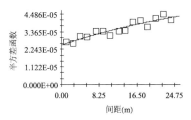

指数模型 ($C_o = 0.00003$; $C_o + C = 0.00006$; $A_o = 37.64$; $r^2 = 0.867$; $RSS = 5.966E\text{-}11$)

b01 通道反射率半方差图

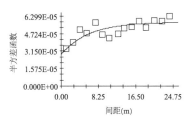

指数模型 ($C_o = 0.00003$; $C_o + C = 0.00006$; $A_o = 6.12$; $r^2 = 0.600$; $RSS = 3.837E\text{-}10$)

b02 通道反射率半方差图

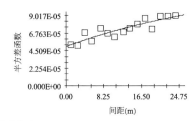

指数模型 ($C_o = 0.00005$; $C_o + C = 0.00013$; $A_o = 38.03$; $r^2 = 0.809$; $RSS = 4.429E\text{-}10$)

b03 通道反射率半方差图

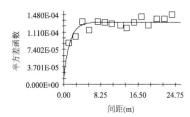

指数模型 ($C_o = 0.00002$; $C_o + C = 0.00013$; $A_o = 1.36$; $r^2 = 0.636$; $RSS = 1.264E\text{-}09$)

b04 通道反射率半方差图

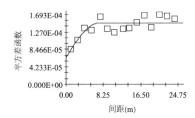

球状模型 ($C_o = 0.00006$; $C_o + C = 0.00015$; $A_o = 7.21$; $r^2 = 0.642$; $RSS = 2.763E\text{-}09$)

b06 通道反射率半方差图

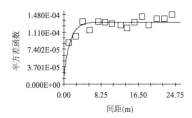

指数模型 ($C_o = 0.00002$; $C_o + C = 0.00013$; $A_o = 1.36$; $r^2 = 0.636$; $RSS = 1.264E\text{-}09$)

b07 通道反射率半方差图

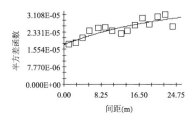

指数模型 ($C_o = 0.00002$; $C_o + C = 0.00004$; $A_o = 22.22$; $r^2 = 0.743$; $RSS = 5.437E\text{-}11$)

b08 通道反射率半方差图

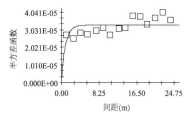

指数模型 ($C_o = 0.00000$; $C_o + C = 0.00003$; $A_o = 0.88$; $r^2 = 0.140$; $RSS = 2.732E\text{-}10$)

b09 通道反射率半方差图

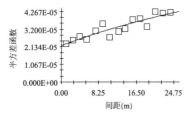

指数模型 ($C_o = 0.00002$; $C_o + C = 0.00007$; $A_o = 48.83$; $r^2 = 0.814$; $RSS = 1.100E-10$)

b10 通道反射率半方差图

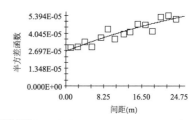

指数模型 ($C_o = 0.00003$; $C_o + C = 0.00008$; $A_o = 40.87$; $r^2 = 0.852$; $RSS = 1.412E-10$)

b11 通道反射率半方差图

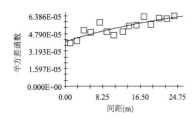

指数模型 ($C_o = 0.00004$; $C_o + C = 0.00008$; $A_o = 31.37$; $r^2 = 0.730$; $RSS = 2.177E-10$)

b12 通道反射率半方差图

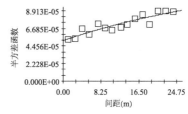

指数模型 ($C_o = 0.00005$; $C_o + C = 0.00013$; $A_o = 40.08$; $r^2 = 0.833$; $RSS = 3.364E-10$)

b13 通道反射率半方差图

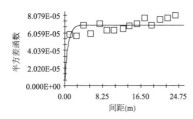

指数模型 ($C_o = 0.00000$; $C_o + C = 0.00007$; $A_o = 0.72$; $r^2 = 0.199$; $RSS = 5.905E-10$)

b14 通道反射率半方差图

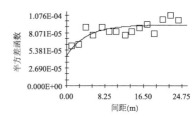

指数模型 ($C_o = 0.00005$; $C_o + C = 0.00009$; $A_o = 4.27$; $r^2 = 0.537$; $RSS = 1.098E-09$)

b15 通道反射率半方差图

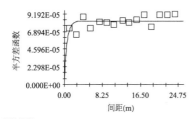

指数模型 ($C_o = 0.00001$; $C_o + C = 0.00008$; $A_o = 0.61$; $r^2 = 0.119$; $RSS = 8.048E-10$)

b16 通道反射率半方差图

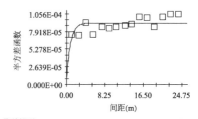

指数模型 ($C_o = 0.00001$; $C_o + C = 0.00009$; $A_o = 0.84$; $r^2 = 0.208$; $RSS = 1.317E-09$)

b17 通道反射率半方差图

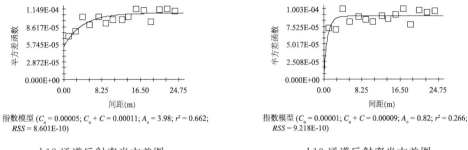

指数模型 (C_o = 0.00005; $C_o + C$ = 0.00011; A_o = 3.98; r^2 = 0.662;
RSS = 8.601E-10)

b18 通道反射率半方差图

指数模型 (C_o = 0.00001; $C_o + C$ = 0.00009; A_o = 0.82; r^2 = 0.266;
RSS = 9.218E-10)

b19 通道反射率半方差图

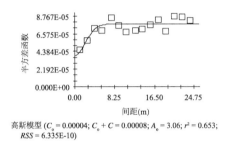

高斯模型 (C_o = 0.00004; $C_o + C$ = 0.00008; A_o = 3.06; r^2 = 0.653;
RSS = 6.335E-10)

b20 通道反射率半方差图

图 2.71　FY-3A/MERSI 19 个通道敦煌循环采样场反射率半方差图

表 2.30、图 2.72 显示变程最大出现在 419～653 nm,其中最大变程为 48.83 m,出现在 FY-3A/MERSI 10 通道(中心波长 492.66 nm),也就是说在一个同步点多次采样测量时,两次采样测量间隔要大于 48.83 m,即在某个同步点的 1 测点测量 1 次参考板、10 次戈壁、1 次参考板后,再在 49 m 以外找一个测量点重复上述测量过程。

表 2.30　FY-3A/MERSI 通道的变程

通道	中心波长(nm)	变程(m)	R^2	C_0	$C_0 + C$	$C_0/C_0 + C$
b01	472.27	37.64	0.867	0.00003	0.00006	0.404
b02	562.89	6.12	0.600	0.00003	0.00006	0.499
b03	652.33	38.03	0.809	0.00005	0.00013	0.383
b04	866.23	0.67	0.186	0.00001	0.00009	0.077
b06	1642.22	7.21	0.642	0.00006	0.00015	0.436
b07	2122.90	1.36	0.636	0.00002	0.00013	0.118
b08	419.68	22.22	0.743	0.00002	0.00004	0.499
b09	449.27	0.88	0.140	0.00000	0.00003	0.063
b10	492.66	48.83	0.814	0.00002	0.00007	0.306
b11	534.03	40.87	0.852	0.00003	0.00008	0.319
b12	573.21	31.37	0.730	0.00003	0.00008	0.499
b13	647.80	40.08	0.833	0.00005	0.00013	0.391

通道	中心波长(nm)	变程(m)	R^2	C_0	C_0+C	C_0/C_0+C
b14	686.77	0.72	0.199	0.00000	0.00007	0.057
b15	764.56	4.27	0.537	0.00005	0.00009	0.495
b16	862.74	0.61	0.119	0.00001	0.00008	0.078
b17	882.70	0.84	0.208	0.00001	0.00009	0.087
b18	940.09	3.98	0.662	0.00005	0.00011	0.495
b19	972.46	0.82	0.266	0.00001	0.00009	0.088
b20	1018.28	3.06	0.653	0.00004	0.00008	0.499

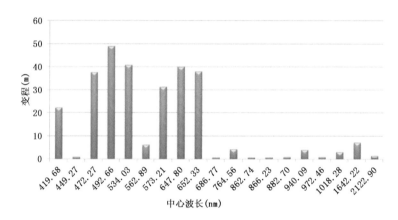

图 2.72 FY-3A/MERSI 19 个通道中心波长对应的变程

2.5.2 Kriging 场地采样法

在轨遥感器场地替代校正中,对校正精度影响最大的因素之一是场地表面反射率的测量精度。在多日的场地采样点测量数据中,往往通过相对标准差或其他不确定度判识方法来判断哪天的数据具有最高的质量。但如果相对标准差的增大是由场地的不均匀性而不是测量误差带来的,上述方法就无法选择出最具有代表的观测数据。通过已有的 Kriging 方法绘制邻近点采样图,将其与高分辨率的卫星遥感图相比较,则可以确定与遥感图像最为接近的采样数据集。

在 2010 年土耳其 TuzGolu(TG)联合比对试验中,为了对 FY-3A/MERSI 和 FY-3A/VIRR 开展场地替代校正,分别于 8 月 17、18、22 和 23 日测量了 M9 区域的采样点光谱反射率。鉴于载荷的分辨率与实地测量速度,所设计的采样方案如图 2.73 所示。

通过 GS+软件,采样点的距离结构函数 $r(h)$ 可由下式计算得到。其中 h 是采样距离类;z_i 是 i 点采样值;z_{i+h} 是 $i+h$ 点采样值,$N(h)$ 是总采样类数。

$$r(h) = \frac{1}{2N(h)} \times \sum (z_i - z_{i+h})^2 \tag{2.33}$$

内插值使用普通 Kriging 法的球面各向同性和各向异性模型计算得到,定义的偏移量的容差是 22.5°。所得结果如图 2.74~2.76 所示。

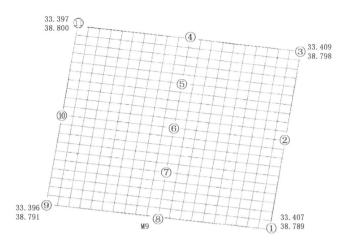

图 2.73　土耳其 TuzGolu M9 区域采样点设计示意图

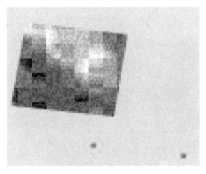

图 2.74　20100817 AVNIR-2 M9 影像　　　图 2.75　20100822 AVNIR-2 M9 影像

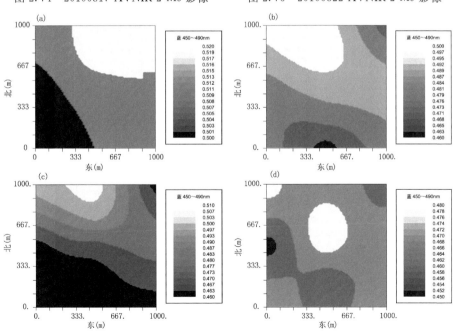

图 2.76　2010 年 8 月 17(a)、18(b)、22(c)和 23(d)日的 M9 邻近采样图

结果显示,虽然 8 月 23 日具有最小的 RSTD,8 月 18 日和 8 月 22 日的邻近采样图与高分辨率遥感图像更为接近。如果能够事先掌握该地区的反射率分布特性,可以设计更少的采样点完成测量试验。

2.6 大气吸收通道的辐射校正方法研究

目前,传统辐射校正方法在大气吸收通道(如 940 nm、1640 nm 通道)的校正误差较大。采用深对流云法则可以有效提高大气吸收通道辐射校正方法的精度。

基于辐射模式模拟的云光学厚度从 1 变化到 1000 时,大气顶宽通道、0.6 μm 和 0.8 μm 的表观反射率(R)变化特征为,当云光学厚度大于 100 后,反射率基本稳定在一个数值,不再随光学厚度增大而变化,反射率与光学厚度的相对变化率趋向于零。这一模拟说明了发展深厚的云(深对流云)具有作为辐射校正跟踪物的良好特性。采用深对流云目标作为目标跟踪物对 2008 年 8 月到 2010 年 10 月我国极轨气象卫星 FY-3A/MERSI 的可见—近红外通道进行校正跟踪试验。通过与其他辐射校正手段对比表明,该方法的结果可信且稳定,特别是在传统辐射校正方法无法很好解决的水汽吸收通道的情况下,该方法是一种较为可靠的辐射校正跟踪方法。

2.6.1 引言

深对流云(Deep Covective Cloud, DCC)是一种发展深厚的对流云,它往往能发展到对流层顶之上,是冷且亮的目标,其光谱特征类似于辐射校正用参考白板,在可见—近红外通道(VIS/NIR)它能够提供足够高且稳定可靠的反射率,使之非常适合做校正。图 2.77 给出了利用 SBDART 辐射模式耦合冰云参数后,模拟海洋上空,太阳天顶角 20°,云光学厚度(τ)从 1 变化到 1000 时,得到的大气顶宽通道、0.6 μm 和 0.8 μm 的表观反射率(R)变化(图 2.77a)及相对变化率($\dfrac{\mathrm{d}R}{\mathrm{d}\tau}$)(图 2.77b)。

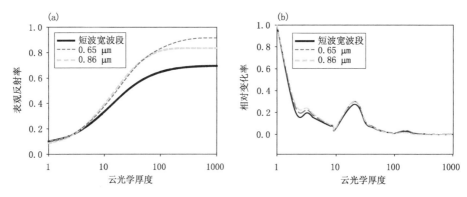

图 2.77　云光学厚度从 1 变化到 1000 时表观反射率变化(a)及相对变化率(b)

可以发现,云光学厚度从 1 到 100,反射率随云光学厚度增大而增大,而当云光学厚度大于 100 后,反射率基本稳定在一个数值,不再随云光学厚度增大而变化,反射率与光学厚度的相对变化率趋向于零。这一模拟说明了 DCC 具有作为辐射校正物的良好特性。此外,DCC 目标的提取不需要其他辅助数据,一般仅使用 IR 通道的阈值来确定 DCC。而相对于沙漠目标、冰川目标而言,深对流云提供的反射率更高、更稳定,且目标数目够多,因此更适合将这一方法一致地应用于不同卫星的历史数据校正中,并可用于对其他的校正方法进行评价。另外,DCC 发展深厚且顶高位于对流层顶部,而大部分水汽和气溶胶位于对流层中下部,这时所需要的大气订正仅要考虑平流层气溶胶与臭氧,相对于沙漠和冰雪等地面目标物的大气订正要小得多,并且由于其多位于赤道地区,同时适合对极轨和静止卫星进行校正。可见,利用深对流云目标进行可见—近红外通道辐射校正具有其他一些校正手段所没有的优点。

2.6.2 方法

这里采用的 DCC 定义与 GSICS 工作组提出的类似。通过对 1998 年 1—8 月 TRMM 卫星上的 CERES 仪器资料分析后提出 DCC 具有固定不变的月平均的反照率。这一发现基于 CERES 仪器校正良好并且不随时间漂移。CERES 仪器是绝对校正仪器,它通过与一个拥有在轨黑体、灯、冷空扫描与太阳辐射数据的标准热辐射仪器进行校正。CERES 仪器在短波通道能够做到 1% 的校正精度,并在 TRMM、TERRA 和 AQUA 上表现得很稳定。DCCT(DCC 校正技术)采用可以预测其反照率的对流云作为地球的亮目标。在大气顶,云的反射率大小被吸收气体削弱(主要是臭氧)。DCCT 采用 DCC 而不是地面目标,其优势在于大多数 DCC 位于对流层顶,因此其受到水汽及对流层气溶胶削弱的影响最小化,并且 DCCT 不依赖导航数据来寻找目标,此外在低太阳角度情况下,DCC 近似为朗伯反射体。DCCT 可以用来观测随时间变化的仪器衰减情况,但是仍然需要辐射传输模式来获取绝对校正。另外过于巨大的臭氧与平流层气溶胶的变化将降低该方法的准确性。

2008 年 6 月开始获取 FY-3A 数据用于采样以构建一个具有时间序列的结果。为了减小数据量,只采用了热带(15°N—15°S)的数据。红外温度小于 205 K 的被选为 DCC。总数据中只有不到 0.5% 的数据能够符合这一条件。为了降低角度采样的作用,只有太阳天顶角和卫星观测天顶角小于 30° 的数据被采用。用 FY-3A/MERSI 发射前的可见光校正系数将计数值转化为各通道的表观反射率值。并且在将不同的辐射归一化到一个通用的包含不同角度的信息的数据集中时,DCC 的双向反射率函数因素和日地距离因素需要被考虑到。采用适用于 CERES 的光学厚度为 50 的冰云的双向反射率模型用来将反射率归一化为某一限定的太阳天顶角。

$$F(\theta_s) = \frac{\pi L(\theta_s, \theta_v, \varphi)}{R(\theta_s, \theta_v, \varphi)} \tag{2.34}$$

式中,F 为辐射通量密度,L 为辐亮度,θ_s 太阳天顶角,θ_v 卫星观测角,φ 为相对方位角,R 即角度分布模型的校正因子(ADM, Anisotropic correction factor)。

图 2.78 为当太阳天顶角分别为 15°(a)、25°(b)、35°(c) 和 45°(d) 时,角度分布模型的校正因子 R 随不同的卫星观测天顶角和相对方位角的变化。

经过挑选的 DCC 数据,进行 10 d 的平均。由于从全球低纬度海洋上的所有数据中挑选 DCC 样本,即使经过严格的角度限定等挑选步骤,10 d 的时间间隔内仍然至少有数千至数万个以上的有效样本数量,这么多的样本点保证了足够的样本取样。

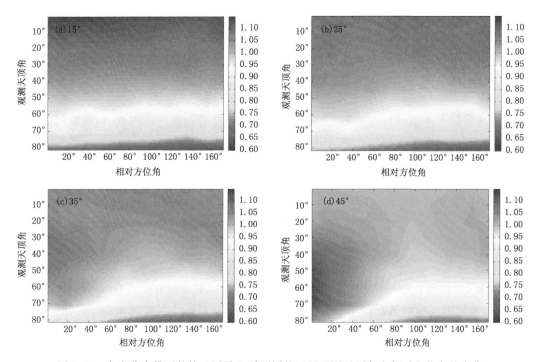

图 2.78　角度分布模型的校正因子 R 随不同的卫星观测天顶角和相对方位角的变化

2.6.3　结果与讨论

对 2008 年 8 月至 2010 年 10 月的 FY-3A/MERSI 四个水汽通道进行了 DCC 目标跟踪,以每 10 d 获得的各通道 DCC 表观反射率平均。图 2.79 分别给出了四个水汽通道的 DCC 目标校正跟踪。图中绿色线表示 2008—2009 年和 2009—2010 年衰减率拟合,红色线表示 2008—2010 年衰减率拟合线,分别得到 2008 年 8 月至 2009 年 8 月数据线性拟合得到的年衰减率、2009 年 8 月至 2010 年 10 月数据线性拟合得到的年衰减率和 2008 年 8 月至 2010 年 10 月数据线性拟合得到的年衰减率和总衰减率。

从图 2.79 中可以直观地看出各个通道的衰减率大小。17、18、19、20 四个水汽通道线性变化趋势均比较好,年衰减率从 2.0% 到 3.9% 不等。此外,除了通道 20,其他通道的衰减率均为 2008—2009 年大于 2009—2010 年,也就是说 2009 年后,探测器的衰减有减缓的趋势。通道 20 的水汽通道在 2008—2010 年的总衰减达到了 7.8%,而且它是唯一一个 2009—2010 年衰减率大于 2008—2009 年衰减率的通道。

除了评估通道的衰减率,还采用 2σ/Mean 指标评估方法的稳定性。2σ 表示的是 DCC 的表观反射率与拟合线的 2 倍标准差。为了将不同反射率归一到同一个标准,还需要将 2σ 除以平均表观反射率。2σ/Mean 越小,说明目标的离散度越小,方法稳定性越高。敦煌交叉校正、全球多目标场和 DCC 校正跟踪方法提供了 2σ/Mean 指标。在水汽通道,DCC 校正跟踪的 2σ/Mean 指标明显小于其他两种方法。这表明了 DCC 辐射跟踪校正方法稳定,特别是在传统辐射校正方法无法很好解决的水汽吸收通道,该方法是一种较为可靠的辐射校正跟踪方法。

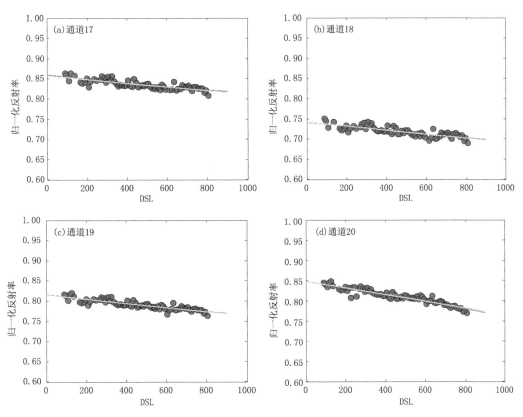

图 2.79　FY-3A/MERSI 水汽通道的 DCC 目标跟踪结果

2.7　场地表面 BRDF 特性测量与分析

为了测量外校正辐射校正场场地表面 BRDF 特性，为在轨卫星遥感器的辐射校正提供基础数据，使用多角度测量系统，分别于 2008 年、2011 年于敦煌戈壁进行了室外 BRDF 的测量试验。测量整个周期（66 个方向点）用时 10 min，测量主平面（间隔 5°，共 31 个方向点）用时 2.5 min。测量结果显示目标的反射为非朗伯性，并在主平面的反射方向性最强烈。

2.7.1　试验方法

BRDF 试验的目的是测量典型地物方向反射特性，建立典型的戈壁 BRDF 模型。从而检验现有模型的精度，验证卫星遥感陆表反射率、BRDF 以及 Albedo 产品精度。通过测量戈壁目标光谱辐亮度、参考白板光谱辐亮度、太阳直射光谱辐照度和天空总光谱辐照度导出测量目标的 BRDF。

选取地面平坦、戈壁颗粒分布较为均匀的典型场地作为 BRDF 测量样地，在不同太阳入射角条件下，按照设定采样间隔（方位方向：0～330°，间隔 30°；天顶方向：0～70°，间隔 14°），测量选定目标在上半球空间的方向光谱辐亮度，再利用同时测量的辐照度数据计算目标的方向反射率。

测量要求：云量小于 2，能见度大于 20 km。

测量获取的每组数据包括以下内容：

（1）地物目标在上半球空间等间距采样测量（天顶方向：−70°~70°，间隔14°；方位方向，自主平面方向开始，0°~150°，间隔30°）的光谱辐亮度66个；

（2）测量时间段内太阳光谱总辐照度和漫射辐照度；

（3）测量开始前后参考白板光谱辐亮度；

（4）计算目标光谱方向反射率；

（5）计算目标AMBRALS BRDF模型系数。

2.7.2 试验仪器

测量系统包括一台自动测量架和两台ASD（Analytical Spectral Devices）公司生产的野外型光谱仪，光谱仪的光谱分辨率为3 nm，一台光谱仪固定在测量架平台上测量目标各方向反射，另一台光谱仪放置在地面上同时测量漫反射板反射（图2.80）。

图2.80 BRDF测量架结构图

观测仪器主要技术指标见表2.31。

表2.31 BRDF测量系统的关键参数

关键参数	数值
通道范围	400~2500 nm
光谱分辨率	3 nm，400~1000 nm 15 nm，1000~2500 nm
信噪比	400~1000 nm，SNR>500 1000~2500 nm，SNR>300
视场角	1°、5°、10°可选
观测角度范围	方位角：0~360° 天顶角：−75°~75°
定位精度	3 mm（±0.086°）
角度分辨率	方位角30°，天顶角15°

续表

关键参数	数值
通道范围	400～2500 nm
测量周期	默认状态:10 min(66 个位置点)
外形尺寸	方位圆和天顶弧半径均为 2 m
重量	≤200 kg
电源	220 VAC/50 Hz,24 VDC,功耗<500 W
安装时间	≤2 h
运输方式	机械结构可拆分

2.7.3 BRDF 观测数据

2008 年 9 月敦煌 BRDF 测量数据的质量评价如表 2.32 所示。通过对所得数据的初步分析,得到以下结论:采用两台绝对校正的光谱辐射计同时分别测量太阳光谱辐照度和目标光谱辐亮度的系统设计可以克服半球测量期间太阳照度的变化对测量数据的影响,明显提高 BRDF 测量精度。图 2.81 对敦煌场同一地点不同时间 3 组 BRDF 观测数据使用一个模型模拟结果。由图可见,用同一模型模拟不同时间测量的 BRDF 数据存在系统偏差,但最大偏差不超过 5%。

表 2.32 2008 年 9 月敦煌 BRDF 测量数据质量评价表

日期 (年-月-日)	组	时间	照度测量	参考板	目标(观测天顶角=0)	BRF(观测天顶角=0)
2008-09-08	1				差	
	2	13:06—13:23	近似好	差	近似好	
	3				差	
	4	16:04—16:17			差	
2008-09-09	1	09:46—10:03	近似好	近似好	近似好	近似好,小于 1800 nm
	2	11:22—11:39	近似好	差	近似好	近似好
	3	12:10—12:29	近似好	差	近似好	近似好
	4	13:27—13:44	近似好	差	近似好	近似好
	5	14:32—14:48	好	差	好,0°与 30°除外	好,0°与 30°除外
	6	15:21—15:39	近似好	差	近似好	近似好
2008-09-10	1	10:26—10:44	近似好	差	差	差
	2	11:20—11:30	差	好,500 nm 周围除外	好	好,500 nm 周围除外
	3	12:03—12:19	好	好,500 nm 周围除外	好	好
	4	13:16—13:36	好	好,500 nm 周围除外	好	好,500 nm 周围除外
	5	14:15—14:28	好	None	好	
	6	15:01—15:15	好	None	好	
	7	15:45—16:02	好	差	好	好
	8	16:33—16:50	差		好,60°除外	好,60°除外
	9	17:24—17:41	近似好	近似好	好	近似好,小于 1800 nm
	10	17:58—18:15	差	差	好	差

日期 （年-月-日）	组	时间	照度测量	参考板	目标（观测天顶角＝0）	BRF（观测天顶角＝0）
2008-09-11	1	09:50—10:08	近似好	差	差	差
	2	10:24—10:41	近似好	差	近似好	
	3	11:05—11:21	近似好	差	差	差
	4	11:40—11:57	近似好	差	好	好
	5	12:32—12:52	近似好	差	好	近似好
	6	13:30—13:47	近似好	差	近似好	近似好
	7	14:33—14:53	好	差	近似好	
	8	15:33—15:51	好	差	近似好	
	9	16:30—16:47	无	差	近似差	
	10	17:11—17:28	无	近似差	近似差	

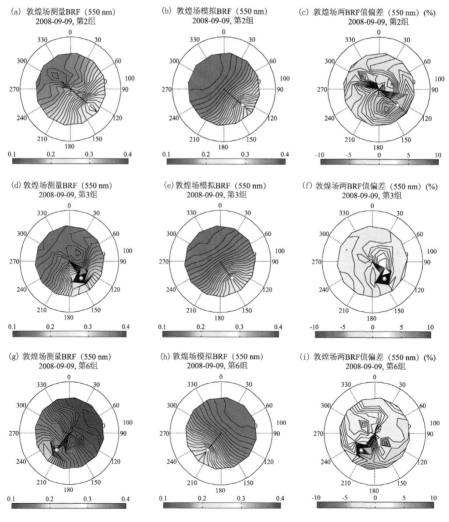

图 2.81　2008 年敦煌野外试验得到的戈壁 BRDF

2.8　气溶胶光学参数反演

气溶胶光学特性是大气辐射传输过程的重要参数。目前,在场地辐射校正过程中,主要是由太阳辐射计跟踪太阳测量其直射辐射推算出的不同波长上的气溶胶光学厚度,推定气溶胶类型。国外学者则采用对天空漫射光分布的测量,进行气溶胶光学特性的多参数(气溶胶光学厚度、粒子尺度谱、复折射率、单次散射反照率以及散射相函数)联合反演。新的气溶胶光学参数测量与反演方法可以更准确地描述气溶胶的光学特性,进而提高大气辐射传输计算和场地辐射校正的精度。

分别于 2010 年与 2013 年采用激光雷达实时获取敦煌场气溶胶廓线信息。大气探测激光雷达工作原理与微波雷达相似,一般采用脉冲激光器作为发射源,向大气中发射一束具有高指向性、高能量的窄脉冲宽度的激光束,通过望远镜收集大气中物质产生的后向散射光,并对散射光进行光谱分析,剔除杂散光信号,经光电转换后获得电信号,由计算机进行数据采集、信号分析及数据反演即可得到所需大气参数或信息。

2.8.1　观测试验

在 2010 年和 2013 年中国遥感卫星辐射校正场外场试验中,利用 532 nm 单波长米散射激光雷达和 3 波长拉曼激光雷达,获取敦煌辐射校正场典型气溶胶垂直廓线信息,作为 MODTRAN 辐射模式的输入量,计算模式中自带的气溶胶廓线与实测气溶胶廓线对卫星可见—近红外通道辐射校正产生的差异。

2010 年试验中,我们采用的激光雷达是中国科学院安徽光学精密仪械研究所研制的 532 nm 单波长米散射激光雷达(MPLidar),其主要技术参数如表 2.33 所示。

表 2.33　MPLidar 雷达系统主要技术参数

单元名称		技术参数
激光发射光学单元	激光器	BigSky Nd:YAG SHG
	波长(nm)	532
	单脉冲能量(mJ)	35
	脉冲重复频率(Hz)	10
	光束发散角(mrad)	1.5
	扩束镜	3X
接收光学及后继光学单元	接收望远镜型号	Cassegrain
	直径(mm)	200
	视场(mrad)	0.5
	滤光片中心波长(nm)	532
	半宽度(nm)	0.3
	透过率(%)	45
信号探测采集显示及运行控制单元	光电倍增管	Hamamatsu

单元名称	技术参数	
信号探测采集显示及运行探测单元	型号	R7400
	频谱响应(nm)	300~650
	采集卡	Licel
	采集精度(bit)	12 bit 250 MHz
	采集速率(MHz)	20

激光雷达观测环境要求:(1)激光雷达须放置于封闭房间内,房间有天窗,大小为 400 mm ×400 mm,最小不能低于 350 mm×350 mm,最好为密闭天窗;(2)天窗的玻璃采用无色玻璃,透光率 97％以上,厚度 3~4 mm,一般为 3.7 mm;玻璃不能水平放置,不能与激光器垂直,须错开一定角度,需要玻璃有 3°~5°的倾角;(3)若房间无达到要求的密闭玻璃设计,则采用敞开式天窗。采用敞开式天窗须注意下雨及沙尘暴等天气状况损坏仪器;(4)观测房间内恒温干燥要求,特别是不能过于潮湿(湿度小于 60％),温度不能低于 10℃,高于 40℃。

实际观测中,我们将米散射激光雷达放置在敦煌气象观测站顶楼进行连续观测,敦煌气象局观测站距离敦煌辐射校正场中心直线距离约 20 km。预计探测高度:晴朗无云天气下白天为 10 km,夜间为 15 km。高层薄卷云系对探测高度稍有影响。中低云系仅能探测到云底高度。观测时间:2010 年 8 月 10 日至 2010 年 8 月 24 日。观测时次:每 15 min 观测 1 次,每次激光脉冲持续 10 min。遇雨暂停观测。所有激光雷达观测人员严格遵守观测规程和观测场地周围单位安全规范或规定。在这 15 d 的观测时间里,每天的观测都有详细的记录,主要记录观测目的、观测时间、仪器状态、当时天气现象、观测人员等,为后续的数据处理和卫星校正提供参考依据。其中 8 月 13 日、14 日、18 日、20 日、24 日 5 d 为 FY-3A 同步校正,而 14 日、18 日、20 日 3 d 的天气情况较佳,因此后面多以这 3 d 的数据进行分析。

2013 年试验中,使用的是多波长拉曼偏振大气探测激光雷达。2013 年 8 月 19 日,多波长拉曼偏振大气探测激光雷达在敦煌市气象局进行了激光雷达同步观测,当日天气晴朗,大气条件较好,远山看得较为清晰,天空基本无云,无明显风向,上午气温为 25℃,下午气温为 32℃,夜间气温约为 16℃。

探测模式:垂直定点;

探测时间:弹性散射通道,09:07—24:00;
　　　　　拉曼通道,22:00—次日 05:00;

卫星过顶时间:FY-3A,12:00、23:22;
　　　　　　　FY-3B,15:25、次日 03:44;
　　　　　　　TERRA,12:23、23:29;
　　　　　　　AQUA,次日 03:52;

试验地点:敦煌气象局(40.8°N,94.41°E);

激光能量:85％;

相对湿度:25％;

风向:无明显风向,大气稳定。

2.8.2　反演方法

激光雷达接受到高度 Z 处气溶胶和空气分子的后向散射回波功率 $P(Z)$ 由激光雷达方程决定：

$$P(Z) = P_0 C Z^{-2} [\beta_a(Z) + \beta_m(Z)] T_a^2(Z) T_m^2(Z) \qquad (2.43)$$

式中，$P(Z)$ 激光雷达接收到高度 Z 处的后向散射回波，P_0 为激光雷达发射功率，C 雷达常数，$\beta_a(Z)$ 气溶胶后向散射系数，$\beta_m(Z)$ 分子后向散射系数，$T_a(Z) = \mathrm{e}^{[-\int_0^z \alpha_a(Z)\mathrm{d}Z]}$ 是气溶胶透过率，$T_m(Z) = \mathrm{e}^{[-\int_0^z \alpha_m(Z)\mathrm{d}Z]}$ 是大气分子透过率，$\alpha_a(Z)$ 和 $\alpha_m(Z)$ 分别为高度 Z 处气溶胶和空气分子消光系数（km^{-1}）。

标定高度 Z_c 是通过选取近乎不含气溶胶的清洁大气层所在的高度来确定，这里我们在 $6\sim15$ km 自动选取最小回波值对应的高度。在这个高度上 $X(Z)/\beta_2(Z)$ 的值最小。这个高度一般在对流层顶附近。532 nm 波长气溶胶消光系数的标定值 $\alpha_1(Z_C)$ 分别由气溶胶散射比 $R = 1 + \beta_a(Z_C)/\beta_m(Z_C) = 1.01$ 来确定。

2.8.3　激光雷达试验结果分析

2.8.3.1　敦煌地区典型气溶胶消光系数廓线

2010 年 8 月 13 日、14 日、20 日、24 日 5 天天气晴好。因此选取这几天气溶胶消光系数廓线进行重点分析。

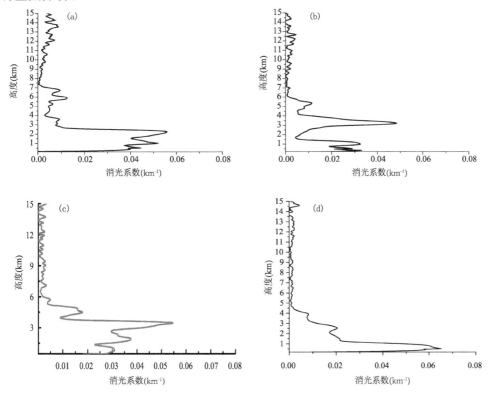

图 2.82　2010 年 8 月 13 日、14 日、20 日、24 日激光雷达观测的气溶胶消光系数垂直廓线

图 2.82 分别是 2010 年 8 月 13 日、14 日、20 日、24 日距 FY-3A 过境时间最近的一次激光雷达观测反演得到的气溶胶消光系数垂直廓线。

图 2.83 为 532 nm 通道的 30 min 时间分辨率的激光雷达 RCS 距离修正信号（图中红线所示）与大气分子标准模型（图中蓝线所示）的拟合结果。可以看出，半小时时间分辨率的激光雷达信号，探测距离超过 30 km；在高于 6 km 的大气中，雷达信号与大气分子模型在大部分区间拟合很好，说明当日大气在 6 km 以上除云层外气溶胶含量很少。

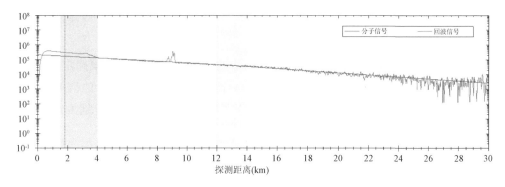

图 2.83 2013 年 8 月 19 日各通道 30 min 回波信号与分子信号拟合（对数坐标）

选取 10 km 以下的各通道距离修正信号强度时空演化图如图 2.84 所示，可以看到，各通道信号连续，包含丰富的大气变化信息。

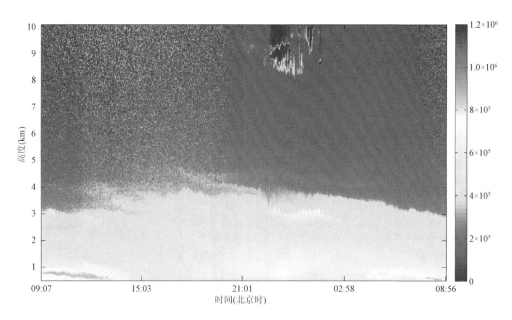

图 2.84 2018 年 8 月 19 日 532 nm 平行通道 RCS 时空演化图

图 2.85 为拉曼激光雷达观测得到的 2013 年 8 月 19 日 FY-3A 卫星过顶前后 532 nm 大气消光系数廓线。从这些气溶胶垂直廓线资料来看，敦煌地区在 2～4 km 处存在着一层气溶

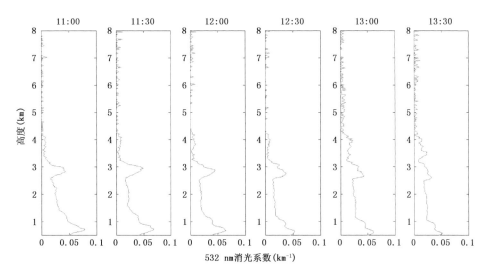

图 2.85　2013 年 8 月 19 日 FY-3A 卫星过顶前后 532 nm 大气消光系数廓线

胶浓度层。敦煌地区的对流层气溶胶粒子主要产生于地面,通过对流或被风输送到空中,因此其浓度在 2～3 km 厚的边界层内最大,然后随着高度的增加而减少,尤其在边界层与自由大气交界处,减少的速率最为剧烈,到了 10～15 km 的对流层顶附近达到最小值。通过比较可以发现 2010 年和 2013 年采用不同的激光雷达观测得到的气溶胶垂直廓线结构相似。

2.8.3.2　激光雷达反演气溶胶光学厚度与 CE-318 测量光学厚度比较

分别比较 2010 年与 2013 年激光雷达与 CE-318 测量的气溶胶光学厚度结果。从图 2.86 看出 2010 年两者的趋势符合较好。特别是 8 月 24 日 12 时后场地突起沙尘天气,光学厚度明显上升,这一点在激光雷达观测中也有明显体现。但激光雷达反演 AOD 的波动性较大,显示出性噪比不够高。经过 5 点滑动平均后效果较好,能够与 CE-318 反演 AOD 符合度较高。而 2013 年的试验中(图 2.87),激光雷达与 CE-318 的比对结果则更为一致,也初步说明拉曼散射系数对于提高气溶胶反演精度有积极意义。

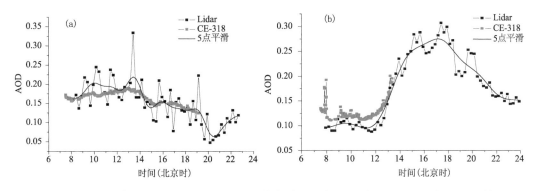

图 2.86　2010 年 8 月 20 日(a)和 24 日(b)激光雷达反演 AOD 与 CE-318 测量 AOD 比较

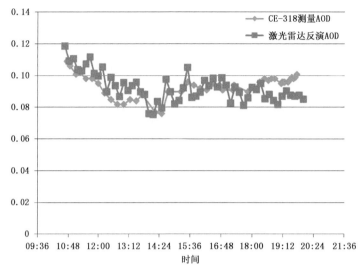

图 2.87　2013 年 8 月 20 日激光雷达反演 AOD 与 CE-318 测量 AOD 比较

2.8.3.3　气溶胶光学厚度垂直廓线

图 2.88 为这 2010 年 8 月 13 日、14 日、18 日、24 日卫星过境时气溶胶光学厚度 AOD 在垂直高度上的积分。从地面到约 4 km 高空,气溶胶光学厚度迅速增加,4～6 km 缓慢增加,6 km 以上的增加幅度很小。

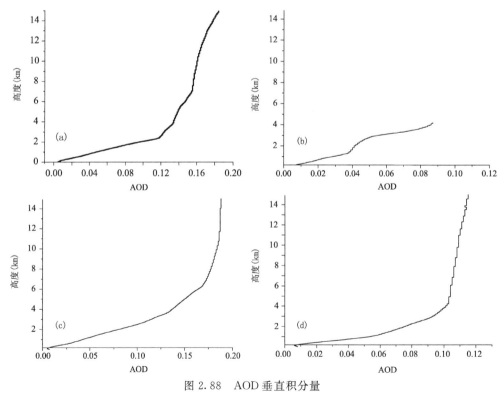

图 2.88　AOD 垂直积分量

(a)2010 年 8 月 13 日;(b)2010 年 8 月 14 日;(c)2010 年 8 月 18 日;(d)2010 年 8 月 24 日

2.8.3.4 大气粒子浓度垂直廓线分布

大气粒子浓度垂直廓线分布主要反映某一时刻粗模态粒子浓度和细模态粒子浓度随探测高度的变化趋势。图 2.89 为 2013 年 8 月 20 日 FY-3A 卫星过顶时及前后 30 min 大气粒子浓度垂直廓线分布,结果显示,FY 卫星过顶时大气中粒子含量总体较小。

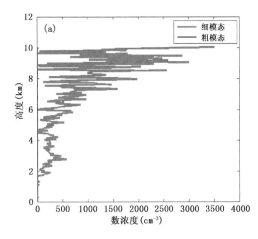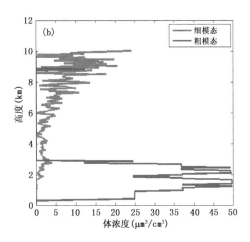

图 2.89　2013 年 8 月 20 日 FY-3A 卫星过顶及前后 30 min 大气粒子浓度垂直分布廓线
(a)12:00—12:30 数浓度(b)12:00—12:30 体浓度

通过分析大气探测激光雷达数据产品,可得出以下结论:2010 年与 2013 年激光雷达观测结果较为一致。辐射校正期间,敦煌地区大气洁净。532 nm 的大气光学厚度为 0.1 左右,355 nm 的大气光学厚度为 0.12 左右,且整日比较稳定。辐射校正期间大气偏振系数在 0.15 以下,大气中气溶胶主要为规则的细粒子和少量沙尘粒子,基本没有云层。辐射校正期间敦煌地区大气边界层为 3~4 km。辐射校正期间,卫星过顶时大气中粒子含量较小,细粒子数峰值浓度在 1000 个/cm^3 以下,粗粒子峰值数浓度在 8 个/cm^3 以下,粒子有效半径主要集中在 1 μm 以下。

综上所述,使用激光雷达是实时获取敦煌场气溶胶廓线的有效手段。通过分析激光雷达数据可获取气溶胶消光系数、光学厚度总量与垂直廓线、大气粒子浓度垂直廓线等多项参数,可以更准确地描述气溶胶的光学特性,进而提高大气辐射传输计算和场地辐射校正的精度。

2.9　野外漫射光各向异性校正

天空漫射辐射的各向异性分布对地表反射率的野外测量结果有直接影响,而地表反射率是在轨遥感器场地替代校正中敏感系数最高的输入参量,因此定量掌握野外环境下的参考板与地表 BRF 的改变情况并予以修正意义重大。但是通过实际测量的方法在短期内很难捕捉到各种状态下的天空漫射辐射分布以及此状态下的参考板与地表 BRF 数据,且一直没有一个有效的办法对这种影响给出准确的评估。本书创新性的通过敦煌辐射校正场天空漫射辐射分布模型对参考板与地表 BRF 的变化情况展开了分析。结论同样适用于其他天空漫射辐射符合中心对称模型的场地。

2.9.1 模型分析

从 20 世纪 50、60 年代开始的半个世纪以来,国际上出于利用太阳辐射的目的,建立了多个天空漫射辐射各向异性分布模型。针对天空漫射辐射角度分布模型的研究,概括地说分为三类,即经验模型、数值求解模型与界于二者之间、以数值求解模型为基础,加入经验系数以简化参与计算的参数个数的模型。经验模型主要通过分布在世界各地的观测点长年积累的观测数据归纳得到(Hay,1978);数值求解模型基于辐射传输方程精确界定大气要素的分布(Prasad et al.,1987);第三类模型的研究则更为广泛,常用的分布模型包括:

(1)均匀分布模型(Duffie et al.,1980),此模型在天空完全被云覆盖时较为准确,晴空下则不确定度较大(Drummond,1956;Gueymard,1987)。

(2)太阳中心分布模型(Robertson,1963)。

(3)正弦模型,Sonntag 等(1975)提出天空漫射辐射随太阳高度角的正弦变化。

(4)TCCD 模型(Hooper et al.,1980),天空漫射由各向同性参数、被预测的水平辉度、太阳晕环贡献 3 部分组成。

(5)半经验模型(Siala et al.,1990)及其改进模型(MURAC,J Vida,1999)等。

凡是涉及经验的模型均与特定的地理位置和大气环境相关联。下面开展实际测量试验分析在夏季晴空日敦煌辐射校正场的天空漫射辐射分布特点。

2.9.2 建模试验

2.9.2.1 试验方案

为了研究天空漫射辐射对参考板及地表方向反射率因子的影响情况,需要掌握半球天空漫射辐射分布。我们利用前面提到的自动跟踪太阳光度计 CE-318 的子午面扫描功能,分别在主平面与等高面上观测辐射亮度,如图 2.90 所示。其中 PP1 代表主平面,ALR/ALL 代表等高面。如果在主平面上测量的辐射能量沿仪器与太阳连线组成的对称轴旋转对称,那么它在等高面上的对应值应该与等高面上 CE-318 观测值相等。

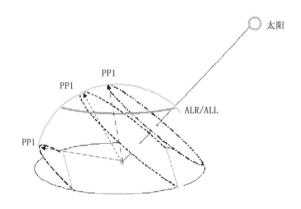

图 2.90 用主平面上的辐射能量计算半球辐射能量

分别于 2008 年 9 月 8 日与 10 日开展天空漫射辐射主平面与等高面的观测,这两天漫射辐射均匀且光学厚度差别较大,这样可以代表两种天空漫射辐射的典型状态,即天空晴朗并清澈与天空晴朗但不够清澈这两种场地同步试验常碰到的状态。

2.9.2.2　试验结果

图 2.91 为根据 2008 年 9 月 8 日观测的主平面数据计算的半球天空漫射辐射分布,图 2.92 为所计算的半球天空漫射辐射分布在等高面处的对应值与实测值的比较。当天观测时刻气溶胶光学厚度较大,达 0.5426。

图 2.93 为根据 2008 年 9 月 10 日观测的主平面数据计算的半球天空漫射辐射分布,图 2.94 为所计算的半球天空漫射辐射分布在等高面处的对应值与实测值的比较。当天观测时刻气溶胶光学厚度很小,为 0.1655。

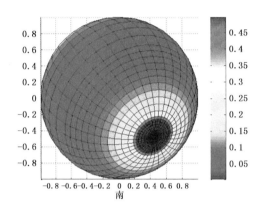

图 2.91　2008 年 9 月 8 日半球辐亮度

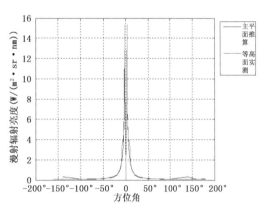

图 2.92　2008 年 9 月 8 日主平面到等高面上推算值与实测值的比较

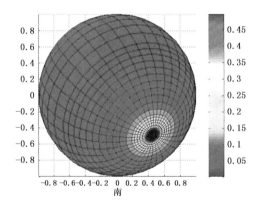

图 2.93　2008 年 9 月 10 日半球辐亮度

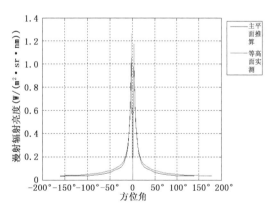

图 2.94　2008 年 9 月 10 日主平面到等高面上推算值与实测值的比较

通过比较可以得出以下结论。

(1)由主平面推算的等高面辐亮度与实测值非常接近,只要气溶胶保持稳定,敦煌辐射校正场的天空各向异性分布符合太阳中心分布模型,受气溶胶光学厚度的影响不大;

(2)光学厚度的增大可使太阳附近天空漫射辐射亮度增大 10 倍以上;

(3)主平面的天空漫射辐射辐亮度分布曲线基本符合高斯函数的分布特征。

2.9.3　模型模拟

2.9.3.1　分布函数的确定

通过观察建模试验阶段获取的主平面的天空漫射辐射辐亮度分布曲线的形状,发现它基本符合高斯函数的分布特征。根据高斯函数的特点(图 2.95),通过调整函数方差的大小可以模拟不同气溶胶光学厚度对应的亮度分布曲线。

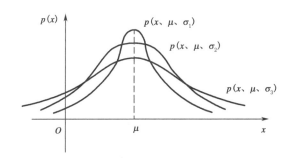

图 2.95　高斯分布概率密度函数

模拟得到天空漫射辐射各向异性分布的相对数值大小后,就可以在已知参考板与敦煌场方向反射率因子的前提下评估天空各向异性漫射辐射对其造成的影响。为使模拟模型更接近真实情况,还需要开展试验分析天空漫射辐射能量主要集中的角度范围。

2.9.3.2　采样间隔的确定

使用前述的 OL754 光谱照度计与 CE-318 自动跟踪太阳光度计开展试验。使用 OL754 测量不同测量参数的天空漫射辐射照度。试验在较短时间内完成,在保证大气状况相对一致的前提下,太阳天顶角的变化在 0.2°以内,可减小太阳天顶角的变化对测量的影响;每组试验数据采用首尾平均的方式,如果需要比较 3 个不同遮光球尺寸对天空漫射辐射测量值的影响,那么测量顺序为 1—2—3—2—1,取第 1、5 次测量结果的平均值和第 2、4 次测量结果的平均值与第 3 次测量相比较,这样在基本相同的测量间隔下,可以进一步减小太阳天顶角对试验的影响。使用 CE-318 监视大气气溶胶的波动情况。

为了使测量的数据间具有可比较性,需要对测量得到的天空漫射辐射进行余弦修正,修正公式如下。

$$E'_{dif} = E_{dif}/\cos(\theta_z) \tag{2.35}$$

于敦煌辐射校正场在 2008 年 9 月 3 日、4 日、6 日进行了多天次、不同遮挡距离的天空漫射辐射测量试验,图 2.96 至图 2.101 为 3 d 获取并经过余弦修正的天空漫射辐射照度随半坡角 β 的变化情况以及测量时刻气溶胶光学厚度的变化情况。

图中显示,当光学厚度小于 0.2 时,半坡角的变化对天空漫射辐射的测量影响不明显;而当光学厚度达到 0.3 左右时,半坡角越小,天空漫射辐射值就会越大。将天空漫射辐射按照半坡角取微分,得到图 2.102 的结果。

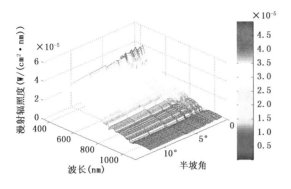

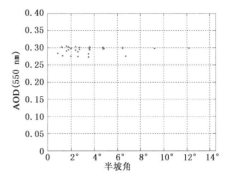

图 2.96　2008 年 9 月 3 日天空漫射辐射随半坡角变化情况　　图 2.97　2008 年 9 月 3 日半坡角对应时刻 AOD 值

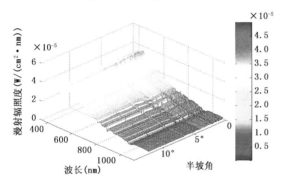

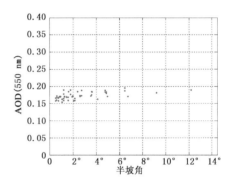

图 2.98　2008 年 9 月 4 日天空漫射辐射随半坡角变化情况　　图 2.99　2008 年 9 月 4 日半坡角对应时刻 AOD 值

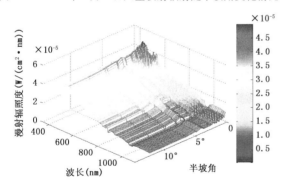

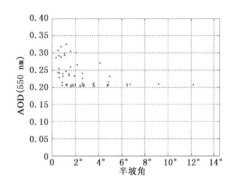

图 2.100　2008 年 9 月 6 日天空漫射辐射随半坡角变化情况 图 2.101　2008 年 9 月 6 日半坡角对应时刻 AOD 值

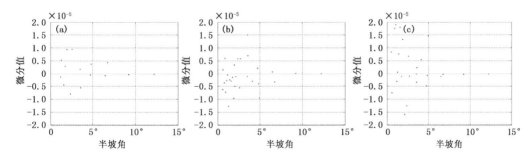

图 2.102　天空漫射辐射的微分值(a)20080903,(b)20080904,(c)20080906

试验说明在半坡角>6°时,天空漫射辐射值的变化趋于平缓。即天空漫射辐射能量主要集中在6°半坡角的范围以内。因此在数值计算时此区间内应该加密计算。

2.9.3.3 分布模型的建立

通过上述分析,可以确定天空漫射辐射符合中心对称模型,且辐射能量沿主平面向远离太阳的方向按高斯函数衰减。在图 2.103 中,令 O 为待测目标上一点,太阳光沿对称轴 OA 方向入射。过天空中某点 C 做 OA 的垂面,垂足为 A,与以 O 为圆心,$r=OC$ 为半径的球面相交得一交线圆,那么圆上各点的漫射辐射亮度均与 C 点相同。令 α 为交线圆上某点到 C 点所成的弧度角,易知 $0 \leqslant \alpha \leqslant 2\pi$。

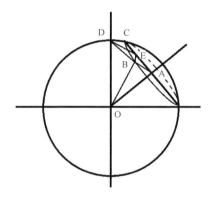

图 2.103　中心对称模型的建立

令 C 点相对于对称轴的观测角 $\angle AOC = \beta$,$\angle BAC = \alpha$,$\angle AOD = S_z$。过 B 做垂线垂直于 AC,垂足为 E,由于 BE∈面 ABC,DE∈面 AOD,面 ABC⊥面 AOD 则可通过推导求得交线圆上任一点 B 相对于 OD 所成的角。

$$CD = \mathrm{abs}\left(2 \times r \times \sin\left(\frac{S_z - \beta}{2}\right)\right) \tag{2.36}$$

$$\angle OCA = 90 - \beta \tag{2.37}$$

$$\angle OCD = 90 - \frac{S_z - \beta}{2} \tag{2.38}$$

$$AC = AB = r \times \sin\beta \tag{2.39}$$

$$AE = r \times \cos\alpha \tag{2.40}$$

$$BE = r \times \sin\alpha \tag{2.41}$$

$$CE = AC - AE \tag{2.42}$$

$$DE = \sqrt{CE^2 + CD^2 - 2 \times CE \times CE \times \cos(\angle OCA \pm \angle OCD)} \tag{2.43}$$

$$BD^2 = DE^2 + BE^2 \tag{2.44}$$

$$\angle BOD = 2 \times a\sin\left(\frac{BD}{2r}\right) \tag{2.45}$$

按照上述公式计算得到的不同 α 与 β 下的 $\angle BOD$ 值如图 2.104 所示。

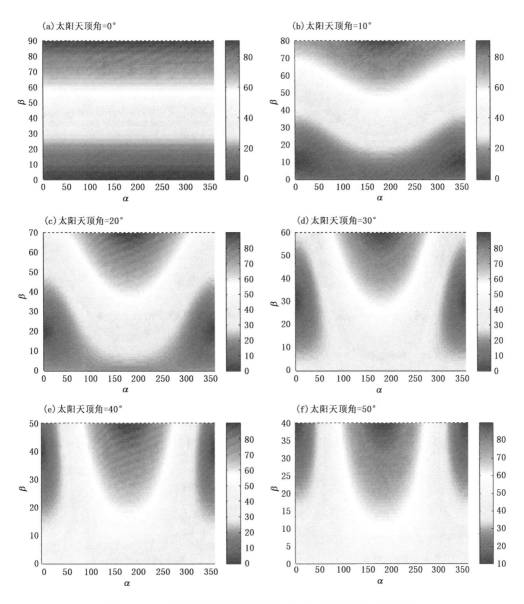

图 2.104　不同太阳天顶角下观测角相对于弧度角的变化情况

　　假设天空漫射辐射中各向同性与各向异性的贡献为 1∶1,计算得到不同太阳天顶角与高斯函数方差下天空漫射辐射分布如图 2.105,图 2.106,图 2.107 所示。

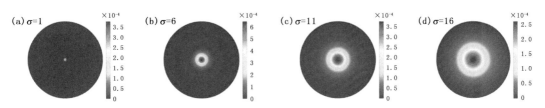

图 2.105　太阳天顶角＝0°时不同方差对应的天空漫射辐射分布

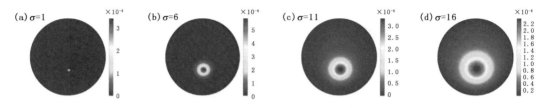

图 2.106　太阳天顶角＝20°时不同方差对应的天空漫射辐射分布

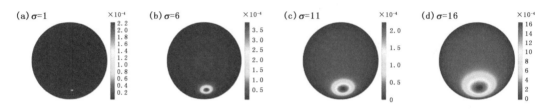

图 2.107　太阳天顶角＝50°时不同方差对应的天空漫射辐射分布

2.9.3.4　基本定义

按照反射率因子(BRF)的定义：反射率因子为在指定方向上的反射通量(单位时间内通过某一截面的辐射能，单位为 W)与该方向上理想郎伯体反射通量之比。

在野外测量时受各向异性天空漫射辐射的影响，指定方向上的反射通量为从各个方向入射的辐射通量与理论反射率因子的(BRF)加权叠加值，相应的实际反射率因子(BRF)可以由下式计算得到。

$$\mathrm{BRF}_i = \frac{\sum_{(\beta,\alpha)} E_i(\beta,\alpha) \times \mathrm{BRF}(\beta,\alpha)}{\sum_{(\beta,\alpha)} E_i(\beta,\alpha)} \tag{2.46}$$

下面定义两个参数 BRF_a 与 C_{1b} 来反映 BRF_i 相对 BRF 的改变。

(1)变化因子 BRF_a

$$\mathrm{BRF}_a = \frac{\mathrm{BRF}_i}{\mathrm{BRF}} \tag{2.47}$$

变化因子可以表示反射率因子的变化程度，也可以用来对实际测量数据进行修正，如下所示。

$$\frac{\mathrm{BRF}_i - \mathrm{BRF}}{\mathrm{BRF}} \times 100\% = (\mathrm{BRF}_a - 1) \times 100\% \tag{2.48}$$

(2)朗伯系数 C_{1b}

由于常用的数据均在太阳天顶角在 $0\sim45°$ 的范围内获取，定义朗伯系数 C_{1b} 用来衡量参考板沿天顶角方向的朗伯特性，

$$C_{1b} = \frac{\mathrm{BRF}(S_z = 0) - \mathrm{BRF}(S_z = 45°)}{\mathrm{mean}(\mathrm{BRF}(S_z = 0), \mathrm{BRF}(S_z = 45°))} \times 100\% \tag{2.49}$$

理想朗伯体 $C_{1b} = 0$，C_{1b} 越接近于 1，朗伯特性越差。

2.9.3.5　参考板变化因子估算

图 2.108 给出在实验室获取的参考板 BRF 数据,其中径向为随天顶角的变化情况,切向为随方位角的变化情况,对于本参考板而言,BRF 数据随方位角的变化可忽略。

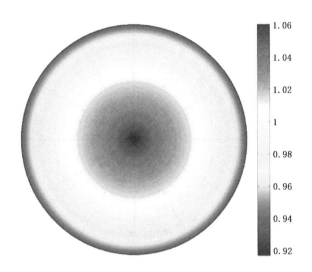

图 2.108　实验室获取的参考板 BRF

经过不同方差的各向异性天空漫射辐射影响后,参考板 BRF 改变情况如图 2.109 所示。

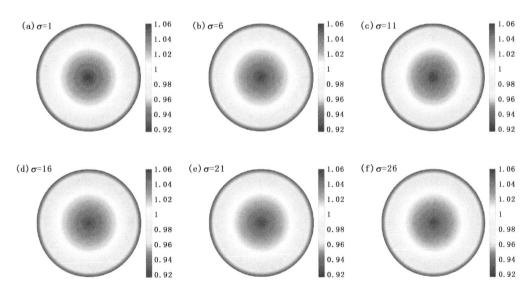

图 2.109　各向异性天空漫射辐射影响下的参考板 BRF

由于参考板 BRF 数据随方位角的变化可忽略,当 VZI＝0 时,BRF 沿天顶角的改变情况见图 2.110。

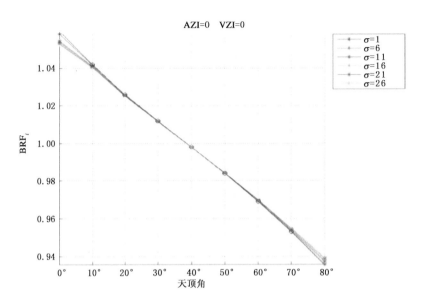

图 2.110　各向异性天空漫射辐射影响下的参考板 BRF 比较

表 2.34 给出当 VZI＝0 时,参考板 BRF 在不同天顶角下的值。可以看出太阳天顶角在 40°左右时天空漫射辐射的各向异性分布造成的影响最小。

表 2.34　各向异性天空漫射辐射影响下的参考板 BRF 比较

		$S_z=0°$	$S_z=10°$	$S_z=20°$	$S_z=30°$	$S_z=40°$	$S_z=50°$	$S_z=60°$	$S_z=70°$	$S_z=80°$
BRF		1.06	1.042	1.026	1.012	0.998	0.984	0.969	0.953	0.935
BRF_i	$\sigma=1$	1.058291	1.041833	1.025908	1.011947	0.997985	0.98403	0.969155	0.953244	0.935674
	$\sigma=6$	1.05469	1.041324	1.025716	1.011861	0.997983	0.984111	0.969475	0.953701	0.936736
	$\sigma=11$	1.054073	1.041077	1.025592	1.011791	0.997962	0.984142	0.969593	0.953958	0.937395
	$\sigma=16$	1.053611	1.040797	1.025439	1.011713	0.997945	0.984186	0.969726	0.954242	0.938082
	$\sigma=21$	1.053162	1.040485	1.025254	1.011619	0.99793	0.984248	0.969887	0.954566	0.938831
	$\sigma=26$	1.052728	1.040165	1.025051	1.011511	0.997911	0.984317	0.970064	0.95492	0.939633

图 2.111 显示当 VZI＝0 时,参考板 BRF 变化因子沿天顶角的改变情况。

表 2.35 给出当 VZI＝0 时,参考板 BRF 变化因子在不同天顶角下的值。数据显示在天气晴朗时($\sigma=1$)参考板 *BRF* 的变化范围在 0.16％以内,当天空漫射辐射较大时($\sigma=26$)参考板 BRF 的变化范围可达 0.69％。

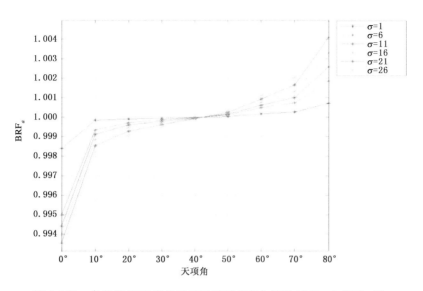

图 2.111　参考板 BRF 变化因子沿天顶角变化情况(AZI＝0,VZI＝0)

表 2.35　参考板 BRF 变化因子在不同天顶角下的值

BRF_i	$S_z=0°$	$S_z=10°$	$S_z=20°$	$S_z=30°$	$S_z=40°$	$S_z=50°$	$S_z=60°$	$S_z=70°$	$S_z=80°$
$\sigma=1$	0.9984	0.9998	0.9999	0.9999	1.0000	1.0000	1.0002	1.0003	1.0007
$\sigma=6$	0.9950	0.9994	0.9997	0.9999	1.0000	1.0001	1.0005	1.0007	1.0019
$\sigma=11$	0.9944	0.9991	0.9996	0.9998	1.0000	1.0001	1.0006	1.0010	1.0026
$\sigma=16$	0.9940	0.9988	0.9995	0.9997	0.9999	1.0002	1.0007	1.0013	1.0033
$\sigma=21$	0.9935	0.9985	0.9993	0.9996	0.9999	1.0003	1.0009	1.0016	1.0041
$\sigma=26$	0.9931	0.9982	0.9991	0.9995	0.9999	1.0003	1.0011	1.0020	1.0050
最小值0.9931	0.9931	0.9982	0.9991	0.9995	0.9999	1.0000	1.0002	1.0003	1.0007
最大值1.0050	0.9984	0.9998	0.9999	0.9999	1.0000	1.0003	1.0011	1.0020	1.0050

　　表 2.36 给出 VZI＝0 时,参考板朗伯系数变化情况。对于目前使用的 C_{LB} 达 6.73％的参考板,天空漫射辐射的存在使参考板的朗伯性变好,即 $C_{LB_i}<C_{LB}$,天空漫射辐射越大这种现象越明显。差幅最大可达－10.40％。

表 2.36　参考板朗伯系数变化情况

C_{LB}	C_{LB_i}					
	$\sigma=1$	$\sigma=6$	$\sigma=11$	$\sigma=16$	$\sigma=21$	$\sigma=26$
6.73％	6.57％	6.22％	6.16％	6.12％	6.07％	6.03％
	－2.38％	－7.58％	－8.47％	－9.06％	－9.81％	－10.40％

2.9.3.6　地表变化因子估算(垂直观测)

　　地表变化因子的估算方法与参考板类似,不同的是地表方向特性更加明显。且由于卫星观测地表时并不总是垂直观测,故地表方向特性除需要考虑太阳天顶角因素外,还需要考察其随观测天顶角与相对方位角的变化情况。以敦煌场先期测量数据为基础,将观测角度为零时的敦煌地表 BRF 表述如图 2.112 所示。

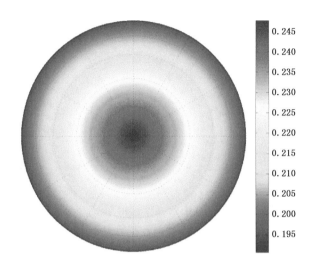

图 2.112　敦煌地表的 BRF(0°视角)

在垂直观测时,地表 BRF 与参考板 BRF 的形态类似,基本上都不随相对方位角的变化而变化。经过不同方差的各向异性天空漫射辐射影响后,地表 BRF_i 数据如图 2.113 所示。

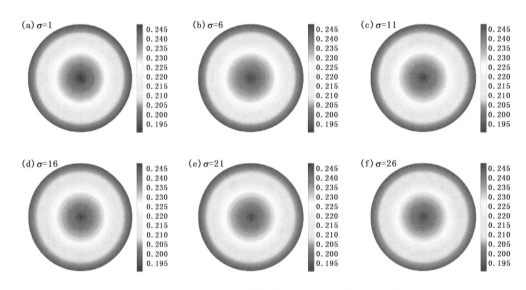

图 2.113　各向异性天空漫射辐射影响下的地表 BRF(0°视角)

由于垂直观测时地表 BRF 数据随方位角的变化可忽略,当 VZI=0 时,BRF 沿天顶角的改变情况见图 2.114。

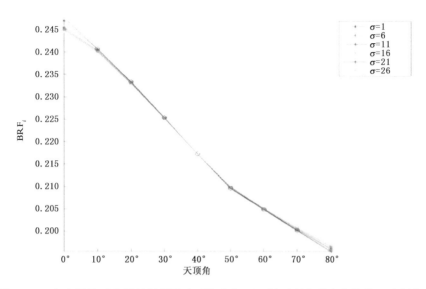

图 2.114　各向异性天空漫射辐射影响下的地表 BRF 随天顶角的变化情况（0 度视角）

表 2.37 给出当 VZI＝0 时，地表 BRF 在不同天顶角下的值。同样可以看出太阳天顶角在 40°左右时天空漫射辐射的各向异性分布造成的影响最小。

表 2.37　各向异性天空漫射辐射影响下的地表 BRF 比较（0°视角）

BRF		$S_z=0°$	$S_z=10°$	$S_z=20°$	$S_z=30°$	$S_z=40°$	$S_z=50°$	$S_z=60°$	$S_z=70°$	$S_z=80°$
		0.2476	0.2407	0.2333	0.2254	0.2172	0.2096	0.2048	0.2001	0.1954
BRF_i	$\sigma=1$	0.2469	0.2406	0.2333	0.2254	0.2172	0.2096	0.2049	0.2002	0.1956
	$\sigma=6$	0.2455	0.2404	0.2332	0.2253	0.2172	0.2098	0.2049	0.2003	0.1959
	$\sigma=11$	0.2453	0.2402	0.2331	0.2253	0.2172	0.2098	0.2050	0.2004	0.1962
	$\sigma=16$	0.2451	0.2401	0.2330	0.2252	0.2172	0.2099	0.2050	0.2005	0.1964
	$\sigma=21$	0.2449	0.2400	0.2329	0.2252	0.2173	0.2099	0.2051	0.2007	0.1966
	$\sigma=26$	0.2446	0.2398	0.2328	0.2251	0.2173	0.2100	0.2052	0.2008	0.1969

图 2.115 显示当 VZI＝0 时，地表 BRF 变化因子沿天顶角的改变情况。

表 2.38 给出当 VZI＝0 时，地表变化因子在不同天顶角下的值。数据显示在天气晴朗时（$\sigma=1$）地表 BRF 的变化范围在 0.28％以内，当天空漫射辐射较大时（$\sigma=26$）地表 BRF 的变化范围可达 1.19％。

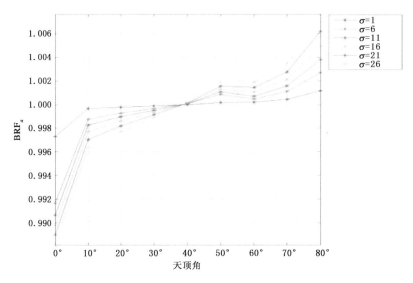

图 2.115　地表 BRF 变化因子沿天顶角变化情况（0°视角）

表 2.38　地表 BRF 变化因子在不同天顶角下的值（0°视角）

BRF$_i$	$S_z=0°$	$S_z=10°$	$S_z=20°$	$S_z=30°$	$S_z=40°$	$S_z=50°$	$S_z=60°$	$S_z=70°$	$S_z=80°$
$\sigma=1$	0.9972	0.9995	0.9999	0.9998	1.0001	1.0001	1.0003	1.0005	1.0012
$\sigma=6$	0.9916	0.9986	0.9994	0.9996	1.0002	1.0008	1.0006	1.0012	1.0028
$\sigma=11$	0.9906	0.9981	0.9991	0.9995	1.0002	1.0010	1.0008	1.0017	1.0039
$\sigma=16$	0.9897	0.9975	0.9988	0.9993	1.0002	1.0013	1.0012	1.0022	1.0050
$\sigma=21$	0.9889	0.9969	0.9983	0.9991	1.0003	1.0015	1.0016	1.0028	1.0063
$\sigma=26$	0.9881	0.9962	0.9979	0.9989	1.0003	1.0018	1.0020	1.0036	1.0077
最小值=0.9881	0.9881	0.9962	0.9979	0.9989	1.0001	1.0001	1.0003	1.0005	1.0012
最大值=1.0077	0.9972	0.9995	0.9999	0.9998	1.0003	1.0018	1.0020	1.0036	1.0077

　　表 2.39 给出在垂直观测的模式下地表朗伯系数变化情况，对于目前使用的 C_{LB} 达 14.9％ 的地表，天空漫射辐射的存在使地表的朗伯性变好，即 $C_{LB_i}<C_{LB}$，天空漫射辐射越大这种现象越明显。差幅最大可达 -9.13%。这与天空漫射辐射对参考板的影响基本相当，计算地表反射率时两相抵消，可以忽略天空漫射辐射各向异性分布对地表反射率的影响。

表 2.39　垂直观测模式下地表朗伯系数变化情况（0°视角）

C_{LE}	C_{LE_i}					
	$\sigma=1$	$\sigma=6$	$\sigma=11$	$\sigma=16$	$\sigma=21$	$\sigma=26$
14.90％	14.55％	13.95％	13.83％	13.74％	13.64％	13.54％
	-2.35%	-6.38%	-7.18%	-7.79%	-8.46%	-9.13%

2.9.3.7 地表变化因子估算(倾斜观测)

下面考察非垂直观测的情况,以敦煌场先期测量数据为基础,令相对方位角为 $90°$,观测天顶角为 $45°$,敦煌地表 BRF 如图 2.116 所示。

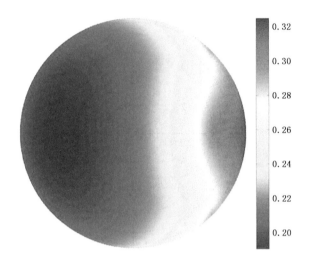

图 2.116 敦煌地表的 BRF($45°$视角)

经过不同方差的各向异性天空漫射辐射影响后,地表 BRF 数据如图 2.117 所示。

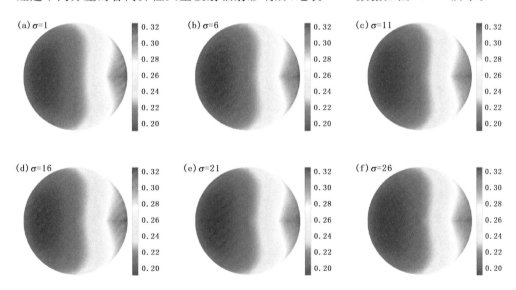

图 2.117 各向异性天空漫射辐射影响下的地表 BRF 数据($45°$视角)

由于倾斜观测时地表 BRF 数据随相对方位角的变化而变化,观测天顶角固定时,需要依次考察地表 BRF 沿太阳天顶角与相对方位角的改变情况,如图 2.118 所示。可见倾斜观测时,地表 BRF 随相对方位角的变化明显。

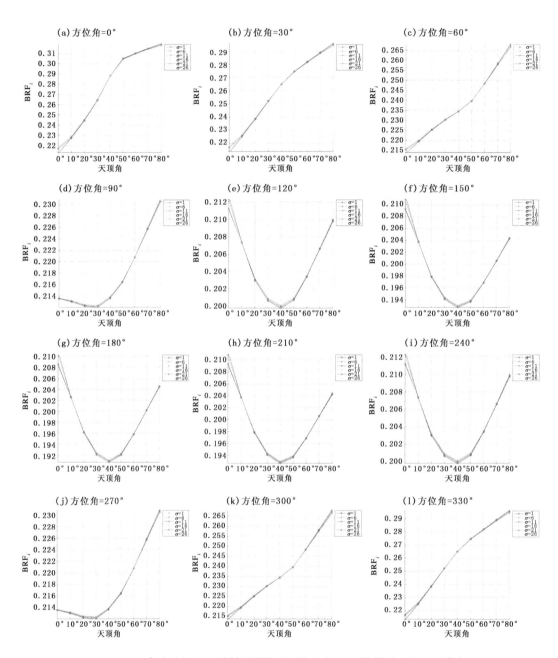

图 2.118　各向异性天空漫射辐射影响下的地表 BRF 数据随太阳天顶角与
相对方位角的变化(45°视角)

图 2.119 显示不同相对方位角下,地表变化因子沿天顶角的改变情况。

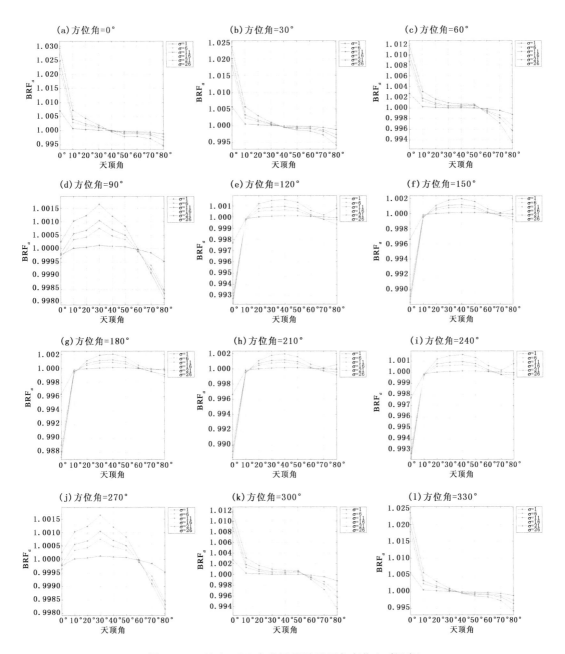

图 2.119　地表 BRF 变化因子随天顶角变化(45°视角)

　　表 2.40 给出天气晴朗时($\sigma=1$)不同相对方位角(列)下，地表变化因子在不同天顶角(行)下的值。

表 2.40 $\sigma=1$ 时不同相对方位角下地表 BRF 变化因子(45°视角)

$\sigma=1$	0	30°	60°	90°	120°	150°	180°	210°	240°	270°	300°	330°	360°
0	1.0071	1.0057	1.0027	0.9998	0.9977	0.9966	0.9964	0.9966	0.9977	0.9998	1.0027	1.0057	1.0071
10°	1.0008	1.0006	1.0003	1.0000	0.9999	0.9998	0.9998	0.9998	0.9999	1.0000	1.0003	1.0006	1.0008
20°	1.0005	1.0003	1.0002	1.0001	1.0000	1.0000	1.0000	1.0000	1.0000	1.0001	1.0002	1.0003	1.0005
30°	1.0003	1.0001	1.0001	1.0001	1.0001	1.0001	1.0001	1.0001	1.0001	1.0001	1.0001	1.0001	1.0003
40°	1.0000	0.9999	1.0001	1.0001	1.0001	1.0002	1.0002	1.0002	1.0001	1.0001	1.0001	0.9999	1.0000
50°	0.9998	0.9998	1.0001	1.0001	1.0001	1.0001	1.0001	1.0001	1.0001	1.0001	1.0001	0.9998	0.9998
60°	0.9997	0.9998	0.9999	1.0000	1.0001	1.0001	1.0001	1.0001	1.0001	1.0000	0.9999	0.9998	0.9997
70°	0.9995	0.9995	0.9996	0.9999	1.0000	0.9999	0.9998	0.9999	1.0000	0.9999	0.9996	0.9995	0.9995
80°	0.9989	0.9989	0.9988	0.9995	1.0000	0.9999	0.9998	0.9999	1.0000	0.9995	0.9988	0.9989	0.9989
最大值	1.0071	1.0057	1.0027	1.0001	1.0001	1.0002	1.0002	1.0002	1.0001	1.0001	1.0027	1.0057	1.0071
最小值	0.9989	0.9989	0.9988	0.9995	0.9977	0.9966	0.9964	0.9966	0.9977	0.9995	0.9988	0.9989	0.9989

表 2.41 给出天空漫射辐射较大时($\sigma=26$)不同相对方位角(列)下,地表变化因子在不同天顶角(行)下的值。

表 2.41 $\sigma=26$ 时不同相对方位角下地表 BRF 变化因子(45°视角)

$\sigma=26$	0	30°	60°	90°	120°	150°	180°	210°	240°	270°	300°	330°	360°
0	1.0317	1.0253	1.0126	1.0005	0.9922	0.9881	0.9870	0.9881	0.9922	1.0005	1.0126	1.0253	1.0317
10°	1.0091	1.0070	1.0038	1.0013	0.9999	0.9994	0.9993	0.9994	0.9999	1.0013	1.0038	1.0070	1.0091
20°	1.0056	1.0038	1.0022	1.0015	1.0014	1.0013	1.0013	1.0013	1.0014	1.0015	1.0022	1.0038	1.0056
30°	1.0026	1.0014	1.0013	1.0019	1.0018	1.0021	1.0023	1.0021	1.0018	1.0019	1.0013	1.0014	1.0026
40°	0.9994	0.9995	1.0010	1.0015	1.0019	1.0023	1.0025	1.0023	1.0019	1.0015	1.0010	0.9995	0.9994
50°	0.9974	0.9985	1.0008	1.0010	1.0016	1.0020	1.0020	1.0020	1.0016	1.0010	1.0008	0.9985	0.9974
60°	0.9974	0.9980	0.9989	1.0001	1.0008	1.0009	1.0008	1.0009	1.0008	1.0001	0.9989	0.9980	0.9974
70°	0.9965	0.9966	0.9967	0.9990	1.0004	1.0004	1.0002	1.0004	1.0004	0.9990	0.9967	0.9966	0.9965
80°	0.9933	0.9930	0.9923	0.9979	1.0012	1.0009	1.0002	1.0009	1.0012	0.9979	0.9923	0.9930	0.9933
最大值	1.0317	1.0253	1.0126	1.0019	1.0019	1.0023	1.0025	1.0023	1.0019	1.0019	1.0126	1.0253	1.0317
最小值	0.9933	0.9930	0.9923	0.9979	0.9922	0.9881	0.9870	0.9881	0.9922	0.9979	0.9923	0.9930	0.9933

数据显示在天气晴朗时($\sigma=1$)地表 BRF 的变化范围在 0.71% 以内,当天空漫射辐射较大时($\sigma=26$)地表 BRF 的变化范围可达 3.17%。说明天空越晴朗,天空漫射辐射的影响越小。

表 2.42 给出在倾斜观测的模式下地表朗伯系数变化情况。在倾斜观测模式下,天空漫射辐射对地表朗伯特性的影响有好有坏,依相对方位角的不同而变化,差幅范围达 -2.24% ～ 15.71%,说明非垂直观测时,地表 BRF 随相对方位角的变化而变化,与参考板的变化趋势差异较大。此时天空漫射辐射的各向异性分布对二者的影响不可抵消,忽略天空漫射辐射带来的地表反射率测量误差随之增大。

表 2.42 地表朗伯系数变化情况（45°视角）

		0	30°	60°	90°	120°	150°	180°	210°	240°	270°	300°	330°	360°
C_{LE}		0.2361	0.3196	0.4224	0.4957	0.5461	0.5694	0.5749	0.5694	0.5461	0.4957	0.4224	0.3196	0.2361
C_{LE_i}	$\sigma=1$	0.2545	0.3251	0.4231	0.4948	0.5434	0.5656	0.5706	0.5656	0.5434	0.4948	0.4231	0.3251	0.2545
	$\sigma=6$	0.2653	0.3342	0.4273	0.4945	0.5397	0.5601	0.5647	0.5601	0.5397	0.4945	0.4273	0.3342	0.2653
	$\sigma=11$	0.2674	0.3359	0.4281	0.4945	0.5391	0.5593	0.5637	0.5593	0.5391	0.4945	0.4281	0.3359	0.2674
	$\sigma=16$	0.2693	0.3373	0.4287	0.4945	0.5387	0.5587	0.5631	0.5587	0.5387	0.4945	0.4287	0.3373	0.2693
	$\sigma=21$	0.2713	0.3387	0.4292	0.4945	0.5384	0.5582	0.5625	0.5582	0.5384	0.4945	0.4292	0.3387	0.2713
	$\sigma=26$	0.2732	0.34	0.4298	0.4945	0.5381	0.5577	0.562	0.5577	0.5381	0.4945	0.4298	0.34	0.2732
	最小值	7.79%	1.72%	0.17%	−0.24%	−1.46%	−2.05%	−2.24%	−2.05%	−1.46%	−0.24%	0.17%	1.72%	7.79%
	最大值	15.71%	6.38%	1.75%	−0.18%	−0.49%	−0.67%	−0.75%	−0.67%	−0.49%	−0.18%	1.75%	6.38%	15.71%

2.9.3.8 模型讨论

在垂直观测模式,在天气晴朗时($\sigma=1$)参考板 BRF 的变化范围在 0.16% 以内,地表 BRF 的变化范围在 0.28% 以内;当天空漫射辐射较大时($\sigma=26$)参考板 BRF 的变化范围可达 0.69%,地表 BRF 的变化范围可达 1.19%。在倾斜观测模式,地表 BRF 的变化范围在 0.71%～3.17%。

在垂直观测的模式下,对于目前使用的 C_{LB} 达 6.73% 的参考板,天空漫射辐射的存在使参考板的朗伯性变好,天空漫射辐射越大,这种现象越明显,差幅最大可达 10.40%。对于目前使用的 C_{LB} 达 14.9% 的地表,情况类似。计算地表反射率时两相抵消,可以忽略天空漫射辐射各向异性分布对地表反射率的影响。

在倾斜观测模式下,天空漫射辐射对地表朗伯特性的影响有好有坏,依相对方位角的不同而变化,差幅范围达 −2.24%～15.71%。说明非垂直观测时,地表 BRF 随相对方位角的变化而变化,与参考板的变化趋势差异较大,此时天空漫射辐射的各向异性分布对二者的影响不可抵消,忽略天空漫射辐射带来的地表反射率测量误差随之增大。

2.9.3.9 模型应用

2008 年 9 月 8 日与 10 日 CE-318 测量获取的天空漫射辐射分布对应的参考板与地表 BRF 变化曲线如图 2.120,图 2.121 所示。

讨论:在垂直观测模式,在天气晴朗时(9 月 10 日,AOD=0.1655)参考板 BRF 的变化范围在 0.37% 以内,地表 BRF 的变化范围在 0.62% 以内;当天空漫射辐射较大时(9 月 8 日,AOD=0.5426)参考板 BRF 的变化范围达 0.35%,地表 BRF 的变化范围可达 0.58%。在倾斜观测模式,地表 BRF 的变化范围在 1.53%～1.65%。

在垂直观测的模式下,天空漫射辐射的存在使参考板的朗伯性变好。差幅最大可达 −5.81%;对于目前使用的 达 14.9% 的地表情况类似。

在倾斜观测模式下,天空漫射辐射对地表朗伯特性的影响有好有坏,依相对方位角的不同而变化,差幅范围达 −11.9%～22.9%。

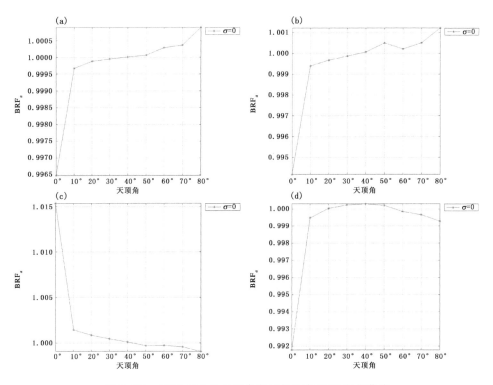

图 2.120　2008 年 9 月 8 日参考板与地表 BRF 变化曲线

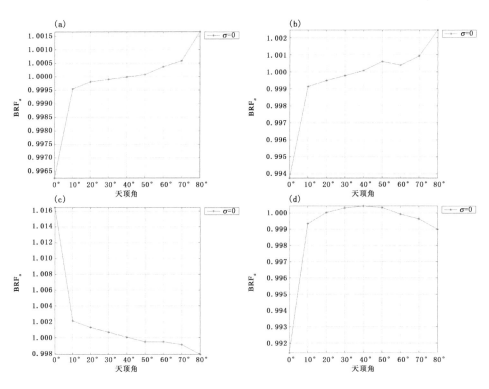

图 2.121　2008 年 9 月 10 日参考板与地表 BRF 变化曲线

2.10 辐射校正试验

在上述研究工作基础上,协同辐射校正场业务,开展了基于场地同步测量的辐射校正试验、太阳光度计标定试验、场地采样试验、BRDF 测量试验、气溶胶全天候观测试验等。试验获取数据处理情况已在前面各节体现。

2.10.1 2010 年试验概况

2010 年 8 月 12—26 日,由国家卫星气象中心、国家海洋卫星应用中心、中国科学院安徽光学精密机械研究所组成的辐射校正试验队在敦煌展开了星地同步测量试验,航空校正小组试验至 9 月 14 日。

本次试验主要包括开展 FY-3A 有关遥感仪器辐射校正同步测量,在卫星运行两年后再次对遥感器进行外场校正,能够检验遥感器在轨衰减情况,确定新的在轨校正结果,业务提供给用户使用。对于 FY-3A,将开展可见—近红外和红外的外场辐射校正工作。同时为 FY-2D、FY-2E 卫星扫描辐射计可见—红外通道探测器进行定期的在轨外场辐射校正业务测量,其中 FY-2E 是首次进行在轨场地辐射校正。

本次敦煌试验探索新型的场地观测方法和观测仪器。主要包括:

(1)探索试验采用轻型三角翼飞机开展更高精度的辐亮度基法辐射校正,为将来低成本业务化的航空辐亮度法校正做预先研究;

(2)本次试验测量地表反射率在传统走 S 形路线采样地表反射率的基础上,试验新的场地循环采样技术,减少场地反射率同步测量采样的不确定性和采样效率;

(3)首次采用激光雷达实时获取敦煌场气溶胶廓线信息,试验增加气溶胶廓线信息提高辐射校正精度;

(4)采用标准探测器的场地辐射校正试验:选取具有敦煌场地代表性地物进行定点的地表辐亮度和参考板辐亮度全天候连续测量,试验新的场地自动测量辐射校正方法。

通过本次试验:

(1)完成了反射率基法的 FY-3A/MERSI/VIRR 可见—近红外外场辐射校正;

(2)完成了航空辐亮度基法的 FY-3A/MERSI/VIRR 可见—近红外外场辐射校正;

(3)完成了 FY-3A/MERSI/VIRR 红外通道外场辐射校正;

(4)开展了场地循环采样试验;

(5)采用激光雷达获取了气溶胶廓线信息。

2.10.2 2010 年 Tuz Gölü 试验概况

2010 年 8 月 27 日,由国际卫星对地观测委员会(CEOS)下的红外和可见光遥感器小组(IVOS)召集,土耳其空间技术研究院(TUBITACK/UZAY)承办的场地替代校正与验证关键比对试验在土耳其 Tuz Gölü 盐湖床顺利完成。Tuz Gölü 盐湖床位于土耳其境内,是 CEOS 确定的 8 个 LANDNET 场地标准参考场之一,均匀范围约为 19 m×17 km。承办方在盐湖床上规划出彼此邻近的 1 个 1000 m×1000 m 大同步场和 8 个 100 m×300 m 小同步场,2 块 50 m×50 m 靶标,供各参试成员按照自定路线跑场测量(Boucher et al.,2011;Özen,2012)。

参加试验的队伍由来自中国、英国、土耳其、美国、法国、泰国、巴西、南非、韩国、比利时 10 个国家的 20 余名队员组成。试验自 2010 年 8 月 13 日开始,共计开展了 9 d 次午间观测与 1 d 次夜间观测,同时还进行了场地试验前后的实验室绝对辐射计与标准参考板比对测量。对 FY-3A/MERSI、FY-3A/VIRR、TERRA/MODIS、SPOT-4、SPOT-5、Beijing1、Deimos1、UK-DMC2、ENVISAT/MERIS、ENVISAT/AATSR、ALOS/AVNIR-1、ALOS/AVNIR-2 (TBC)、LANDSAT5、LANDSAT7、THEOS、RAPIDEYE_2、RAPIDEYE_3、RAPIDEYE_4、RAPIDEYE_5、EO1/ Hyperion (primary) 和 ALI、WorldView2 等载荷开展了星地同步观测。获取了可见—近红外通道表面光谱辐亮度/反射率,场地 BRF 特性参数,场地温湿压气象要素,场地气溶胶光学厚度,场地天空漫射与总辐射照度等同步数据。参试仪器包括 9 台光谱辐射仪 ASD 以及通道式辐射仪 CE-313、太阳光度计 CE-318、太阳光度计 MICROTOP Ⅱ、传递标准绝对辐射源 TSARS、自动遮挡通道式照度计 YANKEE、测角辐射光谱仪系统 GRASS 等科学仪器各 1 台。

李元博士作为中方唯一队员参加了此次比对试验。她携带光谱辐射仪 ASD 参加了可见—近红外通道表面光谱辐亮度/反射率测量,完成了针对 MERSI/VIRR 所有 4 个同步日大同步场的徒步跑场观测,并开展了 2 d 次小同步场的科学性测量试验。本次试验所获取的中端(50%)校正系数将成为敦煌场校正系数(20%)的有益补充,同时为中国组织国际性校正试验积累了宝贵的经验。

2.10.3　2011 年试验概况

2011 年 8 月 17—30 日,9 月 2—16 日,由国家卫星气象中心、国家海洋卫星应用中心、中国科学院安徽光机所组成的辐射校正试验队在敦煌和青海湖展开了星地同步测量试验,敦煌地区的航空校正小组试验至 9 月 21 日。其中,在敦煌观测场进行了白天(7 次 FY-3A,4 次 FY-3B)和夜间(3 次)轨道的场地同步观测,6 次航空观测,以及 BRDF 测量(4 次),地表空间采样测量(1 次),和地表发射率测量(3 次);在青海湖观测场进行了白天轨道的同步测量(4 次 FY-3A,1 次 FY-3B),以及水体剖面特性和发射率测量。

通过本次试验:

(1)完成了反射率基法的 FY-3A/MERSI 和 FY-3B/MERSI 可见—近红外通道外场辐射校正;

(2)完成了航空辐亮度基法的 FY-3A/MERSI 和 FY-3B/MERSI 可见—近红外通道辐射校正;

(3)完成了 FY-3A/MERSI/VIRR 和 FY-3B VIRR 红外通道外场辐射校正;

(4)开展了敦煌和青海湖场地表面发射率测量试验;

(5)开展了场地循环采样试验。

2.10.4　2012 年试验概况

2012 年 7 月 17 日至 8 月 16 日,由国家卫星气象中心、国家卫星海洋应用中心、中国资源卫星应用中心、中国科学院安徽光学精密机械研究所组成的辐射校正试验队先后在青海湖和敦煌展开了星地同步测量试验,敦煌地区的航空校正小组试验至 8 月 24 日。其中,在敦煌观测场分别进行了白天(8 次)和夜间轨道(3 次)的同步观测;由于试验用船出航问题,青海湖地区进行了白天(3 次)的同步测量。

通过本次试验,完成了:

(1)反射率基法的 FY-3A/B/MERSI 和 FY-3A/B/VIRR 反射通道辐射校正;

(2)航空辐亮度基法的 FY-3A/B/MERSI 和 FY-3A/B/VIRR 反射通道辐射校正;

(3)青海湖和敦煌的 FY-3A/MERSI 和 FY-3A/B/VIRR 红外通道辐射校正。

2.10.5 校正结果

表 2.43 给出使用方向反射率与使用垂直反射率计算得到的 FY-2C 校正系数。表中数据显示使用方向反射率较使用垂直反射率平均增大 1% 左右,说明改进算法可以直接修正校正系数的整体偏差;相对而言,FY-2D 校正系数平均值变化不大,但校正系数的相对标准差有明显下降,说明算法稳定性得到了提高(表 2.44)。

表 2.43 2009 年 FY-2C 可见—近红外通道外场校正系数

垂直					
日期	GMT	1B	2B	3B	4B
2009-08-28	500	0.021	0.0211	0.0221	0.0223
2009-08-28	600	0.022	0.0219	0.0216	0.0223
2009-08-28	700	0.0221	0.022	0.0224	0.0225
2009-08-29	500	0.0211	0.0214	0.022	0.0221
2009-08-29	600	0.0212	0.0221	0.0222	0.0221
2009-08-29	700	0.0219	0.0225	0.0224	0.0226
平均		0.0216	0.0218	0.0221	0.0223
归一化标准差		2.32%	2.31%	1.35%	0.91%
方向					
日期	GMT	1B	2B	3B	4B
2009-08-28	500	0.0212	0.0213	0.0223	0.0226
2009-08-28	600	0.0223	0.0221	0.0218	0.0225
2009-08-28	700	0.0223	0.0222	0.0226	0.0228
2009-08-29	500	0.0214	0.0216	0.0222	0.0223
2009-08-29	600	0.0215	0.0223	0.0225	0.0224
2009-08-29	700	0.0222	0.0228	0.0226	0.0228
平均		0.0218	0.0221	0.0223	0.0226
归一化标准差		2.31%	2.41%	1.38%	0.92%

表 2.44　2009 年 FY-2D 可见—近红外通道外场校正系数

垂直					
日期	GMT	1A	2A	3A	4A
2009-08-28	515	0.0231	0.0232	0.0238	0.0239
2009-08-28	615	0.024	0.0241	0.0238	0.0239
2009-08-28	715	0.024	0.0241	0.0235	0.0235
2009-08-29	515	0.0243	0.0244	0.0247	0.0245
2009-08-29	615	0.0242	0.0242	0.0246	0.0247
2009-08-29	715	0.0243	0.0247	0.0242	0.024
平均		0.0240	0.0241	0.0241	0.0241
归一化标准差		1.89％	2.09％	2.00％	1.83％
方向					
日期	GMT	1A	2A	3A	4A
2009-08-28	515	0.0231	0.0233	0.0239	0.024
2009-08-28	615	0.0241	0.0243	0.0239	0.024
2009-08-28	715	0.0241	0.0242	0.0236	0.0236
2009-08-29	515	0.024	0.0241	0.0244	0.0242
2009-08-29	615	0.0239	0.0239	0.0243	0.0244
2009-08-29	715	0.024	0.0244	0.0239	0.0237
平均		0.0239	0.0240	0.0240	0.0240
归一化标准差		1.60％	1.66％	1.24％	1.25％

误差估算:表 2.45 为校正误差估算。

表 2.45　校正误差

项目	误差贡献(％)
光学厚度	2.10
气溶胶类型假定(选定)	2.50
吸收气体	2.12
地表反射率测量	2.70
场地表面非朗伯特性	3.00
野外漫射光校正	2.00
辐射传输模型固有精度	1.00
总误差	6.00

2.11　小结

(1)在 6S 辐射传输模型中,地表反射率的测量误差对表观反射率计算误差影响最大,接近于 1∶1。模型对臭氧与水汽的敏感性大多数体现在臭氧与水汽吸收通道。在查普斯

（Chappuis）吸收带中心 0.6 μm 附近，$\pm 30\%$ 的臭氧误差，对大气顶的表观反射率产生 $2\% \sim 3\%$ 的误差。在 0.94 μm 强吸收带，一个 30% 的水汽误差，对大气顶的表观反射率产生 11.4% 的误差。模型对气溶胶的敏感程度受气溶胶类型的影响最大，相同谱段差异最大达 16 倍，最小也有 4 倍。所确定的影响辐射传输模型精度的参数敏感性系数可直接指导场地在轨辐射校正试验的精度控制测重点，从而有效提高场地替代校正精度。

（2）依据本章研究获取的校正各环节敏感系数，在非吸收通道，2012 年场地在轨辐射校正方法误差为 4.93%。以 AQUA/MODIS 作为辐射基准并与 MODIS 实际观测值进行比较，对场地校正辐射计算的精度进行评估，2012 年场地在轨辐射校正方法误差为 4.9683%（10 通道）。两种精度评估方法结果一致说明随着场地校正方法的深入研究，偏差最大差已经可以控制在 5% 以内。

（3）采用深对流云法有效地提高了大气吸收通道辐射校正方法的精度。

（4）使用多角度测量系统成功获取敦煌戈壁 BRDF 模型参数并用于在轨气象卫星场地校正算法地表方向性的修正，有效降低了地表非朗伯特性对校正精度的影响。

（5）使用激光雷达获取场地气溶胶光学参数并成功应用于辐射传输模型中参与场地替代校正计算。

（6）可见—近红外通道辐射校正数据处理系统软件可用于中国遥感卫星辐射校正场的场地替代校正计算中，在提高计算效率与分析计算不确定度方面发挥作用。

（7）辐射传输模式的精度对场地校正精度的影响相当大，但我们现在主要依靠的还是国外的模式。国外的辐射传输模式默认使用美国标准大气，与中国的大气特点有较大的区别。因此进一步精细化测量场地大气参数，或者开发我国自有的辐射传输模式，是解决这一矛盾的主要途径。

（8）在做好场地替代校正工作的同时，开展多手段综合校正与真实性检验，大力提高星上校正技术是解决遥感定量化瓶颈问题的根本途径。

第3章　红外通道辐射校正技术

3.1　引言

随着卫星遥感向着定量化方向的不断发展,遥感数据的定量化应用对遥感器的绝对辐射校正提出更高的要求。特别是红外通道,面向气候应用遥感数据集,对绝对辐射校正的要求已经达到优于 1 K(300 K 时)的水平。因此,必须对现有的在轨场地红外通道辐射校正技术进行优化,提高红外通道在轨辐射校正精度,以满足日益增长的定量化应用需求。由于红外通道的场地辐射校正环节较多,而且对于红外地表辐射特性测量的误差很难有效控制,因此,需要深入细致地分析和研究影响红外辐射校正精度的诸多环节,包括地表辐射测量、环境控制和大气订正等,明确各个环节可能产生的误差,并对这些误差进行定量化计算。将各个环节的误差进行综合分析,给出最终对校正精度的贡献。在进行场地校正时有的放矢地对这些关键环节进行误差控制,从而提高场地辐射校正精度。

目前,国内外的红外卫星遥感器在轨场地绝对辐射校正主要是利用高海拔、大气干洁、人为扰动少、温度场分布均匀的高原湖泊作为校正靶区,可以达到很好的校正精度。但是,这些目标区域往往水表温度较低,且低于卫星对地观测的绝大部分目标,只能满足辐射校正线性响应低端的精度要求。因此,必须找到一个辐射响应高端的陆面目标作为校正靶区进行在轨校正。要利用高辐亮度的陆表进行辐射校正,则陆表发射率是必须考虑的关键因子之一,而进行陆表发射率测量时温度与发射率分离反演算法又是关键因素之一。深入分析目前国内外已经产生的众多温度与发射率分离反演方法,针对反演目标的特性,选择合适的反演算法或发展温度与发射率分离反演算法。针对不同的地表目标给出精确的发射率与温度反演结果。

通过对场地校正各个关键环节误差的定量化分析,结合已经获取发射率数据的陆表目标,对卫星遥感器进行在轨场地辐射校正算法优化,使场地校正精度由目前的 1.5 K 提高到 1.0 K(300 K 时)(张勇 等,2015;2016)。

本章从红外通道外场辐射校正技术改进、红外通道交叉辐射校正及比对验证、红外通道发射率测量与反演、红外通道在轨替代校正数据处理与软件系统研发几个方面系统地阐述了红外通道辐射校正技术的改进、创新和发展。

3.2 红外通道外场辐射校正技术改进

3.2.1 青海湖浮标数据分析与处理

3.2.1.1 青海湖浮标基本信息

在中国遥感卫星辐射校正场项目的支持下,在青海湖每年布设两部浮标,采集最低每 3 h 一次的湖面红外辐射特性及边界层气象参数。在 2001—2005 年,2008—2012 年都在青海湖进行了浮标观测,两个浮标的布放位置相对固定,Ⅰ型浮标(靠近二郎剑)2004 年的布放位置为:36°42′38″N,100°30′02″E;Ⅱ型浮标(靠近海心山)2004 年的布放位置为:36°43′52″N,100°19′30″E。这两个浮标的测量参数记录包括系统观测参数 8 个:5 个气象参数,即风速、风向、气温、相对湿度、气压;2 个水文参数,即水表层温度和盐度;1 个太阳辐射参数,即辐照度。辅助参数 3 个:电池电压、纬度、经度。图 3.1 为浮标在青海湖的工作状态图。

图 3.1　青海湖浮标工作状态图

3.2.1.2 浮标数据的处理与分析

对青海湖浮标观测的水温与边界层气温制作时间变化图,图 3.2 为Ⅰ型浮标 2005 年的水温与气温观测时间变化图(图中所有的温度单位都是℃)。从图中可以清楚地看到从每年的 5—10 月,水温和气温有一个逐渐上升,然后再逐渐回落的年际变化趋势。由于浮标的工作状态不稳定,以及其他一些不确定因素的影响,导致浮标观测数据有缺失。

为了完成青海湖浮标水温观测数据的真实性检验,选择 TERRA/MODIS 的水表温度产品作为检验源,来对青海湖的水温数据进行检验。由于 TERRA 过境青海湖的时间为世界时的 03:00,因此为了进行比较,提取了两个浮标每天在世界时 03:00 的测量数据与卫星反演的水表温度产品进行比对。图 3.3 展示了Ⅰ型和Ⅱ型浮标在世界时 03:00 的水温观测数据。

图 3.3 中 A 表示Ⅰ型浮标,B 表示Ⅱ型浮标的观测数据,温度单位为 K。从图 3.3 中可以看出不同年份相同时间,同一浮标观测获得的青海湖水温最大差异在 2 K 以内;Ⅱ型浮标两年

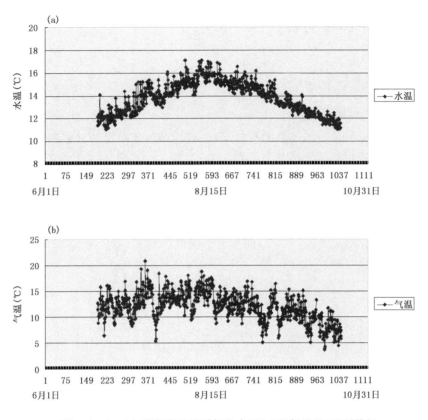

图 3.2 2005 年青海湖Ⅰ型浮标的水温(a)和气温(b)观测数据

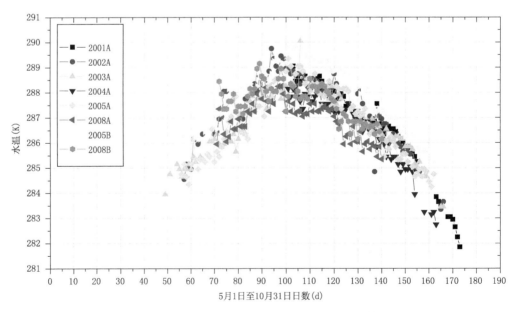

图 3.3 两个浮标在世界时 03∶00 的水温观测数据

的观测数据存在较大差异,与两年的布放位置变化有关系,如图 3.4,图 3.5 所示。

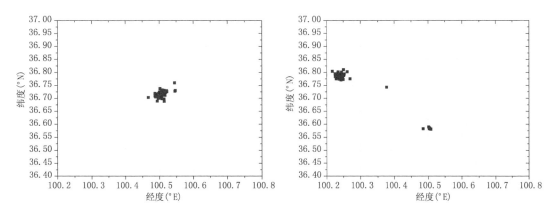

图 3.4 2005 年Ⅱ型浮标记录的位置   图 3.5 2008 年Ⅱ型浮标记录的位置

为了与浮标数据相对应,提取了 2002—2008 年每年 5 月 1 日至 10 月 31 日的 TERRA/MODIS 1 km 分辨率的 L1B 数据,应用 MOD25 的海表温度反演算法,计算获得青海湖水表的温度。与浮标实测的水温进行比对,结果如图 3.6 至图 3.10 所示(图中 S 表示卫星反演结果,F 表示浮标观测水温,所有温度单位均为 K),可以看出在不同年份卫星反演的青海湖水表温度与浮标测量的水温具有较好的一致性(Zhang et al.,2014)。

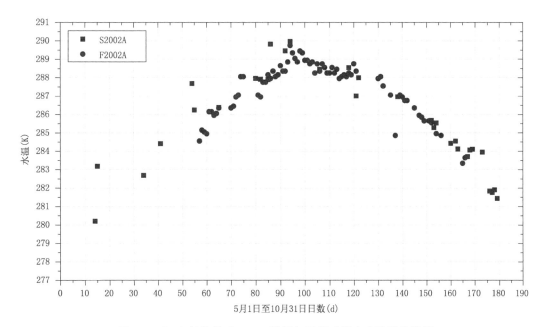

图 3.6 2002 年世界时 03:00 浮标与卫星观测水表温度比较图

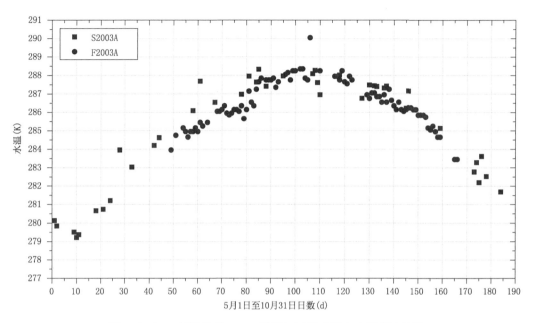

图 3.7 2003 年世界时 03∶00 浮标与卫星观测水表温度比较图

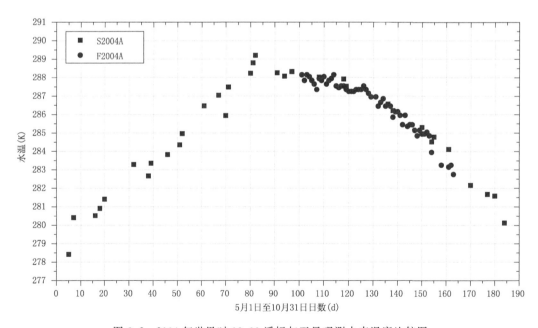

图 3.8 2004 年世界时 03∶00 浮标与卫星观测水表温度比较图

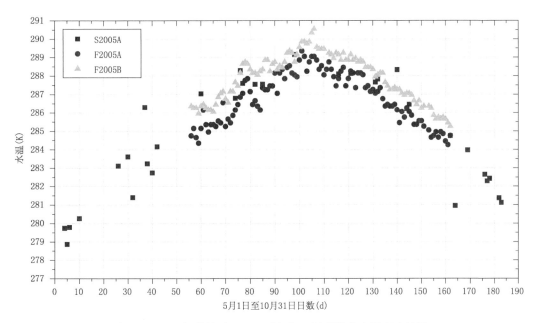

图 3.9　2005 年世界时 03：00 浮标与卫星观测水表温度比较图

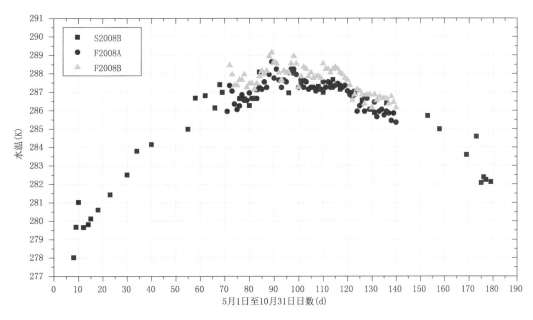

图 3.10　2008 年世界时 03：00 浮标与卫星观测水表温度比较图

2002—2004 年Ⅰ型浮标测量水温与卫星观测反演水温的差值如图 3.11 所示,可以看出浮标测量与卫星反演的温差基本都在±1.5 K 以内;2005 年和 2008 年Ⅰ型浮标和Ⅱ型浮标测量水温与卫星反演的比较见图 3.12 所示,浮标测量与卫星反演的温差也基本都在±1.5 K 以内。

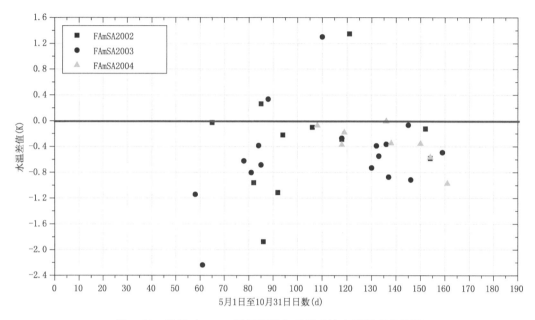

图 3.11　世界时 03:00 浮标测量与卫星反演水面温度差值图

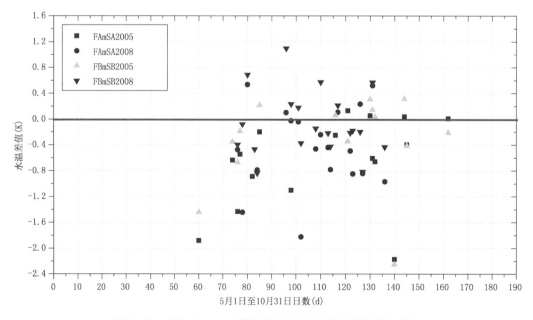

图 3.12　世界时 03:00 浮标测量与卫星反演水面温度差值图

3.2.2 敦煌地温自动测量系统及其数据分析

3.2.2.1 自动地温测量系统布设及其技术指标

自动地温测量系统是在自动气象站测量系统的基础上,针对敦煌辐射校正场地温测量需要设计的(图 3.13)。

图 3.13 敦煌辐射校正场布设的自动地温测量系统

3.2.2.2 自动地温测量系统的主要技术要求

(1)设置 0 cm、5 cm、10 cm、15 cm、20 cm、40 cm、80 cm、160 cm、320 cm 9 个层面土壤温度测量装置,测量 9 个不同深度的土壤温度;

(2)作为对比,同时测量距地面 6 m 高度气温、风速和风向;

(3)为了安全及降低温度剧烈变化的影响,机箱采用埋地式,主控系统埋入地下;

(4)采用 GPS 定位技术进行时间校正和防盗安全警戒;

(5)采用高速数传通信方式将测量数据传到数据汇集点,然后通过互联网传到主控中心;

(6)使用智能数据采集系统,除定时测量和安全警戒外,其他时间系统大部分功能处于休眠状态以节省电能;

(7)主要以太阳能电池发电,后备电池补充式供电。

3.2.2.3 自动地温测量系统的主要技术指标

(1)采样速率:2 次/h;

(2)测温精度:0.1 ℃;

(3)无线通信距离:>10 km;

(4)无太阳能连续正常工作时间:>7 d;

(5)抗风能力:>10 级风。

布设仪器主要包括五个定向天线、一个全向天线、五个控制台、五个电台、五个电源及五套地温探测仪(320 cm、160 cm、40 cm、20 cm、15 cm、10 cm、5 cm、0 cm)等,测量数据将自动、实时传输到敦煌市气象局气象观测站机房。布设点位如图 3.14 所示。

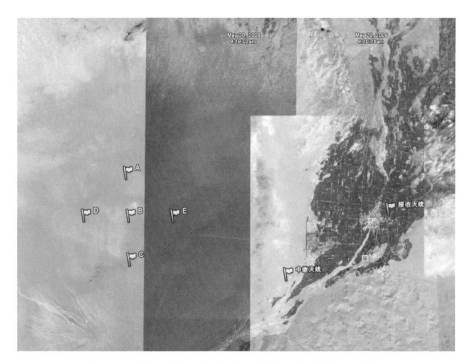

图 3.14　敦煌辐射校正场自动地温测量系统布设位置示意图

具体位置坐标如表 3.1 所示：

表 3.1　敦煌陆表自动地温测量系统位置坐标

站号	纬度	经度	相对位置描述
A	40.18333°N	94.32083°E	北边界点
B	40.13750°N	94.32083°E	中心点
C	40.09167°N	94.32083°E	南边界点
D	40.13750°N	94.25833°E	西边界点
E	40.13750°N	94.38333°E	东边界点
接收天线	40.14455°N	94.68484°E	敦煌气象局
中继天线	40.07725°N	94.54064°E	材料站水塔

　　2009 年 5 月，位于场区的地温自动测量系统已经布设完成，并实时传回数据，处于准业务运行状态。获取的数据主要包括：A 站的气温、风速、风向，以及 320 cm、160 cm、40 cm、20 cm、15 cm、10 cm、5 cm、0 cm 处的地温数据，B 站的气温、320 cm、160 cm、40 cm、20 cm、15 cm、10 cm、5 cm、0 cm 处的地温数据，C、D、E 站的气温、160 cm、40 cm、20 cm、15 cm、10 cm、5 cm、0 cm 处的地温数据；所有数据的采样间隔为 1 小时（张勇 等，2015）。

3.2.2.4　自动地温测量系统数据获取与对比分析

　　自 2009 年 5 月敦煌陆表自动地温测量系统建设完成投入试运行以来，可以连续获取每天 24 小时整点的 5 个地温测量点地温剖面数据，以及 A 站的气温数据，已经运行将近 4 年时间（图 3.15 至图 3.24）。

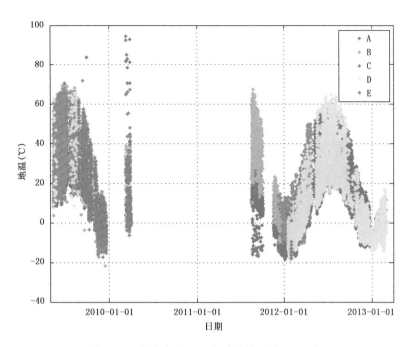

图 3.15　敦煌戈壁地温自动测量系统 0 cm 地温

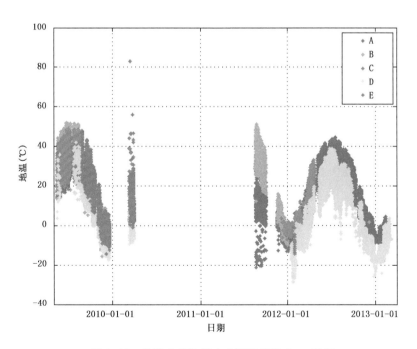

图 3.16　敦煌戈壁地温自动测量系统 5 cm 地温

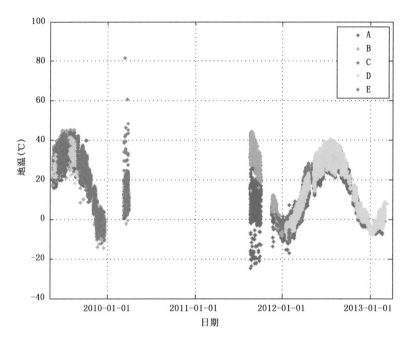

图 3.17　敦煌戈壁地温自动测量系统 10 cm 地温

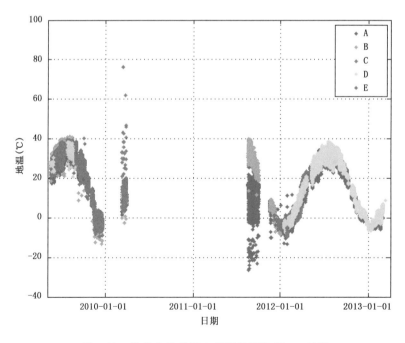

图 3.18　敦煌戈壁地温自动测量系统 15 cm 地温

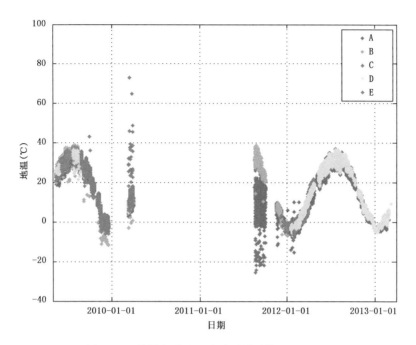

图 3.19　敦煌戈壁地温自动测量系统 20 cm 地温

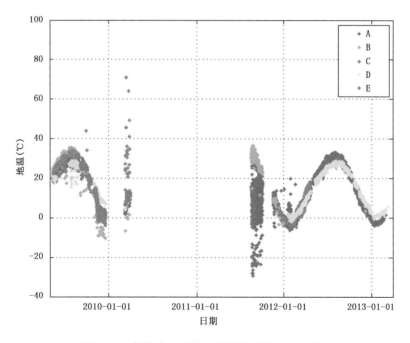

图 3.20　敦煌戈壁地温自动测量系统 40 cm 地温

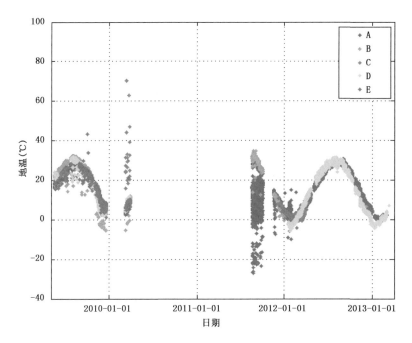

图 3.21　敦煌戈壁地温自动测量系统 80 cm 地温

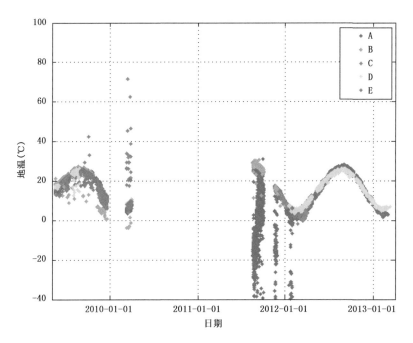

图 3.22　敦煌戈壁地温自动测量系统 160 cm 地温

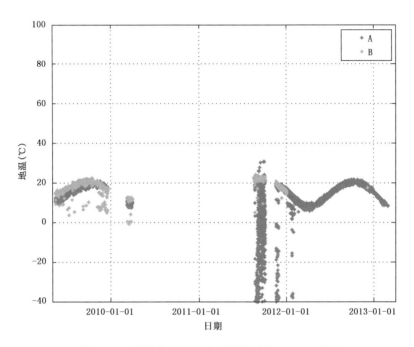

图 3.23　敦煌戈壁地温自动测量系统 320 cm 地温

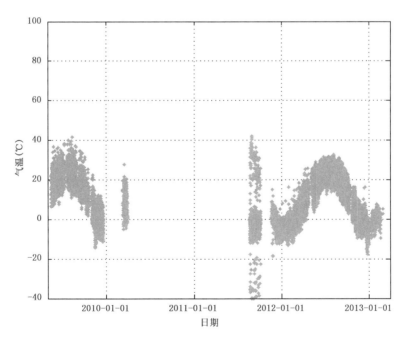

图 3.24　敦煌戈壁地温自动测量系统 A 站气温

以 2009 年 9 月 21 日实测数据为例说明如下(表 3.2)。

表 3.2　2009 年 9 月 21 日 0 点敦煌戈壁陆表地温测量系统数据样例

温度单位:℃,风速单位:m/s

时间/站号	风向	平均风速	最大风速	气温	0 cm 地温	5 cm 地温	10 cm 地温	15 cm 地温	20 cm 地温	40 cm 地温	80 cm 地温	160 cm 地温	320 cm 地温
0													
A	172	6	6	12.4	14.7	22.3	25.4	26.6	26.8	25.7	26.1	25.1	20.2
B					16.4	25.1	28.3	28.6	28.6	27.3	27.3	25.2	21.6
C					16.5	24.5	28.3	28.0	28.3	27.0	26.1	24.5	
D					14.3	13.5	26.2	26.9	26.8	24.3	24.3	23.7	
E					15.8	22.6	26.6	28.1	28.7	27.0	25.8	24.1	

为了检验和标校自动地温测量系统数据,2009 年 8 月 25—28 日,利用赴敦煌进行辐射校正场业务场地辐射校正野外试验的机会,对 5 套地温自动测量系统数据进行了对比分析,分别在地温自动测量系统 A 点架设了 1 台 CE-312 通道式辐射计和 1 台 ECH$_2$O/EM50 土壤温湿度测量系统,与场地里的 5 台地温自动测量系统进行同步观测和比对。

CE-312 是法国 Cimel 公司生产的通道式热红外辐射计,包括 5 个观测通道:8.2～9.2 μm、10.3～11.3 μm、11.5～12.5 μm、10.5～12.5 μm 和 8～14 μm,观测视场角为 10°。图 3.25 中所示 CE-312 观测亮温为 8.0～14.0 μm 通道的观测值。

ECH$_2$O/EM50 是美国 DECAGON 公司推出的 5 通道数据采集器,是 ECH$_2$O 系统的核心部件,可与任意型号的 ECH$_2$O 传感器连接。将传感器插入五个通道的任一接口,就可以直接使用,操作简捷。EM50/R 被安装在用 O 型圈密封防雨的包装箱内,是野外长期监测的理想选择。EM50 具有最小的电量消耗,每分钟读取一个数据,可收集长达一年的数据。利用 ECH$_2$O Utility 软件可以设置日期、时间、测量间隔,收集数据等。根据不同的监测需求,EM50/R 可以配置不同的传感器,包括:ECH$_2$O 土壤水分传感器、ECH$_2$O 雨量计、温度传感器、测渗仪(Drain Gauge)。在敦煌使用的 ECH$_2$O/EM50 配备了 ECH$_2$O 土壤水分传感器和温度传感器,可以同时测量地表温度和湿度。图 3.25 所示的为温度测量数据。

图 3.25 中,蓝色点为敦煌陆表地温自动测量系统数据记录输出的每小时地温数据,取 5 个测温点 0 cm 温度的均值;红色线条为 ECH$_2$O/EM50 土壤温湿度测量系统 5 个温度探头输出温度的均值;青色线条为 CE-312 通道式辐亮度计 8.0～14.0 μm 通道反演亮度温度。从图 3.25 中可以得到以下几点结论:

(1)可以明显看到三种不同测量仪器获取数据所表现的陆表温度的日周期变化,最大时日温差可达到 50℃;

(2)自动地温测量系统与 ECH$_2$O/EM50 土壤温湿度测量系统所测得的陆表温度,在夜间具有很好的一致性,而在白天相差较大,这主要是由于温度探头安装上的差别造成的;

(3)CE-312 通道式辐射计测量的亮温由于发射率的影响,在高低温端都会与物理温度存在差别,因此,利用自动地温测量系统获取的温度数据进行辐射校正,必须考虑陆表发射率的影响;

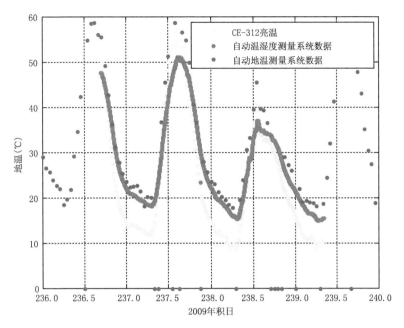

图 3.25　敦煌戈壁陆表地温测量数据比对

（4）比较结果表明，陆表地温自动测量系统数据与其他方法获取的测量结果具有相当的一致性，结合陆表发射率光谱，完全可以满足辐射校正的需求。

3.2.2.5　自动地温测量系统数据与卫星遥感反演数据的对比分析

选择 TERRA/MODIS 地表温度产品，对敦煌戈壁地温自动测量系统的测量数据进行检验。提取了 2009 年 8 月 25—29 日 MOD11 产品敦煌场区的反演数据，共 6 个时次，与地温自动测量系统同时间的表层温度值进行对比分析。提取的 MOD11 产品数据如表 3.3 所示。

表 3.3　卫星反演 LST 数据文件名列表

日期	时间	MOD11 文件名
2009-08-25	13:10	MOD11_L2. A2009237. 0510. 005. 2009238135820. hdf
2009-08-26	12:15	MOD11_L2. A2009238. 0415. 005. 2009246064334. hdf
2009-08-28	12:05	MOD11_L2. A2009240. 0405. 005. 2009241115526. hdf
2009-08-28	23:10	MOD11_L2. A2009240. 1510. 005. 2009241120928. hdf
2009-08-29	12:50	MOD11_L2. A2009241. 0450. 005. 2009246163307. hdf
2009-08-29	23:50	MOD11_L2. A2009241. 1550. 005. 2009246165758. hdf

从卫星数据上提取与地温自动测量系统布设区域中心相匹配的像元，并取周边 5×5 区域的像元陆表温度的均值，与 5 套地温自动测量系统同时间的表层温度均值进行对比分析，结果列于表 3.4。

表 3.4　自动地温测量系统数据与卫星遥感反演数据对比

温度单位:℃

日期	时间	MOD11 反演陆表温度	各站 0 cm 温度均值	温差
2009-08-25	13:10	49.91	54.85	4.94
2009-08-26	12:15	49.35	51.27	1.92
2009-08-28	12:05	43.99	49.45	5.46
2009-08-28	23:10	14.31	18.80	4.49
2009-08-29	12:50	53.31	42.78	−10.54
2009-08-29	23:50	15.33	16.92	1.59

从表 3.4 中可以看出,卫星反演的 LST 与地温自动测量系统的数据温差均值为 3.679℃(去掉 8 月 29 日 12:50 的检验数据),且陆表测量结果大于卫星反演数据。由于 MOD11 产品 LST 反演算法中陆表发射率的计算采用植被覆盖度方法,即每一个像元范围内,某一通道的地表有效发射率由植被发射率和非植被覆盖区地表发辐射率通过一个线性模型得到。这种算法应用于敦煌戈壁滩表面会引入一定的误差。各站实测数据是用温度计进行的直接接触式单点测量,而遥感反演的温度是 1 km² 面上的辐射温度测量,且两者测量时间有一定差异,所以二者之间并没有完全的可比性,只能做趋势分析。表 3.4 中温差数据表明,卫星反演的地表温度和各站实测温度在时空变化趋势上具有良好的一致性。

3.2.2.6　小结

对相关物理量的准确测量是卫星遥感产品定量反演的基础和标准。在此基础上,可及时发现卫星探测器性能衰减等变化、发现卫星遥感算法的不足、可提高卫星遥感参数的反演精度,扩展遥感资料的定量化处理和分析的广度和深度。校正(Calibration)与真实性检验(Validation)是定量遥感发展的两个相辅相成关键环节。作为红外辐射校正场的青海湖辐射校正场由于冬天冰冻时间较长,每年 11 月至次年 4 月都无法开展测量试验。而且,由于青海湖的保护以及旅游开发迅速增长,青海湖试验租船费用昂贵,且由于船只较小、马力不足,出船时间较长、遇到大风天气危险性高。

因此,研究敦煌辐射校正场场地的红外辐射特性,利用敦煌场地离城市生活区较近、敦煌市气象局具有现代化探空设备和业务观测的条件,开展红外遥感器常态化辐射校正业务成为可能,将极大地提高辐射校正工作效率,提高敦煌辐射校正场的利用率,意义十分重大。而且,敦煌场地的红外辐射特性的测量与获取,可为遥感卫星定量陆表遥感产品的真实性检验工作提供星地同步观测数据,根据辐射传输计算,分析产品与实际测量值的差异,进一步完善陆表遥感产品的反演算法。

通过敦煌自动地温测量系统的建设与运行,已经积累大量的敦煌戈壁地温资料,结合已经测量获得的场区发射率数据,已经建设完成了利用敦煌地温系统的场地绝对辐射校正系统。通过对场区地温资料的长期观测,清楚地了解场区地温的时间变化规律,为建立精细的地表温度模型,进而服务于场地绝对辐射校正奠定了基础。通过大量的比对检验,与其他观测仪器的比较、与卫星观测的比较,可以发现敦煌地温自动测量系统获取的地表温度能够反映场区地温的真实情况,具有较高的精度,完全能够满足场地辐射校正的要求。

3.2.3 2010—2015 年场地校正试验

3.2.3.1 校正原理和流程

卫星所在高度观测到的地球热红外辐射亮度为

$$L_T(\lambda) = \tau_a(\lambda) \cdot L_1(\lambda) + L_2(\lambda) \tag{3.1}$$

$$L_1(\lambda) = \varepsilon(\lambda)L_{\text{gobi}}(\lambda) + (1 - \varepsilon(\lambda)) \cdot L_2(\lambda) \tag{3.2}$$

式中,$L_T(\lambda)$ 为卫星高度处测量的来自地面目标方向的热红外辐射亮度;$\tau_a(\lambda)$ 为整层大气透过率,由 MODTRAN 模式计算出;$L_1(\lambda)$ 为戈壁表面的离表总辐射,由 102F 光谱仪和 CE-312 测得;$\varepsilon(\lambda)$ 为戈壁表面的发射率,由野外实际测量获得;$L_{\text{gobi}}(\lambda)$ 为戈壁表面向上的热辐射,$L_2(\lambda)$ 代表大气的程辐射,由 MODTRAN 模式计算获得。

卫星传感器通道的等效辐射亮度为

$$L_{\text{eq}} = \int_{\Delta\lambda} L_T(\lambda)S(\lambda)\mathrm{d}\lambda \tag{3.3}$$

式中,$S(\lambda)$ 为归一化卫星通道的光谱响应函数,$\Delta\lambda$ 代表卫星传感器的光谱响应范围。

卫星通道的校正公式为

$$L_{\text{eq}} = a \times DC + b \tag{3.4}$$

式中,a 为校正公式的斜率,DC 为卫星传感器的计数值,b 为校正公式的截距。斜率和截距是由卫星探测戈壁表面和冷空间所获得的结果决定的,假设冷空间的辐射温度为 4 K。

红外通道场地辐射校正流程如图 3.26 所示。

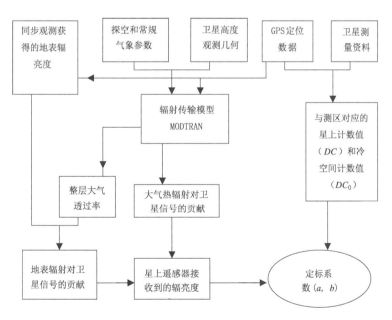

图 3.26　红外通道场地辐射校正流程图

3.2.3.2　2010 年场地校正试验

(1)敦煌场同步观测

同步观测区选择为敦煌辐射校正场中心区,GPS 定位如图 3.27 所示。根据 FY-3A 气象卫星过境时间和卫星姿态进行了夜间轨道的一次同步观测和四次白天轨道的同步观测。测量区域中心经纬度为 $40°8'15.00''N,94°19'15.00''E$,海拔:1140 m。同步观测的卫星参数如表 3.5 所示。

利用 102F 便携式红外光谱仪和 CE-312 通道式红外辐射计进行陆表辐亮度测量和表层亮温测量。准同步观测在卫星过顶前后 0.5 h 内完成。102F 和 CE-312 光学头部垂直进行陆表辐射测量、绝对辐射校正。利用敦煌地温自动测量系统对陆表温度进行连续观测。利用测量 102F 自身携带的黑体源和 MR340 黑体源获得的数据和普朗克函数公式获得陆表辐亮度和陆表亮度温度。大气观测位置固定点位于敦煌场区东北部(图 3.27 中 TB99-2 点位置)。

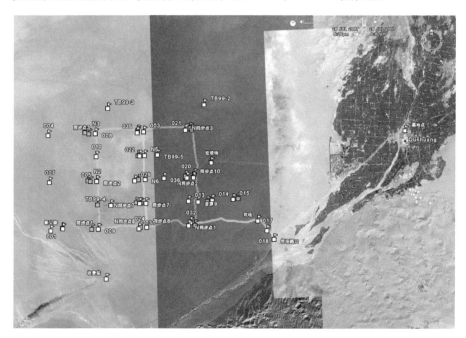

图 3.27　2010 年 8 月敦煌同步观测示意图

表 3.5　敦煌同步观测卫星参数

日期	卫星过境时间	卫星天顶角	卫星方位角	卫星轨道
8 月 13 日	12:45	21.28°	−76.82°	白天
8 月 18 日	12:50	29.37°	−75.68°	白天
8 月 20 日	12:10	27.84°	99.08°	白天
8 月 20 日	23:35	5.46°	−102.46°	夜间
8 月 24 日	12:35	10.71°	−78.63°	白天

（2）校正结果

将卫星过顶时刻大气探空数据和卫星观测几何路径输入到 MODTRAN 4.0 辐射传输模式,计算出卫星观测路径大气透过率和大气程辐射,如图 3.28 和图 3.29 所示。并利用 CE-312 测量敦煌表面辐亮度获得卫星入瞳处的辐亮度,依据普朗克函数得到亮温值和相关斜率、截距,如表 3.6 和表 3.7 所示。

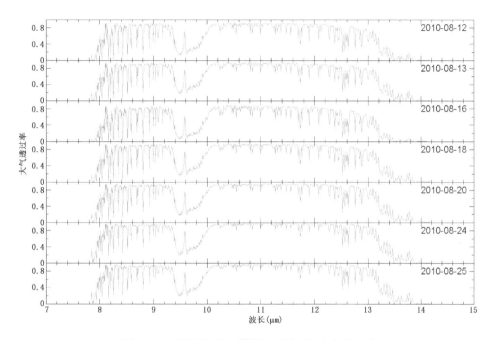

图 3.28　MODTRAN 模拟的过境时间大气透过率

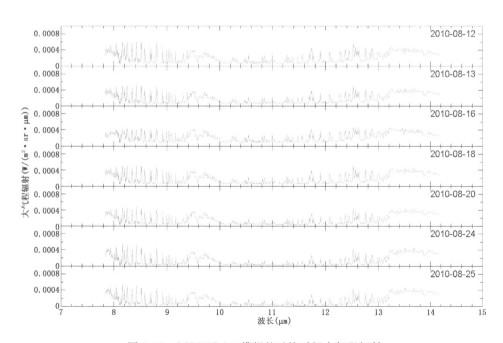

图 3.29　MODTRAN 模拟的过境时间大气程辐射

表 3.6　FY-3A/VIRR 分裂窗通道校正结果

日期	FY-3A/VIRR 通道 4		FY-3A/VIRR 通道 5	
	斜率	截距	斜率	截距
2010-08-13	−0.1242	120.9060	−0.1539	156.0631
2010-08-18	−0.1458	142.4243	−0.1714	173.5931
2010-08-20(白天)	−0.1363	132.9882	−0.1608	162.9694
2010-08-20(夜间)	−0.1406	137.2648	−0.1729	175.2083
2010-08-24	−0.1559	152.5132	−0.1882	190.4926

　　FY-3A/MERSI 红外通道基于地面实测模拟的入瞳辐亮度与卫星获取的辐亮度比较见表 3.7,这里卫星获取的辐亮度为从 FY-3A/MERSI 红外卫星数据中直接提取的辐亮度,由于 MERSI 热红外通道星上校正存在复杂的修正过程,因此,将该通道的 L1 级卫星产品直接表达为 TOA 辐亮度,而不是通常的校正系数加 DN 值的模式。

表 3.7　FY-3A/MERSI 星上获取的辐亮度与模拟结果比较

日期	MERSI 测量辐射 mW/(m² · sr · cm)	反演亮温 (K)	MODTRAN 模拟辐射	反演亮温 (K)	亮温差 (K)	大气透过率	水汽量 (g/cm²)
2010-08-13	126.2589	301.69	124.1726	300.50	1.19	0.7637	1.2110
2010-08-18	127.2567	302.26	136.3750	307.33	−5.07	0.6978	1.1687
2010-08-20	127.2056	302.23	132.4510	305.17	−2.94	0.7311	0.9406
2010-08-24	151.3133	315.25	149.3008	314.21	1.04	0.8812	0.4108

　　从表 3.7 可以看出,目前 MERSI 红外通道产品的 TOA 辐亮度在不同时次的同步观测中,亮温存在较大差别,且亮温差不稳定,有时偏高,有时偏低。偏低的结果明显较大,这主要是由于当时卫星天顶角较大而影响的(18 日是 29.37°,20 日白天是 27.84°,最好设置在 20°以内)。所以,场地校正结果还是明显偏低于星上的观测结果。8 月 13—20 日相对偏低的 MERSI 观测辐射值主要是由大气状况引起的。较低的大气透过率(水汽柱总量明显偏大)导致观测值偏低。

　　(3)与 2008 年和 2009 年青海湖校正结果比较

　　将 2010 年敦煌五次校正的结果与 2008 年,2009 年同期青海湖的校正结果进行对比分析,如图 3.30 和图 3.31 所示。

　　从图 3.30 和图 3.31 可以看出,1 年间(2008—2009 年)VIRR 分裂窗两通道都存在不同程度的衰减。MERSI 利用星上校正系统获得的辐亮度明显高于辐射传输模拟的结果(除去天顶角较大的 8 月 18 和 20 日的两次结果),这种情况在三年的场地辐射校正中都有所体现。说明目前 MERSI 星上校正系统的辐射校正存在问题,建议利用 2008 年、2009 年和 2010 年三年的场地校正结果结合 GSICS 的交叉校正方案与 IASI 进行交叉校正。然后,对校正结果进行综合分析。

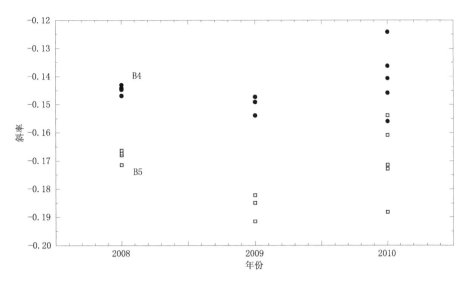

图 3.30　FY-3A/VIRR 校正斜率对比

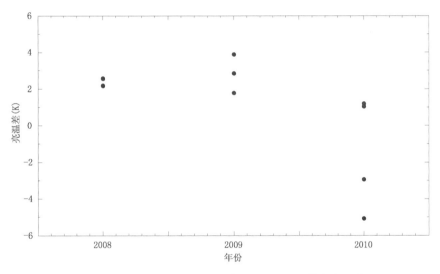

图 3.31　FY-3A/MERSI 星上与 MODTRAN 模拟亮温差

3.2.3.3　2011 年场地校正试验

（1）敦煌和青海湖场同步观测

同步观测区选择为敦煌辐射校正场中心区（图 3.32）和青海湖海心山东南水域（图 3.33）。敦煌观测场，根据 FY-3A/B 气象卫星过境时间和卫星姿态分别进行了白天和夜间轨道的同步观测。由于试验用船出航问题，青海湖地区只进行了白天的同步测量。敦煌测量区域中心经纬度为 $40°8'15.00''N,94°19'15.00''E$，同步观测的卫星参数如表 3.8 所示。青海湖同步观测中心点大概在 $36.80°N,100.20°E$ 左右，青海湖同步观测的卫星参数如表 3.9 所示。

利用 102F 便携式红外光谱仪进行陆表辐亮度测量。准同步观测在卫星过顶前后 0.5 h 内完成。102F 光学头部垂直进行陆表辐射测量，进行绝对辐射校正。利用测量 102F 自身携带的黑体源获得的数据和普朗克函数公式获得陆表辐亮度和陆表亮度温度。

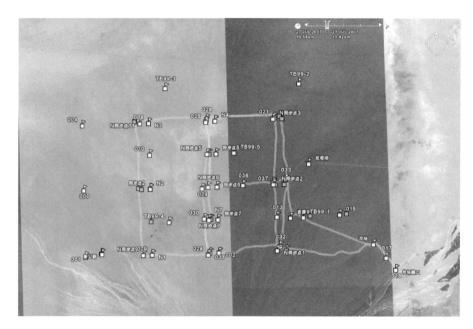

图 3.32　2011 年 8 月敦煌同步观测示意图

图 3.33　2011 年 9 月青海湖同步观测示意图

表 3.8　敦煌同步观测卫星参数

日期	卫星型号	卫星过境时间	卫星天顶角	卫星方位角	卫星轨道
8 月 19 日	FY-3B	03:38	18.93°	100.08°	夜晚
8 月 20 日	FY-3A	12:35	15.91°	−77.64°	白天
8 月 21 日	FY-3A	12:15	14.29°	100.99°	白天
8 月 21 日	FY-3A	23:40	19.66°	−99.70°	夜间
8 月 24 日	FY-3B	03:40	10.33°	101.45°	夜间

表 3.9　青海湖同步观测卫星参数

日期	卫星型号	卫星过境时间	卫星天顶角	卫星方位角	卫星轨道
9 月 7 日	FY-3A	11:55	4.52°	103.33°	白天
9 月 8 日	FY-3A	11:35	33.51°	98.13°	白天
9 月 11 日	FY-3A	12:20	34.35°	−75.95°	白天
9 月 11 日	FY-3B	14:20	11.80°	79.21°	白天
9 月 13 日	FY-3A	11:45	25.52°	99.11°	白天

(2)FY-3A 校正结果

①MERSI

FY-3A/MERSI 红外通道基于地面实测模拟的入瞳辐亮度与卫星获取的辐亮度比较见表 3.10,这里卫星获取的辐亮度为从 FY-3A/MERSI 红外卫星数据中直接提取的辐亮度,由于 MERSI 热红外通道星上校正存在复杂的修正过程,因此,将该通道的 L1 级卫星产品直接表达为 TOA 辐亮度,而不是通常的校正系数加 DN 值的模式。

表 3.10　FY-3A/MERSI 星上获取的辐亮度与模拟结果比较

(辐亮度单位:mW/(m² · sr · cm);亮温单位:K)

日期	卫星过境时间	卫星天顶角	卫星轨道	MERSI 亮温	MERSI 辐亮度	模拟亮温	模拟辐亮度	亮温差值	辐亮度差
8 月 20 日	12:35	15.91°	白天	313.75	148.42	313.61	148.16	0.14	0.26
8 月 21 日	12:15	14.29°	白天	315.12	151.06	314.64	150.13	0.48	0.92
8 月 21 日	23:40	19.66°	夜间	291.01	108.22	289.51	105.82	1.50	2.40
9 月 7 日	11:55	4.52°	白天	284.14	97.56	282.63	95.15	1.51	2.41
9 月 8 日	11:35	33.51°	白天	285.05	98.82	283.57	96.56	1.48	2.26
9 月 11 日	12:20	34.35°	白天	284.60	98.13	283.55	96.54	1.05	1.59
9 月 13 日	11:45	25.52°	白天	284.65	98.22	284.47	97.93	0.18	0.29

从表 3.10 可以看出目前 MERSI 红外通道产品的 TOA 辐亮度在不同时次的同步观测中,亮温存在较大差别,且亮温差相对稳定。可以看出 MERSI 所测得亮温都偏高于同步观测结果,不论是在青海湖还是在敦煌的校正结果都证明了这种偏高,且偏高平均在 0.91 ± 0.63 K

左右。

②VIRR(CH4,5)

FY-3A/VIRR 红外通道 4 基于地面实测模拟的入瞳辐亮度与卫星获取的辐亮度比较见表 3.11,利用地基同步观测和星上冷空扫描的校正结果见表 3.12。FY-3A/VIRR 红外通道 5 基于地面实测模拟的入瞳辐亮度与卫星获取的辐亮度比较见表 3.13,利用地基同步观测和星上冷空扫描的校正结果见表 3.14。

表 3.11　FY-3A/VIRR 通道 4 星上获取的辐亮度与模拟结果比较

（辐亮度单位:mW/(m² · sr · cm);亮温单位:K）

日期	卫星过境时间	卫星天顶角	卫星轨道	VIRR4 亮温	VIRR4 辐亮度	模拟亮温	模拟辐亮度	亮温差值	辐亮度差
8 月 20 日	12:35	15.91°	白天	316.09	141.90	318.63	146.48	−2.54	−4.92
8 月 21 日	12:15	14.29°	白天	317.91	145.42	320.01	149.53	−2.09	−4.11
8 月 21 日	23:40	19.66°	夜间	290.46	97.38	290.63	97.64	−0.16	−0.25
9 月 7 日	11:55	4.52°	白天	284.82	88.84	284.47	88.33	0.35	0.51
9 月 8 日	11:35	33.51°	白天	285.03	89.15	285.33	89.60	−0.30	−0.45
9 月 11 日	12:20	34.35°	白天	285.10	89.25	285.45	89.78	−0.35	−0.53
9 月 13 日	11:45	25.52°	白天	285.08	89.23	286.27	90.99	−1.19	−1.76

表 3.12　FY-3A/VIRR 通道 4 校正结果

日期	卫星过境时间	卫星天顶角	卫星轨道	星上 VIRR 通道 4		模拟 VIRR 通道 4	
				斜率	截距	斜率	截距
8 月 20 日	12:35	15.91°	白天	−0.157	153.133	−0.162	158.494
8 月 21 日	12:15	14.29°	白天	−0.156	152.914	−0.160	157.249
8 月 21 日	23:40	19.66°	夜间	−0.159	155.566	−0.160	156.138
9 月 7 日	11:55	4.52°	白天	−0.157	152.990	−0.156	152.152
9 月 8 日	12:35	33.51°	白天	−0.157	153.401	−0.158	154.046
9 月 11 日	12:20	34.35°	白天	−0.157	153.533	−0.158	154.466
9 月 13 日	11:45	25.52°	白天	−0.156	151.993	−0.158	154.795

表 3.13　FY-3A/VIRR 通道 5 星上获取的辐亮度与模拟结果比较

（辐亮度单位:mW/(m² · sr · cm);亮温单位:K）

日期	卫星过境时间	卫星天顶角	卫星轨道	VIRR5 亮温	VIRR5 辐亮度	模拟亮温	模拟辐亮度	亮温差值	辐亮度差
8 月 20 日	12:35	15.91°	白天	323.79	156.79	321.74	153.06	2.05	3.73
8 月 21 日	12:15	14.29°	白天	325.63	160.19	322.58	154.59	3.05	5.60
8 月 21 日	23:40	19.66°	夜间	298.33	113.58	297.98	113.05	0.35	0.53
9 月 7 日	11:55	4.52°	白天	291.03	102.53	290.23	101.35	0.80	1.18
9 月 8 日	11:35	33.51°	白天	292.32	104.45	291.73	103.57	0.59	0.88
9 月 11 日	12:20	34.35°	白天	292.12	104.15	291.39	103.06	0.73	1.09
9 月 13 日	11:45	25.52°	白天	292.32	104.45	292.39	104.55	−0.06	−0.10

表 3.14　FY-3A/VIRR 通道 5 校正结果

日期	卫星过境时间	卫星天顶角	卫星轨道	星上 VIRR 通道 5		模拟 VIRR 通道 5	
				斜率	截距	斜率	截距
8 月 20 日	12：35	15.91°	白天	−0.191	193.465	−0.187	188.933
8 月 21 日	12：15	14.29°	白天	−0.191	193.068	−0.184	186.265
8 月 21 日	23：40	19.66°	夜间	−0.194	196.253	−0.194	195.522
9 月 7 日	11：55	4.52°	白天	−0.192	193.619	−0.189	191.321
9 月 8 日	11：35	33.51°	白天	−0.192	194.016	−0.191	192.628
9 月 11 日	12：20	34.35°	白天	−0.192	194.169	−0.190	192.217
9 月 13 日	11：45	25.52°	白天	−0.190	192.225	−0.190	192.516

　　从以上结果看,FY-3A/VIRR 通道 4 基本偏低于实际观测−0.79±1.07 K,而通道 5 却相反偏高 1.07±1.09 K。且通道 4 的斜率截距都偏低星上校正结果,而通道 5 正好相反。此外,我们发现在敦煌的校正结果偏差较大,尤其是敦煌白天的结果,而青海湖的结果跟卫星的更加一致。这主要和下垫面的均一性有关,所以青海湖的校正结果更加具有参考价值。在这里我们排除敦煌结果的影响,FY-3A/VIRR 通道 4 偏低−0.37±0.63 K,通道 5 偏高 0.52±0.39 K。可以看出 VIRR 的星上校正结果还是非常好的,两个通道的平均偏差都在 0.5K。

　　(3)FY-3B 校正结果

　　FY-3B/VIRR 红外通道 4 基于地面实测模拟的入瞳辐亮度与卫星获取的辐亮度比较见表 3.15,利用地基同步观测和星上冷空扫描的校正结果见表 3.16。FY-3B/VIRR 红外通道 5 基于地面实测模拟的入瞳辐亮度与卫星获取的辐亮度比较见表 3.17,利用地基同步观测和星上冷空扫描的校正结果见表 3.18,可以看出,FY-3B/VIRR 通道 4 和通道 5 星上观测都平均偏高校正结果 0.70 和 0.69 K 左右。且两个通道的校正斜率都偏高于星上校正结果,而截距的结果正好相反。

表 3.15　FY-3B/VIRR 通道 4 星上获取的辐亮度与模拟结果比较

(辐亮度单位：mW/(m² · sr · cm);亮温单位：K)

日期	卫星过境时间	卫星天顶角	卫星轨道	VIRR4亮温	VIRR4辐亮度	模拟亮温	模拟辐亮度	亮温差值	辐亮度差
8 月 19 日	03：38	18.93°	夜间	285.63	91.30	285.44	91.02	0.19	0.28
8 月 24 日	03：40	10.33°	夜间	283.44	88.07	282.23	86.30	1.21	1.77

表 3.16　FY-3B/VIRR 通道 4 校正结果

日期	卫星过境时间	卫星天顶角	卫星轨道	星上 VIRR 通道 4		模拟 VIRR 通道 4	
				斜率	截距	斜率	截距
8 月 19 日	03：38	18.93°	夜间	−0.181	178.447	−0.180	178.005
8 月 24 日	03：40	10.33°	夜间	−0.181	178.851	−0.178	175.436

表 3.17　FY-3B VIRR 通道 5 星上获取的辐亮度与模拟结果比较

（辐亮度单位：mW/(m² · sr · cm)；亮温单位：K）

日期	卫星过境时间(北京时)	卫星天顶角	卫星轨道	VIRR5亮温	VIRR5辐亮度	模拟亮温	模拟辐亮度	亮温差值	辐亮度差
8 月 19 日	03:38	18.93°	夜间	291.49	103.97	291.33	103.72	0.16	0.25
8 月 24 日	03:40	10.33°	夜间	289.78	101.42	288.58	99.66	1.20	1.76

表 3.18　FY-3B/VIRR 通道 5 校正结果

日期	卫星过境时间(北京时)	卫星天顶角	卫星轨道	星上 VIRR 通道 5		模拟 VIRR 通道 5	
				斜率	截距	斜率	截距
8 月 19 日	03:38	18.93°	夜间	−0.206	203.224	−0.205	202.712
8 月 24 日	03:40	10.33°	夜间	−0.207	203.764	−0.203	200.543

（4）地基观测仪器结果比对

①102F 与水温仪

首先，把 102F 观测的高光谱结果和水温仪所测 20 cm 深度温度同步转化到 FY-3A/MERSI 的热红外通道。图 3.34 给出两者对比的结果，我们发现测量的温度变化趋势还是非常一致的。水温测量的结果系统性的偏高于 102F 的测量结果，图 3.34 显示平均偏高在 1.67 K 左右。这种偏高主要是由于 20 cm 处水温和表皮亮温间的差距。如果该偏高结果传递到卫星入瞳亮温大概会导致 1.67×0.7(平均的大气透过率)=1.17 K 左右的偏高估计。这里总结证实该水温仪用于 MERSI 校正，这种系统性的偏高是可以订正的。不过这仅仅是白天的观测结果，夜间的结果需要进一步测量对比。

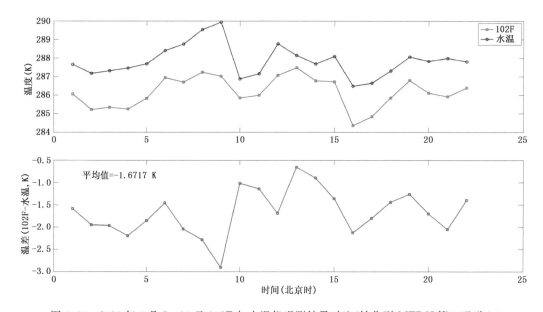

图 3.34　2019 年 9 月 7—13 日 102F 与水温仪观测结果对比(转化到 MERSI 第 5 通道上)

②102F、CE-312 和水温对比结果

图 3.35 和图 3.36 分别给出了水温仪器、102F 和 CE-312 两个热红外通道的对比结果。我们可以看出水温仪器的结果明显偏高于 102F 和 CE-312 的。可以看出三种方法测量的结果总体趋势比较一致，但是两台光学仪器的结果系统性偏。尤其是 CE-312 的结果偏低得更加厉害。从前面的结果可以直接推出，CE-312 的结果会更加明显地偏低于水温仪和 102F，所以用于卫星校正可能会导致系统性的低估。

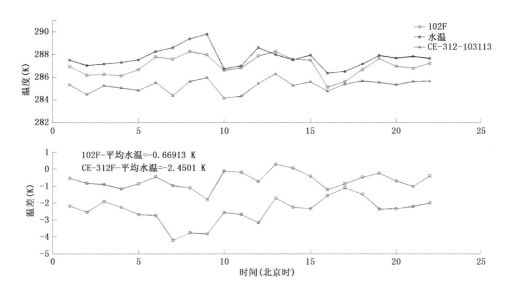

图 3.35　2011 年 9 月 7—13 日水温仪器、102F 与 CE-312 10.3～11.3 μm 通道亮温比较

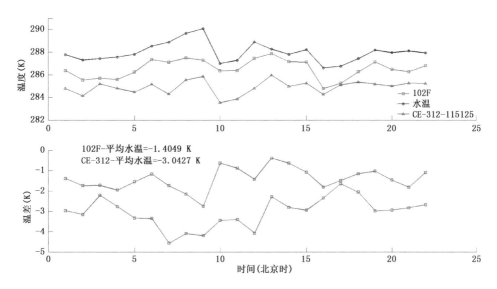

图 3.36　2011 年 9 月 7—13 日水温仪器、102F 与 CE-312 11.5～12.5 μm 通道亮温比较

（5）小结

①MERSI

FY-3A/MERSI偏高于场地校正结果,平均在 0.91±0.63 K 左右。该结论和前几年观测以及发表论文的结论基本一致。考虑到青海湖较好的均一性,如果只考虑青海湖校正结果,平均偏高 1.06±0.62 K。

②VIRR

FY-3A/VIRR通道 4 基本偏低于场地校正结果,平均为－0.79±1.07 K,而通道 5 却相反,偏高 1.07±1.09 K。仅考虑青海湖结果通道 4 平均偏低－0.37±0.63 K,通道 5 偏高 0.52±0.39 K。

FY-3B VIRR仅有两次敦煌观测结果,总体结果显示两个通道星上观测平均偏高场地校正 0.70±0.72 K(通道 4)和 0.69±0.74 K(通道 5)。根据与 MODIS 的对比可以推论 FY-3B/VIRR星上观测明显偏高。

FY-3A/MERSI星上观测明显偏高真实值 1.06±0.62 K;与场地校正结果相比,FY-3A VIRR通道 4 偏低－0.37±0.63 K,而通道 5 偏高 0.52±0.39 K;FY-3B/VIRR两个通道分别偏高 0.70±0.72 K(通道 4)和 0.69±0.74 K(通道 5)。由于 FY-3B/VIRR只有两次敦煌的结果,所以还需要在未来进行更近一步的评定。

3.2.3.4　2012 年场地校正试验

（1）敦煌和青海湖同步观测

同步观测区为青海湖海心山东南水域和敦煌辐射校正场中心区(GPS 定位如图 3.37 和图 3.38 所示)。青海湖测区中心经纬度为 $36°43'N,100°26'E$,海拔 3196 m;敦煌测量区域中心经纬度为 $40°8'15.00''N,94°19'15.00''E$,海拔 1140 m。同步观测的卫星参数及相关信息如表 3.19 所示。其中,7 月份为青海湖同步时次,8 月份为敦煌同步时次。

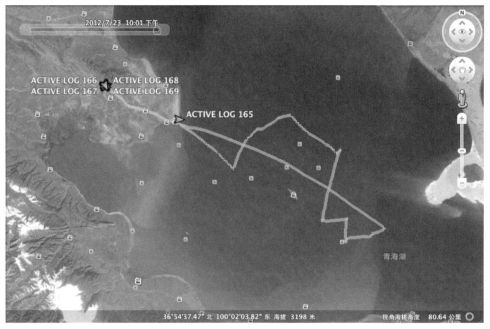

图 3.37　青海湖同步观测航迹

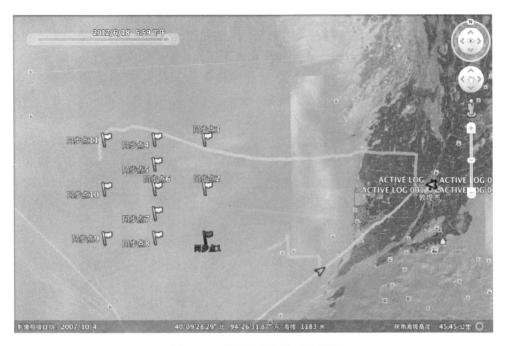

图 3.38 敦煌同步观测区示意图

表 3.19 2012 年同步观测卫星参数及相关信息

日 期	卫星	卫星过境时间（北京时）	探空时间	卫星天顶角（°）	陆/水表温度（℃）	水汽总量（g/cm²）	550 nm 光学厚度	卫星轨道
7 月 24 日	FY-3B	14:19:40	13:06	24.727	14.833	1.1594	0.1097	白天
7 月 27 日	FY-3A	11:49:30	10:32	4.037	15.480	1.8695	0.0988	白天
7 月 28 日	FY-3A	11:30:40	11:28	32.409	15.725	2.2169		白天
7 月 28 日	FY-3B	14:43:40	13:40	14.710	16.588	2.2399	0.1187	白天
8 月 2 日	FY-3B	15:03:50	14:00	14.241	52.922	1.6220	0.1707	白天
8 月 2 日	FY-3A	22:59:10	22:00	30.309	22.648	1.2983		夜间
8 月 3 日	FY-3B	14:45:20	14:00	15.293	57.052	1.6162	0.2178	白天
8 月 6 日	FY-3A	23:24:20	23:00	8.541	15.603	1.8236		夜间
8 月 7 日	FY-3B	4:07:30	03:00	20.391	14.511	1.9421		夜间
8 月 7 日	FY-3B	15:11:20	15:00	25.378	40.466	2.2636	0.0982	白天
8 月 7 日	FY-3A	23:05:40	23:00	21.110	17.057	1.0422		夜间
8 月 8 日	FY-3B	14:52:50	14:00	3.611	44.188	1.7597	0.4787	白天
8 月 10 日	FY-3A	12:27:10	12:00	15.245	50.166	2.5660	0.3180	白天
8 月 12 日	FY-3A	11:49:40	11:00	39.329	42.302	2.4142	0.2128	白天
8 月 12 日	FY-3B	15:19:0	15:00	34.966	54.795	2.0213	0.2323	白天
8 月 14 日	FY-3B	14:41:50	14:00	20.630	54.068	1.1884	0.1093	白天

利用 102F 便携式红外光谱仪和 CE-312 通道式红外辐射计进行水/陆表辐亮度测量和表层亮温测量。准同步观测在卫星过顶前后 0.5 h 内完成。102F 和 CE-312 光学头部垂直进行陆表辐射测量，进行绝对辐射校正。利用青海湖自动浮标和敦煌地温自动测量系统对水/陆表温度进行连续观测。利用测量 102F 自身携带的黑体源和 MR340 黑体源获得的数据和普朗克函数公式获得水/陆表辐亮度和水/陆表亮度温度。大气观测位置固定点位于青海湖鸟岛宾馆楼顶和敦煌场区东南部(图 3.38 中同步观测点正东位置)。

(2)FY-3 检验结果

将卫星过顶时刻大气探空数据和卫星观测几何路径输入到 MODTRAN 4.0 辐射传输模式，计算出卫星观测路径大气透过率和大气程辐射。并利用 102F 和 CE-312 测量青海湖湖面和敦煌戈壁表面辐亮度获得卫星入瞳处的辐亮度，依据普朗克函数得到亮温值和相关斜率、截距。

①MERSI

FY-3A/MERSI 红外通道基于地面实测模拟的入瞳辐亮度与卫星获取的辐亮度比较见表 3.20，这里卫星获取的辐亮度为从 FY-3A/MERSI 红外卫星数据中直接提取的辐亮度。由于 MERSI 热红外通道星上校正存在复杂的修正过程，因此，将该通道的 L1 级卫星产品直接表达为 TOA 辐亮度，而不是通常的校正系数加 DN 值的模式。

表 3.20　FY-3A/MERSI 星上获取的辐亮度与模拟结果比较

(辐亮度单位:mW/(m² · sr · cm);亮温单位:K)

日期	卫星过境时间	MODTRAN 模拟辐射	模拟 MERSI 亮温	MERSI 测量辐射	模拟 MERSI 亮温	亮温差
7 月 27 日	11:49:30	90.9853	281.7913	97.784	286.3549	4.5636
7 月 28 日	11:30:40	90.3341	281.3437	96.858	285.7444	4.4007
8 月 2 日	22:59:10	107.3970	292.5097	110.180	294.2334	1.7236
8 月 6 日	23:24:20	97.6165	286.2449	99.003	287.1543	0.9094
8 月 7 日	23:05:40	101.4509	288.7417	107.560	292.6114	3.8697

从表 3.20 可以看出，目前 MERSI 红外通道产品的 TOA 辐亮度在不同时次的同步观测中，亮温存在较大差别，且亮温差不稳定，主要趋势是卫星观测较模式模拟明显偏高。部分时次是由于当时卫星天顶角较大而影响(表 3.19)，同步观测时最好将卫星天顶角控制在 20°以内。部分时次主要是由于大气状况引起的，较低的大气透过率(水汽柱总量明显偏大)导致观测值与模拟值存在很大差异。

②VIRR

表 3.21 和表 3.22 分别为 FY-3A 和 FY-3B/VIRR 利用场地测量数据获得的红外通道校正结果。

FY-3A/B/VIRR 红外通道基于地面实测模式的入瞳辐亮度与卫星获取的辐亮度比较见表 3.23 和表 3.24，这里卫星获取的辐亮度为从产品星上校正系数计算获得的。可以发现利用青海湖和敦煌夜间的同步测量的结果与星上校正结果比较接近，且 A 星和 B 星表现出相同的趋势。

表 3.21 **FY-3A/VIRR 分裂窗通道校正结果**

日期	卫星过境时间	FY-3A/VIRR 通道 4		FY-3A/VIRR 通道 5	
		斜率	截距	斜率	截距
7 月 27 日	11:49:30	−0.1447	143.6271	−0.1801	180.1972
8 月 2 日	22:59:10	−0.1529	151.8222	−0.1725	172.5805
8 月 6 日	23:24:20	−0.1589	157.7199	−0.1998	199.9692
8 月 7 日	23:05:40	−0.1511	149.9744	−0.1892	189.2779

表 3.22 **FY-3B/VIRR 分裂窗通道校正结果**

日期	卫星过境时间	FY-3A/VIRR 通道 4		FY-3A/VIRR 通道 5	
		斜率	截距	斜率	截距
7 月 24 日	14:19:40	−0.1740	174.0982	−0.2066	205.2361
7 月 28 日	14:43:40	−0.1827	175.6507	−0.1981	189.1045
8 月 3 日	14:45:20	−0.1891	172.5045	−0.2282	206.6338
8 月 7 日	4:07:30	−0.1835	183.5417	−0.2186	217.1438

表 3.23 **FY-3A/VIRR 星上校正获取的辐亮度与模拟结果比较**

（辐亮度单位：mW/(m² · sr · cm)；亮温单位：K）

日期	卫星过境时间	通道	MODTRAN 模拟辐射	模拟亮温	VIRR 星上获取辐射	VIRR 亮温	亮温差
7 月 27 日	11:49:30	4	88.8839	285.0108	89.3365	285.3037	0.2929
		5	100.3811	282.6647	103.7290	284.7665	2.1018
8 月 2 日	22:59:10	4	103.0211	294.2176	100.4788	292.6086	−1.6090
		5	116.2772	292.6604	115.7938	292.3044	−0.3560
8 月 6 日	23:24:20	4	92.7848	287.6306	88.9119	285.0098	−2.6208
		5	105.9922	286.2855	102.6162	284.0414	−2.2441
8 月 7 日	23:05:40	4	95.9656	289.7207	97.9218	290.9765	1.2558
		5	110.4140	289.0662	114.0022	291.2138	2.1476

表 3.24 **FY-3B/VIRR 星上校正获取的辐亮度与模拟结果比较**

（辐亮度单位：mW/(m² · sr · cm)；亮温单位：K）

日期	卫星过境时间	通道	MODTRAN 模拟辐射	模拟亮温	VIRR 星上获取辐射	VIRR 亮温	亮温差
7 月 24 日	14:19:40	4	91.4047	286.1273	91.1457	285.6668	−0.4605
		5	102.5598	284.8529	102.6713	284.5221	−0.3308
7 月 28 日	14:43:40	4	90.6918	285.6480	94.1216	287.6476	1.9996
		5	100.5188	283.5282	104.1402	285.4674	1.9392
8 月 3 日	14:45:20	4	154.4076	322.1590	154.1053	321.7781	−0.3809
		5	160.0250	317.5378	161.2294	317.8380	0.3002
8 月 7 日	4:07:30	4	90.3428	285.4128	89.3630	284.4471	−0.9657
		5	100.9392	283.8026	100.2264	282.9123	−0.8903

（3）小结

利用青海湖、敦煌外场获取的同步观测数据对 FY-3A/B/VIRR 和 FY-3A/MERSI 传感器的长波红外通道进行了辐射校正和星上校正检验。本年度的外场校正试验在青海湖进行了4次，在敦煌白天和夜间观测一共进行了11次，其中有些观测时次受到云、天气和卫星观测天顶角影响较大，均予以剔除。

对有效的观测进行统计分析，发现 FY-3A/MERSI 星上校正结果偏高 3.09±1.67K；对 FY-3A/B/VIRR 红外分列窗通道的检验表明，FY-3A/VIRR CH4 星上校正结果与场地检验结果差值为 −0.67±1.76 K，CH5 为 0.41±2.12 K；FY-3B/VIRR CH4 为 0.04±1.33 K，CH5 为 0.25±1.22 K。

3.2.3.5　2013 年场地校正试验

（1）青海湖、敦煌场区同步观测

同步观测区为青海湖海心山东南水域和敦煌辐射校正场中心区。同步观测的卫星参数及相关信息如表 3.25、表 3.26 所示。

表 3.25　2013 年同步观测极轨卫星参数及相关信息

卫星	月	日	时	分	秒	卫星天顶角（°）	卫星轨道
FY-3A	8	19	12	1	53.2	4.294	白天
FY-3A	8	20	11	43	13.5	24.558	白天
FY-3A	8	20	23	5	45.5	8.028	夜间
FY-3A	8	24	12	9	6.7	16.037	白天
FY-3A	8	25	11	50	28.2	13.388	白天
FY-3B	8	19	15	31	46.9	38.748	白天
FY-3B	8	20	15	13	5.9	13.572	白天
FY-3B	8	24	15	39	3.9	46.003	白天
FY-3B	8	25	3	57	50.3	10.701	夜间

表 3.26　2013 年同步观测静止卫星参数及相关信息

卫星	观测时间	卫星天顶角（°）	卫星轨道
FY-2D	2013.08.20 11:30:00	46.18899	白天
FY-2D	2013.08.20 14:30:00	46.18899	白天
FY-2D	2013.08.20 22:30:00	46.18899	夜间
FY-2D	2013.08.24 14:30:00	46.18899	白天
FY-2D	2013.08.25 03:30:00	46.18899	夜间
FY-2D	2013.08.25 11:30:00	46.18899	白天
FY-2E	2013.08.20 12:00:00	46.03888	白天
FY-2E	2013.08.20 15:00:00	46.03888	白天
FY-2E	2013.08.20 23:00:00	46.03888	夜间
FY-2E	2013.08.24 15:00:00	46.03888	白天
FY-2E	2013.08.25 04:00:00	46.03888	夜间
FY-2E	2013.08.25 12:00:00	46.03888	白天

红外通道在轨辐亮度计算，首先要精确测量观测目标的出射辐亮度，在卫星过境前后

0.5 h利用CE-312野外热红外辐射计测量离表向上辐亮度,同时进行探空和地面气象要素观测。星地同步观测时,同时释放探空气球,测量大气温湿压风廓线,同时进行地面常规气象要素观测,这些测量结果既可用于辐射传输模式输入参数,也可以将辐射计测量亮温与表层温度进行比较。CE-312光学头部垂直进行陆表辐射测量,并进行绝对辐射校正。利用另外一台CE-312、ECH$_2$O地表温湿度测量系统与场区自动气象站和敦煌地温自动测量系统对陆表辐亮度和地表温度进行连续观测。利用MR340黑体源获得的数据和普朗克函数公式计算获得5通道CE-312陆表辐亮度和亮度温度。大气观测位置固定点位于敦煌场区东南部(图3.27中同步观测点正东位置)。

(2)校正与检验结果

将卫星过顶时刻大气探空数据和卫星观测几何路径输入到MODTRAN 4.0辐射传输模式,计算出卫星观测路径大气透过率和大气程辐射。并利用地面测量的敦煌戈壁表面辐亮度计算获得卫星入瞳处的辐亮度,依据普朗克函数得到亮温值。

①VIRR

FY-3A/B/VIRR红外通道基于地面实测模式的入瞳辐亮度与卫星获取的辐亮度比较见表3.27、表3.28,这里卫星获取的辐亮度为从L1级产品星上校正系数计算获得。

表 3.27　FY-3A/VIRR 星上校正获取的辐亮度与模拟结果比较

卫星过境时间	通道	MODTRAN_R (mW/(m²·sr·cm))	MODTRAN_T (K)	VIRR_R (mW/(m²·sr·cm))	VIRR_T (K)	DIFF/S−M (K)
2013-08-19 12:01	4	136.06483	313.01993	136.33293	313.16275	0.14282
	5	148.59150	310.61512	150.65491	311.70677	1.09165
2013-08-20 11:43	4	126.33671	307.72837	127.80355	308.54038	0.81201
	5	140.76876	306.40395	144.15398	308.24074	1.83680
2013-08-20 23:05	4	97.07136	290.26176	99.70363	291.94656	1.68480
	5	113.95522	290.95228	116.54828	292.52563	1.57335
2013-08-24 12:09	4	139.12350	314.64023	140.10074	315.15378	0.51355
	5	155.78063	314.38591	155.46432	314.22190	−0.16401
2013-08-25 11:50	4	135.44929	312.69143	137.24841	313.64927	0.95784
	5	157.46736	315.25770	154.02249	313.47210	−1.78560

表 3.28　FY-3B/VIRR 星上校正获取的辐亮度与模拟结果比较

卫星过境时间	通道	MODTRAN_R (mW/(m²·sr·cm))	MODTRAN_T (K)	VIRR_R (mW/(m²·sr·cm))	VIRR_T (K)	DIFF/S−M (K)
2013-08-19 15:31	4	137.05282	312.77079	140.86942	314.78755	2.01676
	5	148.69027	311.05188	147.46310	310.40072	−0.65117
2013-08-20 15:13	4	145.55711	317.22424	145.66944	317.28211	0.05786
	5	157.13907	315.46209	156.08724	314.91976	−0.54233
2013-08-24 15:39	4	149.97371	319.48135	148.63021	318.79860	−0.68274
	5	157.21652	315.50195	156.76436	315.26910	−0.23285
2013-08-25 3:57	4	92.73556	286.58792	94.00229	287.42543	0.83751
	5	106.94320	287.03397	107.21255	287.20370	0.16973

②MERSI

FY-3A/MERSI 红外通道基于地面实测模拟的入瞳辐亮度与卫星获取的辐亮度比较见表 3.29。从表 3.29 可以看出，目前 MERSI 红外通道产品的 TOA 辐亮度在不同时次的同步观测中，亮温存在很大差别，主要趋势是卫星观测较模式模拟明显偏低，该红外通道状态不正常。

表 3.29　FY-3A/MERSI 星上获取的辐亮度与模拟结果比较

卫星过境时间	MODTRAN_R (mW/(m²·sr·cm))	MODTRAN_T K	MERSI_R (mW/(m²·sr·cm))	MERSI_T (K)	DIFF/S−M (K)
2013-08-19 12:01	140.52944	309.57497	93.56778	281.57627	−27.99870
2013-08-20 11:43	129.49236	303.52047	92.24333	280.68394	−22.83654
2013-08-20 23:05	102.29252	287.28407	94.22667	282.01752	−5.26655
2013-08-24 12:09	146.61166	312.80363	93.66000	281.63813	−31.16549
2013-08-25 11:50	134.08226	306.07055	94.23333	282.02198	−24.04857

③FY-2D/E

FY-2D/E 红外通道基于地面实测模式的入瞳亮温与卫星获取的亮温比较见表 3.30、表 3.31，这里卫星获取的亮温为从 L1 级产品校正查找表计算获得。

表 3.30　FY-2D 星上校正获取的辐亮度与模拟结果比较

卫星过境时间	通道	MODTRAN_R (mW/(m²·sr·cm))	MODTRAN_T (K)	FY-2D_R (mW/(m²·sr·cm))	FY-2D_T (K)	DIFF/S−M (K)
2013-08-20 11:30	4	127.86818	308.12792	122.69601	305.23745	−2.89047
	5	139.69138	306.25963	139.02062	305.89245	−0.36719
2013-08-20 14:30	4	138.91212	314.09028	136.99572	313.07489	−1.01539
	5	153.53756	313.64468	151.80280	312.73877	−0.90591
2013-08-20 22:30	4	97.64179	290.15595	95.48554	288.75911	−1.39684
	5	113.92757	291.41599	113.80615	291.34200	−0.07399
2013-08-24 14:30	4	147.43379	318.51526	145.13208	317.33411	−1.18114
	5	157.49880	315.69385	157.32079	315.60234	−0.09152
2013-08-25 3:30	4	91.74188	286.28984	92.84268	287.02189	0.73205
	5	108.00526	287.75614	110.59261	289.36811	1.61197
2013-08-25 11:30	4	129.20533	308.86457	130.58337	309.61934	0.75476
	5	145.80196	309.56334	145.38377	309.33956	−0.22378

表 3.31　FY-2E 星上校正获取的辐亮度与模拟结果比较

卫星过境时间	通道	MODTRAN_R (mW/(m²·sr·cm))	MODTRAN_T (K)	FY-2E_R (mW/(m²·sr·cm))	FY-2E_T (K)	DIFF/S−M (K)
2013-08-20 12:00	4	126.84786	307.66489	124.81530	306.53222	−1.13267
	5	137.08410	303.53537	143.47850	307.05044	3.51507
2013-08-20 15:00	4	135.80868	312.54223	134.76574	311.98389	−0.55834
	5	145.44651	308.11599	152.88345	312.07755	3.96156

卫星过境时间	通道	MODTRAN_R (mW/(m²·sr·cm))	MODTRAN_T (K)	FY-2E_R (mW/(m²·sr·cm))	FY-2E_T (K)	DIFF/S—M (K)
2013-08-20 23:00	4	92.12721	286.65515	93.72689	287.71445	1.05930
	5	114.26771	290.23833	116.30057	291.47699	1.23866
2013-08-24 15:00	4	146.61892	318.19629	147.03812	318.41089	0.21460
	5	155.80785	313.60844	161.94077	316.77256	3.16412
2013-08-25 4:00	4	88.19551	284.00518	90.28977	285.42510	1.41992
	5	108.99845	286.97162	112.65870	289.24955	2.27794
2013-08-25 12:00	4	132.29595	310.65211	127.13464	307.82389	−2.82822
	5	146.48129	308.67330	146.87514	308.88489	0.21159

④FY-3B/IRSA

表 3.32 列出了辐射计测量的青海湖和敦煌的表面辐亮度，以及根据辐射传输模拟的观测辐亮度与 IRAS 通道光谱响应卷积得到的通道 8 和 9 的辐亮度，可见对于热红外大气窗区通道，气体吸收较少，少部分辐射来自程辐射，表面发射辐射占大部分。

表 3.32 FY-3B 卫星过境前后 CE-312 各通道测量地表辐亮度和 MODTRAN 模拟值

日期	时间 （北京时）	CE-312 测量表面辐亮度 （mW/(m²·sr·cm))			MODTRAN 模拟通道辐亮度 （mW/(m²·sr·cm))	
		12 μm	10.8 μm	8.7 μm	12.47 μm	11.11 μm
2012-07-23	14:47	94.8	84.0	29.6	106.591	94.880
2012-07-24	14:29	96.6	85.6	31.0	107.767	95.875
2012-07-28	14:55	77.7	73.7	22.1	106.974	95.922
2013-08-19	15:32	149.0	97.1	36.4	151.858	151.471
2013-08-20	15:13	133.0	119.0	38.6	137.641	129.204
2013-08-25	03:57	96.6	82.7	22.7	111.814	94.790

计算出卫星入瞳处的辐亮度，由辐亮度和通道中心波数依据普朗克函数得到通道观测亮温。表 3.33 列出了 IRAS 大气窗区通道 8 和 9 在 2012 年青海湖和 2013 年敦煌两次星地同步观测时刻模拟入瞳处的亮温和实际卫星观测亮温比较结果。从表中数据可见 2012 年 7 月 28 日青海湖的模拟与观测结果差别较大，通道 8 和 9 均超过 2.5 K，其次是 2013 年 8 月 19 日，通道 8 和 9 的模拟与观测亮温差分别达 3.7 K 与 2 K，这也与 19 日水汽含量较大，模式在水汽较大的情况模拟精度偏低有关。其他日期的验证结果较为一致，观测与模拟亮温比较通道 8 平均偏差在 −0.8 K 左右，通道 9 为 −1 K 左右，此结果也验证了用辐射校正场对非成像的探测类仪器（星下分辨率在 20 km 左右）进行校正与检验的可行性，但目前只是初步的比较分析计算结果，基于表面辐亮度对模式进行模拟，而辐射计的通道与实际 IRAS 仪器的光谱响应函数有一定差异，后续会继续进行深入分析，利用高光谱的地表辐射仪器或基于地表发射率测量、表面温度测量数据改进模式模拟精度，进行更深入的场地校正验证工作。

表 3.33 星地同步模式模拟与观测结果比较

日期	IRAS CH8 模拟亮温 (K)	IRAS CH8 观测亮温 (K)	IRAS CH8 观测与模拟高温差值	IRAS CH9 模拟亮温 (K)	IRAS CH9 观测亮温 (K)	IRAS CH8 观测与模拟高温差值
2012-07-23	283.2346	280.817	−2.41762	286.0521	285.315	−0.73713
2012-07-24	283.9878	283.326	−0.66177	286.7058	286.469	−0.23681
2012-07-28	283.4807	287.192	3.71131	286.7365	283.967	−2.76948
2013-08-19	309.6485	305.921	−3.72746	318.5054	316.523	−1.98238
2013-08-20	301.8517	300.811	−1.04074	306.7560	305.961	−0.79503
2013-08-25	286.5481	285.623	−0.92508	285.9930	286.676	0.68297

（3）小结

综合分析各个卫星遥感器不同通道校正检验结果，计算卫星观测与模式模拟结果间的亮温偏差均值和标准差，来定量分析各个载荷的场地校正检验精度，具体结果如表 3.34 所示。

表 3.34 各个载荷红外通道的场地校正检验精度

偏差	FY-3A/VIRR		FY-3B/VIRR		FY-2D		FY-2E		FY-3B/IRSA	
	10 μm	11 μm	10 μm	11 μm	10 μm	11 μm	10 μm	11 μm	10 μm	11 μm
均值(K)	0.8222	0.5104	0.5573	−0.3142	−0.8328	−0.0084	−0.3042	2.3948	−0.8436	−0.9730
标准差(K)	0.5743	1.4961	1.1541	0.3681	1.3911	0.8506	1.5635	1.4435	2.5148	1.2343

3.2.3.6 2014 年场地校正试验

（1）青海湖、敦煌场区同步观测

同步观测区为青海湖海心山东南水域（GPS 航迹如图 3.39 至图 3.44 所示）和敦煌辐射校正场中心区。同步观测的卫星参数及相关信息如表 3.35 至表 3.37 所示。

表 3.35 2014 年青海湖同步观测极轨卫星参数及相关信息

卫星	月	日	时	分	秒	卫星天顶角(°)	卫星轨道
FY-3B	8	26	15	2	58.0	1.483	白天
FY-3C	8	23	12	6	33.3	2.972	白天
FY-3C	8	24	11	47	47.1	27.233	白天
FY-3C	8	24	23	8	32.7	5.381	夜间

表 3.36 2014 年敦煌同步观测极轨卫星参数及相关信息

卫星	月	日	时	分	秒	卫星天顶角(°)	卫星轨道
FY-3B	8	14	15	28	18.0	11.773	白天
FY-3B	8	15	15	9	33.1	18.068	白天
FY3B	8	25	15	22	49.3	2.058	白天
FY-3C	8	16	12	36	45.5	9.927	白天
FY-3C	8	27	12	31	22.1	0.984	白天

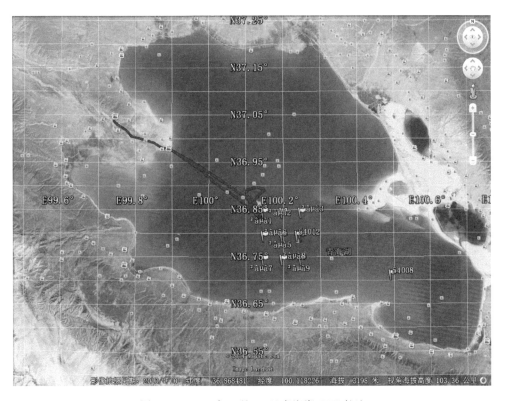

图 3.39 2014 年 8 月 23 日青海湖 GPS 航迹

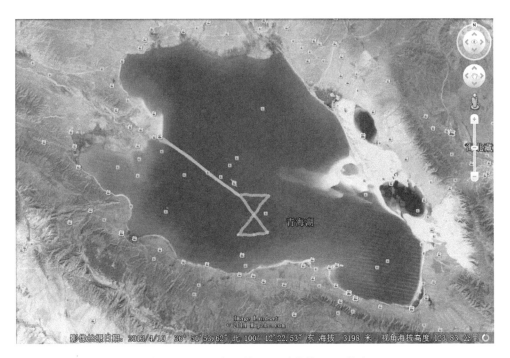

图 3.40 2014 年 8 月 24 日青海湖 GPS 航迹

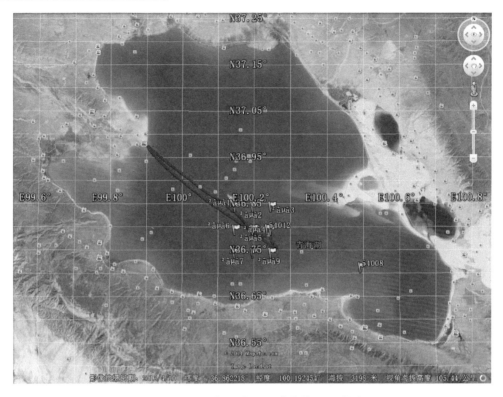

图 3.41　2014 年 8 月 25 日青海湖 GPS 航迹

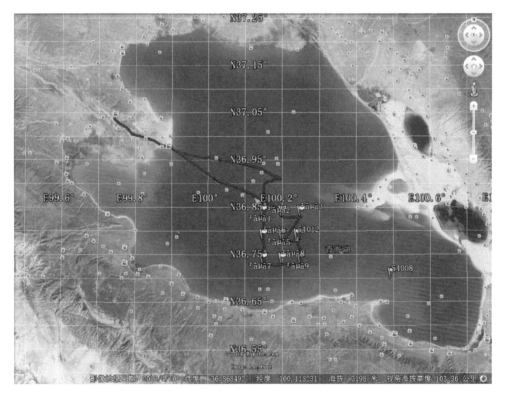

图 3.42　2014 年 8 月 26 日青海湖 GPS 航迹

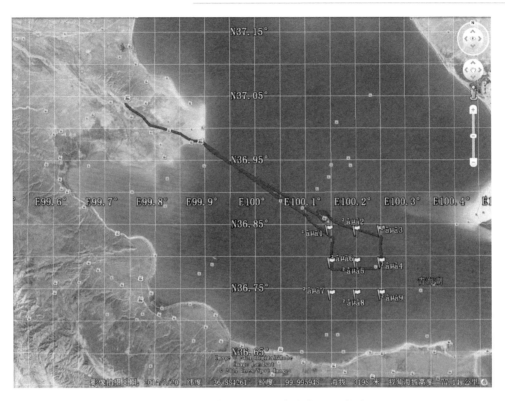

图 3.43　2014 年 8 月 28 日青海湖 GPS 航迹

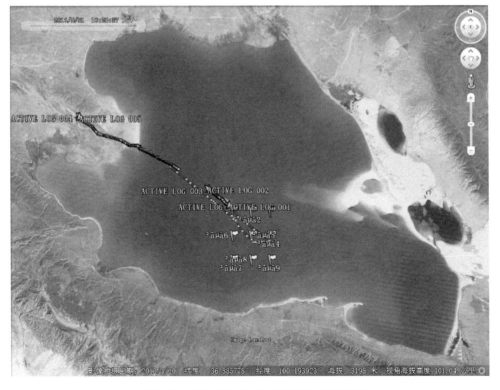

图 3.44　2014 年 8 月 31 日青海湖 GPS 航迹

表 3.37　2014 年同步观测静止卫星参数及相关信息

卫星	月	日	时	分	卫星轨道
FY-2D	8	23	12	30	白天
FY-2D	8	24	12	30	白天
FY-2D	8	24	14	30	白天
FY-2D	8	24	23	0	夜间
FY-2D	8	26	12	30	白天
FY-2E	8	23	12	0	白天
FY-2E	8	24	12	0	白天
FY-2E	8	24	15	0	白天
FY-2E	8	24	22	0	夜间
FY-2E	8	26	12	0	白天

红外通道在轨辐亮度计算,首先要精确测量观测目标的出射辐亮度,在卫星过境前后 0.5 h 利用 CE-312 野外热红外辐射计、102F 傅里叶红外光谱仪测量离表向上辐亮度,同时进行探空和地面气象要素观测。

（2）校正与检验结果

①VIRR

FY-3B/C/VIRR 红外通道模拟的入瞳辐亮度与卫星获取的辐亮度比较见表 3.38 和表 3.39,这里卫星获取的辐亮度为从 L1 级产品星上校正系数计算获得。

表 3.38　FY-3B/VIRR 星上校正获取的辐亮度与模拟结果比较

月	日	时	分	通道	VIRR_T (K)	VIRR_Rad (mW/(m²·sr·cm))	MODEL_T (K)	MODEL_Rad (mW/(m²·sr·cm))	DIFF/S−M (K)
8	14	15	25	4	322.5861	156.1655	322.3635	155.7172	0.22253
8	14	15	25	5	320.0522	166.1851	318.5204	163.1379	1.53175
8	15	15	5	4	321.7045	154.3937	321.4322	153.8487	0.27227
8	15	15	5	5	319.7933	165.6682	317.8054	161.7252	1.98792
8	25	15	20	4	322.8571	156.7124	322.4023	155.7952	0.45482
8	25	15	20	5	320.0057	166.0923	318.5394	163.1754	1.46636
8	26	15	0	4	284.5063	89.6303	285.2569	90.7428	−0.75053
8	26	15	0	5	282.4785	99.8523	283.4388	101.3249	−0.96035

表 3.39　FY-3C/VIRR 星上校正获取的辐亮度与模拟结果比较

月	日	时	分	通道	VIRR_T (K)	VIRR_RAD (mW/(m²·sr·cm))	MODEL_T (K)	MODEL_RAD (mW/(m²·sr·cm))	DIFF/S−M (K)
8	16	12	35	4	313.9951	139.1421	313.7296	138.6395	0.26553
8	16	12	35	5	313.0540	152.3625	312.1306	150.6012	0.92331
8	27	12	30	4	314.7035	140.4879	314.4987	140.0981	0.20482

月	日	时	分	通道	VIRR_T (K)	VIRR_RAD (mW/(m²·sr·cm))	MODEL_T (K)	MODEL_RAD (mW/(m²·sr·cm))	DIFF/S－M (K)
8	27	12	30	5	313.15610	152.55800	311.95570	150.26860	1.20047
8	23	12	5	4	282.99702	87.23075	283.20213	87.52932	－0.20511
8	23	12	5	5	281.79936	98.69395	282.76861	100.17130	－0.96925
8	24	11	45	4	283.89031	88.53544	284.18237	88.96446	－0.29206
8	24	11	45	5	282.94700	100.44453	283.59498	101.44043	－0.64798
8	24	23	5	4	284.54946	89.50543	284.59661	89.57504	－0.04714
8	24	23	5	5	283.31416	101.00816	284.31613	102.55515	－1.00197

②MERSI

FY-3C/MERSI 红外通道基于地面实测模拟的入瞳辐亮度与卫星获取的辐亮度比较见表 3.40，这里卫星获取的辐亮度为从 L1 级产品星上校正系数计算获得。

表 3.40　FY-3A/MERSI 星上获取的辐亮度与模拟结果比较

月	日	时	分	MERSI_T (K)	MERSI_Rad (mW/(m²·sr·cm))	MODEL_T (K)	MODEL_Rad (mW/(m²·sr·cm))	DIFF/S－M (K)
8	16	12	35	314.30908	141.62778	313.92823	140.90305	0.38085
8	27	12	30	314.83580	142.63330	314.35610	141.71740	0.47966
8	23	12	5	282.69065	88.38444	283.11373	89.00403	－0.42308
8	24	11	45	283.15489	89.06444	284.05819	90.39624	－0.90330
8	24	23	5	283.79176	90.00222	284.49879	91.05001	－0.70704

③FY-2D/E

FY-2D/E 红外通道基于地面实测模式的入瞳亮温与卫星获取的亮温比较见表 3.41 和表 3.42，这里卫星获取的亮温为从 L1 级产品校正查找表计算获得。

表 3.41　FY-2D 星上校正获取的辐亮度与模拟结果比较

月	日	时	分	通道	FY-2D_T (K)	FY-2D_Rad (mW/(m²·sr·cm))	MODEL_T (K)	MODEL_Rad (mW/(m²·sr·cm))	DIFF/S－M (K)
8	23	12	30	1	283.5474	87.68594	282.5098	86.17918	1.03765
8	23	12	30	2	283.6522	101.56870	282.1748	99.30446	1.47743
8	24	12	30	1	287.6380	93.77505	286.7939	92.49897	0.84414
8	24	12	30	2	288.4539	109.12110	286.4637	105.95490	1.99015
8	24	14	30	1	287.4750	93.52787	286.5216	92.08958	0.95340
8	24	14	30	2	287.7780	108.04010	286.2785	105.66270	1.49955
8	24	23	0	1	283.6209	87.79317	285.3985	90.41182	－1.77758
8	24	23	0	2	283.9410	102.01450	284.7024	103.19520	－0.76141
8	26	12	30	1	285.9746	91.27014	284.7767	89.49080	1.19782
8	26	12	30	2	285.8474	104.98470	284.4316	102.77440	1.41581

表 3.42 FY-2E 星上校正获取的辐亮度与模拟结果比较

月	日	时	分	通道	FY-2E_T (K)	FY-2E_Rad (mW/(m²·sr·cm))	MODEL_T (K)	MODEL_Rad (mW/(m²·sr·cm))	DIFF/S−M (K)
8	23	12	0	1	281.7791	84.97004	282.5990	86.14980	−0.81988
8	23	12	0	2	282.5409	102.06570	281.0950	99.85670	1.44594
8	24	12	0	1	286.2993	91.59347	287.0315	92.69366	−0.73213
8	24	12	0	2	287.9809	110.61220	286.1574	107.70590	1.82350
8	24	15	0	1	286.6492	92.11830	287.3587	93.18788	−0.70949
8	24	15	0	2	287.8349	110.37790	286.2928	107.92030	1.54210
8	24	22	0	1	282.7293	86.33823	285.8011	90.84907	−3.07172
8	24	22	0	2	283.6626	103.79740	284.3524	104.87040	−0.68988
8	26	12	0	1	285.3662	90.20237	286.6544	92.12615	−1.28821
8	26	12	0	2	286.8178	108.75360	285.4283	106.55560	1.38945

（4）小结

综合分析各个卫星遥感器不同通道校正检验结果,计算卫星观测与模式模拟结果间的亮温偏差均值和标准差,来定量分析各个载荷的场地校正检验精度,具体结果如表 3.43 所示。

表 3.43 各个载荷红外通道的场地校正检验精度

偏差	FY-3B/VIRR		FY-3C/VIRR		FY-3C/MERSI	FY-2D		FY-2E	
	10 μm	11 μm	10 μm	11 μm	10—12 μm	10 μm	11 μm	10 μm	11 μm
均值(K)	0.0498	1.0064	−0.0148	0.9288	−0.2346	0.4511	1.1243	−1.3243	1.1022
标准差(K)	0.4701	1.1532	0.2195	0.9600	0.5648	1.1203	0.9650	0.8987	0.9084

3.2.3.7 2015 年场地校正试验

（1）FY-3 红外通道校正处理

①FY-3 红外分光计（IRAS）

为了精确模拟计算卫星观测辐射,测量地表的出射辐射仪器最好为高光谱仪器,若为通道式仪器须与卫星仪器通道保持一致,但地面测量仪器很难购买到完全和卫星仪器通道完全一致的,因此只能尽可能找相近或匹配的通道进行模拟计算。表 3.44 为 FY-3 红外分光计（IRAS）的光谱通道特征。戈壁表面的离表总辐射有两个红外仪器观测,分别为 CE-312 和 102F。CE-312 仪器有 5 个光谱通道,光谱范围分别为：8~14 μm、11.5~12.5 μm、10.3~11.5 μm、8.2~9.2 μm、10~13 μm,中心波长分别在 10.5、12.0、10.8、8.8 和 11.5 μm。图 3.45 表示了 FY-3/IRAS 红外通道 7~11 与 CE-312 的 5 个通道的光谱覆盖对应,可见对 IRAS 的实际光谱通道,没有二者完全一致的通道,只有用 CE-312 仪器通道 2 用来验证大气窗区通道 8,用 CE-312 仪器通道 3 来验证大气窗区通道 9 比较合适。102F 是高光谱红外光谱仪,可观测 2~19 μm 范围内的光谱辐射,光谱分辨率最高可达 4 cm⁻¹,图 3.46 表示了 FY-3/IRAS 红外通道与 102F 的光谱覆盖对应,理论上基于 102F 数据可以用来验证 IRAS 的前面 20 个红外通道。

表 3.44　红外分光计光谱通道特征

通道序号	中心波数（cm^{-1}）	中心波长（μm）	半功率带宽（cm^{-1}）	主要吸收气体成分	最高温度（K）	NEΔN（$mW/(m^2 \cdot sr \cdot cm)$）	贡献最大层（hPa）
1	669	14.95	3	CO_2	280	4.00	30
2	680	14.71	10	CO_2	265	0.80	60
3	690	14.49	12	CO_2	250	0.60	100
4	703	14.22	16	CO_2	260	0.35	400
5	716	13.97	16	CO_2	275	0.32	600
6	733	13.84	16	CO_2/H_2O	290	0.36	800
7	749	13.35	16	CO_2/H_2O	300	0.30	900
8	802	12.47	30	大气窗区	330	0.20	地表
9	900	11.11	35	大气窗区	330	0.15	地表
10	1030	9.71	25	O_3	280	0.20	25
11	1345	7.43	50	H_2O	330	0.23	800
12	1365	7.33	40	H_2O	285	0.30	700
14	2188	4.57	23	N_2O	310	0.009	1000
18	2388	4.19	25	CO_2	320	0.007	大气
19	2515	3.98	35	大气窗区	340	0.007	地表
21	14500	0.69	1000	大气窗区	100%A	0.10%A	云
22	11299	0.885	385	大气窗区	100%A	0.10%A	地表
23	10638	0.94	550	H_2O	100%A	0.10%A	地表
24	10638	0.94	200	H_2O	100%A	0.10%A	地表
25	8065	1.24	650	H_2O	100%A	0.10%A	地表
26	6098	1.64	450	H_2O	100%A	0.10%A	地表

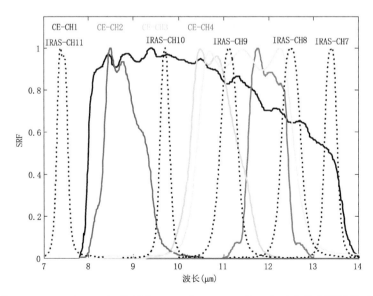

图 3.45　FY-3/IRAS 红外通道 7～11 与 CE-312 的 5 个通道的光谱覆盖对应

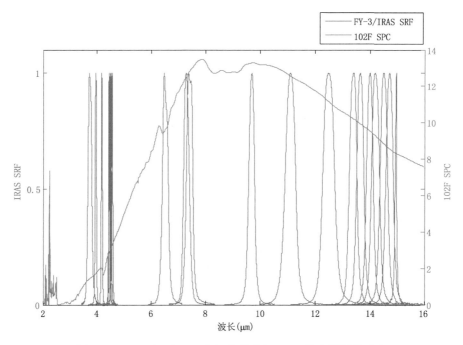

图 3.46　FY-3/IRAS 20 个红外通道与 102F 的光谱覆盖对应

a. 地基观测辐射处理和辐射传输计算

卫星红外通道观测辐射计算,首先要精确测量观测目标(敦煌戈壁)向上辐亮度。外场试验时利用野外热红外辐射计(CE-312/102F)测量离表向上辐亮度,整个同步观测过程在卫星过境前后 0.5 h 内完成,同步观测时,同时释放探空气球,测量大气温湿压风廓线,同时进行地面常规气象要素观测,这些测量结果既可用于辐射传输模式输入参数,也可以将辐射计测量亮温与表层温度进行比较。

b. FY-3B/IRAS 辐射传输模拟计算

表 3.45 为 2015 年 8 月(敦煌)FY-3B 卫星过境时刻观测几何参数表,可见只有 8 月 16 日过境时刻的卫星天顶角在 5°以内,其他敦煌过境时刻的天顶角都大于 10°。表 3.46 为 2015 年 8 月(敦煌)FY-3B 卫星过境时刻正演模式参数表,可直接用于 MOTRAN 模式进行辐射传输的计算。

表 3.45　2015 年 8 月(敦煌)FY-3B 卫星过境时刻观测几何参数表

星标	过境时间 (北京时)	卫星天顶角 (°)	卫星方位角 (°)	太阳天顶角 (°)	太阳方位角 (°)	扫描角 (°)	地方时 (根据经度计算)
FY-3B	2015.8.16 15:37	2.488	78.639	35.725	230.414	−2.195	13:56
FY-3B	2015.8.17 15:22	24.849	75.847	33.882	224.961	−21.751	13:55
FY-3B	2015.8.20 16:17	49.343	264.699	43.270	241.206	41.987	13:57
FY-3B	2015.8.21 16:02	34.146	262.285	41.072	236.868	29.665	13:56
FY-3B	2015.8.22 15:47	13.541	259.836	39.015	232.195	11.913	13:56
FY-3B	2015.8.23 15:32	10.051	77.556	37.124	227.155	−8.853	13:55

表 3.46 2015 年 8 月(敦煌)FY-3B 卫星过境时刻正演模式参数表

参数	过境时间(北京时)					
	2015-08-16 15:37	2015-08-17 15:22	2015-08-20 16:17	2015-08-21 16:02	2015-08-22 15:47	2015-08-23 15:32
边界层温度(℃)	28.10	27.25	28.40	33	31.35	26.95
廓线层数	18	16	18	18	15	18
卫星天顶角(°)	2.488	24.849	49.343	34.146	13.541	10.051
日期天数(d)	228	229	232	233	234	235
地方时	13:56	13:55	13:57	13:56	13:56	13:55

注:8-17,8-22,8-23 无地表气温参数,以探空最低层温度代替。

将卫星过境时刻地面观测仪器测量的辐射值与 FY-3B/IRAS 通道光谱响应函数进行卷积得到 IRAS 通道的离表辐亮度,将 CE-312 测量值进行校正系数的计算与校正处理,得到 CE-312 的通道离表辐射亮度。表 3.47 为 102F 观测卷积计算到 FY-3B/IRAS 通道的离表辐亮度和 CE-312 离表辐亮度。基于 MODTRAN 模式和探空及匹配几何参数计算得到卫星过境时刻的大气发射辐射和整层大气透过率,计算得到卫星观测模拟辐射值,如表 3.48 所示。

表 3.47 102F 观测卷积计算到 FY-3B/IRAS 通道的离表辐亮度和 CE-312 离表辐亮度

(单位:mW/(cm² • sr • cm))

辐亮度 通道	过境时间(北京时)					
	2015-08-16 15:37	2015-08-17 15:22	2015-08-20 16:17	2015-08-21 16:2	2015-08-22 15:47	2015-08-23 15:32
1	79.454	85.744	85.916	92.937	86.964	86.804
2	81.667	88.150	88.436	95.826	89.451	89.419
3	84.135	90.786	91.193	99.101	92.198	92.147
4	87.670	94.510	95.100	103.830	96.130	95.918
5	90.238	97.218	97.903	107.240	99.013	98.757
6	93.811	100.890	101.690	112.080	103.800	102.930
7	96.345	103.480	104.330	115.580	106.000	105.990
8	104.210	111.680	112.810	127.030	115.180	115.970
8(CE-312)	148.960	151.260	158.960	165.210	156.030	338.610
9	116.880	127.200	128.920	145.410	130.800	132.650
9(CE-312)	120.540	120.880	123.030	137.860	131.380	128.030
10	121.610	138.700	143.160	157.440	139.010	143.870
11	115.410	136.480	140.260	161.970	137.460	139.420
12	113.320	134.340	137.930	159.680	135.300	137.250
13	90.589	109.630	110.530	130.900	111.150	112.220
14	26.860	34.385	36.241	45.068	35.770	35.726
15	25.706	32.927	34.677	43.276	34.314	34.238

辐亮度 通道	过境时间（北京时）					
	2015-08-16 15:37	2015-08-17 15:22	2015-08-20 16:17	2015-08-21 16:2	2015-08-22 15:47	2015-08-23 15:32
16	24.455	31.321	32.995	41.296	32.747	32.664
17	24.000	30.751	32.386	40.561	32.171	32.102
18	16.197	21.111	22.539	28.206	22.245	22.527
19	13.308	16.809	19.211	23.920	18.598	18.657
20	10.782	12.833	16.010	19.401	15.287	15.397

表 3.48　基于 102F/CE-312 观测模拟 FY-3B/IRAS 卫星观测辐射

（单位：mW/(cm² · sr · cm)）

辐亮度 通道	过境时间（北京）					
	2015-08-16 15:37	2015-08-17 15:22	2015-08-20 16.17	2015-08-21 16:02	2015-08-22 15:47	2015-08-23 15:32
1	48.868	49.809	50.540	50.623	42.748	50.120
2	44.575	45.836	45.269	45.528	41.009	44.691
3	44.663	45.029	43.877	44.494	41.383	44.016
4	55.517	52.481	49.841	51.612	52.428	54.084
5	64.534	60.714	57.100	60.178	62.656	64.006
6	78.401	74.951	70.570	76.041	79.032	79.751
7	86.755	85.525	81.922	89.102	90.238	90.386
8	103.520	108.960	108.770	120.670	113.260	113.680
8(CE-312)	139.480	140.190	144.180	148.440	144.730	288.770
9	115.240	124.690	125.610	140.540	128.350	130.130
9(CE-312)	118.700	118.760	120.140	133.700	128.890	125.810
10	62.888	66.418	59.442	71.064	76.166	71.913
11	28.151	26.672	24.495	22.424	26.834	28.805
12	22.460	20.661	19.410	16.976	21.045	22.388
13	5.337	4.409	4.542	3.455	4.494	4.221
14	8.509	9.321	7.945	11.648	10.845	11.017
15	3.856	3.787	2.843	4.681	4.768	4.899
16	1.562	1.419	1.001	1.720	1.870	1.927
17	0.860	0.739	0.516	0.869	0.986	1.027
18	3.183	3.501	2.936	4.605	4.220	4.339
19	12.103	14.971	16.555	21.252	16.858	16.944
20	9.975	11.737	14.389	17.253	13.955	14.160

c. FY-3C/IRAS 辐射传输模拟计算

表 3.49 为 2015 年 8 月（敦煌）FY-3C 卫星过境时刻观测几何参数表，从中可见只有 8 月 16 日过境时刻的卫星天顶角在 15° 以内，其他敦煌过境时刻的天顶角都大于 20°。表 3.50 为

2015 年 8 月(敦煌)FY-3C 卫星过境时刻正演模式参数表,可直接用于 MOTRAN 模式进行辐射传输的计算。

表 3.49 2015 年 8 月(敦煌)FY-3C 卫星过境时刻观测几何参数表

星标	过境时间 (北京时)	卫星天顶角 (°)	卫星方位角 (°)	太阳天顶角 (°)	太阳方位角 (°)	扫描角 (°)	地方时
FY-3C	2015-08-16 12:00	44.710	96.158	35.128	130.819	38.500	10:49
FY-3C	2015-08-19 12:44	17.401	283.303	30.447	149.098	−15.340	10:50
FY-3C	2015-08-20 12:25	12.568	32.756	100.088	141.618	11.100	10:50
FY-3C	2015-08-21 12:06	38.255	97.140	35.403	134.980	33.215	10:49
FY-3C	2015-08-23 13:09	46.865	287.374	29.637	161.984	−40.207	10:52

表 3.50 2015 年 8 月(敦煌)FY-3C 卫星过境时刻正演模式参数表

参数	过境时间(北京时)				
	2015-08-16 12:00	2015-08-19 12:44	2015-08-20 12:25	2015-08-21 12:06	2015-08-23 13:09
边界层温度(℃)	21.8	31.6	28.4	29.2	26.35
廓线层数	21	17	18	18	18
卫星天顶角(℃)	44.71	17.401	12.568	38.255	46.865
日期天数(d)	228	231	232	233	235
地方时	10:49	10:50	10:50	10:49	10:52

注:1)8.23 无地表气温参数,以探空最低层温度代替。

将卫星过境时刻地面观测仪器测量的辐射值与 FY-3C/IRAS 通道光谱响应函数进行卷积得到 IRAS 通道的离表辐亮度,将 CE-312 测量值进行校正系数的计算与校正处理,得到 CE-312 的通道离表辐射亮度。表 3.51 为 102F 观测卷积计算得到 FY-3C/IRAS 通道的离表辐亮度和 CE-312 离表辐亮度。基于 MODTRAN 模式和探空及匹配几何参数计算得到卫星过境时刻的大气发射辐射和整层大气透过率,计算得到卫星观测模拟辐射值,如表 3.52 所示。

表 3.51 102F 观测卷积计算得到 FY-3C/IRAS 通道的离表辐亮度和 CE-312 离表辐亮度

(单位:mW/(cm² · sr · cm))

辐亮度 通道	过境时间(北京)				
	2015-08-16 12:00	2015-08-19 12:44	2015-08-20 12:25	2015-08-21 12:06	2015-08-23 13:09
1	83.494	87.571	86.132	86.655	83.184
2	85.897	90.387	88.678	89.139	85.529
3	89.008	93.840	91.784	92.172	88.364
4	91.947	96.987	94.577	94.893	90.896
5	95.529	100.760	98.031	98.319	94.144
6	99.311	104.690	101.610	101.850	97.588
7	102.650	108.080	104.700	104.870	100.580
8	111.800	117.440	113.130	113.250	108.520
9	125.610	133.280	128.600	128.660	122.200

辐亮度	过境时间（北京时）				
通道	2015-08-16 12:00	2015-08-19 12:44	2015-08-20 12:25	2015-08-21 12:06	2015-08-23 13:09
10	132.610	144.810	143.170	142.750	132.160
11	128.630	144.890	140.920	141.210	128.650
12	126.080	142.640	138.530	138.910	126.410
13	97.877	117.310	111.210	113.060	102.450
14	32.588	39.112	36.336	35.803	31.533
15	31.197	37.572	34.918	34.402	30.267
16	29.248	35.388	32.936	32.439	28.535
17	28.847	34.936	32.526	32.036	28.185
18	19.889	24.098	22.547	22.056	19.686
19	17.175	20.329	19.262	18.722	16.949
20	14.243	16.263	15.960	15.345	14.640
8(CE-312)	158.160	197.700	158.960	155.940	370.760
9(CE-312)	122.970	132.900	123.030	125.510	131.730

表 3.52　基于 102F/CE-312 观测模拟 FY-3C/IRAS 卫星观测辐射

（单位：mW/(cm² · sr · cm)）

辐亮度	过境时间（北京时）				
通道	2015-08-16 12:00	2015-08-19 12:44	2015-08-20 12:25	2015-08-21 12:06	2015-08-23 13:09
1	47.731	47.524	49.242	49.426	49.374
2	43.719	44.811	45.556	45.553	45.218
3	43.098	44.454	45.165	44.508	43.783
4	49.879	52.016	52.558	50.743	50.384
5	58.029	61.723	62.119	59.881	59.917
6	70.527	75.894	76.043	73.776	74.078
7	84.532	90.484	89.988	88.604	88.498
8	108.080	113.240	110.270	110.080	107.470
9	121.890	129.740	125.660	125.320	119.640
10	56.473	71.444	70.263	64.500	57.547
11	24.637	26.079	25.916	23.126	24.488
12	19.687	19.508	19.187	17.317	19.329
13	4.988	4.486	3.940	3.559	3.814
14	8.177	12.166	11.544	9.675	7.819
15	3.167	5.324	5.135	3.954	3.106
16	1.026	1.856	1.817	1.305	1.011
17	0.676	1.182	1.163	0.844	0.676
18	2.916	4.520	4.332	3.589	2.929
19	14.950	18.328	17.417	16.547	14.778

辐亮度	过境时间（北京时）				
通道	2015-08-16 12：00	2015-08-19 12：44	2015-08-20 12：25	2015-08-21 12：06	2015-08-23 13：09
20	12.755	14.743	14.491	13.676	13.025
8(CE-312)	142.590	175.140	145.780	142.070	302.130
9(CE-312)	119.490	129.390	120.500	122.430	128.340

d. FY-3/IRAS 通道观测真实性检验

基于辐射传输模式 MODTRAN，根据卫星过境时刻大气探空数据和卫星观测几何路径、地面气象数据以及地理位置高程等，即可计算出卫星观测路径大气透过率和大气发射辐射。图 3.47a 为用 MODTRAN4.0 计算出 2015 年 8 月 16 日 FY-3B/IRAS 观测敦煌校正场地路径大气透射率，以及叠加上 FY-3B/IRAS 通道 8 和 9 的光谱响应函数，虽然通道 8 和 9 均为大气窗区通道，但通道 8 平均透过率为 0.8 左右，然而通道 9 达到 0.9 左右略有差异。图 3.47b 为模式模拟计算的观测敦煌校正场地路径地表辐亮度和大气程辐射，以及叠加上通道 8 和 9 的光谱响应函数，可见在 750 cm^{-1}（13.3 μm）附近是地表辐射和大气程辐射贡献相等的一个光谱位置，750 cm^{-1} 之前的光谱辐射程辐射贡献大于地表辐射，750 cm^{-1} 之后的光谱位置地表辐射贡献大于程辐射，到 1050 cm^{-1}（9.5 μm）附近二者又达到相等贡献，再往短波方向大于 1050 cm^{-1} 后依然是地表辐射贡献大于程辐射。

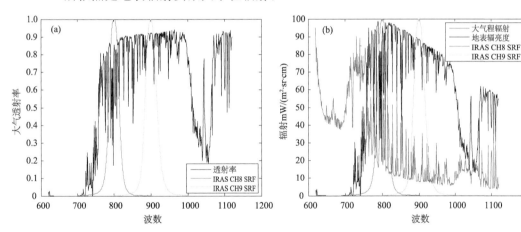

图 3.47 MODTRAN4.0 计算出 2015 年 8 月 16 日 FY-3B 观测路径大气透射率（a）
和地表辐亮度、大气程辐射（b）

表 3.53 为敦煌 2015 年 FY-3B/IRAS 五次星地同步观测时刻模拟入瞳处的亮温和实际卫星观测亮温比较结果，图 3.48 为 FY-3B/IRAS 卫星观测与模拟观测亮温散点图。从表 3.53 中数据可见近地面通道 7～10 是误差最大的，达到 10 K 以上，通道 1 偏差也比较大，偏差最小的通道是 3～5，分别为 2.6 K，－0.36 K 和 2.98 K。表 3.54 为敦煌 2015 年 FY-3C/IRAS 四次星地同步观测时刻模拟入瞳处的亮温和实际卫星观测亮温比较结果，图 3.49 为 FY-3C/IRAS 卫星观测与模拟观测亮温散点图。通道 1 的偏差相对于 FY-3B/IRAS 有所降低，其他通道结果与 FY-3B/IRAS 类似。

表 3.53　2015 年 FY-3B/IRAS 卫星观测与模拟亮温偏差(单位:K)

时间 通道	2015.8.16 15:37	2015.8.17 15:22	2015.8.21 16:02	2015.8.22 15:47	2015.8.23 15:32	平均
CH1	18.68	16.35	14.41	25.41	16.06	18.18
CH2	4.69	3.79	3.85	8.10	3.74	4.83
CH3	2.23	1.86	2.12	4.92	1.92	2.61
CH4	−1.78	0.19	−0.77	0.61	−0.06	−0.36
CH5	1.65	3.75	1.84	4.03	3.64	2.98
CH6	7.54	8.48	3.80	8.52	8.35	7.33
CH7	15.07	14.61	6.83	14.75	13.07	12.86
CH8	30.61	28.26	15.30	29.35	23.15	25.33
CH8(CE-312)	8.96	9.72	−0.53	8.98	5.06	6.43
CH9	17.67	14.75	0.07	16.43	7.04	11.19
CH9(CE-312)	15.64	18.15	3.74	13.49	7.72	11.74
CH10	5.06	2.15	−6.35	−0.47	−2.36	−0.39
CH11	−5.61	−7.65	−8.59	−5.80	−4.28	−6.38
CH12	−4.03	−5.51	−5.91	−4.85	−1.17	−4.29
CH13	1.71	1.84	6.80	3.91	5.03	3.85

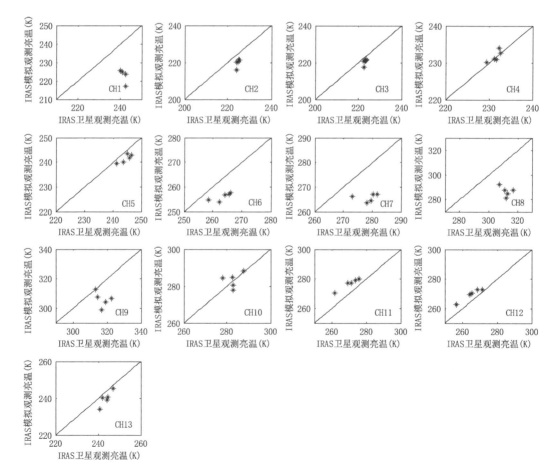

图 3.48　2015 年 FY-3B/IRAS 卫星观测与模拟观测亮温散点图

表 3.54　2015 年 FY-3C/IRAS 卫星观测与模拟亮温偏差(单位:K)

通道＼时间	2015.8.16 12:00	2015.8.20 12:25	2015.8.21 12:06	2015.8.23 13:09	平均
CH1	6.38	3.74	3.40	7.19	5.17
CH2	5.19	1.99	2.15	3.52	3.21
CH3	2.72	0.80	0.86	2.00	1.59
CH4	−0.05	−0.56	−0.76	−0.38	−0.43
CH5	2.94	3.75	2.56	2.78	3.00
CH6	5.54	8.37	5.44	5.88	6.30
CH7	13.75	17.58	14.16	15.95	15.36
CH8	22.36	28.86	25.58	31.81	27.15
CH9	9.97	15.39	13.39	19.71	14.61
CH10	1.76	−1.49	−1.20	5.70	1.19
CH11	−3.35	−5.00	−5.79	0.43	−3.42
CH12	−0.69	−2.88	−4.26	0.95	−1.72
CH13	2.15	3.65	2.26	1.35	2.35
CH8(CE-312)	1.93	8.07	6.71	−61.44	5.57
CH9(CE-312)	11.36	18.32	15.03	14.78	14.87

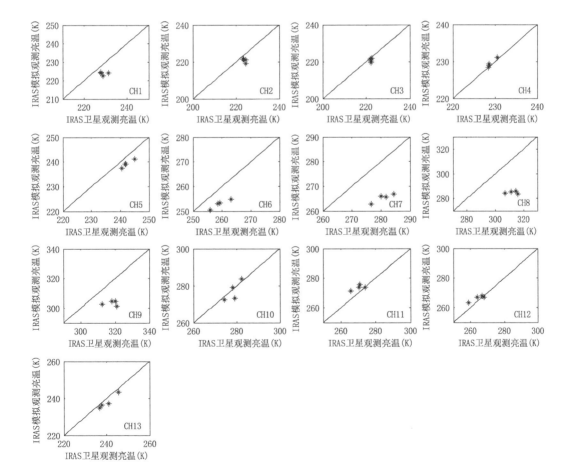

图 3.49　2015 年 FY-3C/IRAS 卫星观测与模拟观测亮温散点图

此结果说明用辐射校正场地对非成像的探测类仪器(星下分辨率在 20 km 左右)进行校正检验的局限性,CE-312 与实际 IRAS 仪器的光谱响应函数有一定差异,且红外探测仪器主要为吸收通道,对大气探空廓线非常敏感,探空廓线与实际场地廓线的时空差异会对模拟计算值有影响。后续需要继续进行深入分析,尝试基于发射率测量、表面温度测量数据进行模拟计算,以及进行光谱匹配因子计算改进光谱匹配。

②FY-3B/C/VIRR 校正检验结果

利用 MODTRAN 模式,模拟计算获得 2015 年 8 月 19 日和 22 日卫星观测路径上的大气透射率和大气程辐射(图 3.50 和图 3.51)。图 3.52 至图 3.55 分别为卫星过顶时刻敦煌的同步区观测图像,包括 FY-3B 和 FY-3C 红外通道。

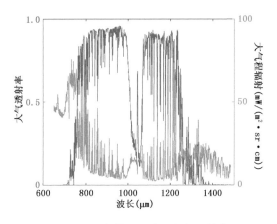

图 3.50 敦煌观测路径大气透射率
和大气程辐射(2015-08-19)

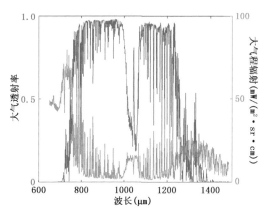

图 3.51 敦煌观测路径大气透射率
和大气程辐射(2015-08-22)

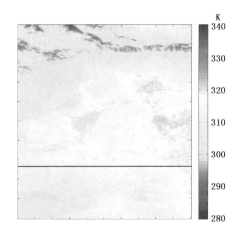

图 3.52 2015-08-16 FY-3B 敦煌同步区图像
(10.8 μm 通道)

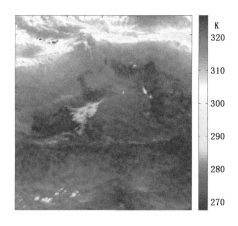

图 3.53 2015-08-22 FY-3B 敦煌同步区图像
(10.8 μm 通道)

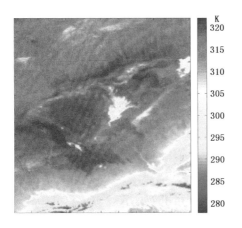

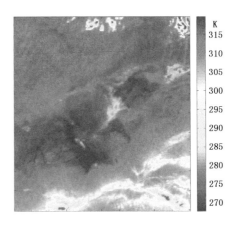

图 3.54 2015-08-19 FY-3C 敦煌同步区图像 （10.8 μm 通道）　　　图 3.55 2015-08-21 FY-3C 敦煌同步区图像 （10.8 μm 通道）

　　FY-3B/C VIRR 红外通道模拟的入瞳辐亮度与卫星获取的辐亮度比较见表 3.55 和表 3.56，这里卫星获取的辐亮度为从 L1 级产品星上校正系数计算获得。

表 3.55 FY-3B/VIRR 星上校正获取的辐亮度与模拟结果比较

月	日	时	分	通道	VIRR_T (K)	VIRR_Rad (mW/(m²·sr·cm))	MODEL_T (K)	MODEL_Rad (mW/(m²·sr·cm))	DIFF/S−M (K)
8	16	15	35	4	315.7977	142.8026	313.5076	138.4405	2.2901
8	16	15	35	5	314.7280	155.7162	312.8644	152.1337	1.8636
8	22	15	45	4	320.7971	152.5812	320.1879	151.3709	0.6092
8	22	15	45	5	319.5231	165.1294	318.9857	164.0606	0.5374

表 3.56 FY-3C/VIRR 星上校正获取的辐亮度与模拟结果比较

月	日	时	分	通道	VIRR_T (K)	VIRR_Rad (mW/(m²·sr·cm))	MODEL_T (K)	MODEL_Rad (mW/(m²·sr·cm))	DIFF/S−M (K)
8	19	12	40	4	318.3540	147.5349	322.2151	155.1920	−3.86105
8	19	12	40	5	317.3469	160.6891	320.9345	167.8201	−3.58758
8	20	12	25	4	316.4500	143.8359	321.2334	153.2254	−4.78346
8	20	12	25	5	315.6845	157.4379	319.2176	164.3880	−3.53313
8	21	12	5	4	315.4054	141.8282	319.2929	149.3775	−3.88746
8	21	12	5	5	314.2454	154.6508	317.6957	161.3755	−3.45027

　　综合分析 FY-3B/C 卫星 VIRR 遥感器不同通道校正检验结果，计算卫星观测与模式模拟结果间的亮温偏差均值和标准差，来定量分析各个载荷的场地校正检验精度，具体结果如表 3.57 所示。

表 3.57　FY-3B/C/VIRR 红外通道的场地校正检验精度

统计结果	FY-3B/VIRR		FY-3C/VIRR	
	10 μm	11 μm	10 μm	11 μm
均值(K)	1.44966	1.200470	−4.177320	−3.523660
标准差(K)	1.18859	0.937737	0.525096	0.069143

(2)FY-2 红外通道校正处理

利用 2015 年敦煌场地试验数据进行 FY-2E/F/G 红外分裂窗通道校正检验。

①敦煌场区同步观测

敦煌测量区域中心经纬度为 40°8′15.00″N,94°19′15.00″E,海拔 1140 m。同步观测的卫星参数及相关信息如表 3.58 所示。

表 3.58　2015 年同步观测静止卫星参数及相关信息

卫星	月	日	时	分
FY-2E	8	16	14	45
FY-2E	8	19	14	30
FY-2E	8	20	11	30
FY-2E	8	21	11	30
FY-2E	8	22	14	30
FY-2F	8	16	14	30
FY-2F	8	19	12	30
FY-2F	8	20	11	30
FY-2F	8	21	11	30
FY-2F	8	21	14	30
FY-2F	8	22	15	30
FY-2G	8	19	14	00
FY-2G	8	20	12	30
FY-2G	8	21	12	00
FY-2G	8	21	15	00
FY-2G	8	22	15	30

②校正与检验结果

将卫星过顶时刻大气探空数据和卫星观测几何路径输入 MODTRAN 4.0 辐射传输模式,计算出卫星观测路径大气透过率和大气程辐射。并利用地面测量的敦煌戈壁表面和青海湖水表辐亮度计算获得卫星入瞳处的辐亮度,依据普朗克函数得到亮温值。

FY-2E/F/G 红外通道基于地面实测模式的入瞳亮温与卫星获取的亮温比较见表 3.59、表 3.60 和表 3.61,这里卫星获取的亮温为从 L1 级产品校正查找表计算获得。

表 3.59　FY-2E 星上校正获取的辐亮度与模拟结果比较

月	日	时	分	通道	FY-2E_T (K)	FY-2E_Rad (mW/(m²·sr·cm))	MODEL_T (K)	MODEL_Rad (mW/(m²·sr·cm))	DIFF/S—M (K)
8	16	14	45	1	312.9236	136.5235	317.1984	144.6780	−4.27479
8	16	14	45	2	315.0352	158.5586	315.2904	159.0531	−0.25519
8	19	14	30	1	319.8702	149.9061	324.6754	159.5613	−4.80518
8	19	14	30	2	320.8242	169.9672	321.1717	170.6646	−0.34751
8	20	11	30	1	309.6757	130.5011	314.5717	139.6368	−4.89604
8	20	11	30	2	311.1775	151.1771	311.2938	151.3972	−0.11639
8	21	11	30	1	311.6286	134.1043	316.8033	143.9136	−5.17471
8	21	11	30	2	313.2350	155.0919	313.2206	155.0643	0.01443
8	22	14	30	1	320.7589	151.6673	324.4142	159.0281	−3.65526
8	22	14	30	2	322.3616	173.0632	321.9774	172.2870	0.38415

表 3.60　FY-2F 星上校正获取的辐亮度与模拟结果比较

月	日	时	分	通道	FY-2F_T (K)	FY-2F_Rad (mW/(m²·sr·cm))	MODEL_T (K)	MODEL_Rad (mW/(m²·sr·cm))	DIFF/S—M (K)
8	16	14	30	1	315.2762	140.5301	314.3951	138.8536	0.88110
8	16	14	30	2	318.8397	164.2641	313.3948	153.6435	5.44485
8	19	12	30	1	319.6423	149.0003	324.2509	158.2333	−4.60859
8	19	12	30	2	322.2456	171.0898	322.7309	172.0738	−0.48536
8	20	11	30	1	313.6190	137.3859	313.2959	136.7774	0.32315
8	20	11	30	2	316.2474	159.1629	310.9116	148.9196	5.33588
8	21	11	30	1	315.4433	140.8493	315.4774	140.9144	−0.03403
8	21	11	30	2	317.9374	162.4794	312.8256	152.5540	5.11184
8	21	14	30	1	323.1580	156.0166	327.9111	165.7792	−4.75309
8	21	14	30	2	325.6973	178.1491	326.1303	179.0445	−0.43294
8	22	15	30	1	320.1866	150.0750	319.7027	149.1192	0.48390
8	22	15	30		322.8736	172.3636	317.7494	162.1087	5.12416

表 3.61　FY-2G 星上校正获取的辐亮度与模拟结果比较

月	日	时	分	通道	FY-2G_T (K)	FY-2G_Rad (mW/(m²·sr·cm))	MODEL_T (K)	MODEL_Rad (mW/(m²·sr·cm))	DIFF/S—M (K)
8	19	14	0	1	323.8559	157.0358	321.0325	151.3626	2.82340
8	19	14	0	2	323.1643	172.5777	317.2647	160.7757	5.89961
8	20	12	0	1	316.9896	143.4357	317.5843	144.5871	−0.59470
8	20	12	0	2	316.4330	159.1458	314.9061	156.1755	1.52688
8	21	12	0	1	318.8835	147.1201	319.0729	147.4915	−0.18945

续表

月	日	时	分	通道	FY-2G_T （K）	FY-2G_Rad （mW/(m²·sr·cm))	DODEL_T （K）	MODEL_Rad （mW/(m²·sr·cm))	DIFF/S－M （K）
8	21	12	0	2	318.1023	162.4256	316.2439	158.7764	1.85841
8	21	15	0	1	325.0851	159.5409	326.5828	162.6219	－1.49769
8	21	15	0	2	324.1193	174.5277	324.8549	176.0369	－0.73554
8	22	15	0	1	324.0118	157.3523	323.3102	155.9306	0.70156
8	22	15	0	2	323.1403	172.5289	320.8863	167.9707	2.25403

③小结

综合分析各个卫星遥感器不同通道校正检验结果,计算卫星观测与模式模拟结果间的亮温偏差均值和标准差,来定量分析各个载荷的场地校正检验精度,具体结果如表 3.62 所示。

表 3.62　FY-2 各个载荷红外分裂窗通道的场地校正检验精度

偏差	FY-2E		FY-2F		FY-2G	
	10 μm	11 μm	10 μm	11 μm	10 μm	11 μm
均值（K）	－4.5612	－0.0641	－1.2846	3.3497	0.2486	2.1607
标准差（K）	0.6022	0.2858	2.6475	2.9531	1.6422	2.3911

3.2.4　FY-3/MERSI 红外通道辐射校正场地评估

热红外通道一般利用星上实时校正,即在获取地面目标信号的同时,扫描冷空和星上黑体信号。基于冷暖目标的观测,利用最小二乘法对热红外通道进行线性辐射校正。以上方法主要针对单探元传感器,而 FY-3A 卫星搭载的 MERSI 传感器热红外通道采用 40 个探元跨轨并行扫描方式,各探元之间存在一定的光谱响应差异。所以 MERSI 传感器不能采用传统单探元校正方法,而需采用多探元归一化补偿法。该方法先利用星上黑体观测进行逐探元校正,消除探元间的辐射响应差异条纹;再利用各探元与基准探元对不同温度黑体的辐亮度建立比值关系;最后基于各辐亮度间的非线性变化关系,对各探元校正后的图像进行辐亮度归一化补偿,从而达到完全的星上校正。

FY-3A 卫星发射后,星上环境温度变化和仪器自身衰减等因素可能会对 MERSI 热红外通道的星上校正结果产生影响。为了更好地监测 FY-3A/MERSI 热红外探测通道在轨运行三年时间里的状态变化,本研究主要利用 2008 年、2009 年、2010 年外场同步观测数据和 2008 年、2009 年青海湖浮标观测数据,并结合辐射传输模式,对 MERSI 热红外通道星上校正状态进行场地替代校正对比分析(闵敏 等,2012)。

3.2.4.1　实验地点、仪器和观测情况介绍

为了对 FY-3A 气象卫星进行在轨场地校正和评估,在中国遥感辐射校正场开展了星地同步观测试验。其中,2008 年 9 月和 2009 年 8 月在青海省青海湖水面校正场进行,2010 年 8 月在甘肃省敦煌市戈壁陆面校正场进行。青海湖辐射校正场(36°45′N,100°22′E)位于青藏高原东北部,是我国内陆最大的咸水湖,平均海拔 3196 m,面积 4635 km²,环湖周长 360 km,平均水深 19 m。湖面一般较平静,水表面温度分布均匀。敦煌辐射校正场位于敦煌市西面的戈壁

滩上($40°7'$N,$94°20'$E),平均海拔 1140 m,面积 1050 km²,场地地面主要是由沙土和灰色砾石混合而成。这两个观测场下垫面平坦均匀,适合卫星热红外通道辐射校正场地评估。

在 2008 年青海湖校正场主要使用的观测仪器是 BOMEM MR154 红外光谱仪,2009 年主要使用的是 102F 便携式红外光谱仪。在 2010 年敦煌校正场主要使用的是通道式 CE-312 红外辐射计。为了确保地面观测仪器观测时性能和状态稳定,2008 年和 2009 年使用的红外光谱仪在每次同步观测前都进行了液氮制冷和实时黑体辐射校正。2010 年则使用 CE-312 进行全天候连续观测,试验人员每天定时进入校正场地并利用外置标准黑体对 CE-312 进行校正。地面仪器的观测方式都为垂直向下测量地表上行红外辐亮度。

对于地表温度较高和海拔较低的敦煌辐射校正场,由于其地表温度变化相对较大,大气路径较长且更加不均匀,所以热红外辐射观测受卫星观测天顶角的影响相对较大。为了保证校正评估结果的可靠性,只选取卫星观测天顶角小于 25° 的同步观测结果。而对于较稳定和更加均一的青海湖校正场,则选取卫星天顶角小于 30° 的同步观测结果。由于计算热红外辐射需要水汽和温度分布,所以筛选校正数据时只选用了具有实时探空(探空数据由当地气象部门提供)的同步观测数据场地同步观测数据经过质量控制后,在 2008 年、2009 年、2010 年共有 7 次符合校正要求,其中 2008 年有 3 次,其余两年各两次。表 3.63 给出了这 7 次有效观测的同步观测时间(北京时间,余同)、地点和相关卫星参数。卫星观测高度角大部分在 16° 以内,最小观测高度角为 1.10°(2008 年 9 月 7 日),最大高度角为 28.97°(2008 年 9 月 8 日)。

表 3.63 三年七次有效的卫星同步观测参数

日期	过境时间	观测地点	卫星天顶角	轨道
2008-09-03	22:52	青海湖	16.90°	夜间
2008-09-07	11:56	青海湖	1.10°	白天
2008-09-08	11:37	青海湖	28.97°	白天
2009-08-13	12:10	青海湖	10.97°	白天
2009-08-19	11:57	青海湖	10.77°	白天
2010-08-13	12:45	敦煌	21.28°	白天
2010-08-24	12:35	敦煌	10.71°	白天

图 3.56 给出了 2008—2009 年青海湖浮标水温连续观测数据,图中未列出的月份由于青海湖湖面未解冻而无有效观测。2008 年观测数据为 3 h 一次,2009 年更换电池后加密到 0.5 h 一次。2010 年布设了浮标,但由于通信故障,全年没有有效数据。为保证浮标数据的可靠性,每次浮标下湖前,都由工作人员进行温度标定和数据通信测试。从图 3.56 可以看出,6—10 月浮标温度都在 15℃ 左右,水温变化相对稳定,适于热红外辐射校正。浮标数据经过云检测和剔除观测天顶角大于 30° 数据后,共有 18 次符合校正要求,表 3.64 给出了有效同步观测时间、地点和相关卫星参数。

3.2.4.2 场地校正方法

FY-3A/MERSI 第五通道是热红外单通道,波长范围 10~12.5 μm,中心波长 11.25 μm。由于星上所采用的多探元校正方法的修正过程非常复杂,实际上 MERSI 观测数据并不像通常卫星数据给出热红外通道 DN 值以及星上定标斜率和截距,而是直接给出观测辐亮度值。

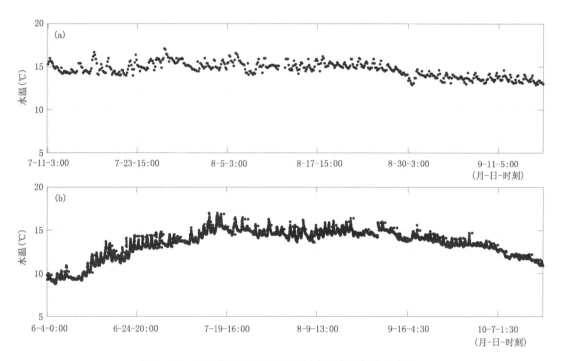

图 3.56 2008 年(a)和 2009(b)年青海湖浮标水温数据

表 3.64 青海湖浮标点两年共十八次有效的卫星同步观测参数

日期	过境时间	观测地点	卫星天顶角	轨道
2008-07-17	22:50	青海湖	12.17°	夜间
2008-08-06	11:55	青海湖	6.24°	白天
2008-08-06	23:15	青海湖	26.57°	夜间
2008-08-11	23:15	青海湖	26.98°	夜间
2008.08.17	23:10	青海湖	15.93°	夜间
2008-08-18	22:50	青海湖	15.83°	夜间
2008-09-07	11:50	青海湖	3.16°	夜间
2008-09-13	11:40	青海湖	18.47°	白天
2009-06-16	23:20	青海湖	18.20°	夜间
2009-06-27	11:50	青海湖	14.30°	白天
2009-07-08	23:05	青海湖	4.86°	夜间
2009-07-13	11:50	青海湖	15.84°	白天
2009-08-03	11:55	青海湖	7.55°	白天
2009-09-20	11:55	青海湖	12.33°	白天
2009-10-01	11:45	青海湖	23.33°	白天
2009-10-04	12:25	青海湖	27.77°	白天
2009-10-10	12:10	青海湖	6.96°	白天
2009-10-16	12:05	青海湖	6.47°	白天

所以我们利用普朗克公式将卫星入瞳辐亮度转化为亮温值,然后对 MERSI 星上定标结果进行场地校正对比分析。

2008 年使用的 BOMEM MR154 红外光谱仪的光谱分辨率为 1 cm^{-1},2009 年所采用的 102F 便携式红外光谱仪的光谱分辨率为 4 cm^{-1},这两个红外光谱仪在热红外通道的探测范围主要在 7~16 μm,都能够覆盖 MERSI 的热红外通道。进行场地校正时,针对 MERSI 热红外通道,将 BOMEM MR154 和 102F 所测得的地表上行光谱数据进行光谱响应函数卷积计算,获取等效地面垂直上行辐亮度 $L_{eq}(=L_s)$,具体公式是

$$L_{eq} = \frac{\int_{\lambda_1}^{\lambda_2} L_\lambda \cdot SRF(\lambda)\mathrm{d}\lambda}{\int_{\lambda_1}^{\lambda_2} SRF(\lambda)\mathrm{d}\lambda} \tag{3.5}$$

式中,λ 代表波长,λ_1 和 λ_2 代表光谱响应的范围;L_λ 代表的是 BOMEM MR154 或 102F 所测得的波长 λ 处的辐亮度。

2010 年所使用的 CE-312 是通道式红外辐射计,用与 MERSI 热红外通道最为接近的第五通道进行同步校正。该通道波长范围 10.5~12.5 μm,中心波长 11 μm。由于 MERSI 热红外通道与 CE-312 通道宽度和光谱响应存在明显差异(图 3.57),所以校正前要计算两个仪器间的光谱匹配因子 K 值,具体公式是

$$K = \frac{L_{eq\_MERSI}}{L_{eq\_CE\text{-}312}} \tag{3.6}$$

其中,L_{eq_MERSI} 和 $L_{eq\_CE\text{-}312}$ 分别代表 MERSI 和 CE-312 的热红外通道等效辐亮度,利用 2010 年 8 月 20 日夜间 102F 加密同步观测经卷积计算获得。L_{eq_MERSI} 和 $L_{eq\_CE\text{-}312}$ 采用两个仪器各自的光谱响应函数(图 3.57)卷积后计算获得。最后计算 K 值为 1.01。这时计算卫星入瞳辐射的校正公式变成

$$L = K \cdot \varepsilon L_{eq\_CE\text{-}312} \cdot \tau_s + \int_0^\infty B[T(z)] \frac{\partial \tau(z,\theta)}{\partial z}\mathrm{d}z \tag{3.7}$$

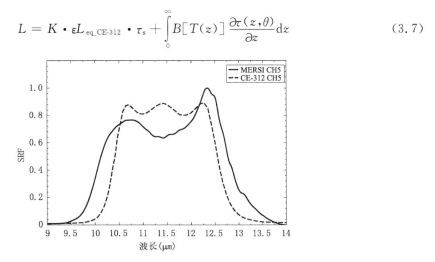

图 3.57　MERSI 热红外通道(第五通道)和 CE-312 第五通道的归一化光谱响应函数(SRF)

青海湖浮标数据利用普朗克公式进行 MERSI 各个响应波长的辐亮度计算,最后利用通道响应函数卷积计算出水面的出射辐亮度值。该辐亮度值等效于公式(3.7)中的 $L_{eq\_CE\text{-}312}$。由于水体的发射率近似为 1,所以取 0.99 作为实际发射率。相应的大气廓线数据取自 6 h 一

次的 NCEP 再分析场数据,将 NCEP 大气廓线数据插值到卫星过境时次。由于廓线顶部只能到 16 km 左右,所以利用标准中纬度夏季大气廓线填补上部大气廓线的缺省值。

3.2.4.3 结果与误差分析

(1)结果分析

本节采用 FY-3A/MERSI L1b 1000 m 水平分辨率数据,相关卫星参数也从该数据集中获取。星地匹配点的经纬度由手持式全球定位仪 GPS 获取。为了减小卫星过境时地面温度变化所带来的影响,青海湖水面同步观测数据取卫星过境前后 1 h 的平均值,敦煌戈壁陆面同步观测数据取卫星过境前后 0.5 h 的平均值。对于青海湖浮标数据,将其在卫星过境时次左右的水温数据进行三次样条插值,得到用于辐射校正的水温值。浮标的实时经纬度坐标数据由其自带的 GPS 系统测得,从而保证了星地匹配的准确性。

表 3.65 给出了 3 年总共 7 次 MERSI 星上观测和基于地基观测的数值模拟结果,并给出了相关辐亮度(Radiance)和亮温(TB)差值(MERSI 观测值-模拟值)。从表 3.65 看出,在这 7 次结果中,基于 MERSI 星上校正系数的热红外通道观测入瞳辐亮度和亮温值都系统性高于基于地面同步观测的数值模拟结果。且三年总的亮温差值为 2.11±0.95 K。其中,亮温最大差值 3.88 K 出现在 2009 年 8 月 19 日。从场地校正结果看,亮温差值在 3 年共 7 次观测中的变化都很不稳定。从表 3.63 相关卫星参数信息可看出,这种差值的不稳定性对卫星高度角的依赖性较小,所以可排除卫星高度角变化的影响。2010 年利用 CE-312 在敦煌的校正结果相对更好,亮温差都集中在 1K 左右,这与 MODIS 热红外通道交叉校正(胡秀清 等,2010)的结果相近。此外,三年中采用的红外辐射测量仪器不同也可能会影响最后校正结果的比较。

表 3.65 MERSI 星上观测和基于光学仪器观测的数值模拟结果比较

(辐亮度单位:mW/(m² · sr · cm);亮温单位:K)

日期	过境时间	MERSI 观测辐亮度	MERSI 观测亮温	模拟辐亮度	模拟亮温	辐亮度差	亮温差
2008-09-03	22:52	98.61	286.07	95.30	283.88	3.31	2.19
2008-09-07	11:56	98.98	286.31	95.04	283.73	3.94	2.58
2008-09-08	11:37	98.08	285.73	94.81	283.57	3.27	2.16
2009-08-13	12:10	100.54	287.32	97.80	285.54	2.74	1.78
2009-08-19	11:57	98.28	285.85	92.45	281.97	5.83	3.88
2010-08-13	12:45	126.26	301.69	124.17	300.50	2.09	1.19
2010-08-24	12:35	151.31	315.25	149.30	314.21	2.01	1.04

表 3.66 给出了利用两年浮标数据所得到的场地校正亮温值。结合图 3.58 发现 FY-3A/MERSI 星上观测与基于青海湖浮标数据模拟的亮温差在两年内总平均值为 0.24±2.06 K。从图 3.58 可以很清楚地看出基于浮标观测的亮温对比结果在白天和夜间明显不一致。其中,白天亮温差两年平均值为 1.47±1.28 K,且利用 MERSI 的星上校正系数所获取的观测亮温值都基本高于基于青海湖浮标的场地校正结果,2009 年偏差相对更大。相反的是夜晚 MERSI 星上校正观测亮温值都基本低于基于浮标的场地模拟结果,平均偏差在-1.72±1.44 K,这可能主要是由于夜间浮标所测水温(浮标一般在水面下 30～50 cm 的位置)明显高于水面表皮温度所引起的。为了不影响分析,进行综合评估时不考虑基于夜间浮标观测的数值模拟结果。

表 3.66　MERSI 星上观测和基于青海湖浮标的数值模拟结果比较

（辐亮度单位：mW/(m² · sr · cm)；亮温单位：K）

日期	过境时间	MERSI观测辐亮度	MERSI观测亮温	模拟辐亮度	模拟亮温	辐亮度差	亮温差
2008-07-17	22:50	97.02	283.87	96.94	283.82	0.08	0.05
2008-08-06	11:55	96.01	283.20	95.82	283.08	0.19	0.12
2008-08-06	23:15	90.38	279.42	94.58	282.25	−4.20	−2.83
2008-08-11	23:15	93.32	281.41	93.74	281.69	−0.42	−0.28
2008-08-17	23:10	89.43	278.76	94.47	282.18	−5.04	−3.42
2008-08-18	22:50	91.91	280.46	95.02	282.55	−3.11	−2.09
2008-09-07	11:50	93.62	281.61	92.23	280.68	1.39	0.93
2008-09-13	11:40	93.84	281.76	93.04	281.22	0.80	0.54
2009-06-16	23:20	90.66	279.61	91.39	280.12	−0.73	−0.51
2009-06-27	11:50	95.80	283.06	93.50	281.53	2.30	1.53
2009-07-08	23:05	89.30	278.68	93.65	281.63	−4.35	−2.95
2009-07-13	11:50	94.51	282.21	95.29	282.73	−0.78	−0.52
2009-08-03	11:55	100.02	285.83	94.86	282.44	5.16	3.39
2009-09-20	11:55	97.74	284.34	95.50	282.86	2.24	1.48
2009-10-01	11:45	93.95	281.83	92.48	280.84	1.47	0.99
2009-10-04	12:25	99.89	285.74	94.45	282.17	5.44	3.57
2009-10-10	12:10	94.43	282.15	90.73	279.66	3.70	2.49
2009-10-16	12:05	94.63	282.28	92.14	280.61	2.49	1.67

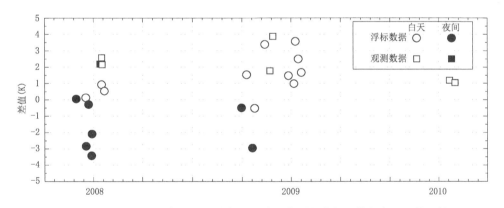

图 3.58　2008—2010 年基于光学仪器和青海湖浮标数据的模拟亮温差值比较

　　综合基于白天青海湖浮标和三次外场场地观测的模拟亮温结果，证明 FY-3A/MERSI 热红外通道的星上校正观测亮温值系统性偏高，平均偏高 1.72±1.18 K。且从长时间序列数据结果发现这种偏高估计随时间有一定的增大趋势(2008 年平均偏高 1.42±1.02 K，2009 年平均偏高 2.03±1.34 K)。由于业务校正算法在实际计算中并没有考虑星上黑体发射率随波长的变化特性。而是基于发射率为 1 的近似假设来进行逐个探元归一化的在轨辐射校正。所以这种系统性偏高很可能是由于业务算法中未经过星上黑体发射率修正所引起。

（2）误差分析

星上校正的误差主要来自星上黑体自身状态的变化。由于卫星在轨飞行时，太阳对卫星照射角度会随时间发生变化，所以星上环境温度变化会直接影响黑体反射率，从而影响 MERSI 所采用的多探元归一化辐射校正结果。

从场地校正的实际校正流程来看，首先，地面仪器对地观测误差会直接传递给最后计算的卫星入瞳辐亮度。而且采用不同探测原理、方法和精度的地面同步观测仪器也会对最后结果带来影响。CE-312 的观测误差在 0.3 K 以内，自带黑体实时校正的高光谱仪和基于感温测量浮标观测误差更小，所以地面仪器的观测误差对 300 K 左右大气目标引起的校正相对误差都应该在 0.1% 以内。其次，大气状态在一定时间内的变化会直接影响辐射传输模式计算的入瞳辐射。所采用的大气探空廓线与实际校正地点有一定的距离，且探空和卫星过境时间存在 2 h 以内的时间差。在基于浮标校正模拟计算时，利用经过同化处理的 NCEP 再分析资料也会影响模拟结果。再者，辐射传输模式自身的误差也会直接影响最后校正结果。MODTRAN 4.0 作为带模式采用的光谱近似和 HITRAN 96 分子吸收数据集都会影响大气透过率的计算。最后，星地光谱（光谱响应函数在轨状态变化）和区域匹配误差也客观存在。此外，仪器的非线性响应也会影响最后的模拟校正结果。

虽然存在以上客观且无法避免的误差，但系统性偏高的结论可以证明 MERSI 热红外通道星上观测值要高于场地校正模拟的真实值。

3.2.4.4　小结

本研究利用 2008 年、2009 年青海湖以及 2010 年敦煌的外场同步观测资料和 2008、2009 年青海湖浮标观测数据进行了 FY-3A/MERSI 传感器热红外通道星上校正观测亮温与场地校正模拟亮温对比分析工作。通过对比分析发现，基于 MERSI 星上校正后的观测亮温值系统性偏高于利用场地观测数据模拟的卫星入瞳亮温值，平均偏高 1.72±1.18 K。这种系统性偏高可能是星上黑体发射率没有经过修正所引起的。所以建议利用三年场地校正结果，结合全球空基交叉校正系统 GSICS 的交叉校正方案，与 METOP 卫星上的 IASI（Infrared Atmospheric Sounding Interferometer，红外大气探测干涉光谱仪）传感器进行交叉校正。最后利用星上多探元校正方案与实际场地和交叉校正结果进行综合分析，对 MERSI 星上校正处理进行系统性订正。

3.2.5　基于 MODIS 的场地校正方法精度评估

中国遥感卫星辐射校正场是我国依靠自主技术力量建立的，旨在为我国遥感卫星（气象卫星、资源卫星、海洋卫星、环境减灾卫星、测绘地震高分系列以及侦察卫星等）的定量遥感应用开展卫星在轨辐射校正业务工作，集实验室辐射标准传递、实验室标定系统、三个外场试验测量区（敦煌戈壁辐射校正场、青海湖水面辐射校正场和思茅热带雨林微波辐射校正场）、辐射校正测量系统、辐射传输软件处理系统和数据共享系统等来一体的大型科学实验工程系统。中国遥感卫星辐射校正场建设现已实现了"国家级、多星共用，具有国际水平、对外开放的遥感卫星辐射校正场"的建设总目标，并形成了一套中国遥感卫星辐射校正场热红外通道在轨场地辐射校正方法（CRCS-TIR-FCM：China Radiometric Calibration Sites Thermal InfRared Field Calibration Method）。CRCS-TIR-FCM 辐射校正方法的主要特点是综合利用中国遥感卫辐射校正场青海湖场区和敦煌场区的地面同步观测数据,来实现对在轨卫星红外通道的绝对辐射校正。目前,国内外的红外卫星遥感器在轨场地绝对辐射校正主要是利用高海拔、大气干洁、人为扰动少、温度场分布均匀的高原湖泊作为校正靶区,可以达到很好的校正精度;但是,这些目标区域往往水表温度较低,且低于卫星对地观测的绝大部分目标,只能满足辐射校正线性低端的精度要求。因此,必须找到一个高温的陆面目标作为校正靶区进行在轨校正。要利用高辐亮度的陆表进行辐射校正,则陆表发射率是必须考虑的关键因子之一。近年来,张勇等(2009)对敦煌戈壁的陆表发射率光谱进行了测量,获取了高精度的地表发射率数据。CRCS-TIR-FCM 方法在考虑敦煌戈壁表面发射率的基础上,利用戈壁表面进行热红外通道的在轨绝对辐射校正,极大拓展了热红外通道场地辐射校正的动态范围,使敦煌场区也可用于红外通道的场地绝对辐射校正。将青海湖场区和敦煌场区的地面同步观测数据同时应用于红外遥感器的绝对辐射校正,将有效地提高在轨场地绝对辐射校正的精度。利用 TERRA/AQUA MODIS 卫星观测数据,对中国遥感卫星辐射校正场热红外通道在轨场地辐射校正方法进行精度评估与分析。将 MODIS 观测的入瞳亮温与外场实测数据通过辐射传输模式模拟到卫星入瞳的亮温进行比较,结果表明对热红外窗区通道的校正精度优于 1.0 K(300 K 时)。

3.2.5.1 基于 2010 年数据的评估结果

利用改进的在轨场地辐射校正处理算法,选取 4 次 TERRA/MODIS 过境敦煌辐射校正场的数据,利用 31、32 通道的观测对场地辐射校正方法进行验证。表 3.67 给出了 4 次两个通道的比较结果。

表 3.67 TERRA MODIS 星上获取的辐亮度与模拟结果比较

(辐亮度单位:mW/(m² · sr · cm);亮温单位:K)

日期,通道 (月-日)	卫星过境时间	MODIS 亮温	MODIS 测量辐射	MODTRAN 亮温	MODTRAN 模拟辐射	亮温差 (Sat−Mod)
08-04TERRA 31	23:25	288.1941	96.91464	287.9708	96.57104	0.22325
08-04TERRA 32	23:25	289.1235	111.09850	289.1780	111.18660	−0.05455
08-14TERRA 31	13:00	318.5207	150.09060	317.9346	148.94130	0.58616
08-14TERRA 32	13:00	319.1925	165.31710	319.4404	165.81020	−0.24791
08-18TERRA 31	12:35	316.0725	145.32160	315.4169	144.05870	0.65557
08-18TERRA 32	12:35	316.0591	159.14850	316.8931	160.77870	−0.83400
08-20TERRA 31	23:30	287.5394	95.90897	288.1604	96.86276	−0.62101
08-20TERRA 32	23:30	288.5527	110.17850	289.3651	111.48910	−0.81241

可以发现,基于 2010 年的外场实测数据,利用改进的校正处理算法,在对 MODIS 的校正验证误差 31 通道为 0.210 ± 0.586 K,32 通道为 -0.487 ± 0.396 K。

3.2.5.2 基于 2011 年数据的评估结果

在这里我们采用了共计 4 次的 MODIS(TERRA 和 AQUA 过境)32 通道 12.08 μm 的结果对我们的场地校正进行验证。选择通道 32 的原因是这个通道与 MERSI 的第五通道近似。在这里我们首先要假设 MODIS 星上校正完全准确。表 3.68 给出 4 次结果的比较。

表 3.68 TERRA/MODIS 和 AQUA/MODIS 通道 32 星上获取的辐亮度与模拟结果比较

（亮温单位：K）

日期	EOS 平台	观测 地点	卫星过境时间	卫星天顶角	卫星轨道	MODIS 亮温	模拟亮温	亮温差值(Sat－Mod)
8 月 21 日	TERRA	敦煌	12：37	4.20°	白天	318.687	319.672	－0.985
8 月 21 日	TERRA	敦煌	23：42	3.03°	夜间	290.896	291.805	－0.909
8 月 24 日	AQUA	敦煌	03：43	4.28°	白天	284.305	285.288	－0.983
9 月 11 日	AQUA	青海湖	14：34	8.85°	白天	285.430	285.454	－0.024

在这里以 MODIS 传感器为基准，通过总共 4 次与 AQUA/MODIS 和 TERRA/MODIS 通道 32 的比较发现场地校正误差在 1.0 K 以内，场地校正平均偏高于 MODIS 星上观测－0.725± 0.47 K。敦煌平均校正误差是－0.959±0.043 K，青海湖平均校正误差是－0.024 K。

3.2.5.3　基于 2012 年数据的评估结果

为了检验同步试验的各项精度，与 TERRA/AQUA/MODIS 在青海湖（2012 年 7 月 24 日）和敦煌（2012 年 8 月 7 日和 12 日）的同步观测进行了比较，如表 3.69 所示。

表 3.69 TERRA/AQUA MODIS 星上获取的辐亮度与模拟结果比较

（辐亮度单位：mW/(m² · sr · cm)；亮温单位：K）

日期,平台,通道	卫星过境时间	MODIS 亮温	MODIS 测量辐射	MODTRAN 亮温	MODTRAN 模拟辐射	亮温差 (Sat－Mod)
7 月 24 日,AQUA,31	14：00	286.2016	93.97956	285.4194	92.80015	0.78216
7 月 24 日,AQUA,32	14：00	285.4556	105.37050	285.6220	105.63180	－0.16636
8 月 7 日,TERRA,31	12：37	307.3310	128.97270	307.7579	129.74620	－0.42682
8 月 7 日,TERRA,32	12：37	306.2741	140.65320	307.2188	142.38770	－0.94475
8 月 12 日,AQUA,31	14：45	316.8458	146.94220	316.6588	146.57940	0.18694
8 月 12 日,AQUA,32	14：45	314.7459	156.71560	315.2609	157.71320	－0.51506

通过 3 次针对 TERRA 和 AQUA/MODIS 数据在轨辐射校正方法检验，可以发现校正的误差 31 通道为 0.181±0.605 K，32 通道为－0.652±0.390 K（将 AQUA 和 TERRA 的检验结果合并统计）。

3.2.5.4　小结

利用国际公认精度的 TERRA/AQUA/MODIS 对改进的热红外通道在轨场地绝对辐射校正结果进行检验，将 MODIS 观测的入瞳亮温与外场实测数据通过辐射传输模式模拟到卫星入瞳的亮温进行比较，来评价外场校正方法的精度。Zhengming Wan, et al.（2002）利用 Titicaca 湖对 TERRA/MODIS 红外 31、32 通道进行了外场检验，结果表明两通道的绝对辐射校正精度为 0.32±0.06 K；在 XiaoXiong Xiong et al.（2005），David C Tobin et al.（2006）和 XiaoXiong Xiong et al.（2011）的研究和分析中，都表明 TERRA/AQUA MODIS 红外分裂窗通道 31、32 的绝对辐射校正精度都在 0.1 K 或以内。

综合本研究中 2010 年、2011 年和 2012 年的外场观测试验与 MODIS 卫星观测的比对结果，如表 3.70 所示。

表 3.70　**TERRA/AQUA/MODIS 卫星观测与模拟结果比较**

(亮温单位:K)

年份	月-日	31 通道比较结果	32 通道比较结果
2010	8-4	0.22325	−0.05455
	8.14	0.58616	−0.24791
	8-18	0.65557	−0.83400
	8-20	−0.62101	−0.81241
2011	8-21	—	−0.98500
	8-21(夜)	—	−0.90900
	8.24	—	−0.98300
	9-11	—	−0.02400
2012	7-24	0.78216	−0.16636
	8-7	−0.42682	−0.94475
	8.12	0.18694	−0.51506
统计结果		0.198±0.542	−0.589±0.394

考虑 MODIS 自身的绝对辐射校正精度,利用公式

$$\Delta = \sqrt{\Delta_{\text{modis}}^2 + \Delta_{\text{field}}^2}$$

计算校正精度。其中 Δ_{modis}^2 为 MODIS 本身的校正精度,Δ_{field}^2 为比对的误差,通过对有限样本的计算,可以检验出热红外通道改进的在轨场地辐射校正方法精度为:

对 10.5~11.5 μm 通道,误差在 0.747 K 以内;

对 11.5~12.5 μm 通道,误差在 0.988 K 以内。

综合以上分析,可以得出结论:改进的热红外场地辐射校正方法精度已经达到 1.0 K 当 300 K 时(张勇 等,2016)。

3.3　红外通道发射率测量与反演

3.3.1　发射率与温度反演算法发展

由辐射测量数据反演地物的温度和发射率,本质上是一个病态问题。无论光谱细分到何种程度,都属于由 N 个方程求 N+1 未知数,虽然光谱细分可以产生一些有用的约束条件,但它并不能改变问题的本质。假设地表为朗伯体,根据基尔霍夫定律,地面测量热红外传感器入瞳辐亮度可以近似为:

$$L_j(\theta_r,\varphi_r) = \varepsilon_j(\theta_r,\varphi_r)B_j(T_s) + (1-\varepsilon_j(\theta_r,\varphi_r))\overline{L_{\text{ATM}\downarrow,j}} \tag{3.8}$$

其中 $\overline{L_{\text{ATM}\downarrow,j}} = \dfrac{1}{\pi}\displaystyle\int_{2\pi} L_{\text{atm}\downarrow,j}(\theta_i,\varphi_i)\cos\theta_i\mathrm{d}\Omega$,为等效大气下行辐射,$L_j(\theta_r,\varphi_r)$ 表示传感器第 j 通道接收到的辐射亮度,$\varepsilon(\theta_r,\varphi_r)$ 为地物第 j 通道的方向发射率,$B_j(T_s)$ 表示温度为 T_s 时的普朗克函数。近 30 年的研究都集中在如何采取一定的假设和近似,构造多余观测(或者减少待反演参数),使方程完备,形成了一些代表性的温度发射率分离算法。算法的基本思想可以归结为首先得到目标温度的最佳估值,然后由下式得到地物的发射率光谱:

$$\varepsilon_j = \frac{L_j(\theta_r, \varphi_r) - \overline{L_{\text{ATM}\downarrow,j}}}{B_j(T_{\text{inverse}}) - \overline{L_{\text{ATM}\downarrow,j}}} \qquad (3.9)$$

式中，T_{inverse} 表示地物温度的反演值。

针对红外高光谱测量数据，利用温度与发射率分离反演的迭代算法（ISSTES 算法）对温度和高光谱反射率进行了分离反演（Ingram et al.，2001）。该算法的基本原理是通过研究红外高光谱分辨率测量结果与大气吸收线之间的关系而提出的。地表的热辐射虽然包含了地表反射的大气下行辐射，但其在光谱分布上比大气的下行辐射要平滑的多，通过估计和不断优化温度，使得到的地表红外发射率曲线达到最大平滑（图 3.59）。

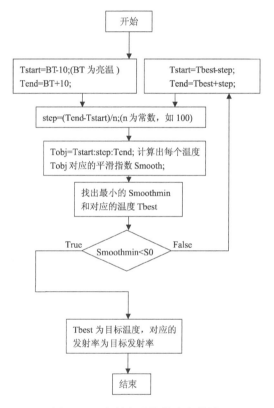

图 3.59　发射率反演算法流程图

图 3.60 是实际测量的地表辐射与大气辐射的对比图，较细的曲线是地表的热辐射，而粗曲线是大气下行辐射，在波长介于 8～14 μm 时，大气的下行辐射由于有众多辐射吸收线的存在，曲线很不规则。图 3.61 是在不同温度下模拟计算的一组土壤发射率曲线。其中的粗线为优化温度与实际物体温度（300 K）相等时的结果，它也是这组曲线中最平滑的。曲线的平滑度可以由下式度量：

$$S = \sum_{i=2}^{N-1} \left\{ \varepsilon_i - \frac{\varepsilon_{i-1} + \varepsilon_i + \varepsilon_{i+1}}{3} \right\} \qquad (3.10)$$

式中，N 为通道数。优化温度的过程就是使 S 值最小，即：

$$\frac{\mathrm{d}S(T')}{\mathrm{d}T'} \qquad (3.11)$$

则由 T' 根据式（3.9）获得地物的发射率光谱。

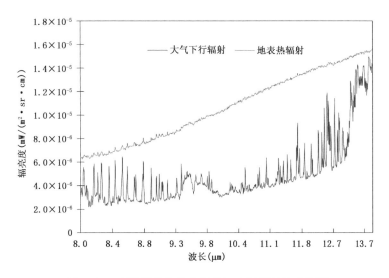

图 3.60   实际测量的地表辐射与大气辐射的对比图

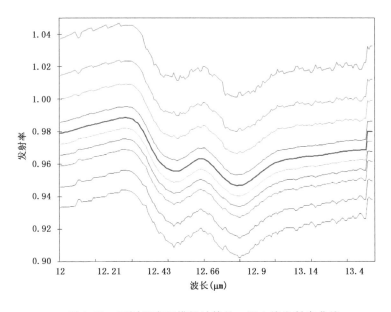

图 3.61   不同温度下模拟计算的一组土壤发射率曲线

3.3.2   发射率野外测量方法及分析

3.3.2.1   试验区域

试验分三次进行,2010 年 4 月 8—22 日从呼和浩特出发,途经库布齐沙漠、东胜区、毛乌素、巴丹吉林沙漠、民勤、清土湖、拐子湖等地,最后回到银川,测量了沙漠、盐碱地、戈壁及枯萎草地等多种地表类型的发射率数据。2011 年 6 月 5—8 日分别测量了位于塔克拉玛干沙漠腹地的新疆塔中东、西、西南及东南方向沙漠的发射率,并测量了塔中到若羌途中盐碱地、瓦石峡戈壁滩、干涸的塔河河床等的发射率。2010 年和 2011 年连续两年的 8 月,测量了位于甘肃敦煌的中国遥感卫星辐射校正场中心点的发射率。所有测点分布如图 3.62 所示。于各地区择地势平坦、地表均匀的区域,在近地表无风无云的天气条件,太阳高度角变化缓慢,地表温度较稳定时段下开展测量实验。

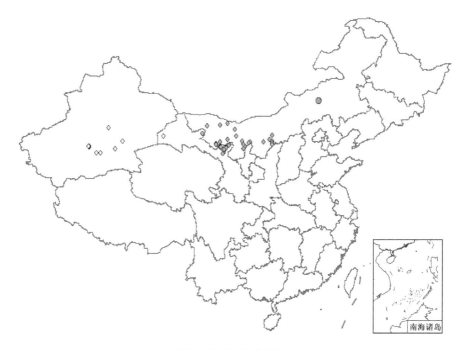

图 3.62　测点分布图

3.3.2.2　发射率测量

测量系统由光谱仪、漫反射板和点温计组成。光谱仪选择的是由美国 D&P 公司生产的便携式傅里叶变换热红外光谱仪 102F,工作温度范围为 15~35℃。光谱范围为 2~16 μm,选择 6 cm^{-1} 的光谱分辨率(还可选 12 或 24 cm^{-1}),标配 1″口径镜头(视场角 4.8°),也可选 2″(2.4°)、4″(1.2°)、6″(0.8°)镜头,配有相应的冷热校准黑体,可校准温度范围是 3~85℃。102F 还配有热稳定的干涉仪,嵌入式计算机等,可用蓄电池汽车点烟器或市电供电。漫反射板选择由 Labsphere 公司生产的在铝制的底板上镀上漫反射金薄膜的板,在近红外、中红外和热红外通道具有 95%~98% 反射率,且有很好的朗伯性(张勇 等,2009;Zhang et al.,2014)。

试验前须在 102F 的杜瓦瓶中注满液氮,让探测器充分制冷。望远镜装在仪器前部接口锁住后,将仪器装在三脚架上,镜头离地面约 1 m 以内。给仪器接通电源、鼠标后即可开机。根据环境温度和样品温度设置冷、热黑体温度,冷黑体比环境温度稍低、热黑体比样品温度稍高。由于黑体升温比降温容易,故先校正冷黑体,后进行热黑体校正。一般开始时每 10 min 黑体校正一次,之后可减少校正次数,但每次开机测量前都需校正。

校正后可先采集大气下行长波辐射数据。将漫反射板放置于被测地表位置,在其与环境热平衡后用点温计测量其温度,向仪器软件中输入漫反射板温度和反射率,将镜头对准漫反射板快速测量其反射的辐射波谱后便可得大气下行辐射。随后将镜头垂直对准研究地表,快速获取地表辐射波谱。

试验选点于地势平坦地表均匀处。在同一地点,随机测取 3~5 个点的其发射率,每个点重复测量 3～5 组数据。

3.3.2.3　地表温度获取

由于自然物体较低的热惯性,较差的热传导能力及粗糙表面,用点温计直接测量地表温度会存在较大误差,从而导致发射率计算值的不准确。此外,质地、阴影等导致的地表非同温性,使得点温计测量的地面点的温度与辐射仪视场区域的温度存在一定差异。可采用温度与发射率联合反演的算法获取发射率测量同步地表温度。目前主要的算法有最大发射率法、黑体拟合法等,使用最多效果最佳的是光谱平滑算法(3.3.1 节已有介绍)。

3.3.2.4　发射率测量结果及分析

(1)测量结果与光谱数据库对比

选择测量的沙地地表发射率,与 ASTER JHU 波谱库谱线对比,如图 3.63 所示。图中三条实线为波谱库中随机挑选的旱成土类(aridisol)三个样本的发射率波谱曲线,四条虚线分别是试验测量的四条发射率波谱曲线。对比两种曲线,均在 8～9.5 μm 区间内较低,9.5～10.5 μm 区间内上升,到大于 11 μm 后趋于稳定。本试验测量的发射率波谱与波谱库中数据在热红外通道趋势一致,且各波长处值较为接近。由此可见,本试验测量方法得到的测量结果具有准确性和可靠性。但同时二者也存在差异,8～9.5 μm 区间本试验测量结果更低。虽然两种地表均是旱成土,但本试验测量的对象是我国西北沙源区,地表特性与波谱库中的采样地表不同。

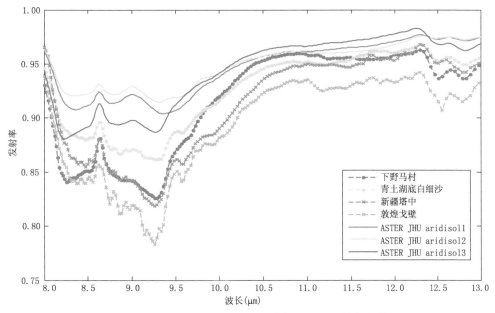

图 3.63　测量结果与 ASTER JHU 光谱库中沙地发射率光谱对比图

(2)不同地物类型地表发射率

三次试验测量的地物类型多样,有沙地、盐碱地、裸土及草地等,选择新疆塔克拉玛干沙漠、新疆且末盐碱地、内蒙阿拉善裸土和内蒙东胜区西草地的发射率光谱显示。从图 3.64 中可见,不同地物类型发射率光谱特性各不相同,区别主要体现在 8～11 μm 通道。地物发射率在 8～9.5 μm 间有明显波谷,不同地物波谷形状及谷深不同,其中沙漠在此通道内的发射率明显低于其他地物,植被的最高。9.5～11 μm 区间发射率会上升,不同地物上升速率不同,草地最为平稳,沙漠上升速度最快,其次是盐碱地和裸土。

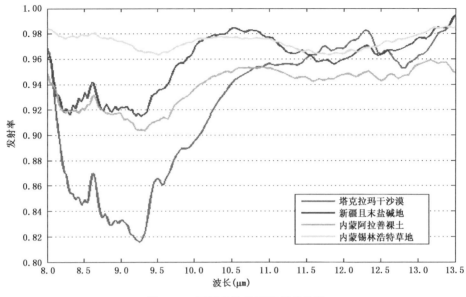

图 3.64　不同地物类型发射率光谱

(3)不同地区同种沙地发射率

沙地是沙尘暴研究中的重要地物类型,试验测量了西北沙源区多处沙地的发射率。

图 3.65 所示的是库布齐沙漠、巴丹吉林沙漠、青土湖、拐子湖、塔中附近塔克拉玛干沙漠以及敦煌戈壁的发射率波谱图。图中各条曲线在 8～13 μm 通道内趋势一致,发射率大小差异主要表现在 8～10 μm 范围内,可达 0.1 以上,大于 10 μm 后差异较小。

在 8～10 μm 范围内,图中天蓝色曲线所示的青土湖底白细沙发射率最高,绿色曲线所示

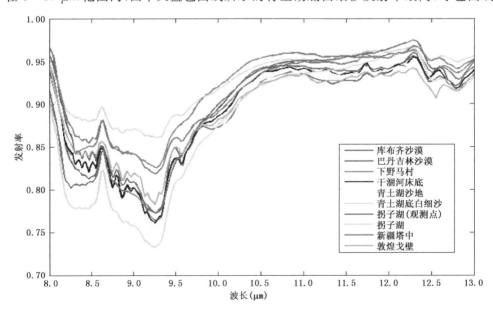

图 3.65　不同地域沙地发射率波谱图

的拐子湖发射率最低,红色曲线所示的新疆塔中沙漠的发射率比其他曲线所示的内蒙地区高。

试验测量沙地发射率的同时,采集了各测点的样本。根据对新疆和内蒙古多处沙地采集的样本平均粒径结果,沙地粒径从小到大排序依次是塔中地区、库布齐沙漠、巴丹吉林沙漠拐子湖,分别对应图 3.65 中红色、蓝色和绿色曲线。图 3.66 所示为位于塔中东部、西南部以及东南部塔克拉玛干沙漠的发射率的波谱图。图中三条曲线无论波谱谱型还是各波长发射率的值差异都较小,表明塔中周围沙漠发射率差异极小,相似度较大。此结果与新疆塔中地区的外汇性沙源极少,均一性较高的研究结论一致。由此可见,沙地发射率的波谱曲线可以正确反映粒径特征。

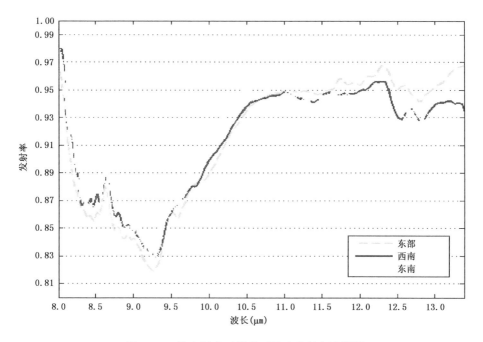

图 3.66   塔中周边不同地区沙地发射率波谱图

(4)地表发射率时间变化情况

通过在敦煌戈壁连续 5 d 内三次对同一地点发射率的测量,对比测量结果如图 3.67 所示,三条测量曲线差异极小,趋于一致。同时将对同一地点于 2010 年的测量结果与 2011 年结果对比,结果如图 3.68 所示。图中红色曲线为 2011 年三次测量结果,蓝色曲线为 2010 年两次测量结果,两种颜色曲线仅存在较小差异。2011 年 6 月的暴雨对场地地表特性造成了一定影响,但地表发射率变化仍不大。由此可见,敦煌地表在时间尺度上较为稳定(胡菊旸 等,2013)。

3.3.2.5   小结

利用 102F 热红外光谱仪测量了内蒙古、新疆及甘肃等地多种地表的发射率。对比试验测量的与 ASTER JHU 光谱库中旱成土类型的发射率波谱,谱型相似,显示了测量数据的可靠性。同时测量与波谱库数据的局部差异,显示了测量区地表与波谱库中采样地表的差异性,说明了实际测量采集发射率的必要性。

试验测量了多种地表类型的发射率,不同类型间发射率在 8～11 μm 通道有显著差异,8～9.5 μm 通道波谷形状和谷深不同,沙漠此通道发射率最低,植被最高,9.5～11 μm 通道发

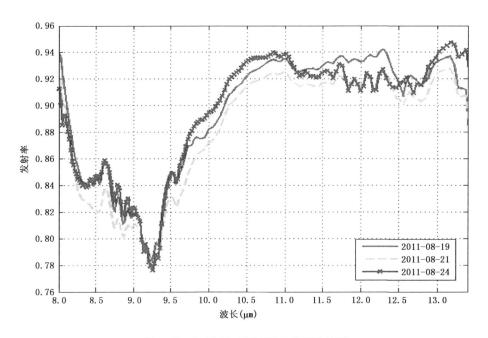

图 3.67 2011 年三天测量的发射率波谱

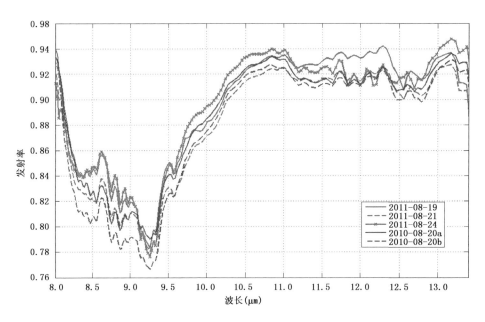

图 3.68 2011 年与 2010 年敦煌戈壁发射率测量结果对比图

射率上升速度不同,沙漠最快。不同类型地表发射率在热红外通道存在规律,可用于通过地表发射率的特性研究地表类型。

对比研究新疆和内蒙古不同地区沙地发射率,8~9.5 μm 范围内有较大差异,新疆塔中发射率较内蒙古各沙地高。实地采集沙地样品研究显示,新疆沙地粒径较内蒙古小。说明 8~9.5 μm 通道内发射率的大小与沙粒粒径的大小存在关系。新疆塔中不同区域沙地发射率相似度极大,反映的地表特性与沙地采样分析结果一致,均显示此区域地表较均一。

分析中国遥感卫星辐射校正场敦煌场区中心的戈壁地表发射率不同时间的测量结果,对比结果显示该地表的发射率随时间变化差异较小,证明了戈壁地表在时间尺度上的稳定性。

3.3.3　地表典型发射率数据收集与分析

针对地表发射率卫星反演产品和实验室测量产品,获取了 IASI 全球覆盖高光谱发射率资料,AIRS 红外 4 个波长的发射率全球覆盖资料,MODIS 红外通道的发射率反演产品,UW-CMISS 发射率数据库和 UCSB 的典型地物实验室测量发射率数据(图 3.69 至图 3.77)。

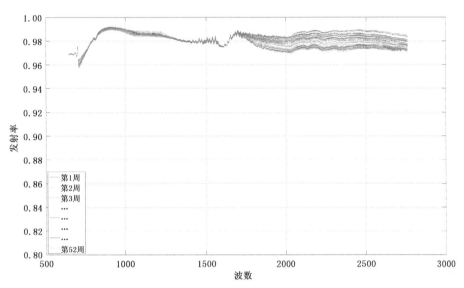

图 3.69　海表发射率光谱(IASI 发射率数据库)

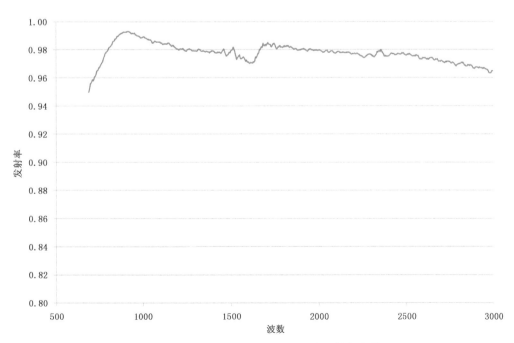

图 3.70　UCSB 数据库中的海水发射率光谱

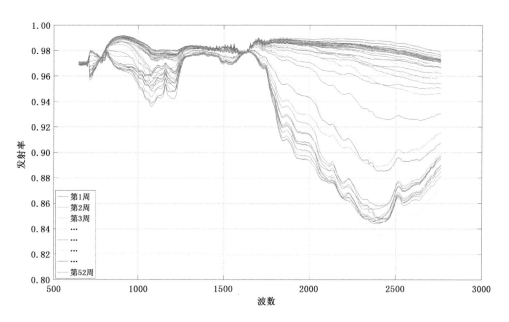

图 3.71　IASI 数据提取青海湖区全年周平均的发射率光谱

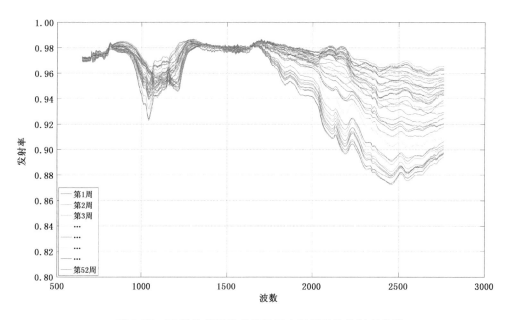

图 3.72　IASI 数据提取敦煌场区全年周平均发射率光谱

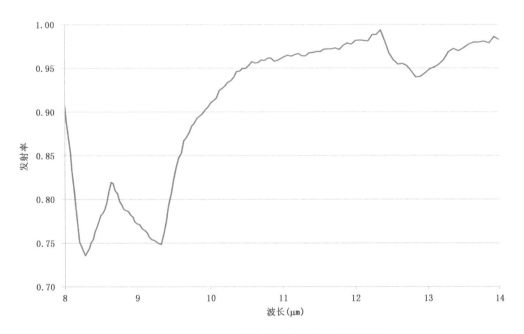

图 3.73 UCSB 数据库中沙土的发射率光谱

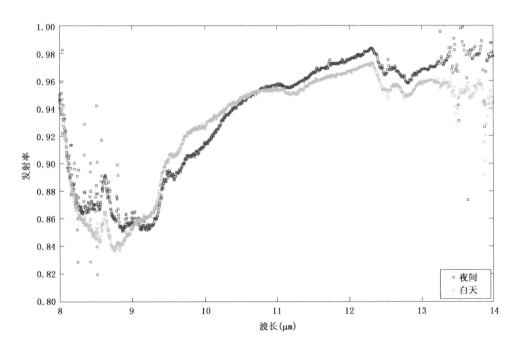

图 3.74 2007 年敦煌戈壁表面实测发射率光谱

图 3.75　8.7 μm 通道反演的周平均全球发射率产品（第 1 周）

图 3.76　10.5 μm 通道反演的周平均全球发射率产品（第 1 周）

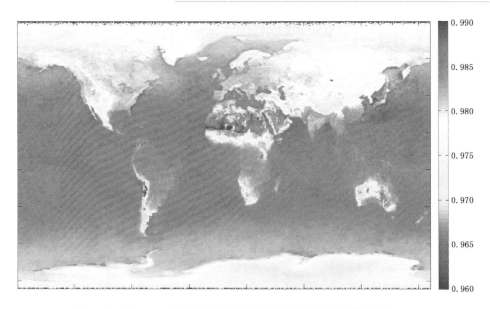

图 3.77　12.0 μm 通道反演的周平均全球发射率产品(第 1 周)

3.3.4　高时间分辨率陆表发射率日变化分析

高时空分辨率的地表红外通道发射率对红外遥感产品的反演,同时对陆表的数值天气预报模型同化都是至关重要的。目前,从不同遥感器卫星遥感数据提取的多种地表红外发射率数据库都已经服务于业务和科研了。因为是基于发射率一个月内是稳定的假设,所以大部分发射率数据都是一个月更新一次。但是,根据实验室测量结果,当土壤湿度发生变化时,发射率也会有相应的变化,特别是在 8.2～9.2 μm 的通道,当土壤湿度升高,发射率会有 1.7%～16% 的增加。并且一个明显的日波动发射率变化随着白天土壤湿度降低而减少,夜间土壤湿度增加而升高的趋势已经通过实验室测量和卫星遥感反演被清晰地观测到了。基于时间稳定假设的发射率物理反演算法被应用于 MSG-SEVIRI,反演了撒哈拉沙漠地区的陆表发射率,如图 3.78 至图 3.80 所示。从图中可以看出对于 8.7 μm 和 10.8 μm 通道,白天的发射率都低于夜间的发射率;但 12 μm 通道却相反,白天发射率值高而夜间低。

图 3.81 给出了三个通道白天的发射率与夜间发射率的差值,前者减去后者。可以看到图中的色标对于不同的通道是不同的,撒哈拉沙漠西部的发射率差异显然大于东部,且 8.7 μm 通道在三个通道中表现出最为明显的日夜发射率差异。通过图可以清楚看到日夜间发射率的差异,这就揭示了陆表发射率存在日变化(波动)。

为了进一步分析发射率的日变化特征,从每天 00:00 到 24:00(UTC)逐小时反演了地表发射率。对每一个 24 h 的反演结果,一个区域的平均值被用来分析那一天的发射率日变化情况。同时,多天的发射率反演结果也逐小时取平均来获取一个时间段内的发射率日变化均值,如图 3.82 所示。从图 3.82 中可以看出,对于 8.7 μm 通道,可以很清晰看到在 4 个不同时间段内都表现出明显的日变化波动,夜间发射率达到波峰,而白天发射率处于波谷。对于 10.8 μm 通道,除了 2007 年 10 月那个时间段外,其他 3 个时间段都表现出与 8.7 μm 通道相同的变化趋势。对于 12 μm 通道,除了 2007 年 10 月那个时间段外,其他 3 个时间段都表现出与 8.7 μm 相反的波动趋势(Li et al., 2012)。

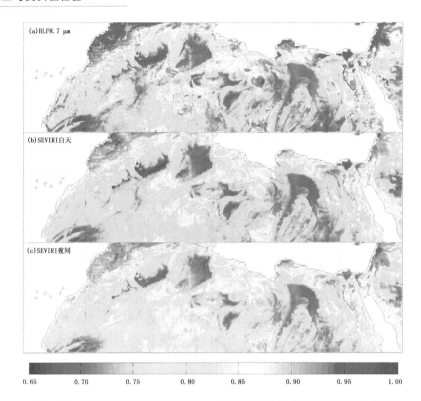

图 3.78　MSG–SEVIRI 反演 8.7 μm 通道撒哈拉沙漠地区的陆表发射率

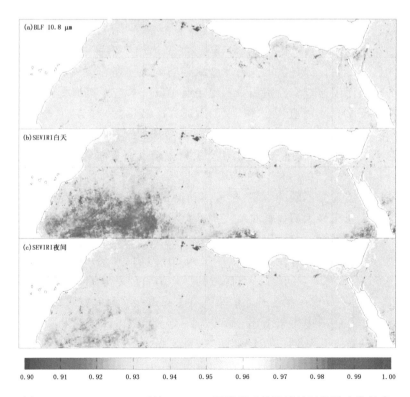

图 3.79　MSG–SEVIRI 反演 10.8 μm 通道撒哈拉沙漠地区的陆表发射率

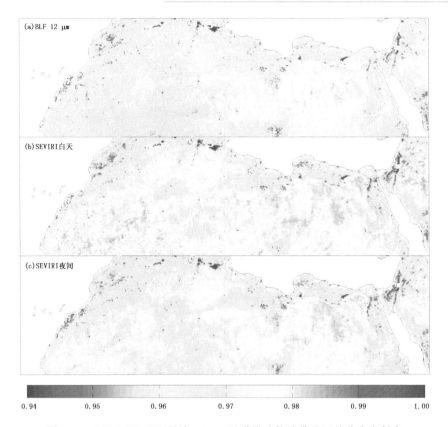

图 3.80   MSG-SEVIRI 反演 12 μm 通道撒哈拉沙漠地区的陆表发射率

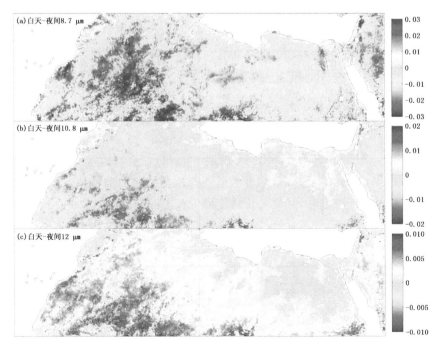

图 3.81   三个通道白天的发射率与夜间发射率的差值

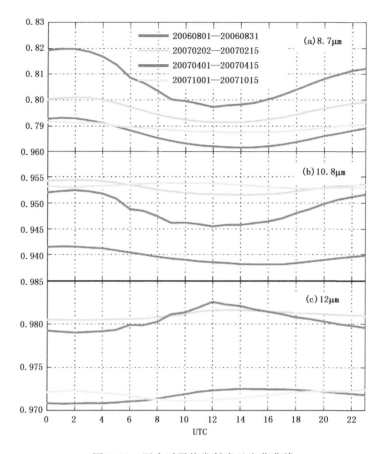

图 3.82　逐小时平均发射率日变化曲线

3.4　红外通道在轨替代校正数据处理与分析软件系统开发

3.4.1　概述

"红外通道在轨替代校正数据处理与分析软件"主要目标是实现基于全球水面浮标观测数据的热红辐射校正、利用敦煌地温自动测量数据进行热红外通道辐射校正与真实性检验以及对在轨场地绝对辐射校正误差估计、定量化精度评价和对温度与发射率进行反演的功能。

"红外通道在轨替代校正数据处理与分析软件"分为以下几个子系统：

（1）全球水面浮标观测的热红外通道辐射校正子系统；

（2）基于敦煌地温自动测量系统的热红外通道辐射校正与真实性检验子系统；

（3）地温与发射率分离反演子系统；

（4）误差传递计算子系统。

3.4.2　系统设计原则

为了红外通道在轨替代校正数据处理与分析软件系统建设能够更加合理、科学，在开发过程中我们遵循了以下几条原则。

（1）稳定性原则

开发严格遵循了软件工程国家、军事标准的开发、测试和集成规范,制定合理的数据处理和质量检验的调度接口,进行资料质量和产品质量控制,采用作业自动恢复和作业人工补做等措施。而且系统本身界面来说友好并具有自己的特点,符合一般工作人员的使用习惯,有较强的亲和性。

保证系统实用,满足用户的业务需求是系统的基本目标。所以系统的设计和开发,各子系统的目标及功能的实现,均以实用为基本出发点,在实用的基础上充分地完善各功能模块。各主要子系统的设计基本围绕和针对试点工作进行,以满足应用为主进行设计开发的。

（2）规范性原则

规范性是大型信息系统建设的基础,也是系统兼容扩充的保证,所以在系统的实施过程中首先制定了系统的规范标准。系统规范标准的制定工作是在参考有关国标或行业标准的基础上,根据所选基础软件和系统结构的要求制定。内容包括参考数据标准化、文件系统命名规则、源文件格式、基础数据、数据标准、接口规范等。

（3）网络化原则

信息技术的发展特别是网络技术的发展给人们提供了巨大的活动空间,也节约了大量的资源。所以本系统的建设遵从这一 IT 技术的发展趋势,整个系统基于网络来开发,通过网络来传递信息和进行业务处理。

（4）经济性原则

系统的建设要在实用的基础上做到最经济,要考虑现有资源和配备资源的合理使用,对整个系统进行最优化配置,做到以最小的投入获取最大的成效。

（5）易维护性原则

系统的建设在具有良好的维护性外,还拥有离线的维护环境,以便在不影响正常业务的情况下进行软件的维护工作。

（6）易用性原则

红外通道在轨替代校正数据处理与分析软件是面向各类应用的软件,为适应不同专业用户的要求,软件具备方便、友好的操作界面。此外,部分功能软件自动运行,无需人工干预,运行操作人员仅在系统报警提示的情况下,进行必要的人工干预和故障维修。所有的故障状态和信息都应自动记录和存储,便于事后的故障对策分析。

3.4.3 总体设计

3.4.3.1 总体技术路线

（1）按系统的任务、需求、功能和主要技术指标,对系统进行了总体规划和科学的个性化设计。

（2）系统设计以科学性、实用性、先进性、可靠性、可扩充性为原则。做到系统结构合理、功能完善;既充分利用了目前比较成熟的先进技术、又能力做到操作简单、使用方便;还为系统的后续发展留有了充分的接口,以便在结构和功能上进行扩充。

（3）在系统建立过程中,制定了数据源标准、数据采集工作流程和技术规范,以保证数据质量,在建库时严格按照系统数据分类体系、编码体系建立的数据库,保证数据标准化和规范化。

（4）系统建设严格按照工程化方法来进行组织和管理，从系统需求调查，系统设计、软件开发、数据库建立到系统联网、系统整合和系统试运行，都进行了严格的控制和检验，以保证系统可靠性、安全性和使用性。

3.4.3.2 系统总体功能结构

软件系统总体功能结构如图 3.83 所示。

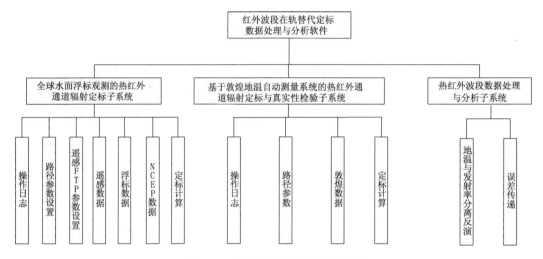

图 3.83　软件系统总体功能结构图

3.4.3.3 开发工具和平台的选择

软件系统开发工具和平台选择如表 3.71 所示。

表 3.71　软件开发工具和平台信息表

数据库服务器	Access 2007
应用平台	服务器：Win 2003 Advanced Server
开发工具	开发集成环境：Visual Studio 2005 　操作系统：Windows XP SP3 　开发语言：C♯、C++ Matlab 2009b 　版本控制：Win CVS 　数据库：Access 　其他：Office 2003
运行环境	运行框架平台：. Net Framework 3. x 　操作系统：Windows 2003 Server/Windows 7 　数据库：Access 　其他：Office 2003、2007

3.4.4　软件部分界面展示

软件运行时的部分截图如图 3.84 至图 3.89 所示。在数据下载完成后，软件将进入自动后台数据处理过程。最后将所有数据进行处理分析，做出统计序列图。

图 3.84 浮标跟踪软件开始界面

图 3.85 卫星数据下载界面

图 3.86　浮标数据下载界面

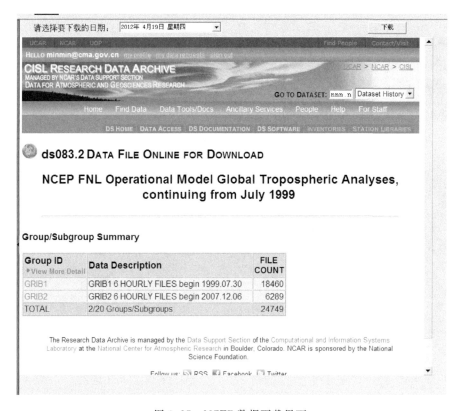

图 3.87　NCEP 数据下载界面

序号	操作类型	数据日期	开始时间	结束时间	操作状态
1	敦煌数据下载	20120415	2012-4-16 14:42:43	2012-4-16 14:43:15	成功
2	敦煌数据下载	20120415	2012-4-16 14:44:32	2012-4-16 14:45:03	成功
3	敦煌数据下载	20120419	2012-4-20 9:23:42	2012-4-20 9:23:57	成功
4	敦煌数据下载	20120419	2012-4-20 9:36:15	2012-4-20 9:36:34	成功
5	遥感FTP下载	20120419	2012-4-20 10:30:15	2012-4-20 10:30:15	成功
6	浮标FTP下载	20120419	2012-4-20 15:44:11	2012-4-20 15:45:58	成功
7	浮标数据下载	20120419	2012-4-20 15:47:51	2012-4-20 15:50:06	成功

图 3.88　敦煌地温数据获取日志文件

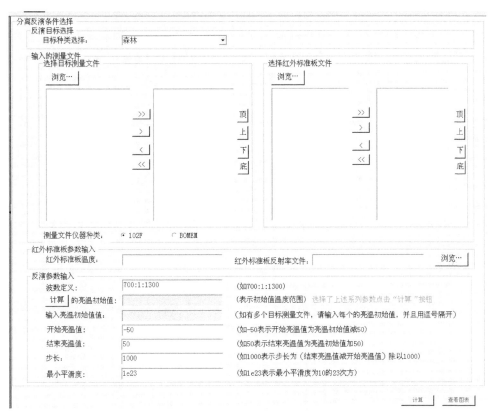

图 3.89　发射率反演参数配置界面

第4章 航空飞行辐射校正方法

4.1 引言

航空辐亮度校正法采用经过绝对辐射校正的光谱仪搭载于航空测量平台上，在 3000 m 以上高度测量地表和飞行高度以下大气的辐射亮度，经过对飞行高度以上大气的辐射校正，得到卫星遥感器的入瞳辐亮度。由于该方法避免了对低层大气的修正，可以获得较高的精度，同时可以检验反射率法和辐照度法的校正精度。航空辐亮度校正法由于需要采用中高空航空测量平台，相比地面同步测量，通常所需费用较高；同时需要解决测量设备绝对辐射校正和在高空低温机载测量环境下的适应性。

选用低成本航空测量平台和适当的光谱仪，经过绝对辐射校正和机载测量方式适应性改装，可装载到轻型飞机测量平台上。2010—2012 年，针对风云卫星可见—近红外通道，组织开展了 3 次航空辐亮度法校正试验。试验过程解决了光谱仪绝对辐射校正和高空测量的适应性改装，开发了高空测量期间仪器温度漂移的定期自动校正方法和飞行高度以上大气辐射校正方法。试验安排了多次与国际公认在轨校正精度较高的 MODIS 遥感器的同步测量试验。试验结果表明，采用超轻型动力三角翼飞机搭载光谱辐设计建设的航空辐亮度校正系统，太阳反射通道校正标精度达到 3%，其中针对 FY-3/MERSI 气体吸收通道的航空校正结果已经成功地用于业务校正；同时为其他替代校正技术提供独立的精度检验方法。采用轻型—超轻型航空测量平台与采用常规航测飞机相比试验费用大幅降低，可以满足目前气象卫星业务校正的要求。

4.2 航空辐射校正试验方案

4.2.1 总体设计

航空辐亮度校正法由于需要采用中高空航空测量平台，相比地面同步测量，通常所需费用较高；同时需要解决测量设备绝对辐射校正和在高空低温机载测量环境下的适应性。

我们采用适当的光谱仪，经过绝对辐射校正和机载测量方式适应性改装，装载到轻型飞机测量平台上；进行 2～3 次的航空辐亮度法校正试验；提交轻型飞机航空辐射校正业务示范系统建设方案。

具体包括：

(1)轻型飞机选择与航空测量平台改装；

(2)光谱仪选择与航空测量适应性改装；

（3）光谱仪高精度校正方法研究；

（4）航空辐亮度辐射校正试验；

（5）轻型飞机航空辐射校正业务示范系统建设方案。

4.2.2 机型选择

近年来，中国航空遥感飞行主要采用机型是运 12 和运 5，运 12 主要技术指标见表 4.1，运 5 主要技术指标见表 4.2，两种飞机在机身腹部均有航空测量窗口，可以通过在窗口上定制转接板，安装航空测量设备。测量人员可以在飞机上操作光谱仪。

表 4.1 运 12 轻型运输机技术指标

中文名：运 12 轻型运输机	机长：14.86 m，机高：5.575 m，翼展：17.235 m
展弦比：8.67	机翼面积：34.27 m² 主轮距：3.6 m
螺旋桨直径：2.489 m	起飞重量：5000 kg
最大燃油重量：4700 kg	最大商载：1700 kg
最大可用油量：1230 kg	最大平飞速度：328 km/h（高度 3000 m）
最大爬升率：9.2 m/s	巡航速度：240～250 km/h（高度 3000 m）
实用升限：7000 m	单发升限：3550 m
起飞距离：385 m(15 m 高)	滑跑距离：315 m
着陆距离：710 m(15 m)（仅刹车），480 m(反桨＋刹车)	着陆滑跑距离：510 m（仅刹车），280 m(刹车＋反桨)
航程：1400 km(高度 3000、飞行 45 min)	地面最小转弯半径：16.75 m
客舱规格：1.38 m×1.45 m(货)	客舱规格 1.38 m×0.65 m(客)

表 4.2 运 5 轻型运输机技术指标

	参数	运 5
尺寸数据	翼展(m)	18.176
	机长(m)	12.688
	机高(m)	5.35
	最大起飞重量(kg)	5250
	最大载重(kg)	1500
性能数据	最大速度(km/h)	256
	航程(km)	845
	巡航速度(km/h)	160
	升限(m)	4500
	爬升率(m/s)	2
	起飞距离(m)	180
	着陆距离(m)	157

经调研发现，体育比赛及旅游使用的动力三角翼超轻型飞机机动灵活，不需要专用的机场，甚至在戈壁滩上都可以起飞和降落。动力三角翼飞机技术指标见表 4.3。动力三角翼飞机搭乘光谱仪在 4000 m 以上的高空测量敦煌校正场，能够大幅度节省航空测量费用。

表 4.3　动力三角翼超轻型飞机主要技术参数

参数		912XT 动力三角翼
尺寸数据	翼展(m)	9.97
	机长(m)	2.745
	机高(m)	3.65
	展弦比	6.6∶1
	机翼面积(m²)	15
重量及载荷	空机重量(kg)	191
	最大起飞重量(kg)	401
	最大载油量(kg)	70
性能数据	最大平飞速度(km/h)	148
	巡航速度(km/h)	95
	升限(m)	3950

　　动力三角翼飞机平时主要用于鸣沙山的空中游览，一般飞行高度 300 m 左右，要飞到敦煌校正场 4000 m 以上的高空航测，需要增加四个方面的工作或配置。

（1）空域申请

只有获得兰州军区空军、酒泉地区航管、敦煌市航管后才能飞行。

（2）通讯设施

为了在敦煌校正场上空航测，飞机增设了两套电台，一套是航空部门专用信道的电台，飞行员在起飞、降落前向航管部门请示，飞机在高空飞行时，如遇灾害天气和避让专机等特殊情况时，航管部门可通过电台呼叫飞行员合理避让。一套是地面指挥车和飞机联系的电台，动力三角翼飞机起飞后，地面指挥车也开往敦煌校正场，指挥飞机的飞行路线，飞行员有问题可以同指挥车沟通，地面指挥车和飞行员定期联络，保障飞行安全。

（3）飞行员装备

在正常的天气条件下，气温自下垫面起每升高 100 m 降低约 0.6℃，飞行在 4000～5000 m 的高空气温就会比地面低 20℃左右，气压和大气含氧量最多是地面的 70%，所以为飞行员配置了连体的保暖防风飞行服、飞行头盔和吸氧系统。飞行员在超过 4000 m 的高空连续飞行时间不超过 30 min。

（4）飞机油箱改装

飞机在空中往返飞行近 100 km，飞机加装了一部副油箱，保证飞机的飞行距离。

4.2.3　光谱仪选择

　　野外光谱仪虽然品牌不少，但只有 ASD 公司和 SVC 公司生产的野外光谱仪性能稳定，技术指标高，常用 ASD 公司的 S3 光谱仪和 SVC 公司的 SVC HR1024 的光谱仪作为航测的光谱仪。ASD S3 光谱仪的主要技术指标见表 4.4，SVC HR1024 光谱仪的主要指标见表 4.5。

表 4.4 **ASD FieldSpec4 光谱仪主要技术指标**

探测器	350~1100 nm,低噪声 512 阵元 PDA
	1000~1800 nm 及 1700~2500 nm,两个 InGaAs 探测器单元,TE 制冷恒温
波长范围	350~2500 nm
采样时间	短至 10 次/s
光谱平均	高达 31800 次
探测器响应线性	±1%
色散元件	一个固定的两个快速旋转的全息反射光栅
波长精度	±1 nm
波长重复性	优于±0.3 nm 在…处±10℃温度变化
光谱采样间隔	1.4 nm 在…处 350~1050 nm ;2 nm 在…处 1000~2500 nm
光谱分辨率	3 nm 在…处 700 nm;10 nm 在…处 1400, 2100 nm
NeΔL	UV/VNIR:1.4×10^{-9} W/(cm² · nm · sr)在 700 nm 处;
	NIR:2.4×10^{-9} W/(cm² · nm · sr)在 1400 nm 处;
	NIR:8.8×10^{-9} W/(cm² · nm · sr)在 2100 nm 处
视场	可选择 1°,8°或 10°视场角的镜头
外形尺寸	(12.7×35.6×29.2)cm³
重量	5.2 kg(12 V 电池)

表 4.5 **SVC HR1024 光谱仪的主要性能指标**

光谱范围	350~2500 nm
内置存储器	500 scans(扫)
通道数	1024
线阵列探测器	(1) 512 Si,350~1000 nm
	(1)256 InGaAs,1000~1900 nm
	(1)256 扩展的 InGaAs,1900~2500 nm
光谱分辨率(FWHM)	≤3.5nm, 350~1000 nm
	≤8.5nm, 1000~1900 nm
	≤6.5nm, 1900~2500 nm
光谱采样带宽(最小)	≤1.5 nm, 350~1000 nm
	≤3.6 nm, 1000~1900 nm
	≤2.4 nm, 1900~2500 nm
最小积分时间	1 ms
视场(FOV)	3°标准和 14°可选前置光学
	25°光纤可选
尺寸	8.5″×11.5″×3.25″
	22 cm×29 cm×8 cm
重量	7.3 lbs.,3.3 kg

光谱范围	350～2500 nm
电源型号	7.4 V,锂电池
电池寿命	3 h 以上
数字化	16 bit
波长重复性	0.1 nm
最大辐射度(Max. Radiance 50 ms 积分时间)	≤1.5×10⁻⁵ W/(cm²·nm·sr)在 700 nm 处
噪声等效辐射度(1 秒 integration)	≤6.0×10⁻¹⁰ W/(cm²·nm·sr)在 400 nm 处 ≤3.0×10⁻⁹ W/(cm²·nm·sr)在 1500 nm 处 ≤4.0×10⁻⁹ W/(cm²·nm·sr)在 2100 nm 处
标定精度(NIST 可追踪)	±5%在 400 nm 处 ±4%在 700 nm 处 ±7%在 2200 nm 处
暗流校正	自动/可选择
光谱平均	可选择
操作环境	
湿度	到 80%RH,无冷凝
温度	−10～+40℃
激光指示	二极管激光器

4.2.4 光谱仪校正

在中国科学院安徽光学与精密机械研究所中国遥感卫星辐射校正场辐射校正实验室对用于航空同步观测试验的 ASD FieldSpec 光谱仪进行了实验室校正。校正内容包括采用标准灯—参考板系统进行的响应度校正,采用积分球系统进行的稳定性、非线性度校正,采用汞灯、钠灯进行的波长校正。响应度校正不确定度约 3%。校正内容包括采用标准灯—参考板—光谱仪系统进行的标准参考板反射率因子(BRF)标定。

4.2.4.1 波长校正

使用低压汞灯积分半球系统。校正结果一般情况给出各波谱峰值的波长相对于附近谱线波长的偏移值,由仪器自己进行波长调整(硬件或软件方法)。如不能进行调整,则在应用过程中根据该偏移值进行数据调整。

4.2.4.2 光谱辐亮度响应系数

积分球光源辐射量值在此是指积分球出光口的辐射亮度,对其检测是通过已校正的光谱仪直接测量获得。

光谱仪通过中国计量科学研究院传递的光谱辐射照度灯和漫反射标准板组成的标准灯——漫反射板校正系统实现校正。

响应率检测在标准灯—漫反射参考板校正系统上进行,系统如图 4.1 所示。

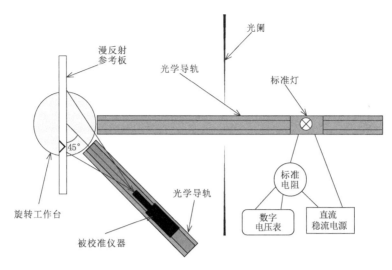

图 4.1　标准灯—参考板检测系统及检测光路示意

响应度由下式计算:

$$R(\lambda) = \frac{\frac{1}{n}\sum_{i=1}^{n} S_i(\lambda)}{L_\lambda} \tag{4.1}$$

式中, $S_i(\lambda)$ 为仪器的输出信号。

L_λ 为漫反射板的光谱辐射亮度值:

$$L_\lambda = \frac{E_{\lambda d} \times \rho_\lambda}{\pi} \tag{4.2}$$

式中, ρ_λ 为漫反射板在波长为 λ 处的半球反射率; $E_{\lambda d}$ 为距离 d 处的标准灯的在波长 λ 处的照度值。

$$E_{\lambda d} = E_{\lambda d_0} \times \left(\frac{d_0}{d}\right)^2 \tag{4.3}$$

式中, d 为标准灯与漫反射参考板的距离; d_0 为标准灯的校准距离; $E_{\lambda d_0}$ 为标准灯在波长 λ 处的校准值,即标准照度值。

将标准灯、仪器开机预热 30 min 后检测。分别为 1°、10°、25° 的视场连续测量 36 次。

4.2.4.3　响应非线性

仪器正对积分球辐射源,积分球出射面充满仪器视场。打开积分球辐射源和仪器进行预热至稳定状态,然后开始测量。调节积分球内点亮的灯数以改变积分球的输出亮度,使仪器响应接近满度和四分之一满度示值情况下测量其非线性误差。计算公式如下:

$$u_{\lambda 1} = \left[\left(\frac{L'_{\lambda 1/4}}{L'_{\lambda 1}} \times \frac{L_{\lambda 1}}{L_{\lambda 1/4}}\right) - 1\right] \times 100\% \tag{4.4}$$

式中, $u_{\lambda 1}$ 为波长 λ 处的非线性误差; $L'_{\lambda 1}$, $L'_{\lambda 1/4}$ 为 ASD 在波长 λ 处 8 只灯仪器示值和 2 只灯仪器示值; $L_{\lambda 1}$, $L_{\lambda 1/4}$ 为陷阱探测器波长 λ 处 8 只灯照明亮度和 2 只灯照明亮度。

4.2.4.4　非稳定性

将仪器正对积分球辐射源,积分球出射面充满仪器视场。打开积分球光源及 ASD 进行预热至稳定状态(一般 30 min)。间隔 1 min 测量一次,测量 2 h。稳定性结果按下式计算:

$$u_\lambda = \left[\frac{L_\lambda \max - L_\lambda \min}{\overline{L_\lambda}}\right] \times 100\% \tag{4.5}$$

式中,u_λ 为波长 λ 处的稳定性误差;$L_\lambda \max$ 为在稳定性检测时间内波长 λ 处仪器采样的最大值;$L_\lambda \min$ 为在稳定性检测时间内波长 λ 处仪器采样的最小值;$\overline{L_\lambda}$ 为波长 λ 处在稳定性检测时间内全部仪器采样的平均值。

4.2.4.5 参考板反射率因子测定

反射率因子为在指定方向上的反射通量与该方向上理想郎伯体反射通量之比。在反射率因子测量装置上,测量不同角度下的样品亮度值,依据测量的几何条件转换后,拟合得到反射率因子的相对分布,而后由反射率因子与方向—半球反射率之间的关系计算得到各角度下的反射率因子。

4.2.5 光谱仪装机设计

针对光谱仪的航空测量方式,由飞行单位提出飞行平台改装方案,包括 ASD FieldSpec 光谱仪主机和 GPS 导航仪的固定、光谱仪测量镜头的安装和高空飞行(>4000 m a.s.l.)时飞行员和测量人员的必要装备。

航空测量试验采用敦煌飞天动力三角翼飞机搭载 ASD 和 SVC 光谱仪进行(图 4.2)。在现场调研的基础上,确定了仪器装机方案:用于测线导航的 GPS 固定在飞行员前面的仪表盘附件的卡槽内,ASD S3 光谱仪器主机安装在三角翼飞机后座,光纤探头采用定制加工的三维可调支架固定在飞机右侧的起落架上;实际测量时根据卫星观测角使用测角罗盘定向调节光学头部安装角。飞机左侧的起落架上部安装了 SVC HR1024 固定框架,固定框架可以调整 HR1024 测量镜头的俯仰角度,HR1024 测量的天顶角可以由罗盘测定并固定住,两台光谱仪在三角翼飞机的安装见图 4.2。

图 4.2 光谱仪安装图

4.2.5.1　地面试验准备

在实际装机条件下,地面开车、开机,模拟实际测量条件,检查辐射计装机状态的实际工作状态。

由于以前没有人在 3000 m 以上的地区使用光谱仪测量,为检测在高空低气压的情况下光谱仪的工作状态,课题组到距离敦煌市 250 km 处海拔 4200 m 的梦柯冰川进行了 ASD 反射辐射亮度测量,ASD 光谱仪工作正常,但在汽车移动测量时出现 Thindpad 笔记本电脑硬盘保护,笔记本不再工作,为此购买了 SSD 固态硬盘,解决了笔记本电脑的硬盘保护问题。

4.2.6　测量航线设计

测量航线如图 4.3、表 4.6 所示。

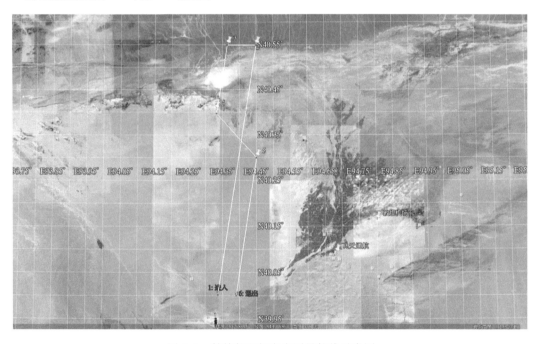

图 4.3　敦煌航空辐亮度测量航线示意图

表 4.6　敦煌航空辐亮度测量航线航路点坐标

点号	纬度	经度
1	40.004198°N	94.335197°E
2	40.550019°N	94.450140°E
3	40.550089°N	94.365807°E
4	40.405964°N	94.331019°E
5	40.300474°N	94.451006°E
6	39.999553°N	94.389199°E

试验条件如下:

(1)卫星观测天顶角<30°(由国家卫星气象中心提供卫星轨道报);

(2)云量＜3；

(3)测量航高＞4000 m a. s. l. ；

(4)测量航线：15 km×10 km，模拟卫星轨道设计；

(5)平均偏航＜50 m；

(6)计划飞行架次：5架次；

(7)其他条件：由飞行单位在确保飞行安全的前提下严格控制。

4.2.7 视场与地面分辨率

在设定飞行速度(90 km/h)和仪器积分时间(1 s)的基础上，计算了不同视场和不同航高条件下的航空测量地面视场范围。初步确定采用1°视场，在3000 m高空条件下进行航空辐亮度测量。

表4.7 仪器视场与不同高度地面视场对比

积分时间 (s)	视场 (°)	高度 (m)	瞬时视场 (m)	测量区域	
				横越航迹线(m)	航线方向(m)
1.0	1.0	1000	17.5	17.5	42.5
		2000	34.9	34.9	59.9
		3000	52.4	52.4	77.4
		4000	69.8	69.8	94.8
	10.0	1000	175.0	175.0	200.0
		2000	350.0	350.0	375.0
		3000	524.9	524.9	549.9
		4000	699.9	699.9	724.9

* 飞行速度 = 90 km/h = 25 m/s

4.2.8 航飞数据处理算法

(1)大气辐射传输校正

为了使飞行高度处测量的地面辐亮度转化为大气顶光谱辐亮度，需要对飞行高度以上的大气进行辐射传输校正。

$$L_{TOA}(\lambda) = L_{ATM}(Z,\lambda) + T(Z,\lambda) \times L_M(Z,\lambda) \tag{4.6}$$

式中：$L_{TOA}(\lambda)$为大气顶光谱辐亮度，Z为测量高度，$L_M(Z,\lambda)$为在高度Z测得的光谱辐亮度，$T(Z,\lambda)$为测量高度Z以上的大气总透过率(直射透过率＋漫射透过率)，$L_{ATM}(Z,\lambda)$为测量高度以上大气程辐射。辐射传输计算采用MODTRAN辐射传输码进行。

(2)星空测量数据光谱匹配

$$L_{sat} = \frac{\int R(\lambda)L_{TOA}(\lambda)E(\lambda)d\lambda}{\int R(\lambda)E(\lambda)d\lambda} \tag{4.7}$$

式中：L_{sat}为卫星遥感器通道辐亮度，$R(\lambda)$为光谱响应函数，$E(\lambda)$为大气外太阳光谱辐照度。

(3)FY-3A/MERSI辐射校正系数计算

大气顶表观反射率：$\rho_a(i) = \dfrac{\pi L_{\text{sat}}}{E_0(i)}$　　　　　　　　　　　　　　　　　(4.8)

4.3　航空同步观测试验

2010—2012 年组织开展了 3 次航空辐亮度法校正试验。试验过程解决了光谱仪设计绝对辐射校正和高空测量的适应性改装,开发了高空测量期间仪器温度漂移的定期自动校正方法和飞行高度以上大气辐射校正方法。试验安排了多次与国际公认在轨校正精度较高的 MODIS 遥感器的同步测量试验。

4.3.1　2010 年航空同步测量试验

4.3.1.1　航空测量

2010 年 8 月 10 日至 9 月 14 日 ,作为中国辐射校正场 2010 年外校正试验的一部分,组织进行了航空同步测量试验。航空测量试验采用敦煌飞天动力三角翼飞机进行,星空同步测量 5 架次,详见表 4.8。

表 4.8　2010 年航空同步测量飞行架次记录

日期	起飞	着陆	用时	天气	备注
8 月 14 日	12:00	14:38	2 h 38 min	晴	FY-3A 同步测量,12:29 后数据缺失
8 月 24 日	11:53	13:15	1 h 22 min	晴转沙尘暴	FY-3A 同步测量,备降西戈壁(大气站西北约 10 km), 26 日返回本场
9 月 1 日	11:40	14:25	2 h 45 min	晴	TERRA 同步测量,正常
9 月 9 日	11:40	14:28	2 h 48 min	晴	FY-3A 同步测量,正常
9 月 10 日	11:30	14:17	2 h 47 min	晴	FY-3A、TERRA 同步测量,正常

8 月 12 日光谱仪装机完成后进行了两架次本场试飞,受空域限制,本场试飞未达到海拔 4000 m 的设计测量飞行高度。8 月 14 日进行了首次星空同步测量,但光谱仪测量数据记录在起飞约半小时后缺失。经过分析,认为可能存在以下的问题。

(1)ASD FieldSpec 光谱仪为地面测量设备,有可能在高海拔无法正常工作,仪器生产厂家未给出相关指标。为此,我们将仪器运至海拔 4000 m 以上的梦轲冰川进行了 3 h 考机试验,证明该仪器可以在海拔 4000 m 正常工作。

(2)IBM ThinkPad 笔记本电脑标配硬盘可能在航空测量过程中受飞机运动影响自动保护。改配 SSD 固态硬盘。

(3)ASD FieldSpec 光谱仪在高空由于低温工作异常。为仪器加配定制保温服。

(4)ASD FieldSpec 光谱仪测量范围溢出。将仪器由手动增益设置改为自动优化增益设置。

经过上述工作之后,ASD FieldSpec 光谱仪在其后的 4 次星空同步测量试验中工作正常。

另一方面,为了飞行安全,为使用的动力三角翼飞机加配了副油箱和机载电台。

针对校正精度较高(<3%)的 TERRA MODIS 设计了 2 架次的同步观测试验,以检验采用动力三角翼和 ASD FieldSpec 构成的航空测量系统进行航空辐亮度法辐射校正的精度。

4.3.1.2 星空测量数据匹配

限于本次试验使用的仪器为非成像仪器,星空测量数据只能依靠两个测量数据集的空间坐标和观测角度进行配准。图 4.4 示出了 2010 年 9 月 10 日航空测量航迹与 FY-3A/MERSI 图像的空间匹配。

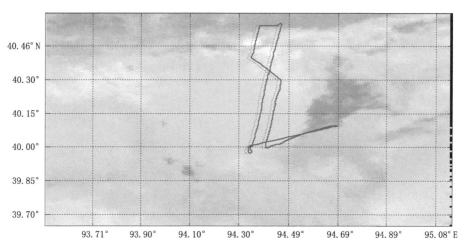

图 4.4 航空测量航迹与卫星图像的空间匹配

4.3.1.3 校正结果与分析

大气顶透过率和程辐射计算。利用同步探空数据和激光雷达测量的气溶胶廓线数据结合 MODTRAN 计算 4000 m 高度以上大气的大气透过率和大气程辐射。结果见图 4.5。

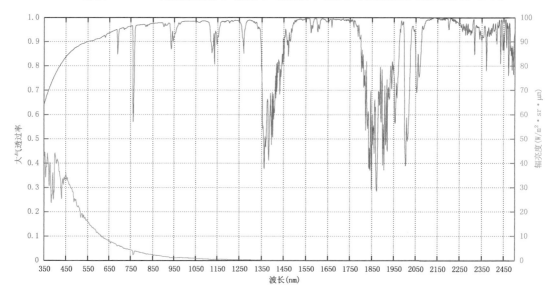

图 4.5 利用 MODTRAN 计算得到的 4000 m 高度以上大气的大气透过率和散射太阳辐射

（1）TERRA/MODIS 校正

2010 年 9 月 1 日、10 日,进行了两个架次的 TERRA/MODIS 航空同步观测。结果表明,对于 MODIS 的前 4 个通道,经过测量高度以上大气校正的航空测量数据与 MODIS 内校正数据的相对偏差为 1.3%～5.4%;对于 3 个短波红外通道,偏差较大(−15%～9%),两个架次的数据显示了的趋势。具体结果如下。

①2010 年 9 月 1 日 TERRA/MODIS 校正结果(表 4.9,表 4.10,图 4.6)。

表 4.9 MODIS 观测和航空飞行参数

MODIS 观测 时间	航飞观测时间	SZA	VZA	SAZ	VAZ	飞行高度(m,a.s.l.)
12:50	12:40—12:59	33.9	17.5	156	−78.7	3966

表 4.10 MODIS 校正结果统计信息表

MERSI CWL (nm)	659	865	470	555	1240	1640	2130
测量辐亮度(W/(m²·sr·μm))	91.02	59.56	80.33	90.92	29.95	18.52	7.49
校正辐亮度(W/(m²·sr·μm))	92.02	60.16	99.22	95.76	29.78	18.39	7.39
MODIS 辐射亮度(W/(m²·sr·μm))	94.55	63.59	102.32	99.99	33.5	19.46	6.93
MODIS 相对标准方差(%)	1.7	2.68	2.2	1.67	3.39	3.24	4.25
MODIS 偏差(模拟−MODIS)/MODIS(%)	−2.67	−5.4	−3.03	−4.23	−11.1	−5.53	6.63

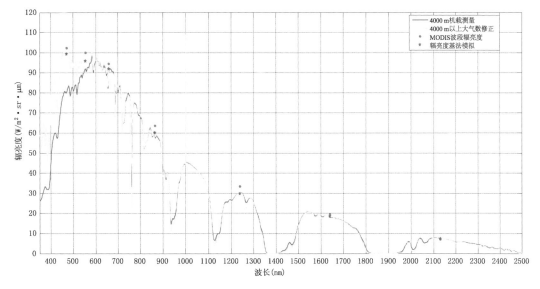

图 4.6 MODIS 校正结果比较

②2010 年 9—10 月 TERRA/MODIS 校正结果(表 4.11,表 4.12,图 4.7)。

表 4.11 MODIS 观测和航空飞行参数

T_{MODIS}	$T_{Airborne}$	SZA	VZA	SAZ	VAZ	飞行高度(m,a.s.l.)
12:43	12:15—12:27	37.4	6.6	156.5	−82.3	4017

表 4.12　MODIS 校正结果统计信息表

MERSI CWL（nm）	659	865	470	555	1240	1640	2130
测量辐亮度（W/(m²·sr·μm)）	84.83	55.97	75.59	84.99	26.02	15.7	7.18
校正辐亮度（W/(m²·sr·μm)）：	86.38	56.66	95.21	90.57	25.92	15.6	7.09
MODIS 辐亮度（W/(m²·sr·μm)）	87.55	57.99	96.46	93.74	30.62	17.89	6.49
MODIS 相对标准方差（%）	0.97	1.59	1.45	0.9	2.27	2.09	2.73
MODIS 偏差（模拟－MODIS）/MODIS（%）	−1.34	−2.28	−1.3	−3.37	−15.35	−12.81	9.22

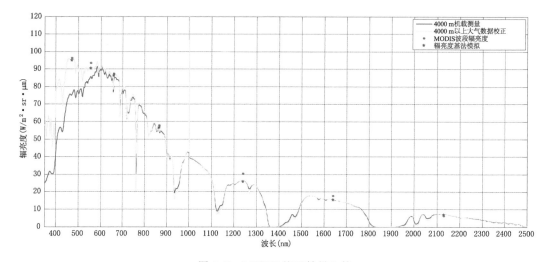

图 4.7　MODIS 校正结果比较

③敦煌－Xiyangshui　2010-09-10（表 4.13，表 4.14，图 4.8）。

表 4.13　MODIS 观测和航空飞行参数

T_{MODIS}	$T_{Airborne}$	SZA	VZA	SAZ	VAZ	飞行高度（m，a.s.l.）
12:43	13:02—13:04	37.7	5.6	156.6	−78.8	4004

表 4.14　MODIS 校正结果统计信息表

MERSI CWL（nm）	659	865	470	555	1240	1640	2130
测量辐亮度（W/(m²·sr·μm)）	134.72	93.62	117.21	134.27	38.46	17.17	3.39
校正辐亮度（W/(m²·sr·μm)）	132.46	93.38	130.76	134.3	38.16	17.06	3.35
MODIS 辐亮度（W/(m²·sr·μm)）	136.52	97.62	134.58	141.29	45.65	20.24	3.22
MODIS 相对标准差（%）	2.45	1.78	4	3.39	2.26	3.85	6.05
MODIS 偏差（模拟－MODIS）/MODIS（%）	−2.98	−4.34	−2.84	−4.95	−16.39	−15.68	3.87

（2）FY-3A/MERSI 校正

2010 年 8 月 24 日和 9 月 9 日，进行了两个架次的 FY-3A/MERSI 航空同步观测。2010 年 9 月 9 日没有激光雷达测量。考虑到敦煌地区实测气溶胶廓线与模式差别较大，处理中使用了 2010 年 8 月 24 日测量的气溶胶消光系数廓线数据。

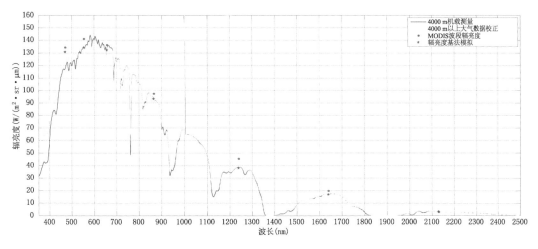

图 4.8　MODIS 校正结果比较

结果表明,对于 500 nm 以下的通道,航空测量数据大于 L1B 校正数据(6.5%～19.1%);而 500 nm 以上的通道,航空测量数据小于 L1B 校正数据(−2%～−10%);水汽吸收通道(940 nm)航空测量数据明显大于 L1B 校正数据(12.4%～19.5%);通道 6(1642 nm)和通道 7(2122 nm)航空测量数据与 L1B 校正数据差别明显(可超过 30%)。

比较两个架次得到的校正系数可见,对于 FY-3A/MERSI 通道 6(1642 nm),两者的相对偏差为 5.1%;对于通道 18(940 nm)、通道 19(972 nm)和通道 20(1018),两者的相对偏差约为 3.2%;对于通道 4(866 nm)、通道 16(863 nm)和通道 17(882 nm),两者的相对偏差分别约为 1.6%、1.4% 和 2.0%;MERSI 其余 12 个可见—近红外通道两次航空辐亮度校正系数间的相对偏差均小于 1%。说明航空辐亮度校正法具有较好的鲁棒性(稳定性)。

具体结果如表 4.15,表 4.16,表 4.17,图 4.9 所示。

①敦煌场　2010-08-24 04:39UTC

表 4.15　MERSI 观测和航空飞行参数

T_{MODIS}	$T_{Airborne}$	SZA	VZA	SAZ	VAZ	飞行高度(m,a.s.l.)
12:39	12:39—12:49	32.0	11.0	149.0	−80.0	4017

表 4.16　MERSI 校正结果统计信息表

MERSI CWL (nm)	472	563	652	866	1642	2122	420	449
测量辐亮度(W/(m²·sr·μm))	79.56	85.88	91.18	59.17	18.48	NaN	57.97	71.39
校正辐亮度(W/(m²·sr·μm))	97.71	91.15	92.53	59.77	18.31	NaN	84.4	92.32
MODIS 辐亮度(W/(m²·sr·μm))	91.23	92.38	98.08	61.42	12.91	NaN	71.32	86.23
MODIS 相对标准差(%)	1.48	1.08	0.89	2.16	5.41	NaN	1.74	1.48
MODIS 偏差(模拟−MODIS)/MODIS(%)	7.09	−1.33	−5.66	−2.69	41.87	NaN	18.34	7.06

表 4.17　MERSI 校正结果统计信息表（续）

MERSI CWL （nm）	534	573	647	687	765	863	882	940	972
测量辐亮度（W/(m²·sr·μm)）	81.86	90.91	90.85	84.74	64.53	60.17	48.77	26.62	43.81
校正辐亮度（W/(m²·sr·μm)）	90.37	94.25	92.23	84.86	61.45	60.8	49	25.76	43.95
MODIS 辐亮度（W/(m²·sr·μm)）	89.62	96.68	97.73	89.67	68.37	62.54	53.68	21.55	45.82
MODIS 相对标准差（%）	1.25	0.91	0.92	1.1	1.57	1.94	2.08	2.63	2.38
MODIS 偏差（模拟－MODIS)/MODIS(%）	0.84	−2.52	−5.64	−5.35	−10.12	−2.78	−8.72	19.51	−4.09

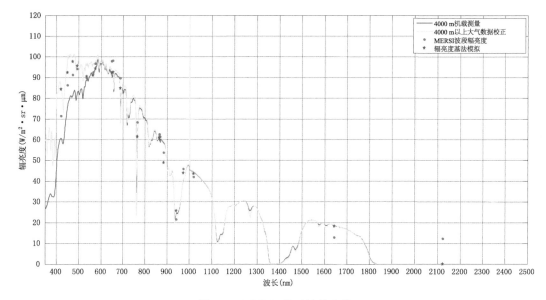

图 4.9　MERSI 校正结果比较

②敦煌场，2010-09-09，04:37UTC（表 4.18，表 4.19，表 4.20，图 4.10）

表 4.18　MERSI 观测和航空飞行参数

T_{MODIS}	$T_{Airborne}$	SZA	SAZ	VAZ	飞行高度（m，a.s.l.）
12:37	12:33—12:57	38.0	154.0	−81.0	4017

表 4.19　MERSI TOA 校正结果统计信息表

MERSI CWL （nm）	472	563	652	866	1642	2122	420	449
测量辐亮度（W/(m²·sr·μm)）	72.57	79.21	85.1	54.42	15.39	7.2	52.72	65.06
校正辐亮度（W/(m²·sr·μm)）	90.78	84.7	86.6	55.05	15.26	7.15	79.08	86.02
MODIS 辐亮度（W/(m²·sr·μm)）	85.21	86.32	92.76	58.28	11.83	11.46	66.41	80.51
MODIS 相对标准差（%）	3.00	3.92	4.81	5.57	6.15	3.90	2.65	2.74
MODIS 偏差（模拟－MODIS)/MODIS(%）	6.54	−1.88	−6.64	−5.55	29.02	−37.62	19.08	6.85

表 4.20　MERSI 校正结果统计信息表（续）

MERSI CWL （nm）	534	573	647	687	765	863	882	940	972
测量辐亮度（W/(m²·μm·sr)）	74.95	84.3	84.81	79.12	59.82	55.3	44.83	24.51	39.41
校正辐亮度（W/(m²·μm·sr)）	83.63	87.88	86.33	79.42	57.16	55.97	45.01	23.5	39.54
MODIS 辐亮度（W/(m²·μm·sr)）	83.53	90.40	92.61	85.00	64.70	59.6	51.34	20.91	43.92
MODIS 相对标准差（%）	3.38	4.09	4.78	4.96	5.19	5.72	4.97	4.36	5.15
MODIS 偏差（模拟－MODIS）/MODIS(%)	0.12	−2.79	−6.78	−6.57	−11.65	−6.08	−12.32	12.42	−9.95

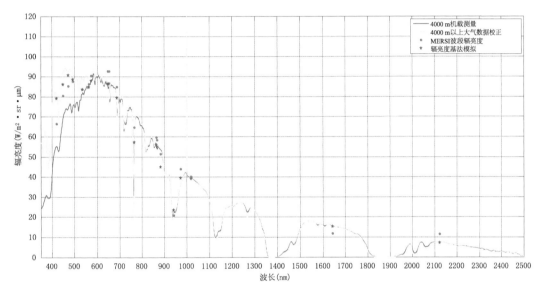

图 4.10　MERSI 校正结果比较

③FY-3A/MERSI 通道校正系数对比

表 4.21，表 4.22 为 MERSI 通道校正系数。

表 4.21　MERSI 通道 1～10 校正系数对比

通道	1	2	3	4	6	7	8	9	10		
MERSI CWL （nm）	472	563	652	866	1642	2122	420	449	492		
L1B 范围	0.0312	0.0295	0.0253	0.0299	0.0229	0.0241	0.023	0.0245	0.0247		
2010-08-24	0.02959	0.02725	0.02313	0.02759	0.03033	NaN	0.02649	0.0258	0.0246	最小值	冷空值
2010-09-09	0.02938	0.02708	0.02276	0.02671	0.02738	0.01576	0.02665	0.02576	0.0245	最小值	冷空值
相对偏差（%）	0.35	0.32	0.8	1.63	5.11	NaN	0.3	0.06	0.19	最小值	冷空值
2010-08-24	0.03262	0.02924	0.02391	0.02847	0.03681	0.00003	0.02686	0.02602	0.02479	平均值	冷空值
2010-09-09	0.03244	0.02913	0.02369	0.02761	0.0339	0.0152	0.02701	0.02599	0.0247	平均值	冷空值
相对偏差（%）	0.28	0.19	0.45	1.54	4.12	NaN	0.28	0.05	0.19	平均值	冷空值

表 4.22　MERSI 通道 11～20 校正结果对比

通道	11	12	13	14	15	16	17	18	19	20		
MERSI CWL (nm)	534	573	647	687	765	863	882	940	972	1018		
L1B 范围	0.0199	0.0237	0.023	0.022	0.028	0.0219	0.0267	0.0232	0.0249	0.0265		
2010-08-24	0.01965	0.02279	0.02151	0.02066	0.02496	0.02115	0.02423	0.02739	0.02374	0.02738	最小值	冷空值
2010-09-09	0.01948	0.0227	0.02124	0.02039	0.02457	0.02058	0.0233	0.02576	0.02228	0.02565	最小值	冷空值
相对偏差(%)	0.43	0.18	0.63	0.66	0.8	1.35	1.95	3.07	3.17	3.25	最小值	冷空值
2010-08-24	0.02011	0.02297	0.02167	0.02076	0.02512	0.02124	0.02437	0.02762	0.02393	0.02761	平均值	冷空值
2010-09-09	0.02	0.02291	0.02141	0.02051	0.02472	0.02053	0.02343	0.02604	0.02249	0.02592	平均值	冷空值
相对偏差(%)	0.28	0.14	0.59	0.6	0.81	1.69	1.96	2.95	3.1	3.15	平均值	冷空值

（3）结果分析

①MODIS 可见—近红外通道航空辐亮度校正结果与内校正具有很好的一致性，相对偏差不超过 5%；

②MODIS 短波红外通道偏差较大，原因有待进一步分析；

③650 nm 以上，在 4000 m 高度与 TOA 差别不大；

④650 nm 以下，在 4000 m 高度以上主要受分子散射影响，可以较精确修正；

⑤对 FY-3A/MERSI 19 个可见—近红外通道进行的两次航空辐亮度法校正结果具有很好的一致性，两次校正间的相对偏差，有 11 个通道在 1% 以内，有 6 个通道(863 nm、866 nm 和 882 nm)介于 1.0%～3.2%，最大偏差出现在短波红外通道 6(1642 nm)，达到 4.1%；

⑥返程测量误差较大；

⑦夕阳水测量误差较大。

4.3.2　2011 年外场航空同步观测试验

4.3.2.1　2011 年度测量改进

针对 2010 年度试验成果和存在的问题，2011 年度的主要改进如下，

（1）进一步提高航空测量高度

针对 2011 年敦煌试验期间激光雷达测得的对流层气溶胶廓线，提高航空辐亮度校正测量高度到海拔 5000 m 以上，以进一步减少气溶胶和瑞利散射对辐亮度校正精度的影响。

航空测量试验改用配有 118 马力* 4 缸涡轮增压活塞式航空发动机的 Air Creation 动力三角翼飞机，飞机升限可达 6500 m；考虑到海拔 5000 m 高空氧气稀薄，为保证飞行安全，为飞行员增加了供氧装备(图 4.11)。

（2）增加一台 SVC-1024 光谱仪

针对 2011 年度飞行试验短波红外通道与星上校正结果偏差较大的问题，在 2010 年使用的一台 ASD Pro 光谱仪的基础上，加装了一台 SVC-1024 光谱仪（主要参数见表 4.23），以比对两台仪器的一致性和航空测量的可靠性，验证航空测量的精度。

---

* 1 马力＝736 W。

图 4.11　加装供氧设备的动力三角翼飞机

表 4.23　ASD-Pro 和 SVC-1024 便携式光谱仪性能参数

仪器名称	ASD-Pro	SVC-1024
光谱波长测定范围	350~2500 nm	
通道数	1024	
线阵探测器	350~1100 nm，低噪声 512 阵元 PDA 1000~1800 nm 及 1700~2500 nm，两个 In-GaAs 探测器单元，TE 制冷恒温	(1) 512 Si,350~1000 nm (1) 256 InGaAs,1000~1850 nm (1) 256 扩展的 InGaAs,1850~2500 nm
采样带宽	1.4 nm 在 350~1050 nm 处； 2 nm 在 1000~2500 nm 处	≤1.5 nm,350~1000 nm ≤3.8 nm,1000~1850 nm ≤2.5 nm,1850~2500 nm
光谱分辨率	3 nm 在 700 nm 处； 10 nm 在 1400,2100 nm 处	≤3.5nm,350~1000 nm ≤9.5 nm,1000~1850 nm ≤6.5 nm,1850~2500 nm
视场	1°	4°
数据格式	16 bit	16 bit
波长重复性	± 0.3 nm	± 0.1 nm
噪声等效辐射	UV/VNIR:1.4×10^{-9} W/(cm²·sr·nm)在 700 nm 处； NIR:2.4×10^{-9} W/(cm²·sr·nm)/在 1400 nm 处； NIR:8.8×10^{-9} W/(cm²·sr·nm)在 2100 nm 处	≤1.2×10^{-9} W/(cm²·sr·nm)在 700 nm 处 ≤4.5×10^{-9} W/(cm²·sr·nm)在 1500 nm 处 ≤4.0×10^{-9} W/(cm²·sr·nm)在 2100 nm 处

（3）改进 ASD-Pro 测量方式

2010 年试验中,ASD-Pro 光谱仪采用了本机自动测量方式,其短波红外光谱范围的暗信号在飞机起飞前测量,测量中无法更新暗信号数据。由于测量高度的环境温度与地表差别较大(超过 20~30 ℃),暗信号可能会发生一定的变化。为了改善测量精度,2011 年试验中,改用远控测量方式,由主控计算机定时(1 min)更新暗信号。

4.3.2.2 ASD VNIR-SWIR 光谱仪 VB 远程控制界面程序

（1）VB 远程控制界面程序编写必要性

ASD VNIR-SWIR 光谱仪自带原始程序，人为操作性功能强大，测量速度较快，但在无人值守条件下，自带程序满足不了特殊环境下的测量，如无人高空飞行试验，飞行高度到海拔5000 m 以上，高空的环境温度与地面环境温度相差很大，温度差达 40℃ 以上。下面我们简要介绍仪器安装及飞行测量情况。

我们将两台光谱仪器固定在三角翼飞机上，分别是 ASD VNIR-SWIR 光谱仪和 SVC HR1024 光谱仪，两台光谱仪器都可以在 350～2500 nm 通道范围内测量光谱辐亮度数据。ASD VNIR-SWIR 主机放在座位上面，在座位两边加工了两个小平台。右边平台安装 SVC-1024 光谱仪，左边安装 ASD VNIR-SWIR 光谱仪镜头。由于三角翼的空间及载重量限制，两台仪器在天上工作时，无人值守，如图 4.12 所示。

图 4.12　两台光谱仪安装图

2011 年 9 月 6 日进行了试飞，调整视场方向相同（SVC 视场 4°，ASD VNIR-SWIR 光谱仪视场 1°），在起飞之前，分别使用 SVC、ASD VNIR-SWIR 光谱仪自带程序，对白板进行优化采样，调整好采样积分时间，设置好定时采样。飞机起飞后飞行高度在 1000 m 左右，测量一条航线，我们对起飞前、航线数据以及降落后相同时刻、测量目标接近的数据进行分析。

从图 4.13 不同时刻的数据对比来看，除去测量目标的差异（在飞行中测量的目标是沙丘，目标均匀性不是很好）两台仪器测量的辐亮度大小差异不好比较，但是 ASD 的第二通道和第三通道探测器确实存在问题，一些吸收带的值非常大，不符合实际情况。ASD VNIR-SWIR 光谱仪由于无人值守，长期不能优化积分时间和增益，且不能测量本底，导致两台光谱仪数据一致性出现问题。分析原因是天上的环境温度和地面上的环境温度相差很大，ASD VNIR-SWIR 光谱仪的本底发生偏移，需要间隔一段时间对 ASD 进行优化积分时间、增益和扣除本底操作。参考了 ASD VNIR-SWIR 光谱仪，使用 VB 语言编写了 ASD VNIR-SWIR 光谱仪 VB 远程控制界面程序。

（2）VB 远程控制界面程序简介

①系统要求

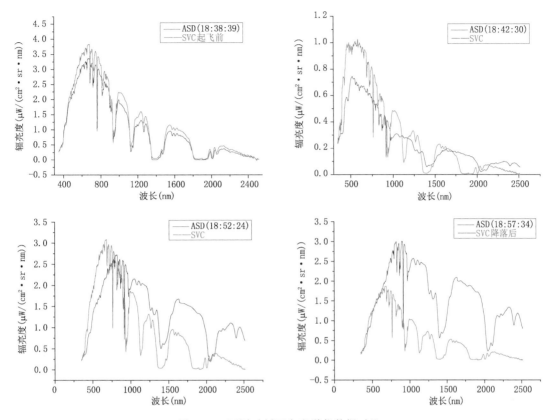

图 4.13 不同时刻两台光谱仪数据对比

ASD VNIR-SWIR 光谱仪 VB 远程控制界面程序目前只能在英文操作系统里使用,目前还不能在中文操作系统里使用,本程序不需要安装,可以直接移植到其他本类型 ASD VNIR-SWIR 光谱仪使用,系统使用要求如下:

- 1.2 GHz Pentium 或更好的笔记本或个人电脑带显示器;
- 256 MB RAM 或更多;
- 20 GB 的可用磁盘空间;
- Microsoft Windows®(95,98,ME,NT,2000,XP,Vista)操作系统;
- 1024 x 768 或更高的图形分辨率;
- 24 位彩色或 32 位彩色;
- Internet Explorer 6.0 或更高版本;
- 以太网端口:10/100 Base T 以太网接口。

需要其他软件支持如下:

- ASD 的 RS3 软件;
- 或 ASD 的 Indico 软件。

②主要功能

ASD VNIR-SWIR 光谱仪 VB 远程控制界面程序,操作简单、界面友好,有保留自带程序、优化积分时间和增益、扣除本底、测量数据等主要功能,在测量方式方面做了一些改进,主要是有利于飞行试验的测量;同时对积分时间和增益方面进行归一,带入校正系数,直接获取光谱

辐亮度数据,减少后期数据处理工作。测量界面如图 4.14:

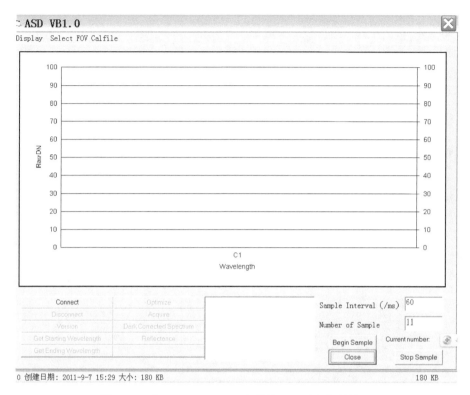

图 4.14 ASD VNIR-SWIR 光谱仪 VB 远程控制界面

③操作简介

ASD VNIR-SWIR 光谱仪 VB 远程控制界面使用网线接口与 ASD 光谱仪主机进行连接,在打开 ASD 光谱仪主机之后,启动 ASD VNIR-SWIR 光谱仪 VB 远程控制界面,主要操作步骤如下。

第一步,点击"Connect",操作完后会弹出一个提示框,点击"ok",等待灰化的操作按钮显示出来后进行下一步操作。如果网线没有接好,提示框会报错,灰化按钮不会动作。

第二步,点击"Select FOV Calfile",选择仪器正在使用的视场头 FOV,如果是裸光纤,选择 25°FOV。如果没有这一步操作,程序默认 1°FOV。

第三步,设置采样间隔和测量数目,然后点击"Begin Sample"。程序自动保存光谱辐亮度到程序所在文件夹 data 文件中,保存原始 DN 值到程序所在文件夹 backup 文件中。为了有利于本次飞行试验测量,每次点击"Begin Sample",第一次测量都会优化积分时间和增益,扣除本底,然后每间隔 10 测量,优化积分时间和增益,扣除本底一次。每次测量设定 ASD 主机采样 5 次,平均数据上传给上位机,作为测量一次。这样既有利于提高测量速度,同时保证数据的准确性。现在每次测量时间为 3 s 左右,随积分时间变化,优化积分时间和增益,扣除本底一次时间为 9 s 左右。

ASD VNIR-SWIR 光谱仪 VB 远程控制界面默认显示光谱辐亮度数据,也可以在"Display"栏里选择显示 DN 值原始数据。每次测量数据的参数,FOV、VNIR 积分时间、SW1 增益和 SW2 增益、SW1 offset 和 SW2 offset 在中间白色文本框中显示。

　　④数据格式介绍

　　ASD VNIR-SWIR 光谱仪默认像元为 2151，VNIR：350～1000 nm，SW1：1001～1830 nm，SW2：1831～2500 nm。每个像元间隔 1 nm。由于波长数据是已知的，因此数据保存时，没有保存波长数据。数据格式如图 4.15 所示。

图 4.15　光谱辐亮度数据格式

　　光谱辐亮度保存在程序所在文件夹 data 文件中，原始 DN 值保存在程序所在文件夹 backup 文件中，光谱辐亮度数据以"raddata"加上当前测量时间命名，原始 DN 值数据以"rawdata"加上当前测量时间命名。

　　ASD VNIR-SWIR 光谱仪 VB 远程控制界面启动时自动读取程序所在文件夹中 sourse-file 文件夹中 3 个 FOV 视场校正文件，文件名分别为 calfile1.txt，calfile10.txt，calfile25.txt；分别对应 1°FOV，10°FOV，25°FOV。下次校正只需更换这 3 个校正文件，方便测量和校正。calfile1.txt 的数据格式如图 4.16 所示，2151 个像元的校正系数保存在一个 txt 文件中。

　　⑤VB 远程控制界面程序实际测量应用

　　2011 年 9 月 9 日下午进行第二次测试，飞机在卫星过顶前 40 min 出发，上升到海拔 3000 m 的位置，在指定的航线进行测量。

　　飞机到达指定的航线时间为 15：35—15：45，我们选取这 11 min 数据平均反演光谱辐亮度数据，如图 4.17 所示，测量数据一致性较好，数值大小略有差别。分析数值大小略有差别的原因可能是，在 4000 m 的高度，1°视场对应目标的大小有直径 69 m 的圆目标，4°视场对应目标的大小有直径 279 m 的圆目标，对应的目标会存在一定差异。即使目标比较均匀，3000 m 厚度的大气上行影响也会有差异，4°视场测量的结果应比 1°视场测量的结果要小。两台仪器测量的数据和通过波长校准和辐射校正，可以进一步缩小两台仪器存在的差异。

　　另外将这 11 min 的所有测量点，选取 VNIR、SW1、SW2 内 500 nm、800 nm、1500 nm 以

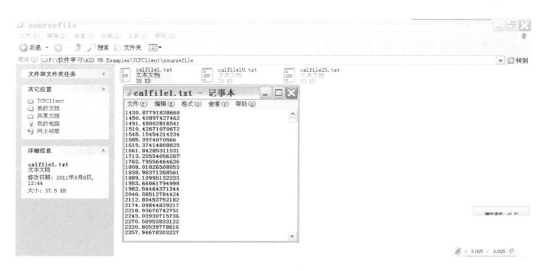

图 4.16 校正文件格式

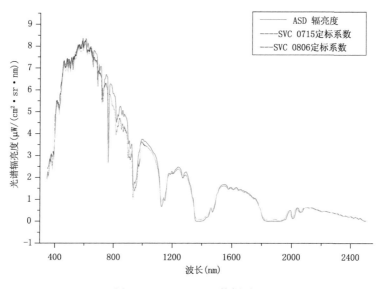

图 4.17 ASD、SVC 数据对比

及 2100 nm 四个通道,绘制 11 min 的测量曲线。从图 4.18 的曲线形状来看,ASD、SVC 4 个通道的走势是相同的,测量结果比较可信。

在起飞前和降落后我们测量了白板和环氧板,通过环氧板的反射率来判断仪器的状态。如图 4.19 所示,两台仪器测环氧板的反射率曲线起飞前降落后形状和大小是接近的,证明两台仪器的状态是好的。

两台光谱测量环氧板的反射率的曲线形状是一致的,其中 ASD 光谱仪在 1300 nm,1850 nm 左右和 2450 nm 以后测量反射率数据不是很好,1300 nm 处有一个水汽吸收带,ASD 光谱仪测量数据的信噪比较低,1850 nm 左右和 2450 nm 以后为探测器的两端,信噪比同样比较低,反演反射率出现"毛刺"。SVC 光谱仪在探测器交接的地方做了平滑优化设计,因此"毛

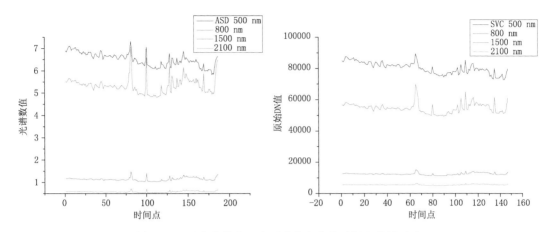

图 4.18　两台光谱仪 4 个通道整个航线时间上曲线对比

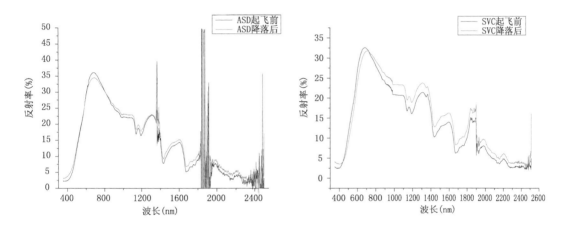

图 4.19　环氧板反射率对比

刺"现象会好一些,若要进一步提高 ASD 光谱仪测量数据质量,还需要做一些平滑算法方面的研究。

⑥环境因素使用考虑

现在 ASD VNIR-SWIR 光谱仪每次测量时间为 3 s 左右,随积分时间变化,优化积分时间和增益,扣除本底一次时间为 9 s 左右。间隔多少次测量优化积分时间和增益,扣除本底一次比较合理呢?

我们选取 2011-9-15 卫星过顶前后 10 min 数据,将 30 min 的 SW1、SW2 本底数据以及航线上仪器的温度做分析,如图 4.20 所示。

航线上的温度是通过 SVC 光谱仪自带的温度传感器探测 SVC 散热器的温度,环境温度应该比这个温度低 10°左右。在整个航线上,ASD SWIR2 offset 变化从 2129 到 2102,降低了27 个 DN 值,SWIR1 offset 变化 1 个 DN 值,SVC 光谱仪测量的温度变化了 8.8℃,也充分说明了环境温度对 ASD VNIR-SWIR 光谱仪 SWIR2 探测器 offset 影响比较大,即环境温度变化 1℃,SWIR2 探测器 offset 变化 3 个 DN 值。环境温度降低,SWIR2 探测器 offset 值会降

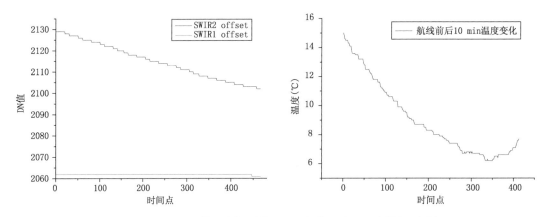

图 4.20　ASD 红外两个探测器 offset 变化以及 SVC 测量温度图

低,反之增高,这比较符合近红外探测器本底漂移的规律。

环境温度变化速率为 0.3℃/min,通过分析 ASD 在 1 min 内至少需要优化积分时间和增益,扣除本底一次。VB 远程控制界面程序里面设计 10 次采样优化积分时间和增益,扣除本底一次,相当于 40 s 优化积分时间和增益,扣除本底一次,满足上述要求。

根据上述分析,对于温度变化比较大的环境,应尽快在短的时间内测量,并尽可能扣除本底,对于温度变化不是很大的环境,可以减少扣除本底时间次数。如果环境温度变化比较大,可以做一些防护措施,在环境温度较低的情况下,可以给仪器做一些保温外罩,在环境温度较高的情况,避免太阳直射,保持通风良好。

4.3.2.3　航空同步观测试验

经前述测量方案改进后,2011 年 9 月 6—21 日期间,在敦煌辐射校正场进行了 7 个架次的航空测量试验,见表 4.24。

表 4.24　航空测量飞行架次

日期	过顶卫星	结果
2011-09-06	无	本场检飞
2011-09-09	AQUA、FY-3B	临时空域管制,测量推迟 1 h,误差较大
2011-09-13	TERRA	
2011-09-15	TERRA	
2011-09-16	AQUA	
2011-09-20	FY-3B	场地上空有碎云
2011-09-21	FY-3A	

(1)校正结果分析

①TERRA MODIS 结果分析

表 4.25,表 4.26,图 4.21 和图 4.22 分别表示了 2011 年 9 月 13 日和 15 日 TERRA/MODIS 的两次航空同步测量试验结果。

表 4.25　2011 年 9 月 13 日 TERRA/MODIS 航空同步测量结果比对

2011 年 9 月 13 日敦煌场 TERRA/MODIS 航空同步测量,飞行高度＝5047 m							
MODIS 通道	1	2	3	4	5	6	7
中心波长(nm)	645.	858.5	469	555	1240	1640	2130
MODIS 辐亮度(W/(m²·sr·μm))	92.36	62.06	100.39	99.27	33.25	19.05	6.82
ASD 测量辐亮度(W/(m²·sr·μm))	93.71	58.37	105.66	99.84	28.13	17.27	6.94
SVC 测量辐亮度 (W/(m²·sr·μm))	91.16	50.33	104.90	100.54	27.08	16.74	6.80
ASD 与 SVC 之间相对偏差	0.03	0.15	0.01	−0.01	0.04	0.03	0.02
ASD 与 MODIS 之间相对偏差	0.01	−0.06	0.05	0.01	−0.17	−0.10	0.02

表 4.26　2011 年 9 月 15 日 TERRA/MODIS 航空同步测量试验结果比对

2011 年 9 月 15 日敦煌场 TERRA/MODIS 航空同步测量,飞行高度＝4478 m							
MODIS 通道	1	2	3	4	5	6	7
中心波长(nm)	645	858.5	469	555	1240	1640	2130
MODIS 辐亮度(W/(m²·sr·μm))	94.94	63.99	103.31	101.75	35.33	19.72	7.09
ASD 测量辐亮度(W/(m²·sr·μm))	94.23	59.39	105.40	99.90	29.34	18.27	7.43
SVC 测量辐亮度 (W/(m²·sr·μm))	98.48	55.70	110.36	107.12	30.05	18.71	7.63
ASD 与 SVC 之间相对偏差	−0.04	0.06	−0.05	−0.07	−0.02	−0.02	−0.03
ASD 与 MODIS 之间相对偏差	−0.01	−0.07	0.02	−0.02	−0.19	−0.08	0.05

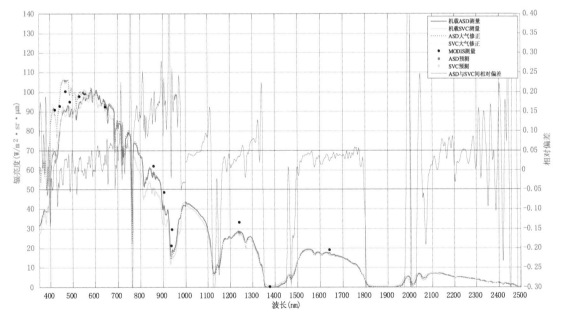

图 4.21　2011 年 9 月 13 日 TERRA/MODIS 航空同步测量试验结果

由表 4.25 和图 4.21 可见:

a. ASD 和 SVC 两台光谱仪之间的测量偏差,对于可见光谱段(通道 1、3 和通道 4),在 3%以内;近红外谱段(通道 2858.5 nm)偏差较大(达 15%);在短波红外谱段(通道 5~7),偏差为 2%~4%。

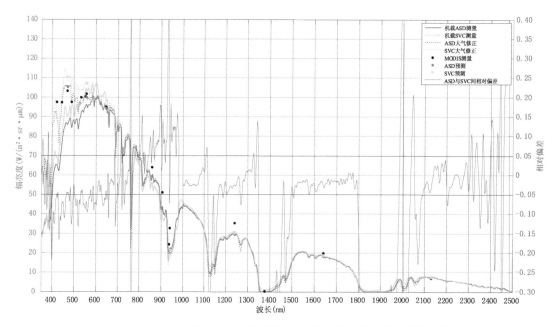

图 4.22　2011 年 9 月 15 日 TERRA/MODIS 航空同步测量试验结果

b. 使用航空校正和 MODIS 内校正系数计算得到的辐亮度偏差,对于可见光谱谱段,通道 1 和通道 4 为 1%,通道 3 为 5%。近红外谱段(通道 2858.5 nm)偏差稍大(达 6%);在短波红外谱段(通道 5~7),通道 5 和通道 6 偏差很大(分别为 17% 和 10%),通道 7 的偏差很小(2%)。

由表 4.26 和图 4.22 可见:

a. ASD 和 SVC 两台光谱仪之间的测量偏差,对于可见—近红外谱段(通道 1~4),在 4% ~7% 以内;在短波红外谱段(通道 5~7),偏差很小(2%~3%)。

b. 使用航空校正和 MODIS 内校正系数计算得到的辐亮度偏差,对于可见光谱谱段,通道 1、3 和通道 4 为 1%~2%。近红外谱段(通道 2858.5 nm)偏差稍大(7%);在短波红外谱段(通道 5~7),通道 5 和通道 6 偏差很大(分别为 19% 和 8%),通道 7 的偏差为 5%。

表 4.27 同时示出了 TERRA/MODIS 两次航空校正结果。

由表 4.27 可见,两次航空校正的结果之间的偏差小于等于 3%,具有很好的一致性。

表 4.27　TERRA/MODIS 两次航空校正结果比对

MODIS 通道	1	2	3	4	5	6	7
中心波长(nm)	645	858.5	469	555	1240	1640	2130
2011-09-13	0.01	−0.06	0.05	0.01	−0.17	−0.10	0.02
2011-09-15	−0.01	−0.07	0.02	−0.02	−0.19	−0.08	0.05

结合前述分析和 2010 年试验结果分析,可以认为:

a. 航空校正方法的不确定度可以达到 3%。

b. TERRA/MODIS 短波红外通道的内校正非常值得怀疑。航空校正试验结果表明,两年来,使用两台不同仪器的多次校正结果具有较好的一致性。目前基本可以确认,在短波红外谱段航空校正结果的不确定性小于 3%,建议使用航空校正结果。

c. TERRA/MODIS 近红外通道 2 的星上内校正与航空校正结果偏差稍大,两次航空校正结果具有较好的一致性。有待结合其他方法进一步确认。

②FY-3A/B/MERSI 结果分析

2011 年 9 月 9 日,AQUA/MODIS 和 FY-3B 航空校正测量受到临时空域管制影响,2011 年 9 月 16 日 AQUA/MODIS 航空校正测量受到天气条件变化的影响,结果较差,在此不再进行详细的分析。

图 4.23、图 4.24 和表 4.28、表 4.29 分别给出了 2011 年 9 月 21 日 FY-3A/B/MERSI 的航空校正结果。进一步的分析可结合基于场地同步观测等方法的校正结果综合分析。

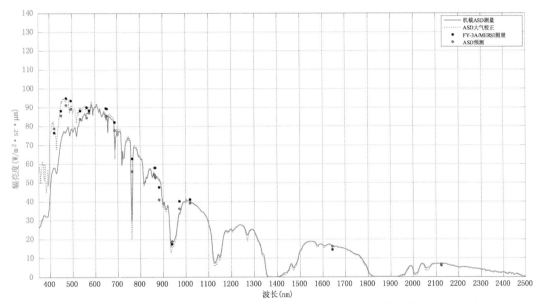

图 4.23　2011 年 9 月 21 日 FY-3A/MERSI 航空同步测量试验结果,飞行高度=4345 m

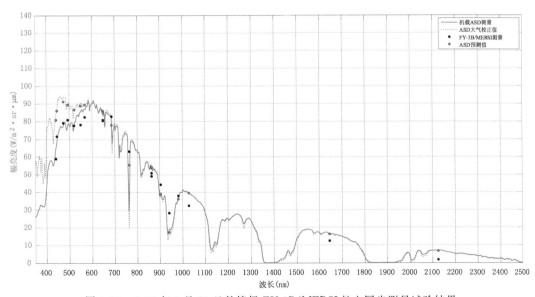

图 4.24　2011 年 9 月 21 日敦煌场 FY-3B/MERSI 航空同步测量试验结果

表 4.28　2011 年 9 月 21 日敦煌场 FY-3A/MERSI 航空同步测量试验结果比对

飞行高度＝4345 m

SZA＝42，VZA＝11，SAA＝156，VAA＝279

通道	1	2	3	4	5	6	7	8	9	10
波长(nm)	472.27	562.89	652.33	866.23	12000	1642.22	2122.90	419.68	449.27	492.66
校准辐亮度 (W/(m²·sr·μm))	0.21906	0.16446	0.11922	0.08247		0.01897	0.00825	0.16844	0.16800	0.16179
校准参考	0.03427	0.02967	0.02404	0.02706		0.02551	0.02662	0.03073	0.02781	0.02601
校准 L1B	0.03600	0.03190	0.02530	0.02990		0.02290	0.02410	0.03010	0.02890	0.02750
ASD 与 L1B 间偏差	−0.05	−0.07	−0.05	−0.09		0.11	0.10	0.02	−0.04	−0.05
通道	11	12	13	14	15	16	17	18	19	20
波长(nm)	534.03	573.21	647.80	686.77	764.56	862.74	882.70	940.09	972.46	1018.28
校准辐亮度 (W/(m²·sr·μm))	0.11627	0.12987	0.10839	0.09612	0.09723	0.06189	0.06710	0.06462	0.05411	0.06138
校准参考	0.02070	0.02319	0.02175	0.02070	0.02473	0.02029	0.02285	0.02468	0.02218	0.02773
校准 L1B	0.02200	0.02370	0.02300	0.02200	0.02800	0.02190	0.02670	0.02320	0.02490	0.02940
ASD 与 L1B 间偏差	−0.06	−0.02	−0.05	−0.06	−0.12	−0.07	−0.14	0.06	−0.11	−0.06

表 4.29　2011 年 9 月 21 日敦煌场 FY-3B/MERSI 航空同步测量试验结果比对

Sat：VZA＝23，VAA＝76；　Airborne Meas.：VZA＝10. VAA＝283

FY-3B 时间：14:37. 飞行时间：12:35—12:50，飞行高度＝4345m a.s.l.

MERSI 通道	1	2	3	4	5	6	7	8	9	10
MERSI 波长(nm)	473.62	549.17	647.58	863.26		1642.85	2123.86	440.50	445.58	492.03
RAD_BAS 校正辐亮度 (W/(m²·sr·μm))	0.19005	0.16773	0.13586	0.08545		0.01591	0.00487	0.15030	0.14676	0.13890
RAD_BAS 校准参考	0.02946	0.02875	0.02705	0.02774		0.02144	0.01574	0.02710	0.02383	0.02200
MERSI_L1B 校准值	0.02590	0.02562	0.02578	0.02562		0.01661	0.00441	0.02002	0.02008	0.02020
ASD 与 SVC 偏差	0.14	0.12	0.05	0.08		0.29	2.57	0.35	0.19	0.09
MERSI 通道	11	12	13	14	15	16	17	18	19	20
MERSI 波长(nm)	521.65	566.82	648.46	685.95	764.49	862.67	903.95	940.80	981.77	1028.24
RAD_BAS 校正辐亮度 (W/(m²·sr·μm))	0.12862	0.12373	0.10536	0.08735	0.06907	0.06606	0.05569	0.03661	0.05065	0.05918
RAD_BAS 校准参考	0.02200	0.02152	0.02104	0.01873	0.01748	0.02151	0.01970	0.01395	0.02107	0.02724
MERSI_L1B 校准值	0.02005	0.02015	0.02030	0.02021	0.02024	0.02042	0.02284	0.02277	0.02244	0.02262
ASD 与 SVC 偏差	0.10	0.07	0.04	−0.07	−0.14	0.05	−0.14	−0.39	−0.06	0.

综上所述：

a. ASD-PRO 和 SVC-1024 两台光谱仪航空测量数据在除吸收带以外的光谱范围一致性较好，两台辐射计测量数据的相对偏差在 4％以内。证明两台仪器在 5000 m 高空测量的数据稳定可靠；

b. 在短波红外波谱范围，两台航空测量仪器测得的数据间相对偏差不超过 3％。由此可以证明，航空测量数据稳定可靠。但 TERRA/MODIS 短波红外的 2 个通道(通道 5、6)星上内校正数据与航空同步测量数据偏差较大；

c.将航空测量高度提高到海拔 5000 m 不但减少了气溶胶的干扰,也明显降低了瑞利散射的干扰,可以明显提高辐亮度方法的校正精度。

4.3.3 2012 年外场航空同步观测试验

4.3.3.1 梦柯冰川 ASD 反射辐射测试

2012 年 8 月 19 日在距离敦煌市 250 km 处海拔 4200 m 的梦柯冰川利用 ASD 光谱仪进行了反射率辐射亮度测试试验(图 4.25)。这次试验的目的是利用清洁干净的梦柯高原地区来检验 ASD 光谱仪测量的下行辐亮度值。

图 4.25 梦柯冰川 ASD 测试图

4.3.3.2 航空同步观测

2012 年 7 月 29 日至 8 月 25 日,进行了航空同步测量试验。航空测量试验采用敦煌飞天动力三角翼飞机搭载 ASD 和 SVC 光谱仪进行(图 4.2)。在现场调研的基础上,初步确定了仪器装机方案:光谱仪主机安装在三角翼飞机后座,光纤探头采用定制的三维可调支架固定在飞机起落架上;实际测量时根据卫星观测角使用测角罗盘定向调节光学头部安装角。共开展了 9 架次飞行(表 4.30),平均测量飞行高度在 5000 m 左右。从图 4.26 中的飞行路线(7)可以看出飞行员驾驶技术过硬,在同步飞行时间里面基本按照设计的航线进行飞行测量。

表 4.30 2012 年航空同步测量飞行任务记录

日期	架次	起飞	着陆	用时	天气	同步卫星	备注
8 月 2 日	1	12:51	15:14	2 h 23 min	晴	无	ASD 和 SVC 飞行试验,主要测试仪器性能。飞行高度在 2000 m
8 月 7 日	2	11:40	13:52	2 h 12 min	晴	TERRA	同步测量,正常
	3	14:15	15:55	1 h 40 min		FY-3B	同步测量,正常
8 月 13 日	4	13:45	15:58	2 h 13 min	晴	FY-3B	同步测量,正常,SVC 中间测量中断
8 月 14 日	5	11:41	13:48	2 h 7 min	晴	TERRA	同步测量,正常
	6	14:00	15:34	1 h 34 min		FY-3B	同步测量,正常 SVC 中间测量中断,有薄云影响,失败
8 月 16 日	7	11:20	12:45	1 h 25 min	多云	FY-3A	中途起云,同步测量失败
8 月 21 日	8	11:31	13:54	2 h 23 min	晴,多云	FY-3A	中途起云,同步测量失败
8 月 22 日	9	11:25	13:40	2 h 15 min	晴	FY-3A	同步测量,正常
总计	9			18 h 12 min			

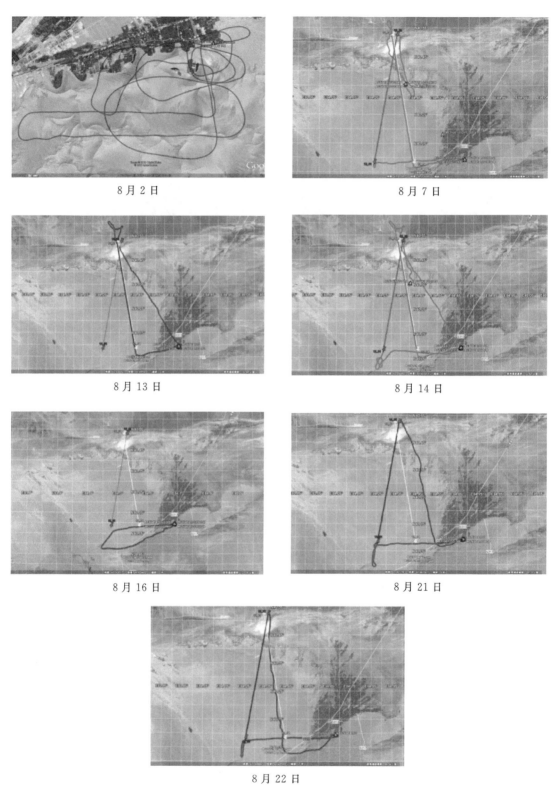

8月2日　　　　　　　　　8月7日

8月13日　　　　　　　　8月14日

8月16日　　　　　　　　8月21日

8月22日

图 4.26　2012 年航空同步测量飞行航迹

注:图中红色直线为上午轨道设计航线,黄色为下午轨道航线,蓝色曲线为实际航迹。

图 4.27 给出了 2012 年 8 月 14 日 TERRA 同步的 ASD 和 SVC 光谱数据图(过境戈壁滩)。通过对比发现,两种仪器观测的辐射值一致性比较好,适于进行绝对的辐射校正。

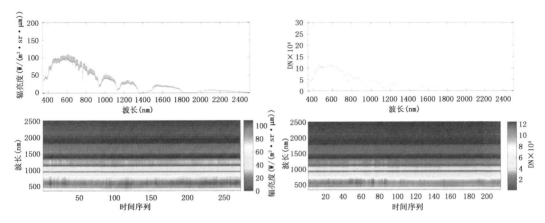

图 4.27　2012 年 8 月 14 日 TERRA/MODIS 同步的 ASD 和 SVC 光谱数据图(过境戈壁滩)

4.3.3.3　FY-3B 校正结果

(1)MERSI 校正结果

①FY-3B/MERSI

表 4.31 为 FY-3B/MERSI 同步参数信息。图 4.28 和图 4.29 给出了 2012 年 8 月 7 日的飞行路线和光谱比较图,图 4.30 和图 4.31 给出了 8 月 13 日的飞行路线和光谱比较图。表 4.32 列出了 FY-3B 反射率校正结果比较,可以看出两次校正系数(斜率)间的差异在 5% 以

表 4.31　FY-3B/MERSI 同步参数信息

数据	飞行高度(m)	SZA	VZA	SAA	VAA
8 月 7 日	4850	30.12	26.53	−136.86	−99.13
8 月 13 日	5670	30.33	10.10	−142.63	−101.89

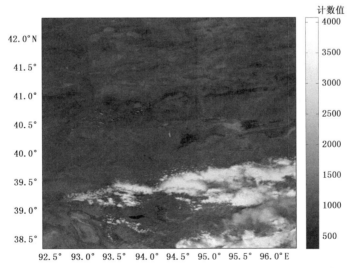

图 4.28　FY-3B/MERSI 2012 年 8 月 7 日 UTC 07:10 实际飞行路线图

(红线是飞行轨迹,底图是 MERSI 第一通道辐射值)

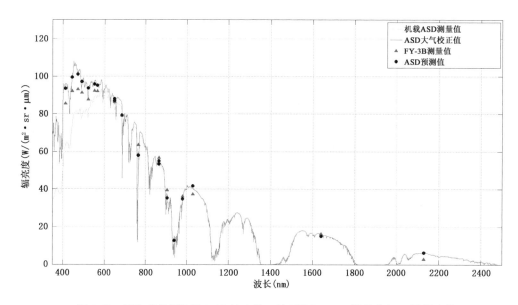

图 4.29　FY-3B/MERSI 2012 年 8 月 7 日 UTC 07:10 测量和订正结果比较

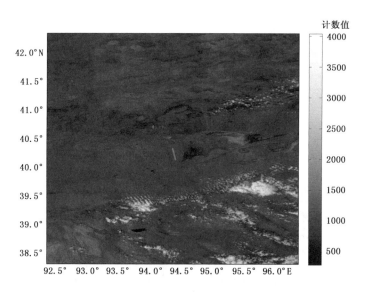

图 4.30　FY-3B/MERSI 2012 年 8 月 13 日 UTC 07:00 实际飞行路线图
（红线是飞行轨迹,底图是 MERSI 第一通道辐射值）

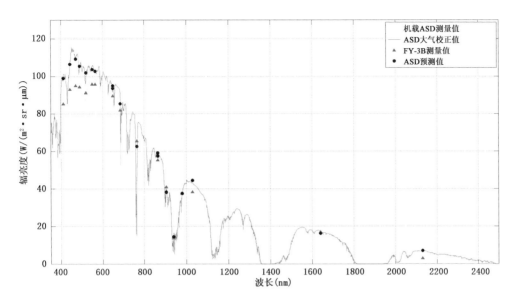

图 4.31 FY-3B/MERSI 2012 年 8 月 13 日敦煌场 UTC 07:00 测量和订正结果比较

表 4.32 FY-3B/MERSI 反射率校正结果比较

通道	1	2	3	4	5	6	7	8	9	10
波长(nm)	473.62	549.17	647.58	863.26	×	1642.85	2123.86	440.50	445.58	492.03
8 月 7 日	0.0285	0.0267	0.0242	0.0244	×	0.0171	0.0130	0.0264	0.0235	0.0211
8 月 13 日	0.0293	0.0274	0.0247	0.0252	×	0.0180	0.0133	0.0275	0.0246	0.0217
PDif1(%)	−1.38	−1.29	−1.02	−1.61	×	−2.56	−1.14	−2.04	−2.29	−1.40
平均值	0.0289	0.0271	0.0245	0.0248	×	0.0176	0.0132	0.0270	0.0241	0.0214
业务	0.0304	0.0296	0.0275	0.0284	×	0.0166	0.0044	0.0278	0.0252	0.0227
PDif2(%)	−4.93	−8.61	−11.09	−12.68	×	5.72	198.86	−3.06	−4.56	−5.73
通道	11	12	13	14	15	16	17	18	19	20
波长(nm)	521.65	566.82	648.46	685.95	764.49	862.67	903.95	940.80	981.77	1028.24
8 月 7 日	0.0208	0.0200	0.0190	0.0165	0.0159	0.0190	0.0171	0.0115	0.0191	0.0239
8 月 13 日	0.0214	0.0204	0.0193	0.0170	0.0164	0.0196	0.0178	0.0124	0.0201	0.0265
PDif1(%)	−1.42	−0.99	−0.78	−1.49	−1.55	−1.55	−2.01	−3.77	−2.55	−5.16
平均值	0.0211	0.0202	0.0192	0.0168	0.0162	0.0193	0.0175	0.0120	0.0196	0.0252
业务	0.0224	0.0223	0.0216	0.0191	0.0202	0.0219	0.0226	0.0140	0.0236	0.0270
PDif2(%)	−5.80	−9.42	−11.34	−12.30	−20.05	−11.87	−22.79	−14.64	−16.95	−6.67

PDif1 = (Slope$_{0807}$ − Slope$_{0813}$)/(Slope$_{0807}$ + Slope$_{0813}$)

PDif2 = (Slope$_{航空}$ − Slope$_{业务}$)/Slope$_{业务}$

内。采用两次校正结果的均值,不考虑状态异常的通道 6 和 7,2012 年航空校正结果表明:与业务校正系数相比,有 10 个通道的航空替代校正结果与业务校正系数有超过 5% 的差异,最大值为 15.74%;部分通道的替代校正结果偏低。

②FY-3A/MERSI

表 4.33 为 FY-3A/MERSI 同步参数信息

表 4.33　FY-3A/MERSI 同步参数信息

日期	飞行高度(m)	SZA	VZA	SAA	VAA
8月22日	4477	35.65	13.62	136.41	102.74

FY-3A/MERSI 只有 8 月 22 日一次有效的校正结果,见表 4.33。

图 4.32 和图 4.33 给出了 8 月 22 日的飞行路线和光谱比较图。

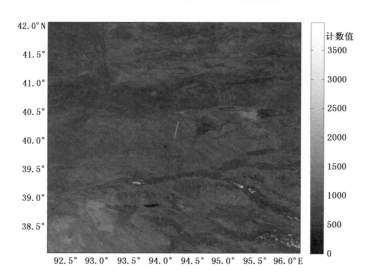

图 4.32　FY-3A/MERSI 2012 年 8 月 22 日 UTC 04:05 实际飞行路线图
(红线是飞行轨迹,底图是 MERSI 第一通道辐射值)

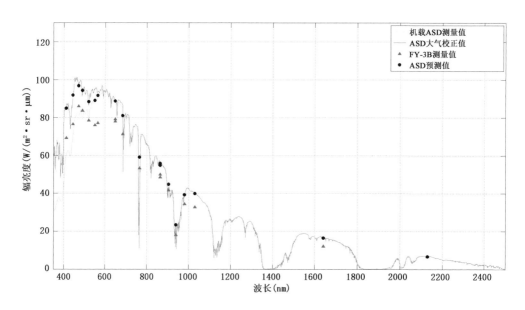

图 4.33　FY-3A/MERSI 2012 年 8 月 22 日敦煌场 UTC 04:05 测量和订正结果比较

表 4.34 列出了 FY-3A/MERSI 反射率校正结果比较,不考虑增益跳变的通道 6 和 7,航空校正结果普遍高于业务上使用的校正系数,部分通道超过 10%。

表 4.34 FY-3A/MERSI 反射率校正结果比较

通道	1	2	3	4	5	6	7	8	9	10
波长(nm)	473.62	549.17	647.58	863.26	×	1642.85	2123.86	440.50	445.58	492.03
2011	0.03617	0.03048	0.02436	0.02713		0.02563	0.02679	0.03321	0.02979	0.02726
8 月 22 日	0.0334	0.0289	0.0233	0.0273	×	0.0241	0.0193	0.0326	0.0281	0.0252
业务	0.0360	0.0319	0.0253	0.0299	×	0.0229	0.0241	0.0327	0.0289	0.0275
PDif2(%)	−7.22	−9.40	−7.91	−8.70	×	5.24	−19.92	−0.31	−2.77	−8.36
通道	11	12	13	14	15	16	17	18	19	20
波长(nm)	521.65	566.82	648.46	685.95	764.49	862.67	903.95	940.80	981.77	1028.24
2011	0.02145	0.02372	0.02217	0.02099	0.02577	0.02045	0.02272	0.02401	0.02214	0.02781
8 月 22 日	0.0201	0.0227	0.0212	0.0202	0.0251	0.0206	0.0231	0.0256	0.0230	0.0289
业务	0.0220	0.0237	0.0230	0.0220	0.0280	0.0219	0.0267	0.0247	0.0249	0.0294
PDif2(%)	−8.64	−4.22	−7.83	−8.18	−10.36	−5.94	−13.48	3.64	−7.63	−1.70

（2）VIRR 校正

①FY-3B

表 4.35 为 FY-3B/VIRR 同步参数信息。图 4.34 和图 4.35 给出了 8 月 7 日的飞行路线和光谱比较图,图 4.36 和图 4.37 给出了 8 月 13 日的飞行路线和光谱比较图。表 4.36 列出了 FY-3B/VIRR 反射率校正结果比较,可以看出两次校正系数(斜率)间的差异非常小,最大相对偏差只有 2.67%。采用两次校正结果的均值,不考虑状态异常的通道 6 和 7,2012 年航空校正结果表明:与业务校正系数相比,所有通道的航空替代校正结果与业务校正系数有超过 5% 的差异,部分通道超过 10%;通道 10 替代校正结果偏低,而且也接近 10%。

表 4.35 FY-3B/VIRR 同步参数信息

日期	飞行高度 (m)	SZA	VZA	SAA	VAA
8 月 7 日	4850	30.12	26.57	−136.86	−99.12
8 月 13 日	5670				

②FY-3A

FY-3A/VIRR 只有一次有效的校正结果。表 4.37 为 FY-3A/VIRR 同步参数信息。图 4.38 和图 4.39 给出了 8 月 22 日的飞行路线和光谱比较图。表 4.38 列出了 FY-3A/VIRR 反射率校正结果比较,除了通道 10,航空校正结果普遍高于业务上使用的校正系数,偏差最大值达到 22.57%。

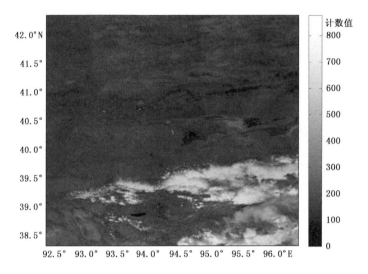

图 4.34　FY-3B/VIRR 2012 年 8 月 7 日 UTC 07:10 实际飞行路线图
（红线是飞行轨迹,背景图是 VIRR 第一通道辐射值）

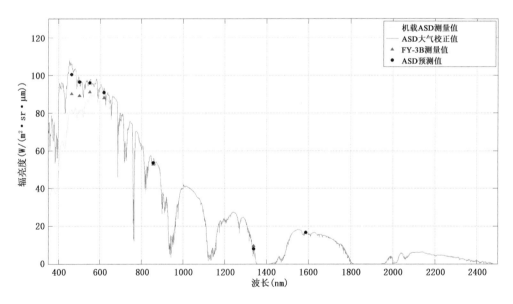

图 4.35　FY-3B/VIRR 2012 年 8 月 7 日敦煌场 UTC 07:10 测量和订正结果比较

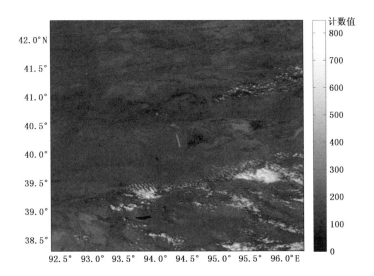

图 4.36 FY-3B/VIRR 2012 年 8 月 13 日 UTC 07:00 实际飞行路线图

（红线是飞行轨迹,背景图是 VIRR 第一通道辐射值）

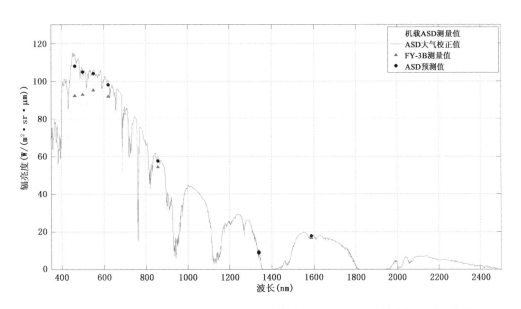

图 4.37 FY-3B/VIRR 2012 年 8 月 13 日敦煌场 UTC 07:00 测量和订正结果比较

235

表 4.36　FY-3B/VIRR 校正结果对比

	FY-3B/VIRR 相对偏差(100×(0807-0813)/平均值)一致性比较									
通道	1	2	3	4	5	6	7	8	9	0
波长(nm)	621	858	×	×	×	1587	462	500	550	1339
8月7日	0.1099	0.1154	×	×	×	0.0786	0.0701	0.0690	0.0659	0.0440
8月13日	0.1134	0.1205	×	×	×	0.0823	0.0735	0.0719	0.0685	0.0479
PDif1(%)	-1.57	-2.16	×	×	×	-2.30	-2.37	-2.06	-1.93	-4.24
平均值	0.1117	0.1180	×	×	×	0.0805	0.0718	0.0705	0.0672	0.0460
业务	0.1264	0.1353	×	×	×	0.0919	0.0748	0.0759	0.0746	0.0630
PDif2(%)	-19.33	-18.15	×	×	×	-18.24	-18.22	-18.27	-18.25	-18.24

表 4.37　FY-3A/VIRR 同步参数信息

日期	飞行高度(m)	SZA	VZA	SAA	VAA
8月22日	4477	35.65	13.62	136.41	102.74

(3)基于 TERRA/MODIS 的计算精度评估

表 4.39 为 TERRA/MODIS 的同步参数信息。图 4.40、图 4.41 给出了 8 月 7 日的飞行路线和光谱比较图,图 4.42、图 4.43 给出了 8 月 13 日的飞行路线和光谱比较图。表 4.40 列出了 MODIS 正演大气顶辐亮度与测量值间的比较:8 月 7 日,MODIS 正演大气顶辐亮度整体偏低于 MODIS 测量值(除了通道 7),特别是通道 2、5 和 6,偏差超过 9%;8 月 14 日,MODIS 正演大气顶辐亮度在通道 2、5 和 6 依然偏低于测量值,而在通道 1、3、4 和 7 明显偏高,其中,通道 3、5、7 偏差超过 7%。通道 1 和 4 的相对偏差在 5% 以内。TERRA/MODIS 的通道 5 的探元 2 测量值偏高,如图 4.44 所示。由于在计算过程中未剔除该探元,造成该通道的计算偏差较大。

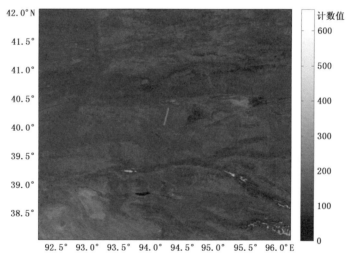

图 4.38　FY-3A/VIRR 2012 年 8 月 22 日 UTC 04:05 实际飞行路线图

(红线是飞行轨迹,底板是 VIRR 第一通道辐射值)

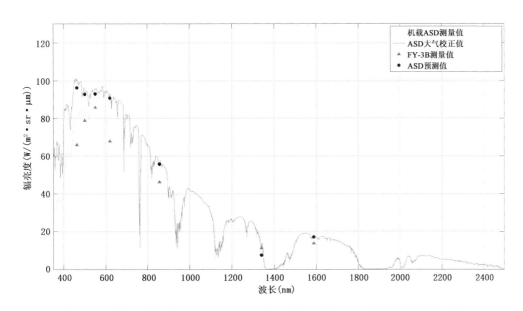

图 4.39　FY-3A/VIRR 2012 年 8 月 22 日敦煌场 UTC 04:05 测量和订正结果比较

表 4.38　FY-3A/VIRR 校正统计结果

通道	1	2	3	4	5	6	7	8	9	10
波长(nm)	621	858	×	×	×	1587	462	500	550	1339
8 月 22 日	0.1368	0.1290	×	×	×	0.0915	0.0862	0.0720	0.0651	0.0343
业务	0.1457	0.1435	×	×	×	0.0995	0.0894	0.0742	0.0687	0.0443
PDif2（%）	−6.11	−10.10	×	×	×	−8.04	−3.58	−2.96	−5.24	−22.57

表 4.39　TERRA/MODIS 同步参数信息

日期	飞行高度(m)	SZA	VZA	SAA	VAA
8 月 7 日	4934	28.47	6.12	141.90	82.41
8 月 14 日	4913	29.51	5.55	147.11	−81.33

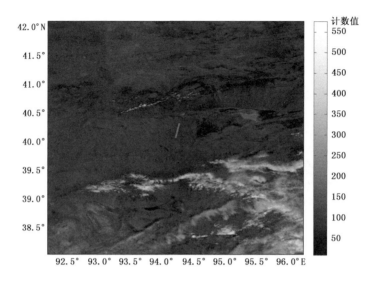

图 4.40　TERRA/MODIS 2012 年 8 月 7 日 UTC 04:35 实际飞行路线图
（红线是飞行轨迹，背景图是 MODIS 第一通道辐射值）

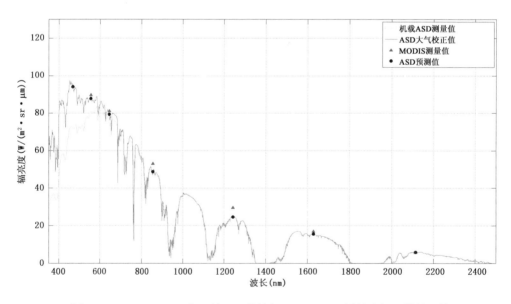

图 4.41　MODIS 2012 年 8 月 7 日敦煌场 UTC 04:35 测量和订正结果比较

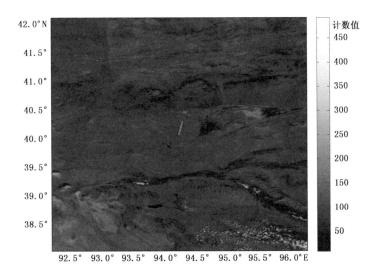

图 4.42　TERRA/MODIS 2012 年 8 月 14 日 UTC 04∶40 实际飞行路线图
（红线是飞行轨迹，背景图是 MODIS 第一通道辐射值）

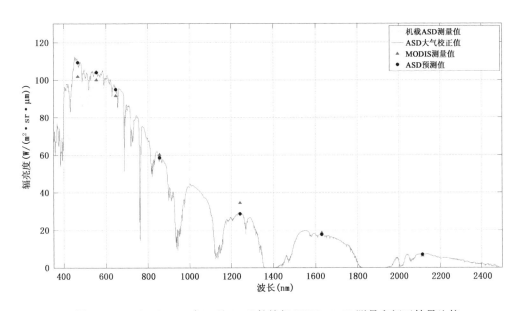

图 4.43　MODIS 2012 年 8 月 14 日敦煌场 UTC 04∶40 测量和订正结果比较

表 4.40　TERRA/MODIS 大气顶辐射相对偏差比较

通道	1	2	3	4	5	6	7
波长（nm）	645	858.5	469	555	1240	1640	2130
8 月 7 日 PDif(%)	−3.24	−9.1	−0.68	−2.97	−17.64	−9.62	1.61
8 月 14 日 PDif(%)	3.72	−2.53	7.38	4.15	−16.75	−4.77	7.51

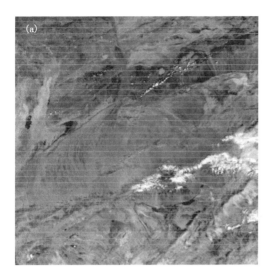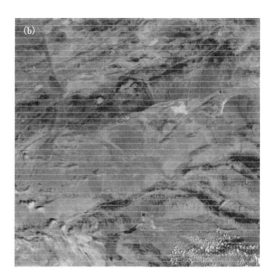

图 4.44 TERRA/MODIS 2012 年 8 月 7 日 04:35(a)和 8 月 14 日
UTC 04:40(b)通道 5 辐射值灰度图

表 4.41 列出了 2011 年 TERRA/MODIS 正演大气顶辐亮度与测量值间的比较,表 4.28
列出了 2011 年 MERSI 校正结果。

表 4.41 2011 年 9 月 13 日敦煌场 TERRA/MODIS 航空同步测量试验结果比对

飞行高度=5047 m							
MODIS 通道	1	2	3	4	5	6	7
中心波长(nm)	645.	858.5	469	555	1240	1640	2130
MODIS_辐射亮度(W/(m²·sr·μm))	92.36	62.06	100.39	99.27	33.25	19.05	6.82
MODIS_辐射亮度(新)(W/(m²·sr·μm))	92.27	62.22	99.82	98.84	33.16	19.28	6.94
ASD 测量辐亮度(W/(m²·sr·μm))	93.71	58.37	105.66	99.84	28.13	17.27	6.94
ASD 测量辐亮度(新)(W/(m²·sr·μm))	94.10	59.23	106.86	99.91	28.54	17.72	7.09
ASD 与 MODIS PDif(%)	1.98	−4.81	7.05	1.08	−13.93	−8.09	2.16

4.3.3.4 小结

2012 年航空飞行绝对辐射校正法基本成功。一共成功捕捉了 2 次 TERRA/MODIS、两
次 FY-3B 和 1 次 FY-3A 的校正结果。航空飞行小组针对这些数据进行了事后的详细校正处
理和分析。并成功地计算出了 FY-3A/B/MERSI 和 VIRR 传感器的校正系数变化情况,获得
了比较一致的校正结果。最终校正系数的确定还需要和其他地基校正方法进行详细比较。

通过这次同步对比试验,我们也发现了一些比较明显的问题。比如两次 TERRA/MO-
DIS 校正结果差距较大。这需要我们在未来的试验中采用星上校正更加好的 AQUA/MODIS
进行该方法的验证。此外,提高仪器的实验室校正精度也是十分必要的。该方法对绝对辐射
校正精度要求相对较高。

4.3.4　结论与讨论

航空辐射测量采用经过绝对辐射校正的光谱仪搭载于航空测量平台上,在 3000 m 以上高度测量地表和飞行高度以下大气的辐射亮度,经过对飞行高度以上大气的辐射校正,得到卫星遥感器的入瞳辐亮度。该方法避免了对影响辐射传输计算较大的低层大气修正,可以获得较高的辐射校正精度。通过改进光谱仪自动测量方式,实现了高空低温环境下光谱辐射计温度漂移的自动修正,建立了一套低成本业务化的航空辐亮度校正系统。首次实现在轨遥感器气体吸收通道的高精度辐射校正。

综合三年来的试验结果表明,采用超轻型动力三角翼飞机搭载光谱辐射计建设的航空辐亮度校正系统,校正精度在可见光通道达到 3,在近红外通道达到 5%;试验费用较采用常规航测飞机大幅降低,可以满足目前气象卫星业务校正要求。

该辐射校正方法已经应用于 2010—2013 年的中国遥感卫星辐射校正场外场试验,以及数据处理与分析的工作中,取得较好的结果。并在 2010 年和 2011 年被 FY-3A/B 星业务校正系数更新中被采纳。

第5章　综合辐射校正方法

5.1　FY-3/MERSI 辐射校正综述和仪器特性

5.1.1　综述

风云三号(FY-3)气象卫星是中国第二代极轨气象卫星,目前该系列已发射四颗卫星(A/B/C/D)。其中,FY-3A 于 2008 年 5 月 27 日在太原卫星发射中心发射,FY-3B 于 2011 年 11 月 5 日发射,FY-3C 于 2013 年 9 月 23 日发射,FY-3D 于 2017 年 11 月 15 日发射。目前,FY-3A 和 FY-3B 卫星已退出业务运行,其余两颗卫星在轨道上进行组网观测,可实现全球、全天候、多光谱三维定量遥感。FY-3 卫星上搭载的主要遥感仪器之一——中分辨率光谱成像仪(MERSI,Medium Resolution Spectral Imager)配置有 20 个通道,光谱覆盖可见光、近红外、短波红外和热红外通道,其星下点分辨率分为 250 m 和 1 km,单星能够实现每天一次的全球覆盖。观测数据可应用于陆地、海洋和大气领域的定量遥感监测服务和相关领域的技术研究。

定量遥感对遥感器的辐射性能十分敏感,成功进行卫星定量遥感应用的前提之一就是辐射校正。太阳反射通道,特别是波长在 500 nm 以下的短波部分,其在轨辐射响应的时间变化明显,必须予以有效的监测和订正,以保证后端数据应用的正确性。MODIS 是国际上公认的性能稳定、校正良好的对地观测仪器,它具有复杂的星上校正监测分析系统,可以实现太阳反射通道的绝对辐射校正。FY-3/MERSI 是我国研制的高质量的民用遥感器,但它缺少可靠的星上校正系统。因此需要采用其他校正手段来保证辐射数据的质量。太阳反射通道的校正方法有多种,包括基于均匀校正场采用辐射传输模型和同步现场测量参数或者其他来源参数的替代校正(Biggar et al.,2003;Govaerts et al.,2004;Okuyama et al.,2009;Sun et al.,2012a;2012b;2013)、利用高亮的均匀稳定目标如沙漠(Kanfman et al.,1993;Rao et al.,1999;Wu et al.,2010)、冰川(Loeb,1997;Thbnk et al.,2001a,2001b;2002)和深对流云(Chen et al.,2013;Doelling et al.,2010;Sohn et al.,2009))进行辐射跟踪、利用月亮目标的辐射跟踪(Barne et al.,2006;Cao et al.,2009)以及基于参考遥感器相似通道的交叉校正(Heidinger et al.,2002;Liu et al.,2004;Xu et al.,2014)。总的来说,基于地面、高空甚至宇宙目标的稳定性开展长时间跟踪分析,可以获得卫星遥感器辐射衰变的相对信息,通过引入目标的辐射参考也可以获得特定时刻的绝对校正系数。

我国用于卫星遥感器太阳反射通道校正的中国遥感卫星辐射校正场位于敦煌戈壁(中心位置:40.65°N,94.35°E)。自 1999 年起,开展了多次针对场地特性和卫星遥感器校正的观测试验,自 2002 年起,基于敦煌场的替代校正成为了风云卫星的业务校正手段。每年一次的敦煌场地校正试验不仅用来订正发射前校正的偏差,而且基于多年的观测数据也可以用于遥感器辐射响应衰变的跟踪分析。

经过多年的摸索和试验研究,针对敦煌场替代校正的同步测量方法和校正方法(基于反射率基法)已基本成熟。敦煌场地并非朗伯表面,在较大的太阳或者观测天顶角时反射率具有显著的方向依赖性。这种方向特性导致直接采用现场垂直观测地表反射率和朗伯表面假设获得的多次校正结果具有较大的离散性。2008 年夏季,通过使用定制的大型地表反射率二向性测量架,获得了敦煌场地表 BRDF(Bidirectional Reflectance Distribution Function)模型。基于该方向性模型,有学者利用现场垂直观测地表反射率与模型计算值的比值作为修正因子,校正卫星过境时刻模型计算的方向反射率,显著提高了多次校正结果的一致性。但是,只考虑特定方向上的地表反射率和朗伯假设仍然会引入误差,此外,通常采用标量版的 6S 模型进行辐射传输计算在短波长上存在偏振的影响,气体吸收透过率计算误差也会影响最终校正结果的准确性。

基于实测地表 BRDF 模型,矢量辐射传输模型 6SV 并联合 MODTRAN 吸收透过率校正的太阳反射通道场地替代校正新方法(孙凌 等,2012),实现了 MERSI 太阳反射通道的场地校正;以 AQUA/MODIS 为辐射基准,通过相同计算方案下敦煌场 MODIS 大气顶辐射正演结果与观测结果比对,以及同时过星下点的 MERSI 与 MODIS 数据比对,对所提出的校正方法精度进行了检验;基于全球多目标场辐射校正跟踪和深对流云目标跟踪等,分析了 MERSI 反射太阳通道的在轨响应变化,使得 MERSI 太阳反射通道实现了较高频次和高精度的辐射校正。

5.1.2　FY-3/MERSI 设计参数及特性

FY-3 卫星运行于 836 km 高的近极地太阳同步轨道,上午星 FY-3A 和 FY-3C 的赤交点时间为当地时间 10:30,下午星的为 13:30。MERSI 由中国科学院上海技术物理研究所研制,是一个采用 45° 扫描镜和消旋 K 镜的跨轨多探元并扫式辐射计。该仪器具有 19 个太阳反射通道(0.41～2.13 μm)和 1 个红外发射通道(11.25μm),其星下点空间分辨率为 250 m(5 个通道)和 1000 m(15 个通道),具体光谱指标参数如表 5.1 所示。MERSI 20 个通道的全球中分辨率窄带观测资料可为陆地、海洋和大气的科学研究和应用提供有用信息,可实现每天一次的全球覆盖。图 5.1、图 5.2 分别给出了 FY-3A/MERSI 和 FY-3B/MERSI 太阳反射通道的光谱响应函数(Spectral Response Fnction,SRF))。

表 5.1　MERSI 光谱通道的主要设计指标

通道	中心波长 (μm)	通道宽度 (μm)	星下点分辨率 (m)	NE$\Delta\rho$(%)/ NEΔT(K,300 K 时)	动态范围 (最大 ρ 或 T)
1	0.470	0.05	250	0.3	100%
2	0.550	0.05	250	0.3	100%
3	0.650	0.05	250	0.3	100%
4	0.865	0.05	250	0.3	100%
5	11.25	2.50	250	0.54	330K
6	1.640	0.05	1000	0.08	90%
7	2.130	0.05	1000	0.07	90%
8	0.412	0.02	1000	0.1	80%
9	0.443	0.02	1000	0.1	80%
10	0.490	0.02	1000	0.05	80%
11	0.520	0.02	1000	0.05	80%

续表

通道	中心波长 (μm)	通道宽度 (μm)	星下点分辨率 (m)	NEΔρ(%)/ NEΔT(K,300 K 时)	动态范围 (最大 ρ 或 T)
12	0.565	0.02	1000	0.05	80%
13	0.650	0.02	1000	0.05	80%
14	0.685	0.02	1000	0.05	80%
15	0.765	0.02	1000	0.05	80%
16	0.865	0.02	1000	0.05	80%
17	0.905	0.02	1000	0.10	90%
18	0.940	0.02	1000	0.10	90%
19	0.980	0.02	1000	0.10	90%
20	1.030	0.02	1000	0.10	90%

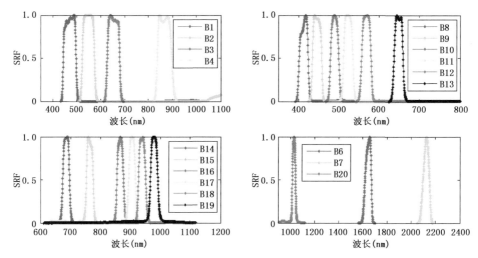

图 5.1 FY-3A/MERSI 反射太阳通道光谱响应函数

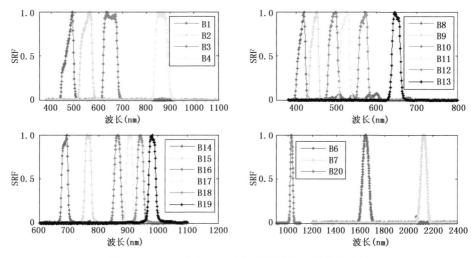

图 5.2 FY-3B/MERSI 反射太阳通道光谱响应函数

MERSI 设计有 2 个星上校正装置,红外通道的黑体和可见—近红外通道的星上定标器 VOC(Visible Onboard Calibrator)。作为星上校正的实验部件,星上定标器包含有一个嵌有内部校正灯的直径 6 cm 的积分球、太阳光入射口、准直出射系统和 5 个绝对辐亮度陷阱探测器(采用 MERSI 通道 1～4 的滤光片设计,一个全色通道)(Hu et al.,2012)。每个扫描周期,MERSI 可实现对深冷空间 SV(Space View)、地球目标 EV(Earth View)、星上定标器和星上黑体的观测。尽管 VOC 不能够实现在轨的绝对校正,但通过不定期的开灯,在自身变化校正的基础上可用于监测 MERSI 辐射响应的在轨变化。

由于采用多探元扫描的工作方式,探元的非一致性致使原始数据图像存在条带。基于发射前确定的线性校正系数,MERSI 采用星上实时校正方式进行了探元归一化处理,对于数据中仍存在的探元非一致性影响,又采用基于全球观测目标直方图匹配方法确定的查找表进行了地面的探元归一化后处理,进一步降低了探元非一致性的影响。

MERSI 的可见光和近红外的焦平面组件采用 p-i-n 光电二报管,短波红外(SWIR)通道采用光电 HgCdTe 探测器,并采用辐射制冷器控制在低温 -90 K 工作。FY-3A/MERSI 的短波红外通道 6 和 7 设计为可变增益,但是受太空环境的影响,存在增益异常跳变的现象(图 5.3),这直接导致辐射校正和后端遥感应用的困难。由于 FY-3A/MERSI 发射后不久即发生 K 镜驱动故障,处于固定工位工作状态,致使原始图像错位,因此采用了地面消旋处理。FY-3B/MERSI 大部分延续了 FY-3A 的设计,但取消了短波红外通道 6 和 7 的可变增益设置。然而,由于辐冷抛罩失败,在无辐射制冷的非正常工作条件下,通道 6 和 7 的数据质量受到影响,特别是通道 7;红外通道 5 则处于非工作状态。

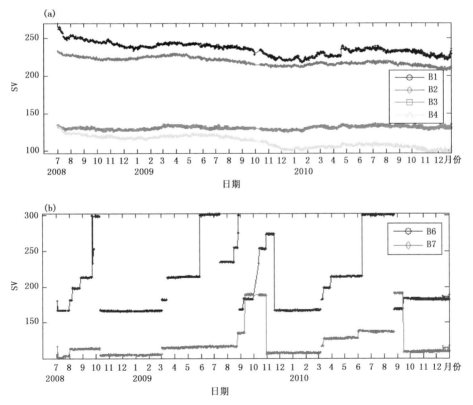

图 5.3　FY-3A/MERSI 通道 1～4(a)和 6、7(b)深冷空间观测值随时间的变化(敦煌)

5.2 基于敦煌场地的 MERSI 太阳反射通道在轨校正

5.2.1 敦煌场地特性

敦煌作为中国遥感卫星辐射校正场(CRCS)太阳反射通道卫星遥感器校正场地,于 2008 年被地球观测卫星委员会(CEOS)的校正与真实性检验工作组(WGCV)选定为具有仪器观测的参考站点之一。敦煌场地位于中国甘肃省敦煌市以西的党河冲积扇上,场地面积大于 25×25 km^2,表面平坦,主要组分为沙土和细小砂砾,植被覆盖很少。敦煌场区地表光谱反射率在可见—近红外范围为 $15\% \sim 30\%$,且随波长的增加而平缓上升。在 10 km×10 km 中心区域内方差系数(CV,标准差 Std 和平均值 Mean 的比值)约为 3%(Hu et al.,2010)。敦煌场上空气溶胶浓度较低,除了春天沙尘季节外,550 nm 气溶胶光学厚度约为 0.2;自 2002 年起敦煌场地替代校正已经成为中国风云系列卫星的业务校正手段,每年夏天都例行开展一次野外试验。2008 年夏季,基于现场观测建立了地表双向反射分布函数(BRDF)模型。

5.2.2 校正方法

针对 FY-3/MERSI,自 2008 年以来每年 8—9 月份开展一次敦煌场地同步校正观测试验,期间进行与卫星同步(卫星过境前后 1 h)的气溶胶光学特性、地表反射率、大气温湿度廓线等的测量,用于反射率基法的太阳反射通道辐射校正计算。

利用大气辐射传输模型正演计算获得大气顶反射率,提取 MERSI 对地观测和冷空观测计数值,确定各通道校正斜率。计算公式如式(5.1),式(5.2)所示。

$$ARef(i) = a(i)(EV(i) - SV(i)) \tag{5.1}$$

$$ARef(i) = 100Ref(i)\cos(SolZ)/d^2, \tag{5.2}$$

式中,a 为校正斜率,i 为通道,Ref 为正演计算的大气顶反射率,ARef 为校正的基准反射率($\%$),SolZ 为太阳天顶角,d 为日地距离(AU),EV 和 SV 分别为 MERSI 对地和冷空观测(作为辐射零点)计数值。

用于正演计算的辐射传输模型采用 6SV 和 MODTRAN4.0。其中,矢量版的 6SV 模型主要用于散射计算,由于 6SV 模型计算的气体吸收透过率普遍偏低,因此采用 MODTRAN 的气体吸收透过率结果进行大气顶反射率订正。

6SV 模型中提供的大陆型和背景沙漠型气溶胶模型的 Ångström 波长指数分别约为 1.2 和 0.3。鉴于敦煌同步试验期间的实测 Ångström 波长指数通常介于 $0.3 \sim 1.3$,正演计算时根据实测气溶胶波长指数分别采用大陆型(Ångström>0.75)或背景沙漠型(Ångström<0.75)。

地表 BRDF 模型采用 MODIS 的 AMBRALS(Algorithm for Model Bidirectional Reflectance Anisotropies of the Land Surface)。

$$R(SenZ, SolZ, RelA, \lambda) = Par1(\lambda) + Par2(\lambda)k_{vol}(SenZ, SolZ, RelA)$$
$$+ Par3(\lambda)k_{geo}(SenZ, SolZ, RelA) \tag{5.3}$$

式中,λ 是波长;R 是方向反射率;SolZ 是太阳天顶角,SenZ 是观测天顶角,RelA 是相对方位角;k_{vol} 为体散射核,k_{geo} 为几何光学核;Par1,Par2 和 Par3 为核系数,分别表示各向均匀散射、体散射、几何光学散射这三部分所占的权重。模型参数 Par1、Par2 和 Par3 与光谱有关,采用

2008 年敦煌地区实测值,见图 5.4。

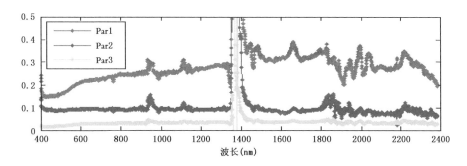

图 5.4　2008 年敦煌地表实测 BRDF 模型参数

由于敦煌实测 BRDF 模型是针对 2008 年的测量数据建立的,实际计算时需利用同步实测的地表反射率光谱进行参数订正,并做通道光谱卷积处理。

$$\text{CorFactor}(\lambda) = R_{\text{in-situ}}(\lambda)/R_{\text{model}}(\text{Sen}Z, \text{Sol}Z, \text{Rel}A, \lambda) \tag{5.4}$$

$$\text{Par}'(\lambda) = \text{Par}(\lambda)\text{CorFactor}(\lambda) \tag{5.5}$$

$$\text{Par}(i) = \sum \text{SRF}(i,\lambda)\,\text{Par}(\lambda)\text{Es}(\lambda)/(\sum \text{SRF}(i,\lambda)\text{Es}(\lambda)) \tag{5.6}$$

其中,CorFactor 为参数校正因子;$R_{\text{in-situ}}$ 和 R_{model} 分别为实测的和模型计算的地表反射率;Par 和 Par$'$ 分别是原始的和校正后的参数值;SRF(i,λ) 为通道 i 的光谱响应函数;Es 为太阳常数;Par(i) 为通道 i 的等效参数值。

其他的大气参数,如 550 nm 气溶胶光学厚度 τ_a(550) 采用卫星过境前后半小时内的场地测量均值,臭氧柱含量采用 OMI 产品,大气温湿压廓线采用敦煌国家气候观象台同步加放探空气球的结果。

星地同步观测的卫星数据选取采用如下规则:以距离场地中心最近的像元为中心,取 3×3 窗口像元,若最近像元与场地中心的距离偏差超过 0.01°,则剔除;计算 3×3 像元窗口的均值(Mean)与标准差(Std),若像元窗口通道 2(550 nm)的方差系数 CV(Std/Mean×100)超过 1%,则剔除;以 3×3 窗口均值进行计算。

5.2.3　FY-3B/MERSI 2011 年校正结果

限于篇幅,本节以 2011 年为例给出了 FY-3B/MERSI 的校正结果。2011 年 8 月同步试验期间可用的 MERSI 数据共 4 日,表 5.2 列出了同步观测日的大气和角度参数信息。表 5.3 列出了校正结果(斜率)信息,其中均值和方差系数为卫星天顶角<30° 的结果。可以看出,校正结果具有良好的一致性,剔除观测角度偏大的 18 日结果,3 次校正结果的方差系数小于 3%

表 5.2　FY-3B/MERSI 2011 年 8 月敦煌场地同步参数信息

日期 (月-日)	τ_a (550 nm)	Ångström	水汽含量 (g/cm²)	SolZ(°)	SenZ(°)	RelA(°)
8－18	0.085	1.210	2.026	33.798	39.543	39.330
8－24	0.138	1.140	1.300	34.027	22.590	−43.253
8－25	0.134	1.079	0.799	32.362	7.261	−229.837
8－30	0.170	0.776	2.243	34.651	1.742	−41.664

表 5.3　FY-3B/MERSI 2011 年 8 月敦煌场地替代校正结果

通道 日期(月-日)	1	2	3	4	6	7	8	9	10	11
8—18	0.0306	0.0301	0.0284	0.0300	0.0227	0.0179	0.0281	0.0254	0.0230	0.0227
8—24	0.0304	0.0297	0.0279	0.0287	0.0216	0.0169	0.0278	0.0252	0.0228	0.0224
8—25	0.0302	0.0293	0.0269	0.0276	0.0222	0.0174	0.0276	0.0250	0.0225	0.0222
8—30	0.0307	0.0299	0.0277	0.0288	0.0225	0.0175	0.0281	0.0255	0.0229	0.0226
平均值	0.0304	0.0296	0.0275	0.0284	0.0221	0.0173	0.0278	0.0252	0.0227	0.0224
$CV(\%)$	0.7254	1.0673	1.8430	2.3706	2.1366	1.7371	0.8789	0.9134	0.9668	1.0473

通道 日期(月-日)	12	13	14	15	16	17	18	19	20	
8—18	0.0226	0.0225	0.0199	0.0210	0.0231	0.0238	0.0206	0.0254	0.0290	
8—24	0.0225	0.0219	0.0194	0.0205	0.0221	0.0227	0.0203	0.0239	0.0273	
8—25	0.0220	0.0211	0.0187	0.0197	0.0213	0.0226	0.0222	0.0232	0.0261	
8—30	0.0224	0.0218	0.0193	0.0205	0.0223	0.0225	0.0186	0.0238	0.0274	
平均值	0.0223	0.0216	0.0191	0.0202	0.0219	0.0226	0.0204	0.0236	0.0270	
$CV(\%)$	1.2689	1.9494	2.0571	2.2866	2.3241	0.4601	8.7557	1.5702	2.6395	

（除了通道 18）。由于通道 6 和 7 处在无辐射制冷的非正常工作状态,通道 18 受水汽吸收影响严重,而水汽测量具有很大的不确定性,因此,通道 6、7 和 18 的校正计算结果只作为参考。

5.2.4　基于 MODIS 的 MERSI 评估分析

鉴于 AQUA/MODIS 辐射性能优于 TERRA/MODIS,本节将以 AQUA/MODIS 为辐射基准,对 MERSI 场地校正精度和应用效果进行评估。文中采用了两种方法:一是利用敦煌场同步数据计算 MODIS 各通道的大气顶辐亮度,并与 MODIS 实际观测值进行比较,用以评估场地校正正演计算的精度;二是将再校正后的 MERSI 表观反射率与 MODIS 进行同时过星下点数据比对,用以评估校正应用效果。

5.2.4.1　大气顶辐射计算精度评估

从 NASA 获取了 2008—2011 年敦煌同步试验期间的版本 5 的 MODIS 1 级(MYD1KM)和定位(MYD03)产品。采用与 MERSI 相同的方法提取卫星同步数据,其中,数据均匀性判识准则为通道 4(555 nm)的方差系数 CV 不能超过 1.5%。

可用的 AQUA/MODIS 数据共 9 日。表 5.4 列出了同步日的参数信息。由于 MODIS 通道 11~16 在敦煌场存在饱和现象,通道 18、19 和 26 受水汽吸收影响严重,因此,计算分析只针对前 10 个通道和通道 17(中心波长分别为 645、858、469、555、1240、1640、2130、412、443、490 和 905 nm)进行。

表 5.4 AQUA/MODIS 2008—2011 年敦煌场地同步参数信息

日期	$\tau_a(550)$	Ångström	水汽(g/cm²)	SolZ(°)	SenZ(°)	RelA(°)
2008-9-10	0.133	0.703	0.575	42.783	51.037	−43.513
2009-8-28	0.226	0.566	0.727	38.308	50.737	−40.318
2009-8-29	0.164	0.702	0.840	32.759	34.554	−233.586
2010-8-14	0.146	1.362	0.470	28.470	15.370	−229.334
2010-8-18	0.169	1.096	1.169	27.919	48.400	−237.443
2011-8-18	0.082	1.215	2.020	34.464	50.731	−39.230
2011-8-22	0.276	0.406	1.680	32.657	18.202	−44.070
2011-8-24	0.144	1.109	1.300	32.066	4.420	−229.750
2011-8-26	0.137	0.991	1.130	31.689	25.800	−233.128

表 5.5 为 MODIS 正演大气顶辐亮度与卫星观测值的相对偏差信息,其中 $PDif(\%)=100(Rad_{Est}-Rad_{Mea})/Rad_{Mea}$。可以看出,对于 AQUA/MODIS,当卫星天顶角<30°时正演结果在通道 1、4、7、8 和 17 具有偏高趋势,而在通道 2、3、5、9 和 10 具有偏低趋势。除了短波红外通道 7(辐射值太低)之外,平均相对偏差在 5% 以内,而当波长<1μm 时,除了水汽吸收翼区的通道 17,平均相对偏差约在 3% 以内。

表 5.5 2008—2011 年 AQUA/MODIS 正演大气顶辐亮度与卫星观测值的相对偏差

通道 日期	1	2	3	4	5	6	7	8	9	10	17
2008-9-10	−0.9522	−3.9785	−1.2289	0.6841	−4.2287	——1)	8.7701	0.0588	−2.7855	−3.5081	1.0757
2009-8-28	−1.1406	−2.5852	−0.801	0.0271	−5.7144	−6.1924	9.7415	1.766	−1.5557	——2)	5.2034
2009-8-29	−1.0406	−4.0836	−0.8963	1.5725	−7.9706	——1)	2.4865	0.2456	−1.7603	−2.1987	2.0945
2010-8-14	0.7395	−1.1401	−3.416	1.8944	−3.6507	−0.7771	9.5758	0.2647	−3.959	−4.1324	5.1146
2010-8-18	−2.1867	−4.4336	−1.596	0.1266	−6.1808	——1)	7.6332	−2.8684	−2.2163	−2.6496	−0.8485
2011-8-18	3.633	1.9963	−0.0435	3.4452	−0.2952	1.8201	15.9351	3.0089	−1.1528	−1.7791	6.7452
2011-8-22	3.017	−0.5876	−0.7251	3.8696	−2.6191	——1)	14.5304	6.1321	−0.4498	−2.5325	3.6076
2011-8-24	2.2068	−1.4094	−1.9976	2.9831	−5.2173	——1)	11.6549	3.1608	−2.298	−2.8872	5.0325
2011-8-26	−0.3263	−4.4175	−0.8483	2.5261	−7.1617	——1)	12.5525	2.9432	−0.7873	−1.6686	2.7487
平均值	0.4389	−2.2932	−1.2836	1.9032	−4.7821	−1.7165	10.3200	1.6346	−1.8850	−2.6695	3.4193
标准差	2.0665	2.1979	0.9734	1.4173	2.3781	4.0880	3.9984	2.5676	1.0792	0.8389	2.3892
平均值 (SenZ<30°)	1.4093	−1.8887	−1.7468	2.8183	−4.6622	−0.7771	12.0784	3.1252	−1.8735	−2.8052	4.1259
标准差 (SenZ<30°)	1.4924	1.7203	1.2517	0.8309	1.9793	0.000	2.0558	2.3985	1.6058	1.0222	1.1496

注:1)通道 6 存在饱和探元;2)通道 10 饱和

5.2.4.2 FY-3B/MERSI 校正应用效果评估

获取与 MERSI 过相同星下点时间在 5 min 之内的版本 5 AQUA/MODIS 1 级和定位产品。以星下点为中心进行 MERSI 和 MODIS 的兰伯特投影(1024×1024 像元),采用如下准则进行数据的空间匹配:

(1)角度要求：SenZ<35°且 SolZ<90°；

(2)卫星天顶角差异要求：| cos(SenZ_MODIS) / cos(SenZ_FY-3)−1 | <0.01；

(3)空间均匀性要求（4×4 像元窗口）：$CV < 3\%$。

考虑到通道光谱差异的影响，只针对 MERSI 的通道 1～10、17 和 18 与 MODIS 的通道 3、4、1、2、6、7、8、9、10、17 和 19 进行比对分析。

图 5.5 给出了 2011 年 8 月 21 日（4 个 5 min 块）的 FY-3B/MERSI 与 AQUA/MODIS 的大气顶表观反射率（%）比对散点图，两者的线性拟合参数信息示于图中。结果表明，MERSI 和 MODIS 大气顶表观反射率具有很好的一致性，两者的相关系数 R^2 约为 1.0，线性拟合分析的斜率均在 1±0.05 以内（通道 10 略超）。

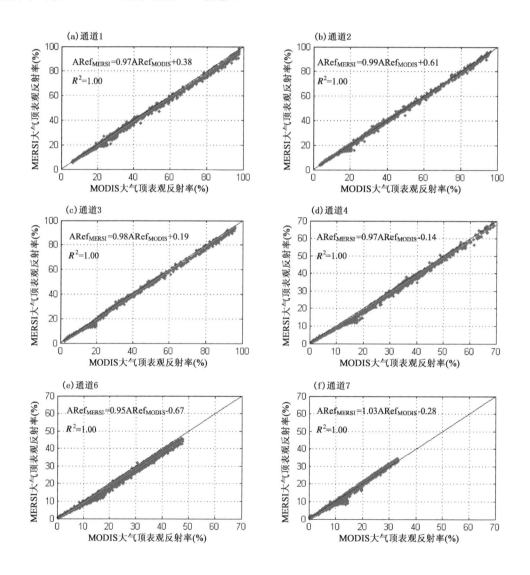

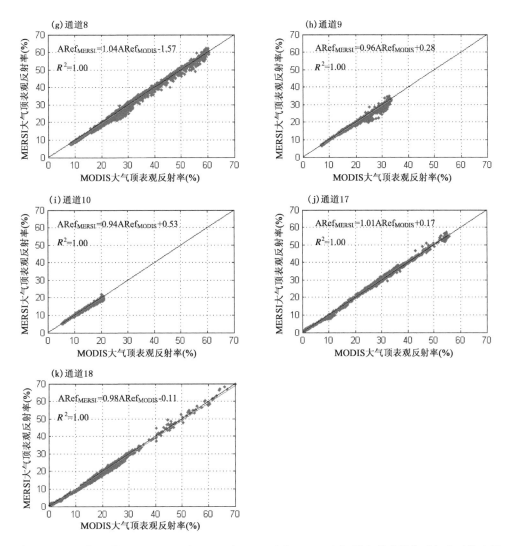

图 5.5　2011 年 8 月 21 日 FY-3B/MERSI 与 AQUA/MODIS 大气顶表观反射率(%)比对散点图

5.2.5　FY-3/MERSI 反射太阳通道在轨响应变化

5.2.5.1　敦煌场地同步观测校正结果

遥感器各通道的校正系数(斜率 a)反映了其辐射响应($1/a$)的变化。采用相同的处理方法得到了 2008—2011 年 FY-3A/MERSI 4 次敦煌场地同步校正的结果(表 5.6),可以看出,除了水汽吸收中心通道 18 之外,每次校正的不确定度均在 5% 以内,而除了通道 17~20 之外,校正不确定度小于 3%。

表 5.6　2008—2011 年 FY-3A/MERSI 场地校正结果

通道	2008 年 9 月		2009 年 8 月		2010 年 8 月		2011 年 8 月	
	平均值	CV(%)	平均值	CV(%)	平均值	CV(%)	平均值	CV(%)
1	0.0308	0.940	0.0339	0.393	0.0347	1.681	0.0358	1.298
2	0.0283	0.007	0.0307	1.272	0.0308	1.934	0.0310	1.507
3	0.0238	0.509	0.0250	1.892	0.0250	2.273	0.0247	1.522
4	0.0274	0.877	0.0286	1.305	0.0288	2.025	0.0286	2.173
6	0.0229[1)]	2.840	0.0159[3)] 0.0301[4)]		0.0178[6)]	2.659	0.0276[8)]	1.083
7	0.0229[2)]	0.585	0.0211[5)]	0.540	0.0239[7)]	2.868	0.0302[9)]	1.645
8	0.0234	0.099	0.0270	0.740	0.0294	1.874	0.0327	1.509
9	0.0246	1.158	0.0271	0.545	0.0281	1.445	0.0294	1.624
10	0.0241	1.063	0.0258	1.162	0.0263	1.623	0.0269	1.274
11	0.0192	0.652	0.0208	1.460	0.0210	1.811	0.0214	1.111
12	0.0231	0.074	0.0244	1.504	0.0244	2.229	0.0245	1.399
13	0.0219	0.356	0.0229	2.106	0.0228	2.279	0.0226	1.404
14	0.0207	0.444	0.0217	1.883	0.0217	2.448	0.0215	1.575
15	0.0275	0.163	0.0292	1.352	0.0296	2.381	0.0293	2.018
16	0.0202	0.833	0.0211	1.242	0.0214	1.938	0.0212	2.265
17	0.0240	1.266	0.0256	2.501	0.0261	3.287	0.0261	4.700
18	0.0336	4.839	0.0361	4.899	0.0366	7.882	0.0373	10.866
19	0.0229	4.140	0.0241	1.648	0.0248	3.267	0.0254	3.034
20	0.0248	4.984	0.0260	2.173	0.0281	2.629	0.0291	2.444

注:1):2008 年通道 6 的 SV 为 214.6;2):2008 年通道 7 的 SV 为 96.5;3):2009 年通道 6 的 SV 为 300.7;4):2009 年通道 6 的 SV 为 169.8;5):2009 年通道 7 的 SV 为 135.8;6):2010 年通道 6 的 SV 为 301.4;7):2010 年通道 7 的 SV 为 137.2;8):2011 年通道 6 的 SV 为 183.9;9):2011 年通道 7 的 SV 为 109.8。

5.2.5.2　在轨响应的时间变化

基于 2008—2011 年的敦煌场地同步校正结果,采用二次多项式拟合校正系数的时间变化:

$$a(i) = c1(i) \times DSL^2 + c2(i) \times DSL + c3(i) \tag{5.7}$$

式中,$a(i)$ 为通道 i 的校正系数,DSL(Day number since launch)为自发射日起的日计数,$c1$、$c2$ 和 $c3$ 为拟合系数。图 5.6 给出了校正系数的时间变化(未包含存在增益跳变的通道 6 和 7,下同),图 5.6 中,虚线为拟合线。表 5.7 给出了校正系数时间变化趋势的拟合信息,其中 MARE=Mean($|a-a_{est}|/a_{est} \times 100$)

结果表明,拟合分析的相关系数 R^2 均在 0.9 以上,除了通道 2、12、13 和 14,其余 R^2 超过 0.95。采用该拟合结果可以实现逐天的校正系数更新,及时订正两次同步校正试验间的遥感器响应衰变。

以 2008 年第一次校正为基准,定义归一化辐射响应 m:

$$m(i,y) = a(i,2008)/a(i,y) \tag{5.8}$$

式中,i 为通道,y 为年。辐射响应的年际衰变率可根据下式计算:

$$Rate(i, y) = (m(i, y-1) - m(i, y))/(DSL(y) - DSL(y-1)) \times 365 \times 100 \quad (5.9)$$

式中,$DSL(y)$ 为第 y 年同步校正期间的平均日计数。表 5.8 列出了 2008 年 9 月至 2009 年 8 月,2009 年 8 月至 2010 年 8 月,2010 年 8 月至 2011 年 8 月和 2011 年 8 月至 2012 年 8 月的辐射响应年际衰变率。可以看出,波长 $<0.6\ \mu m$ 的通道衰变相对较大,最短波长的通道 8 $(0.41\ \mu m)$ 在 2008 年 9 月—2009 年 8 月的衰变率约为 14%;在轨初期(2008 年 9 月～2009 年 8 月)衰变最大,在轨运行一年之后衰变速度趋缓,在轨运行两年之后(2010 年 8 月—2011 年 8 月)部分波长 $>0.6\ \mu m$ 的通道出现响应增加现象。

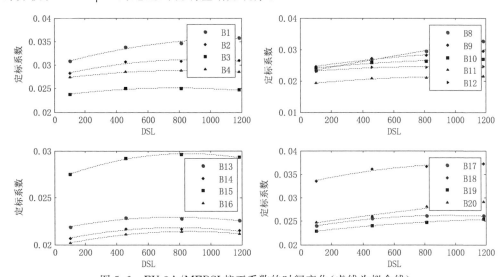

图 5.6　FY-3A/MERSI 校正系数的时间变化(虚线为拟合线)

表 5.7　FY-3A/MERSI 校正系数的时间变化趋势信息

通道	c1	c2	c2	R^2	MARE
1	-3.96×10^9	9.49×10^6	3.00×10^2	0.976	0.763
2	-4.27×10^9	7.77×10^6	2.77×10^2	0.939	0.801
3	-2.89×10^9	4.47×10^6	2.34×10^2	0.954	0.380
4	-2.71×10^9	4.55×10^6	2.70×10^2	0.984	0.222
8	-8.53×10^9	9.52×10^6	2.25×10^2	0.996	0.701
9	-2.43×10^9	7.41×10^6	2.39×10^2	0.987	0.645
10	-2.18×10^9	5.28×10^6	2.36×10^2	0.981	0.500
11	-2.35×10^9	4.91×10^6	1.88×10^2	0.954	0.776
12	-2.32×10^9	4.16×10^6	2.28×10^2	0.924	0.586
13	-2.31×10^9	3.53×10^6	2.16×10^2	0.912	0.455
14	-2.31×10^9	3.65×10^6	2.04×10^2	0.949	0.386
15	-3.88×10^9	6.61×10^6	2.69×10^6	0.992	0.222
16	-2.14×10^9	3.67×10^6	1.98×10^2	1.000	0.059
17	-3.13×10^9	5.92×10^6	2.35×10^2	0.993	0.244
18	-3.54×10^9	7.78×10^6	3.29×10^2	0.969	0.611
19	-1.23×10^9	3.86×10^6	2.25×10^2	0.998	0.156
20	-5.66×10^9	4.90×10^6	2.42×10^2	0.981	0.766

表 5.8 FY-3A/MERSI 反射太阳通道辐射响应的年际变化

通道	1	2	3	4	8	9	10	11	12	13	14	15	16	17	19	20
2008 年 9 月至 2009 年 8 月	9.43	8.06	4.95	4.33	13.75	9.51	6.79	7.93	5.49	4.50	4.75	6.00	4.40	6.44	5.13	4.76
2009 年 8 月至 2010 年 8 月	2.16	0.31	0.00	0.69	7.29	3.33	1.83	0.91	0.00	−0.43	0.00	1.31	1.38	1.85	2.77	7.35
2010 年 8 月至 2011 年 8 月	2.67	0.58	−1.13	−0.65	7.86	3.79	2.00	1.67	0.38	−0.83	−0.87	−0.93	−0.87	0.00	2.13	2.97
2011 年 8 月至 2012 年 8 月	2.19	−0.93	−1.65	0.00	8.02	4.62	1.20	−0.66	−2.04	−1.13	−1.66	−1.87	0.47	0.18	3.89	5.97

5.2.5.3 发射前校正结果的可用性

表 5.9 为 FY-3A 和 FY-3B/MERSI 发射后第一次场地同步校正结果与发射前校正的比较,其中 PDif$\%=(a_{\text{Dunhuang-vc}}-a_{\text{pre-launch}})/a_{\text{pre-launch}}\times100$。对于 FY-3A,不考虑存在增益跳变的通道 6 和 7,与发射前校正系数相比,通道 3、11 和 20 的场地校正结果偏低;除了通道 11、14、16、17 和 20 之外,场地校正结果与发射前有超过 5%的差异,特别是,通道 1、2、4、8、9、10、12、13、15 和 18 有超过 10%的差异。对于 FY-3B,由于 MERSI 辐冷抛罩失败,无辐射制冷,替代校正系数明显高于发射前结果,特别是通道 7。不考虑非正常工作的通道 6 和 7,与发射前校正系数相比,通道 14、15、17 和 18 的场地校正结果偏低;除了通道 15 和 17 之外,场地校正结果与发射前有超过 5%的差异,特别是,通道 1、2、4、8、9、10、11、12、18 和 20 有超过 10%的差异。可以认为:在卫星入轨后,MERSI 发射前校正系数基本不可用,特别是波长<0.6μm 的通道(如通道 1、2、4、8、9、10、11、12 和 13)。

表 5.9 FY-3/MERSI 发射后第一次场地同步校正结果与发射前校正系数的比较

通道	FY-3A			FY-3B		
	发射前	2008 年 9 月	PDif%	发射前	2011 年 8 月	PDif%
1	0.0266	0.0308	15.833	0.02590	0.0304	17.38
2	0.0252	0.0283	12.480	0.02562	0.0296	15.53
3	0.0254	0.0238	−6.447	0.02578	0.0275	6.67
4	0.0247	0.0274	10.752	0.02562	0.0284	10.85
6	0.0183	0.0229	25.342	0.01661	0.0221	33.05
7	0.0195	0.0229	17.496	0.00441	0.0173	292.29
8	0.0190	0.0234	23.223	0.02002	0.0278	38.86
9	0.0198	0.0246	24.054	0.02008	0.0252	25.50
10	0.0201	0.0241	19.841	0.02020	0.0227	12.38
11	0.0201	0.0192	−4.620	0.02005	0.0224	11.72
12	0.0204	0.0231	13.514	0.02015	0.0223	10.67
13	0.0198	0.0219	10.886	0.02030	0.0216	6.40
14	0.0206	0.0207	0.437	0.02021	0.0191	−5.49
15	0.0202	0.0275	35.937	0.02024	0.0202	−0.20

通道	FY-3A			FY-3B		
	发射前	2008 年 9 月	PDif%	发射前	2011 年 8 月	PDif%
16	0.0194	0.0202	4.070	0.02042	0.0219	7.25
17	0.0239	0.0240	0.503	0.02284	0.0226	−1.05
18	0.0252	0.0336	33.492	0.02277	0.0204	−10.41
19	0.0213	0.0229	7.512	0.02244	0.0236	5.17
20	0.0254	0.0248	−2.516	0.02262	0.0270	19.36

5.2.6　结论与讨论

本研究提出了基于敦煌实测地表 BRDF 模型,矢量辐射传输模型 6SV 并联合 MODT-RAN 吸收透过率校正的反射太阳通道替代校正新方法,针对 FY-3/MERSI 的同步校正试验结果表明,除了水汽吸收中心通道 18 之外,校正的不确定度小于 5%,而除了通道 17~20 之外,不确定度小于 3%(孙凌 等,2012)。

以 AQUA/MODIS 为辐射基准,采用相同计算方案的大气顶辐射计算分析表明,对于波长<1 μm 的窗区通道大气顶辐射计算平均偏差小于 3%,水汽吸收翼区的偏差小于 4%,波长>1 μm 的小于 5%(除了 2.1 μm 通道)。

针对 2008—2011 年的敦煌场地同步校正结果分析表明,可采用二次多项式拟合校正系数(斜率)的时间变化,拟合分析的相关系数 R^2 均在 0.9 以上,除了通道 2、12、13 和 14,R^2 超过 0.95。采用该结果可以实现逐天的校正系数更新,及时订正两次同步校正试验期间的遥感器响应衰变。当然,通过分段线性拟合同样可以实现逐天的校正系数更新,具体采用哪一种更新方案还需在进一步的校正应用效果评估后确定。

遥感器各通道的校正系数反映了其辐射响应的变化。分析表明,波长<0.6 μm 的通道衰变相对较大,最短波长的通道 8(0.41 μm)在入轨第一年的衰变率约为 14%;在轨初期的衰变最大,在轨运行一年之后衰变速度趋缓,在轨运行两年之后部分波长>0.6 μm 的通道出现响应增加现象。

不考虑辐射传输计算模型本身的精度,基于场地同步测量的辐射校正方法受到现场仪器测量误差、星地空间尺度效应等影响,校正精度难以更进一步提高,因此,发展可靠的星上绝对校正技术才是从根本上提高我国卫星数据质量的关键。

5.3　基于多目标场的 MERSI 太阳反射通道校正跟踪

5.3.1　概述

并非所有的星载遥感器都带有星上定标器,且星上定标器随时间变化也存在一定的衰减,必须进行衰减订正,因此通过在轨替代校正的方法对校正系数进行更新仍是必需的。而根据卫星运行期间是否去场地进行同步测量校正,可分为场地和非场地校正两大类。由于场地同步测量校正需要人员、设备和后勤等,所需费用较大。因此,校正的次数有限,且无法对历史数据进行再校正。从20世纪90年代开始,校正研究者开发了不去场地同步测量进行校正的方法,称之为非场地校正法。目前已有许多卫星发射后采用非场地替代校正方法发布校正参数,例如,采用稳定的沙漠目标、极地冰雪目标、深对流云目标、海洋目标以及与其他拥有在轨校正器卫星的互校正等。出于长期气候变化监测的需要,在 NOAA/NESDIS 的建议下,2006年 WMO(世界气象组织)批准建立空基全球交叉校正系统,以推动卫星遥感器的在轨绝对辐射校正方法研究。确保卫星观测数据精确性和长期稳定性的遥感器辐射校正和检验,成为近年来全球遥感科学家急需解决的问题。目前,国际上已经开展了这方面大量的相关技术研究,包括不同遥感器(极轨卫星与极轨卫星、极轨卫星与静止卫星、静止卫星与静止卫星)间的交叉辐射校正,基于地球长期稳定目标的伪不变场校正跟踪,如利比亚沙漠和南极 Dome C 冰川,以及利用月球的辐射校正跟踪。这些方法的综合运用,使卫星遥感器辐射校正精度达到了优于5%的水平。相对于沙漠目标、冰川目标而言,深对流云(Deep Convective Clouds,DCC)提供的反射率更稳定,目标数目够多,且受大气的影响小,但是要求遥感器具有大的动态范围并避免观测饱和。

敦煌是 CRCS 太阳反射通道卫星遥感器校正场地,但是,一年一次的有限校正次数远不能满足在轨校正系数的有效更新。近年来也开始采用一些交叉校正的手段和利用多场地和深对流云目标等进行气象卫星的辐射校正。后者成为长时间序列的太阳反射通道辐射校正跟踪的主要途径。本节主要描述在利用辐射传输模式模拟的基础上,采用沙漠、海洋等多目标场作为校正辐射参考对我国新一代极轨气象卫星 FY-3/MERSI 的太阳反射通道进行校正跟踪的多场地方法;利用获得的校正结果分析遥感器在轨响应的变化规律;通过 AQUA/MODIS 在稳定的沙漠目标和同时星下点观测(SNO)目标的对比,对校正结果进行评估。

5.3.2 多目标场选取

国际上已经在撒哈拉沙漠和沙特阿拉伯沙漠选取了一系列辐射稳定且高亮的目标场地,这些场地被广泛地用于太阳反射通道的绝对或相对校正。欧洲气象卫星组织(EUMETSAT)已成功地采用多个高亮的沙漠场地实现了太阳反射通道的绝对校正。针对 FY-3A/MERSI,我们选取了多个表面特性均匀稳定的场地进行辐射校正跟踪,其中包括三个高亮沙漠目标,分别为利比亚 1(24.42°N,13.35°E),利比亚 4(28.55°N,23.39°E)和阿拉伯 2(20.13°N,50.96°E);一个 CEOS/WGCV 推荐的中等亮度戈壁目标——敦煌(40.14°N,94.32°E);以及一个具有海洋光学浮标(MOBY)观测的拉奈岛(20.49°N,−157.11°E)附近的低亮度海洋目标。图 5.7 给出了 MERSI 校正目标场地的图像,具体位置在图 5.8 中标出。

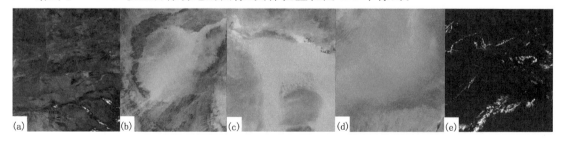

图 5.7 FY-3A/MERSI 真彩色图像(RGB 采用通道 3,2 和 1)(a)敦煌;(b)利比亚 1;
(c)利比亚 4;(d)阿拉伯 2;(e)拉奈

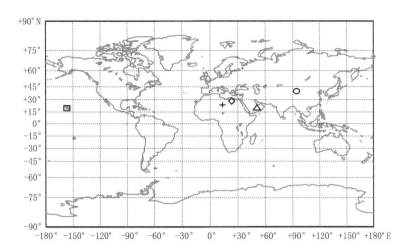

图 5.8 校正目标场地的位置。戈壁和高亮沙漠站点为敦煌(圆形),利比亚 1(加号);
利比亚 4(菱形),阿拉伯 2(三角形);海洋站点为拉奈(正方形)

5.3.3 多目标场在轨校正步骤

卫星数据选择:对 MERSI 1 km 产品(包括 250 m 通道的降分辨率数据集)进行兰伯特投影。选取场地中心 3×3 窗口像元,满足以下条件的像元均值将用于校正计算:检测空间均匀性,剔除通道 1~4 中存在 CV 大值的数据;剔除太阳天顶角大于 70°的数据;拉奈岛场地采用 40°的耀斑角阈值以避免太阳耀斑的污染。剔除 MERSI 观测大气顶反射率与辐射传输模拟值之间相对偏差大于 30%的数据,以避免残留的云污染;由于遥感器近红外通道的响应衰减很小(见 5.2.3 节),采用通道 4(865 nm)和 2008 年敦煌替代校正系数。

辐射传输模拟:基于观测时刻的太阳和卫星天顶角和方位角、光谱响应函数和对应的地面和大气特性参数,使用矢量辐射传输模型 6SV 计算晴空目标区的大气顶光谱反射率。

采用 MODIS BRDF 模型计算陆地站点的表面双向反射率。该 BRDF 模型依赖与波长有关的三个核参数。这些参数值取自 MCD43C1 产品,并光谱插值到 MERSI 通道中心波长。海洋场地采用 MOBY 观测的离水反射率。大气廓线采用 1962 美国标准大气。陆地和海洋场地分别采用 6SV 模型中提供的沙漠和海洋气溶胶模型。550nm 气溶胶光学厚度采用 MODIS 月产品(陆上采用 AQUA 的深蓝算法结果,海上采用 TERRA 的结果)。臭氧总量采用 TOMS 的多年月平均气候数据集,水汽总量和表面风速采用 NCEP 再分析资料的月平均气候数据。

校正计算:采用 6SV 模型计算 TOA 反射率,累积每个目标场地的卫星观测计数值和模拟反射率的时间序列。通常,校正系数随时间缓慢变化。考虑到不同亮度等级的多场地数据相比于单站点可以更好地覆盖遥感器的动态范围,同时较多的数据可以降低反射率计算的不确定性,在每个周期(如 10 d)采用五个场地的数据,根据如下公式计算校正系数。

$$100\mathrm{Ref}_i\cos(\mathrm{SolZ})/d^2 = \mathrm{Slope}_i(\mathrm{EV}_i - \mathrm{SV}_i) \tag{5.10}$$

式中,Ref_i 是辐射传输模型计算的第 i 个通道的瞬时大气顶反射率,定义为 $\pi d^2 \mathrm{Rad}/(E_0\cos(\mathrm{SolZ}))$,Rad 是遥感器对地观测辐亮度(W/(m² · sr · μm)),E_0 是日地平均距离处的大气层外太阳辐照度,SolZ 是太阳天顶角,d 是日地距离(AU),Slope 是校正斜率,EV 和 SV 分别是对地和冷空观测（作为辐射零点）的计数值。在下文中使用反射率因子（RefFactor）来表示 $Ref_i\cos(SolZ)/d^2$。图 5.9 给出了一个校正周期（10 d）内 19 个 MERSI 太阳反射通道的校正散点图，其中，通道 17 到 19 为水汽通道，结果仅供参考。由于海洋场地的数据有限，在计算校正斜率时所占的比重较小。

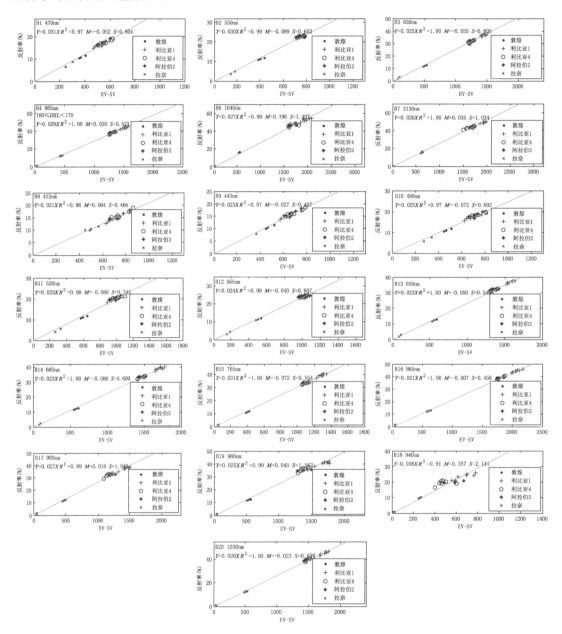

图 5.9 19 个太阳反射通道的大气顶反射率模拟值与 MERSI 观测计数值的散点图
（M 和 S 是反射率模拟值和线性拟合线间偏差的均值与标准差；DSL 是自发射日起的日计数，
使用了 DSL 在 160～170 的 23 个数据）

趋势建模：基于校正系数时间序列，采用线性模型来描述校正斜率的长期变化趋势。

$$\text{Slope}_i = a_i \text{DSL} + b_i \tag{5.11}$$

式中，DSL 为自发射日起的日计数，a_i 反映了第 i 个通道的响应（1/Slope）日衰减，b 为模式估计的发射日校正斜率。利用式（5.11）模型，可实现逐日的校正系数更新。

为了与其他研究保持一致，第 i 个通道的归一化响应定义为 $m_i = b_i/\text{Slope}_i$。同样，采用线性模型描述遥感器响应的衰变。

$$m_i = c_i \text{DSL} + d_i \tag{5.12}$$

式中，c 和 d 是响应衰变模型系数。因此，遥感器响应的年衰变率可以通过以下公式确定。

$$\text{AnnualRate}_i = -365 \cdot c_i/d_i \tag{5.13}$$

5.3.4　校正基准的不确定性评估方法

如 5.3.3 节所述，MERSI 的校正基准是辐射传输模型计算的大气顶反射率。在辐射计算中使用的参数几乎全部来自于卫星和气候数据集，而不是场地现场观测值，参数的不准确性和辐射传输模式本身，都会影响大气顶辐射的计算精度。因此需利用一个校正良好的遥感器（如 EOS/MODIS）的观测值来评估 MERSI 校正基准的准确性（偏差）和精确性（标准差）。鉴于 AQUA/MODIS 的在轨辐射性能优于 TERRA/MODIS，上文列举的四个陆地站点的 AQUA/MODIS 晴空观测值被用作大气顶辐射"真值"，来评估辐射模拟的性能。采用与 MERSI 相同的计算方案，针对 MODIS 的观测几何和通道响应函数模拟大气顶反射率，并与 MODIS 的观测值进行对比。

数据采用 2008—2009 年的第 5 版本 MYD1KM 和 MYD03 产品（从 NASA 网站获取）。由于在戈壁和沙漠地区，MODIS 的通道 11～16 经常饱和，另通道 17、18、19 和 26 受水汽吸收的影响，因此，评估只针对前 10 个通道进行。场地中心 3×3 像元窗口的均值被用于比对分析，数据过滤采用以下原则：检测空间均匀性，剔除通道 1～5 中存在 CV 大值的数据；当观测的通道 1 大气顶反射率大于 0.6 时，数据被认为是非晴空予以剔除。对每组遥感器观测值和模式模拟值，相对偏差百分比定义如下。

$$\text{PDif} = 100 \cdot (\text{Ref}_{est} - \text{Ref}_{mea})/\text{Ref}_{mea} \tag{5.14}$$

式中，Ref_{est} 是辐射传输模拟的大气顶表观反射率，Ref_{mea} 是遥感器观测值。由于辐射传输模拟在大天顶角时误差相对较大，比对分析只采用天顶角小于 70° 的数据。

5.3.5　校正结果比对方法

使用 5.3.3 节公式（5.11）的定标更新模型进行 FY-3/MERSI 校正系数的日更新。对 FY-3/MERSI 太阳反射通道校正结果采用以下三种方法进行分析。

由于 CRCS 替代校正每年在敦煌开展一次同步观测试验，其在可见—近红外通道的平均校正精度约 3%（以 AQUA/MODIS 为参考），因此，采用 CRCS 的年度替代校正结果与定标更新模型给出的校正斜率进行比对。

针对稳定的陆面目标与 SNO 目标，以 AQUA/MODIS 为参考值，对校正后的 MERSI 辐射质量进行监测分析。在均匀的陆面目标，FY-3/MERSI 和 AQUA/MODIS 之间的校正偏差可以用式（5.15）、式（5.16）来描述。

$$\Delta\text{Ratio} = \left[\text{Ref}_{\text{MERSI}}^{\text{Mea}}/\text{Ref}_{\text{MESRI}}^{\text{Est}}\right]/\left[\text{Ref}_{\text{MODIS}}^{\text{Mea}}/\text{Ref}_{\text{MODIS}}^{\text{Est}}\right] \tag{5.15}$$

$$\Delta\mathrm{Dif}/\mathrm{Ref}_{\mathrm{MODIS}}^{\mathrm{Mea}} = \frac{[\mathrm{Ref}_{\mathrm{MERSI}}^{\mathrm{Mea}} - \mathrm{Ref}_{\mathrm{MESRI}}^{\mathrm{Est}}] - [\mathrm{Ref}_{\mathrm{MODIS}}^{\mathrm{Mea}} - \mathrm{Ref}_{\mathrm{MODIS}}^{\mathrm{Est}}]}{\mathrm{Ref}_{\mathrm{MODIS}}^{\mathrm{Mea}}} \tag{5.16}$$

其中,上标"Mea"表示仪器观测值,上标"Est"表示由 5.3.3 节描述的方法计算的辐射传输模拟值,ΔRatio 是经过辐射传输模拟值归一化后的 MERSI 与 MODIS 大气顶反射率观测值的比值。ΔDif 是采用辐射传输模拟值作为中介后的遥感器观测值间的偏差,ΔDif/$\mathrm{Ref}_{\mathrm{MODIS}}^{\mathrm{Mea}}$ 是仪器观测值间的相对偏差。这两个校正偏差量由光谱接近的 FY-3/MERSI 和 AQUA/MODIS 通道的同天晴空观测数据计算得到。采用四个陆地站点(敦煌、利比亚 1、利比亚 4 和阿拉伯 2)2008—2009 年的数据。云滤除采用简单的阈值方法,包括前文所述的空间均匀性阈值和 TOA 反射率阈值(采用红光通道,敦煌取 0.4,其他站点取 0.6)。太阳天顶角大于 60°的数据被剔除。考虑到 MODIS 在一些通道的饱和现象和 MERSI 在 6 和 7 通道的异常电子增益跳变,选取 MERSI 的通道 1~4 与 8~10 与 MODIS 对应通道进行比对。

除了在均匀稳定的陆地目标借助辐射传输模拟和双差方式进行遥感器观测值比对之外,还采用 SNO 方法将校正后的 MERSI 大气顶反射率与 AQUA MODIS 观测值进行直接交叉对比。使用第 5 版本的 MYD/km 和 MYD03 产品,以星下点为中心做兰伯特投影。采用以下准则进行 MERSI 和 MODIS 的数据匹配:角度要求 $\mathrm{SenZ} < 35°$;$|\cos(\mathrm{SenZ}_{\mathrm{MODIS}})/\cos(\mathrm{SenZ}_{\mathrm{MESRI}})-1| < 0.01$ 和 $|\cos(\mathrm{SolZ}_{\mathrm{MODIS}})/\cos(\mathrm{SolZ}_{\mathrm{MESRI}})-1| < 0.01$;空间均匀性要求(4×4 窗口)$\mathrm{CV} < 2\%$,$\mathrm{Std} < 0.1\%$。

5.3.6 结果分析

5.3.6.1 校正基准的不确定性

图 5.10 为 2008—2009 年各陆地站点 MODIS 观测与模拟反射率的比对散点图。图中还给出了线性拟合参数(M 和 S 是模拟反射率和 MODIS 观测值间偏差的均值和标准差)。为了增加绘图点的数据范围,使用 5.3.3 节定义的 $\mathrm{RefFactor}(\mathrm{Ref}_{\mathrm{i}}\cos(\mathrm{SolZ})/d^2)$ 代替大气顶表观反射率。由于探测器的失效与饱和现象,通道 6、7、9 和 10 设有单独的 CV 阈值,导致各通道数据量不等。由图中可以看出,模拟值与观测值之间具有很好的相关性,所有通道的 R^2 都超过 0.91。蓝光通道,如通道 3、8、9 和 10,其线性关系略差于其他通道,尤其是在阿拉伯 2 站点。其可能的原因是该光谱范围的地表反射率通常存在剧烈的变化,通道 8~10 的 BRDF 模型参数由外插得到,且地表反射率在该光谱范围内相对较低。

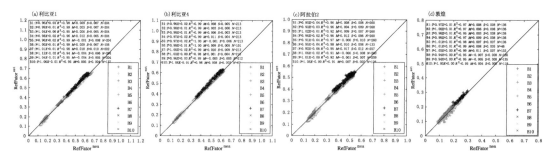

图 5.10 MODIS 观测与模拟反射率的散点图(利比亚 1(a)、利比亚 4(b)、阿拉伯 2(c)及敦煌站点(d))。数据为 2008—2009 年。图中给出了 1∶1 实线和线性拟合参数(M 和 S 是模拟反射率和 MODIS 测量值间偏差的均值和标准差)。为增加绘图点的数据范围,使用反射率因子代替 TOA 表观反射率

图 5.11 给出了各陆地站点的 MODIS 观测与模拟大气顶表观反射率的平均相对偏差百分比。可以看出,利比亚 4 的效果最好,而敦煌站则相对较差。敦煌站的相对偏差的标准差明显高于其他站点,这一现象可能是由于此处的地表反射率相对较低引起的。图 5.12 和图 5.13 给出了所有陆地站点的散点图和平均相对偏差百分比。可以看出,除通道 8、9 外,模拟值普遍偏高。对于中心波长在 $0.4 \sim 2.1 \ \mu m$ 的十个通道,相对偏差的均值在 5% 以内,标准差在 2% ~ 4%(在蓝光区域相对较大)。

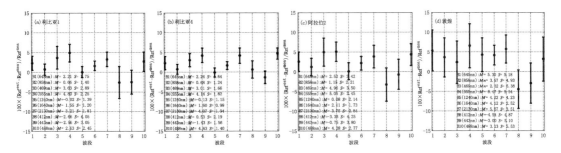

图 5.11　MODIS 观测与模拟的大气顶表观反射率的平均相对偏差百分比(利比亚 1(a)、利比亚 4(b)、阿拉伯 2(c)及敦煌站点(d))。误差线表示一个标准差,图中给出了均值(M)和标准差(S)信息

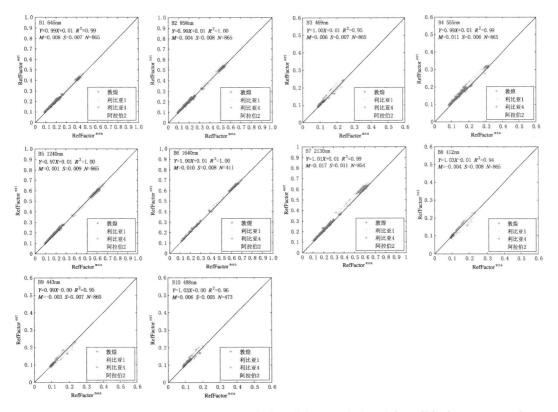

图 5.12　MODIS 通道 1~10 的观测与模拟反射率的散点图(四个陆地站点)。数据为 2008—2009 年。图中给出了 1 : 1 实线和线性拟合信息(M 和 S 是模拟反射率与 MODIS 测量值间偏差的均值和标准差)。为增加绘图点的数据范围,使用反射率因子代替 TOA 表观反射率

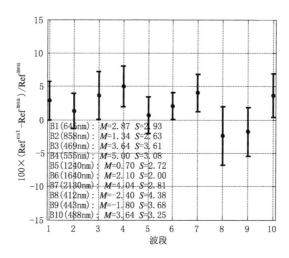

图 5.13　四个陆地站点的 MODIS 观测与模拟大气顶表观反射率的平均相对偏差百分比。
误差线表示一个标准差,图中也给出了均值和标准差信息

　　通过研究偏差的时间特征,发现其存在着季节性变化趋势,并且蓝光通道与其他通道明显不同。该季节性趋势在通道 1(645 nm)、4(555 nm)及 8(412 nm)更为明显,且不同站点表现的时间特征相似。图 5.14 给出了 MODIS 观测与模拟大气顶表观反射率间月平均相对偏差百分比的时间变化。表 5.10 给出了 2008—2009 年各陆地站点的月平均 PDif 值。由于通道 10(488 nm)在 3—9 月的数据量有限,其结果只作参考。由表中可见,月均值的变化幅度大致在 1.5%~4.9%,其中,通道 6(1640 nm)最小,通道 8(412 nm)最大。导致该时间特征的原因包括仪器的温度响应和大气及地表参数的不确定性。前人的研究表明,地表特性的不确定性是模拟的最大误差源。然而,针对 MODIS BRDF 产品的时间变化分析并没有发现地表特性的季节性变化。考虑到 AQUA/MODIS 的探测器温度响应已在发射前得以确定,因此,该季节性变化的最可能原因是大气参数(包括气体和气溶胶)的不准确性,以及观测角度引起的辐射传输计算误差。在蓝光通道,由于气体吸收很弱,气溶胶占主导地位,并且波长越短影响越大。

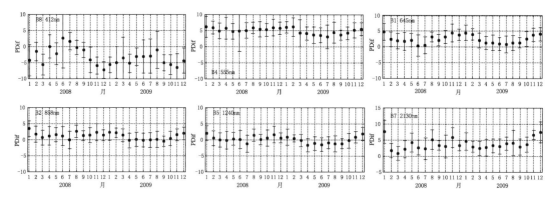

图 5.14　陆地站点 MODIS 通道 8、4、1、2、5 和 7 的观测与模拟大气顶表观反射率间的
月平均相对偏差百分比的时间变化(2008—2009 年)。误差线表示一个标准差

表 5.10 2008—2009 年陆地站点的 MODIS 观测与模拟大气顶表观反射率间相对偏差
百分比的月均值(M)和标准差(S)

通道	月	1	2	3	4	5	6	7	8	9	10	11	12
1	M	4.95	3.3	2.95	2.13	1.65	1.04	1.56	2.25	2.71	3.63	4.15	4.82
	S	3.56	3.17	3.33	3.04	2.33	2.28	2.12	2.02	2.16	2.46	2.76	3.13
2	M	2.83	1.6	1.91	1.06	0.8	0.3	0.59	1.36	1.22	1.59	1.48	1.87
	S	3.23	3.09	2.94	2.93	2.4	2.23	2	2.18	2.26	2.55	2.6	2.66
3	M	4.39	4.67	4.58	5.31	3.67	3.36	2.82	3.67	3.39	3.07	2.33	3.21
	S	3.12	3.65	4.99	3.9	3.05	4.85	3.39	3.20	2.9	2.91	3.01	2.54
4	M	6.69	5.75	5.44	5.22	3.96	3.54	3.63	4.25	4.68	5.44	5.74	6.55
	S	3.52	3.32	4.02	3.44	2.47	3.16	2.46	2.17	2.26	2.34	2.79	3.08
5	M	1.65	0.56	0.75	−0.1	−0	−0.3	−0.1	0.76	0.67	1.5	1.56	1.7
	S	3.09	2.64	2.74	2.73	2.59	2.3	2.01	2.62	2.55	3.13	2.67	2.65
6	M	2.68	2.21	2.6	1.54	1.74	1.39	1.69	1.63	2.02	2.04	2.7	2.87
	S	2.65	1.51	2.35	1.53	1.71	2.93	1.32	0.93	1.44	1.81	2.13	1.9
7	M	5.12	2.47	2.84	2.47	3.1	3.04	3.98	4.72	4.95	4.99	4.91	5.39
	S	3.66	1.97	3.04	2.16	2.41	1.91	1.91	2.33	2.73	3.15	2.46	3.21
8	M	−3.6	−2.8	−2.5	−0.5	−1.4	−0.5	−1.2	−1.03	−2.2	−3.6	−5.3	−4.7
	S	3.44	4.05	5.36	3.78	3.53	4.99	3.47	3.75	3.77	4.4	4.5	3.58
9	M	−1.8	−1.5	−1.3	0.06	−1.2	−0.9	−1.9	−1.23	−1.8	−2.6	−3.9	−3.1
	S	3.17	3.74	4.98	3.55	2.81	4.92	3.4	3.25	2.9	3.14	3.32	2.66
10	M	4.54	4.12	5.24	7.18	3.46	4.62	3.15	3.15	2.9	3.06	2.68	3.43
	S	2.95	4.01	4.41	4.17	2.43	1.8	3.04	1.66	3.29	2.82	3.1	2.43

5.3.6.2 MERSI 校正跟踪结果

图 5.15 给出了 14 个 FY-3A/MERSI 太阳反射通道的校正斜率时间序列(不包括 17～19 三个水汽通道和 6、7 两个受到增益异常跳变影响的短波红外通道),图中黑色实线为线性回归模型。可以看出,校正系数随着发射后日计数 DSL 存在线性变化趋势,但仍有季节性影响。对绿光到近红外的大多数通道,校正系数在 11 月到 2 月相对于 5 月到 8 月有偏高的趋势,特别是在红光和近红外通道,如通道 3(650 nm)、4(865 nm)、13(650 nm)、14(685 nm)、15(765 nm)和 16(865 nm)。然而,在蓝光通道有不同的变化趋势,如通道 1(470 nm)、8(412 nm)和 9(443 nm)。由于该季节性特征与在 5.3.6.1 节中的讨论相似,可以判定其主要由校正方法的不确定性造成。

图 5.16 给出了 FY-3A/MERSI 反射太阳通道的归一化辐射响应时间序列。表 5.11 列出了 2008 年 8 月到 2011 年 12 月的校正跟踪统计分析结果(忽略了通道 6、7、17～19),包括校正系数更新模型(公式(5.11))的参数(即 a、b)和不确定性($2\sigma/\text{mean}$),以及遥感器响应的年衰变率和总衰变率(至 2011 年底)。除蓝光通道(如通道 1 和 8～10)以外,校正系数更新模型的不确定性低于 3%。MERSI 具有偏振敏感性,但在发射前并没有对此进行测试。遥感器接收到

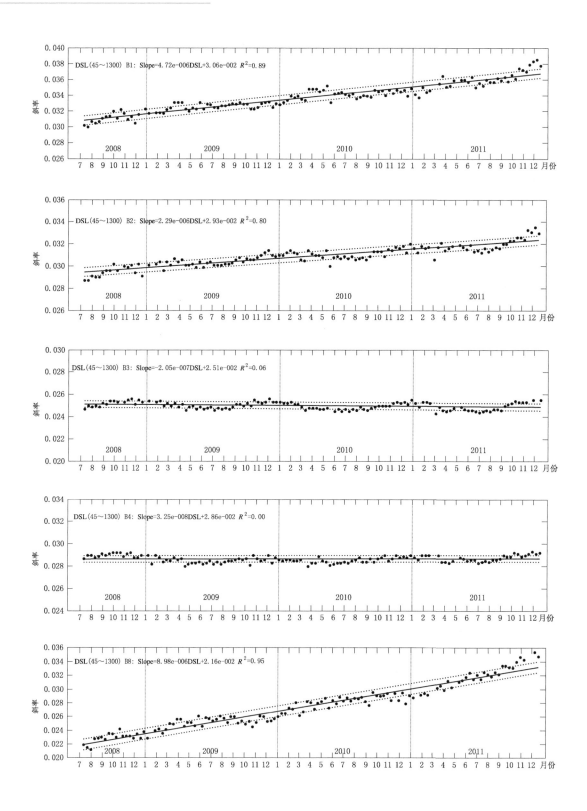

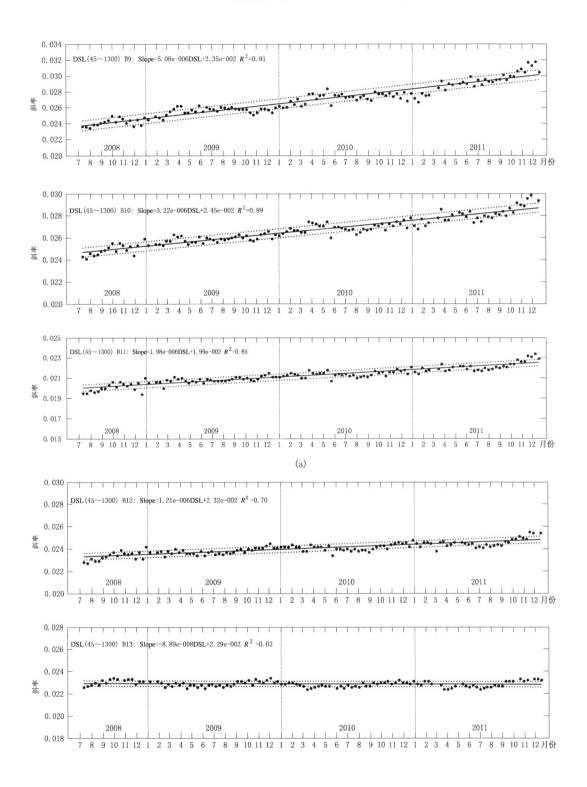

(a)

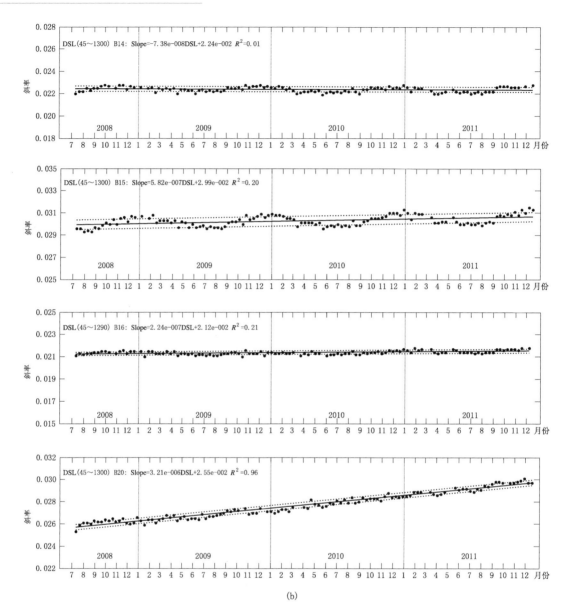

(b)

图 5.15　多场地方法获得的 14 个 FY-3A/MERSI 太阳反射通道的校正斜率时间序列
（不包括 17～19 三个水汽通道和 6、7 两个短波红外通道）。

时间：2008 年 7 月至 2011 年 12 月。实线：校正斜率的时间变化；虚线：校正斜率与拟合模型间偏差的标准差

的辐射在短波通道受偏振影响较大，这会导致蓝光通道相对较大的不确定性。结果表明，遥感器响应的变化与波长有关。波长小于 600 nm 的通道衰减显著，特别是通道 8(412 nm)，其年衰减率约为 9.7%；波长大于 900 nm 的通道同样存在明显衰减，特别是通道 20(1.03 μm)，其年衰减率约为 3.9%；大部分红光和近红外通道(600～900 nm)相对稳定，年衰减率在 ±1% 以内。针对 MODIS 的相关研究显示，遥感器的光谱响应函数、中心波长和带宽在发射前的存储和在轨运行过程中会发生变化，中心波长随时间和仪器温度会飘移，特别是 412 nm 通道。遗憾的是，MERSI 没有在轨的光谱监测装置，因此，无法确定其光谱变化的影响。

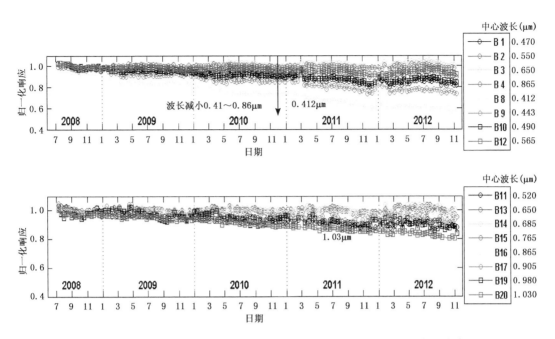

图 5.16　多场地方法获得的 FY-3A/MERSI 反射太阳通道归一化辐射响应序列

表 5.11　多场地方法得到的 FY-3A/MERSI 反射太阳通道标跟踪校正分析结果

通道	a	b	$2\sigma/Mean$ （%）	年衰减率 （%）	总衰减率 （%）
1	4.72×10^{-6}	0.0306	3.51	4.64	16.71
2	2.29×10^{-6}	0.0293	2.67	2.58	9.27
3	-2.05×10^{-7}	0.0251	2.39	-0.30	-1.09
4	3.25×10^{-8}	0.0286	2.14	0.04	0.15
8	8.98×10^{-6}	0.0216	5.69	9.70	34.91
9	5.08×10^{-6}	0.0235	4.43	6.05	21.78
10	3.22×10^{-6}	0.0245	3.16	4.06	14.60
11	1.98×10^{-6}	0.0199	2.92	3.21	11.54
12	1.21×10^{-6}	0.0232	2.42	1.78	6.40
13	-8.89×10^{-8}	0.0229	2.14	-0.14	-0.51
14	-7.38×10^{-8}	0.0224	2.08	-0.12	-0.44
15	5.82×10^{-7}	0.0299	2.77	0.69	2.48
16	2.24×10^{-7}	0.0212	1.49	0.38	1.36
20	3.21×10^{-6}	0.0255	1.72	3.90	14.04

注：σ：校正斜率与线性回归模型估计值间偏差的标准差；

$Mean$：线性回归模型估计值的平均值；

总衰减率：截至 2011 年底的衰减率。

图 5.17 给出了 FY-3B/MERSI 反射太阳通道的归一化辐射响应时间序列。表 5.12 列出了 2010 年 11 月到 2012 年 11 月的校正跟踪统计分析结果。研究发现:与 FY-3A/MERSI 类似,在轨响应变化具有波长依赖性,600 nm 以下的通道衰减明显,特别是 412 nm 通道,其年衰减率为 8%;900 nm 以上的通道也存在响应衰减,特别是通道 20(1.03 μm,年衰减率为 6%);600~900 nm 的大部分通道较为稳定,年变率在 ±1% 以内;通道 3 (650 nm) 和 15 (765 nm) 存在超过 1%/年的响应增加现象。

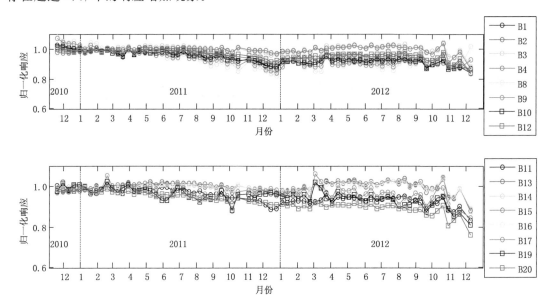

图 5.17　多场地方法获得的 FY-3B/MERSI 反射太阳通道归一化辐射响应序列

表 5.12　多场地方法得到的 FY-3B/MERSI 反射太阳通道跟踪校正分析结果

通道	a	b	年衰减率(%)
1	5.08×10^{-6}	2.89×10^{-2}	5.96
2	2.84×10^{-6}	2.88×10^{-2}	3.34
3	-5.19×10^{-7}	2.79×10^{-2}	−0.72
4	-4.78×10^{-7}	2.90×10^{-2}	−0.64
6	-3.28×10^{-6}	2.35×10^{-2}	−6.41
7	7.63×10^{-7}	1.66×10^{-2}	1.06
8	5.99×10^{-6}	2.56×10^{-2}	8.21
9	5.15×10^{-6}	2.34×10^{-2}	7.36
10	3.48×10^{-6}	2.17×10^{-2}	5.30
11	2.83×10^{-6}	2.16×10^{-2}	4.29
12	1.63×10^{-6}	2.18×10^{-2}	2.64
13	-3.29×10^{-7}	2.19×10^{-2}	−0.58
14	-4.20×10^{-7}	1.94×10^{-2}	−0.81
15	-5.66×10^{-7}	2.07×10^{-2}	−1.02

续表

通道	a	b	年衰减率（%）
16	-2.80×10^{-7}	2.23×10^{-2}	-0.48
17	1.62×10^{-6}	2.25×10^{-2}	2.46
18	4.69×10^{-6}	1.91×10^{-2}	8.02
19	2.75×10^{-6}	2.33×10^{-2}	4.03
20	4.94×10^{-6}	2.61×10^{-2}	6.27

5.3.6.3　日更新模型校正与 CRCS 替代校正和 MODIS 的比对

将在轨校正日更新（也称定标日更新）模型得到的 FY-3A/MERSI 校正斜率与 2008—2011 年的 CRCS 替代校正结果进行了对比。表 5.13 给出了两者之间的相对偏差。可以看出，由公式（5.11）估算的校正斜率与基于现场测量的 CRCS 替代校正结果之间的平均相对偏差小于 3.8%。

采用 2011 年外场试验结果对 FY-3B 的在轨日更新模型进行了验证，大部分通道的相对偏差在 3.5% 以内。

表 5.13　FY-3A/MERSI 多场地校正日更新模型估算的校正斜率与敦煌年度 CRCS 替代校正结果的相对偏差（2008—2011 年）

通道	PDif（%） 平均值	PDif（%） 标准差	通道	PDif（%） 平均值	PDif（%） 标准差
1	-1.36	1.98	11	1.99	1.71
2	1.14	1.82	12	-1.30	1.59
3	0.57	0.80	13	0.66	0.59
4	0.35	0.77	14	3.65	0.49
8	-3.62	2.25	15	3.81	1.05
9	-2.82	2.70	16	1.15	0.79
10	2.30	2.49	20	1.80	1.65

注：$\text{PDif}=(\text{Slope}_{\text{Multi-sites}}-\text{Slope}_{\text{CRCS}})/\text{Slope}_{\text{CRCS}}$。

对于 MERSI 和 MODIS 之间的对比，需要考虑观测几何和光谱响应差异的影响。对稳定目标使用双偏差方法时，通过以辐射传输模拟值进行均一化，可以去除观测几何的影响。然而，对于高精度辐射校正对比，必须考虑光谱响应差异的影响。针对不同的观测几何模拟了沙漠目标的 TOA 光谱辐射，并采用 FY-3A/MERSI 和 AQUA/MODIS 的光谱响应函数进行了卷积处理。表 5.14 给出了使用 MERSI 和 MODIS 的光谱响应函数模拟的大气顶反射率间差异的统计结果。可以看出，由光谱响应函数导致的相对偏差在短波红外通道（通道 6 和 7）很高，在其他通道通常低于 2%（除通道 8 和 10）。采用线性模型（$R^2=1.0$）进行 MODIS 和 MERSI 的光谱响应函数影响校正。图 5.18 给出了 MERSI 通道 1～4 和 8～10 的 $\Delta\text{Dif}/\text{Ref}_{\text{MODIS}}^{\text{Mea}}$ 的归一化频次直方图。可以看出，偏差呈现正态分布。表 5.15 列出了使用双偏差方法得到的匹配通道的对比统计结果。除通道 8 和 9 外，MERSI 观测值高于 MODIS。$\Delta\text{Dif}/\text{Ref}_{\text{MODIS}}^{\text{Mea}}$ 的均值约在 5% 以内，ΔRatio 均值的变化范围为 0.97～1.05。

表 5.14 针对 MERSI 与 MODIS 光谱响应函数模拟的沙漠地区大气顶反射率间的偏差信息

MERSI 通道（CW）	MODIS 通道（CW）	PDif（%）		比值	
		平均值	标准差	平均差	标准差
1（0.470）	3（0.469）	0.18	0.20	1.00	0.002
2（0.550）	4（0.555）	1.64	0.44	1.02	0.004
3（0.650）	1（0.645）	1.47	0.83	1.01	0.008
4（0.865）	2（0.858）	−1.37	0.07	0.99	0.001
6（1.640）	6（1.640）	−17.26	0.21	0.83	0.002
7（2.130）	7（2.130）	25.69	6.08	1.26	0.061
8（0.412）	8（0.412）	2.68	0.71	1.03	0.007
9（0.443）	9（0.443）	0.71	1.38	1.01	0.014
10（0.490）	10（0.488）	−2.12	1.91	0.98	0.019

注：CW：中心波长（μm）；PDif：（Ref_{SRF_MERSI} − Ref_{SRF_MODIS}）/Ref_{SRF_MODIS}；Ratio：Ref_{SRF_MERSI}/Ref_{SRF_MODIS}。

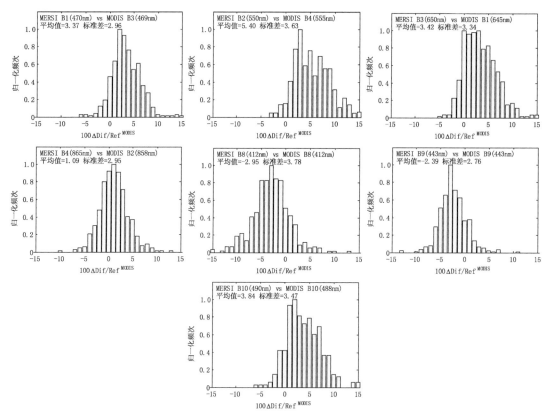

图 5.18 使用双偏差方法得到的 MERSI 和 MODIS 观测值间的相对偏差归一化频次直方图

表 5.15　使用双偏差方法得到的 FY-3A/MERSI 与 AQUA/MODIS 观测值间的比对结果

MERSI 通道（CW）	MODIS 通道（CW）	$\Delta\text{Dif}/\text{Ref}_{\text{MODIS}}^{\text{Mea}}$（%）		ΔRatio	
		平均值	标准差	平均值	标准差
1（0.470）	3（0.469）	3.37	2.96	1.03	0.03
2（0.550）	4（0.555）	5.40	3.63	1.05	0.03
3（0.650）	1（0.645）	3.42	3.34	1.03	0.03
4（0.865）	2（0.858）	1.09	2.95	1.01	0.03
8（0.412）	8（0.412）	−2.95	3.78	0.97	0.04
9（0.443）	9（0.443）	−2.39	2.76	0.98	0.03
10（0.490）	10（0.488）	3.84	3.47	1.04	0.03

针对不同地表类型的模拟结果表明，光谱响应函数差异的影响在前 4 个通道较小（结果略），因此，只针对 MERSI 的通道 1～4 进行 SNO 交叉对比。图 5.19 给出了 2010 年 8 月 FY-3A/MERSI 和 AQUA/MODIS 的大气顶表观反射率散点图。两者表现出良好的一致性，为 R^2 接近 1.0 且斜率在 1～1.3 的线性关系。表 5.16 列出了 MERSI 和 MODIS 的偏差统计结果。MERSI 通道 1（470 nm）、2（550 nm）、3（650 nm）和 4（865 nm）的平均相对偏差分别为 0.67%、6.75%、0.54% 和 −0.76%。MERSI 的通道 2 在波长大于 1 μm 处存在明显的带外响应，是导致较大偏差的原因之一。需要指出的是，由于未进行光谱响应函数的影响校正，这里所给出的偏差统计结果并不能作为校正精度评价。

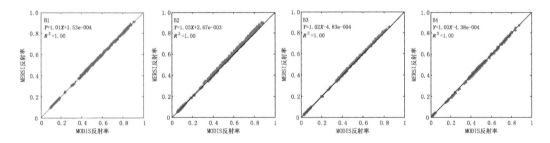

图 5.19　MERSI 通道 1～4 与 AQUA/MODIS 的大气顶表观反射率散点图（2010 年 8 月）

表 5.16　使用 SNO 方法得到的 FY-3A/MERSI 与 AQUA/MODIS 观测值间的对比结果（2010 年 8 月）

MERSI 通道（CW）	MODIS 通道（CW）	PDif（%）		比值	
		平均值	标准差	平均值	标准差
1（0.470）	3（0.469）	0.67	1.85	1.01	0.02
2（0.550）	4（0.555）	6.75	3.94	1.07	0.04
3（0.650）	1（0.645）	0.54	2.98	1.01	0.03
4（0.865）	2（0.858）	−0.76	4.41	0.99	0.04

注：PDif：$(\text{Ref}_{\text{MERSI}} - \text{Ref}_{\text{MODIS}})/\text{Ref}_{\text{MODIS}}$；Ratio：$\text{Ref}_{\text{MERSI}}/\text{Ref}_{\text{MODIS}}$。

利用经外场校正校正的在轨校正逐日更新模型对 FY-3B/MERSI 进行了再校正试验，基于 SNO 的比对分析（2011 年 2 月）表明，MERSI 与 MODIS 具有良好的一致性，具体结果见表 5.17，图 5.20 为各通道的散点图。

表 5.17　使用 SNO 方法得到的 FY-3B/MERSI 与 AQUA/MODIS 观测值间的对比结果(2011 年 2 月)

MERSI 通道(CW)	MODIS 通道(CW)	PDif(%) m±σ	比值 m±σ
1 (0.470)	3 (0.469)	1.33±2.46	1.01±0.02
2 (0.550)	4 (0.555)	5.05±4.58	1.05±0.05
3 (0.650)	1 (0.645)	6.29±3.99	1.06±0.04
4 (0.865)	2 (0.858)	3.61±6.01	1.04±0.06
6 (1.640)	6 (1.640)	−4.44±4.44	0.96±0.04
7 (2.130)	7 (2.130)	9.89±5.27	1.10±0.05
8 (0.412)	8 (0.412)	−6.00±4.77	0.94±0.05
9 (0.443)	9 (0.443)	−2.25±2.34	0.98±0.02
10 (0.490)	10 (0.488)	−0.58±2.44	0.99±0.02
16 (0.865)	16 (0.869)	1.16±6.13	1.01±0.06
17 (0.905)	17 (0.905)	8.66±5.87	1.09±0.06
18 (0.940)	19 (0.940)	−1.25±4.52	0.99±0.05

注:CW:中心波长(μm);m:均值;σ:标准差;PDif:$(Ref_{MERSI} - Ref_{MODIS})/Ref_{MODIS}$;Ratio:$Ref_{MERSI}/Ref_{MODIS}$。

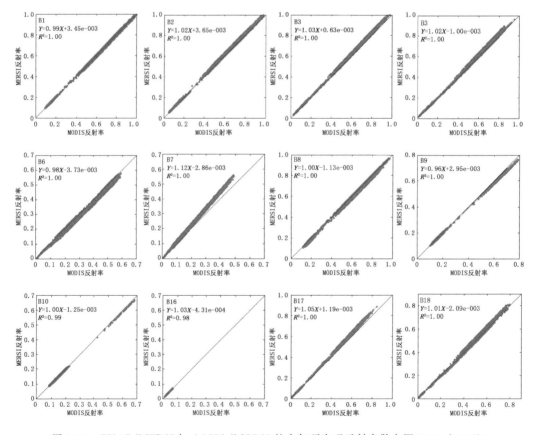

图 5.20　FY-3B/MERSI 与 AQUA/MODIS 的大气顶表观反射率散点图(2011 年 2 月)

5.3.7 结论

MERSI 采用多场地辐射校正方法,大大提高了校正频次。该方法以稳定目标物的辐射传输模拟值作为校正基准,并基于校正系数序列的长期趋势分析建立了日定标更新模型。

以 AQUA MODIS 为参考评估了 MERSI 的校正基准,前 10 个通道(中心波长在 0.4～2.1 μm)的平均相对偏差在 5%之内,标准差在 2%～4%。相对于 MODIS 的观测值,模拟值具有季节性的偏差特征,其主要原因可能来自对大气特性描述的不准确,以及不同观测几何条件下的大气顶辐射模拟误差。MERSI 的响应变化与波长有关。波长小于 600 nm 的通道衰减显著,特别是第 8 通道(412 nm),FY-3A/MERSI 的年衰减率约为 9.7%;波长大于 900 nm 的通道也有明显衰减;大部分红光和近红外通道(600～900 nm)相对稳定,年衰减率在±1%以内。将 FY-3A/MERSI 的校正斜率与 CRCS 替代校正结果相比,在大多数通道平均相对偏差小于 3.8%。采用双偏差方法评估了 MERSI 与 AQUA/MODIS 的辐射偏差,结果显示在稳定的沙漠地区平均相对偏差基本在 5%之内,平均比值在 0.97～1.05。此外,用 SNO 方法进行的分析也显示了较好的一致性。利用不同亮度的场地可尽量覆盖仪器动态范围的高低端,通过多个场地的综合分析,可降低单一场地的随机误差。

5.4 基于深对流云和冰雪目标的 MERSI 太阳反射通道辐射响应跟踪

5.4.1 深对流云跟踪方法

5.4.1.1 原理与方法

深对流云是一种发展深厚的对流云(DCC),它往往能发展到对流层顶之上,其光谱特征类似于辐射校正用的参考白板,在可见—近红外通道它能够提供足够高且稳定可靠的反射率,使之非常适合进行遥感器的在轨校正。图 5.21 给出了利用 SBDART 辐射模式耦合冰云参数后,模拟海洋上空,太阳天顶角 20°,云光学厚度(τ)从 1 变化到 1000 时,得到的大气顶短波宽通道、0.6 μm 和 0.8 μm 的表观反照率(R)变化(图 5.21a)及相对变化率($\frac{\mathrm{d}R}{\mathrm{d}\tau}$)(图 5.21b)。可以发现,云光学厚度从 1 到 100,反照率随云光学厚度增大而增大,而当云光学厚度>100后,反照率基本稳定在一个数值,不再随光学厚度增大而变化,反照率与光学厚度的相对变化率趋向于零。这一模拟结果说明了 DCC 具有作为辐射校正物的良好特性。图 5.22 模拟了与图 5.21 相同条件下,对流层气溶胶光学厚度(AOD)分别为 0.1、0.2 和 0.5 时,大气顶短波宽通道表观反照率随云光学厚度的变化情况,发现大气顶的表观反照率与气溶胶的变化基本无关,主要还是受云光学厚度的影响。采用 DCC 而不是地面目标的优势即在于大多数 DCC 位于对流层顶,因此其受到水汽及对流层气溶胶削弱的影响最小,平流层背景气溶胶对其影响也很小。但是值得注意的是,一般的目标物是非朗伯反射体,有比较明显的双向反射率特性(BRDF)。因此图 5.23 给出了不同太阳天顶角(Solar Zenith Angle,SZA)条件下,DCC 在大气顶的表观反照率。可以看出,在不同的角度情况下,DCC 的表观反照率也是有区别的,虽然这一影响较小,但在辐射校正过程中也是不可忽略的。

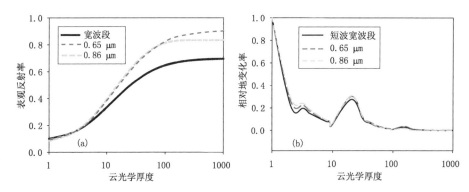

图 5.21 辐射模式模拟海洋上空,云光学厚度从 1 变化到 1000 时,

大气顶短波宽通道、0.6 μm 和 0.8 μm 的表观反照率变化(a);相对变化率($\frac{dR}{d\tau}$)(b)

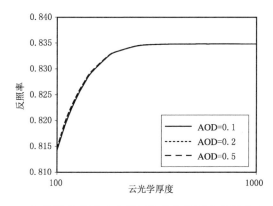

图 5.22 SBDART 辐射模式模拟对流层气溶胶光学厚度分别为 0.1、0.2 和 0.5 时

大气顶 0.6 μm 反照率随云光学厚度的变化,其他参数设置同图 5.21

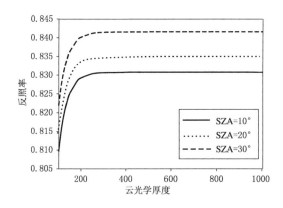

图 5.23 在太阳天顶角分别为 10°、20°和 30°条件下,大气顶表观反照率随云光学厚度变化

以 FY-3A/MERSI 观测数据为例,DCC 跟踪方法是:首先利用红外通道观测亮温选择一个阈值将深对流云识别出来,为了减小数据量只采用了热带(15°N～15°S)的数据。利用 2008、2009 年青海湖以及 2010 年敦煌外场同步观测进行的红外通道替代校正的结果发现,MERSI 星上校正观测亮温值系统性偏高于基于场地观测数据模拟的亮温值,平均偏高 1.72

±1.18 K。MERSI 星上校正观测亮温值系统性偏高,这可能主要由于星上黑体发射率没有经过修正所引起。因此,设定深对流云的红外阈值为 203.3 K。用 FY-3A/MERSI 发射前的校正系数将计数值转化为各通道的表观反射率值。在将不同的辐射归一化到一个通用的包含不同角度信息的数据集中时,DCC 的双向反射率函数因素和日地距离因素需要被考虑到。采用 CERES 的光学厚度为 50 的冰云双向反射率模型将反射率归一化为某一限定的太阳天顶角,见公式(5.17)

$$F(\theta_s) = \frac{\pi L(\theta_s, \theta_v, \phi)}{R(\theta_s, \theta_v, \phi)} \tag{5.17}$$

式中,F 为辐射通量密度,L 为辐亮度,θ_s 太阳天顶角,θ_v 卫星观测角,ϕ 为相对方位角,R 即角度分布模型的校正因子(ADM,anisotropic correction factor)。

图 5.24 为当太阳天顶角分别为 15°、25°、35°和 45°时,角度分布模型的校正因子 R 随不同的卫星观测天顶角和相对方位角的变化。

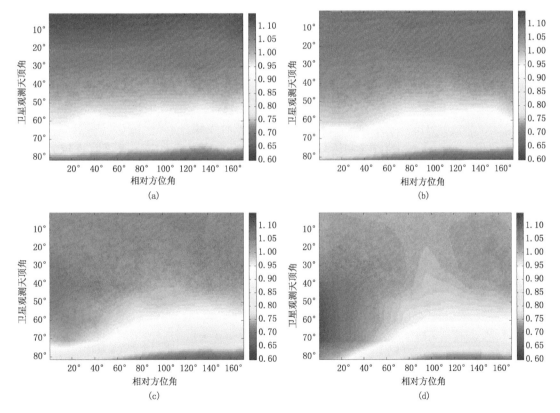

图 5.24　当太阳天顶角分别为 15°(a)、25°(b)、35°(c)和 45°(d)时,
角度分布模型的校正因子 R 随不同的卫星观测天顶角和相对方位角的变化

经过挑选的 DCC 数据,取 30 d 内的平均反射率值。由于从全球低纬度海洋上的所有数据中挑选 DCC 样本,即使经过严格的角度限定等挑选步骤,30 d 的时间间隔内仍然至少有数万个以上的有效样本数量,保证了足够的样本取样。

5.4.1.2　结果与分析

利用 DCC 目标对 2008 年 7 月至 2012 年 7 月共 4 年的 FY-3A/MERSI 19 个反射太阳通道进行了辐射响应跟踪,以每 30 d 获得的各通道 DCC 表观反射率平均值得到自发射以来时间序列(Days Since Launch,DSL)上的辐射校正跟踪值。图 5.25 分别给出了 19 个通道的 DCC 目标校正跟踪结果,根据通道的衰减特点,将 19 个通道分为 4 组展示,分别为中心波长小于 500 nm 的蓝通道组(图 5.25a)、红通道与近红外通道组(图 5.25b)、水汽通道组(图 5.25c)、短波红外组(图 5.25d)。根据经验,星上仪器的衰减率往往随时间变化,因此分别针对每一年作了年衰减率的线性拟合,并且分别采用线性和二次曲线拟合了仪器发射以来的衰减率。图中红色线分别表示 2008—2009 年、2009—2010 年、2010—2011 年的年衰减率的线性拟合,绿色线表示 2008—2011 年的衰减率线性拟合线,黑色线表示 2008—2011 年的衰减率二次项曲线拟合线。各通道的衰减率计算公式如下:

$$\text{Rate} = \frac{\text{Ref\_start(iband)} - \text{Ref\_end(iband)}}{\text{Ref\_start(iband)}} \tag{5.18}$$

式中,Rate 表示某一段时间的衰减率,Ref_start(iband) 和 Ref_end(iband) 分别是时间段起始点和终点的某一个通道的 DCC 表观反射率。

分别将 DCC 目标跟踪线性拟合得到的年衰减率和总衰减率列入表 5.18(按波长排列)。

从图 5.24 中可以直观地看出各个通道的衰减大小。对于中心波长小于 500 nm 的 4 个蓝通道,MERSI 存在明显的衰减,412 nm 通道衰减最大,达到了 35.77%,衰减最小的 490 nm 通道也有 11.04% 的衰减,且仪器的中心波长越短,衰减程度越严重。

中心波长大于 500 nm 的红光和近红外通道相对于波长较短的蓝光通道而言较为稳定,除了 550 nm(250 m 分辨率)和 1030 nm 通道外,其他各通道衰减率均在 3% 以内。其中 865 nm 通道最为稳定,衰减率为 −0.7%。而与蓝光通道仪器响应均随时间衰减不同,650 nm、685 nm、765 nm、865 nm 通道响应有不同程度的略微上升,上升幅度最大的是 650 nm 通道,达到约 1.7%。

905 nm、940 nm 和 980 nm 这 3 个水汽通道有明显衰减,衰减均大于 5% 以上,位于水汽吸收峰的 940 nm 水汽吸收通道的衰减率最大,有约 7.4%,位于水汽翼区的其他 2 个通道的衰减也超过了 5%。

短波红外通道 6、7(1640、2130 nm)无法得到有效线性变化趋势,DCC 反射率显示出异常的跳跃情况,通道 6 的跳跃比通道 7 更显著,而发射约 900 天以后(2010 年 11 月后),其不再异常跳跃。图 5.26 给出了 MERSI 的通道 6、7 和 20 对冷空间扫描(Space View,SV)的结果,发现通道 6、7 对于冷空间观测值确实有异常变化情况,而相应的通道 20 则无此现象。MERSI 的短波红外通道 6、7 设计为可变增益,但由于太空环境影响星上电增益的随机跳动,由此导致无法得到有效的 DCC 跟踪结果。2010 年 12 月后 MERSI 仪器短波红外星上增益被锁定不再随机跳动,从 DCC 校正跟踪上也可以看出在此之后,其反射率趋向稳定,没有出现异常的跳动情况。

为了分析各通道随时间变化的衰减率,图 5.25 中还给出了 2008 年 7 月至 2009 年 7 月、2009 年 7 月至 2010 年 7 月、2010 年 7 月至 2011 年 7 月的线性拟合的年衰减率,以及至 2012 年 7 月的线性和二次非线性拟合的衰减率。从衰减率随时间的变化趋势来看,在总衰减大于 5% 的通道中,除了 3 个水汽通道,其他通道的年衰减率均是发射后第一年的衰减率最大。线性

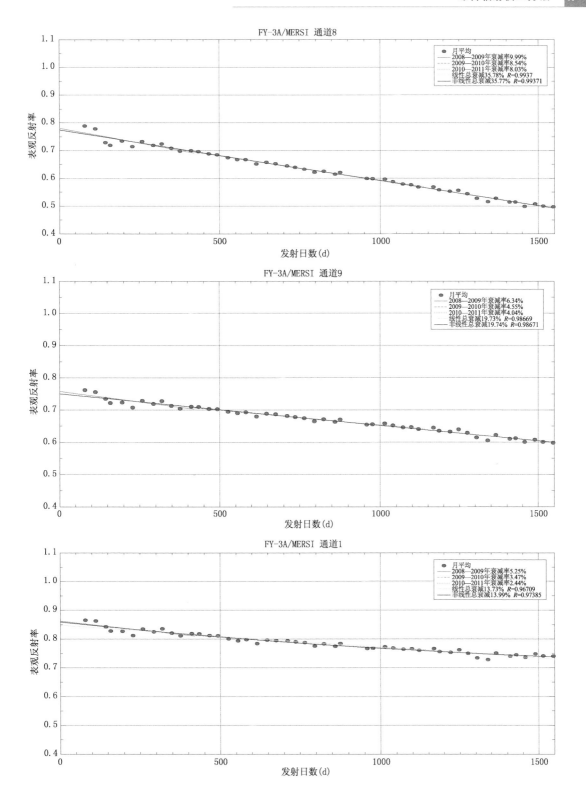

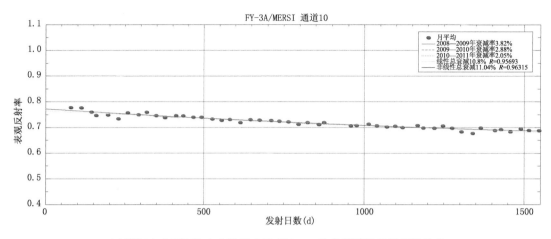

（a）FY-3A/MERSI 中心波长小于 500 nm 的蓝通道组目标跟踪结果

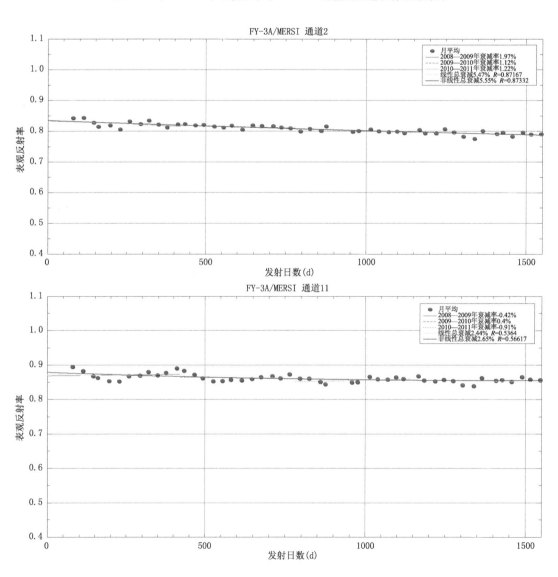

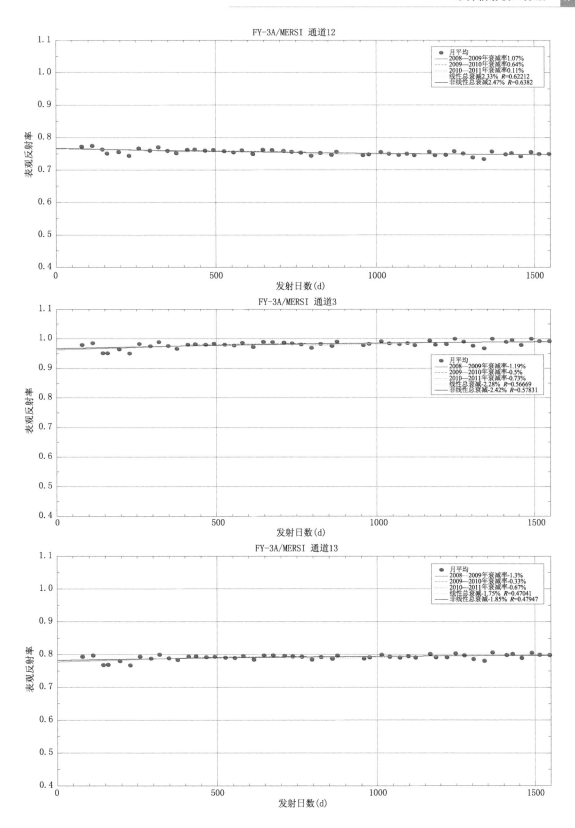

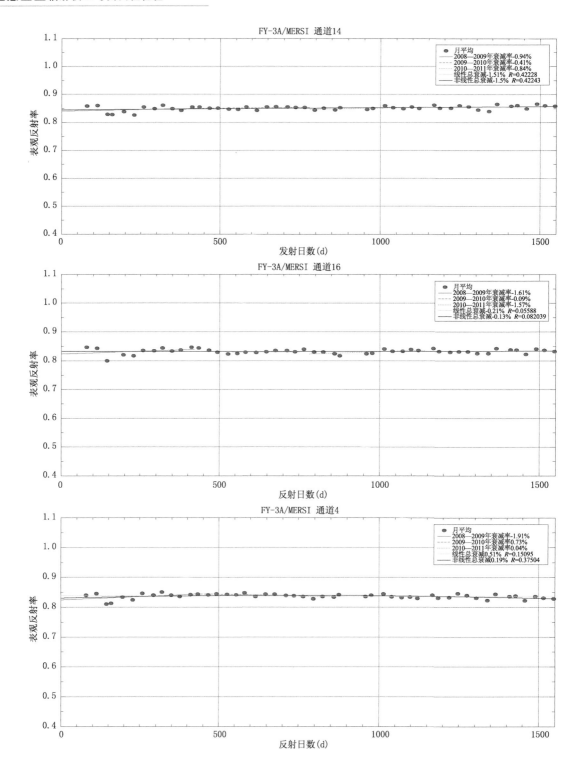

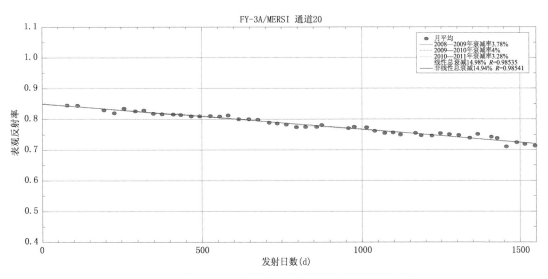

（b）FY-3A/MERSI红通道与近红外通道组目标跟踪结果

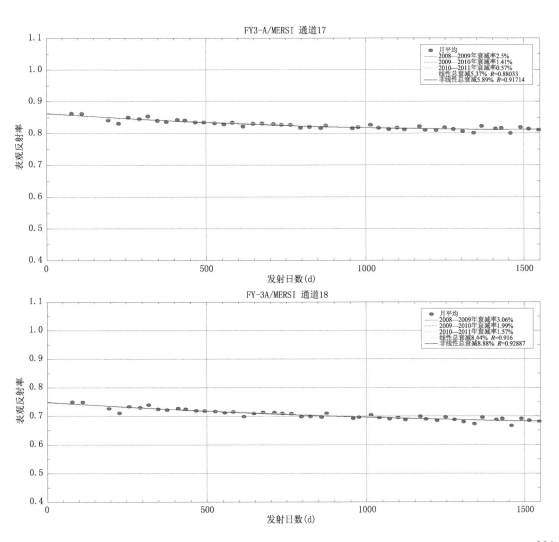

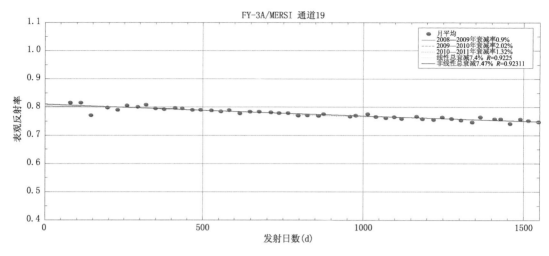

(c) FY-3A/MERSI 水汽通道组目标跟踪结果

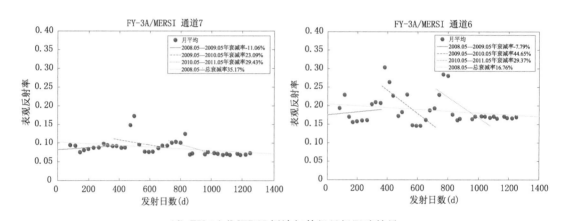

(d) FY-3A/MERSI 短波红外组目标跟踪结果

图 5.25 FY-3A/MERSI 19 个反射太阳通道的 DCC 目标跟踪结果

拟合和二次曲线拟合得到的各通道总衰减差别在 0.3% 以内,但是从图 5.25 中可以看出,在发射日的前几个月和最后几个月,线性拟合所建立的通道衰减模型误差要明显大于二项式拟合所建立的通道衰减模型。二项式拟合所建立的通道衰减模型更接近于分段线性模型。

除了评估通道的衰减率,采用归一化的 2 倍标准差(2σ/Mean)指标评估方法的稳定性。2σ 表示的是 DCC 的表观反射率与拟合线的 2 倍标准差。为了将不同反射率归一到同一个标准,还需要将 2σ 除以该通道的拟合模型得到的平均表观反射率。2σ/Mean 越小,说明目标的离散度越小,方法稳定性越高。所有通道的 2σ/Mean 指标均小于 0.03,绝大部分通道的 2σ/Mean 指标小于 0.02,特别是在传统辐射校正方法无法很好解决的水汽吸收通道,DCC 校正跟踪的 2σ/Mean 指标仍然很小,这表明了 DCC 辐射跟踪校正方法稳定性和可靠性。而 2 次项拟合的该项指标比线性拟合略小,说明 2 次拟合曲线更能较好描述仪器的衰减特性。

与多场地跟踪方法的比较结果显示(表 5.18),绝大多数通道两者衰减率的差别在 3% 以内。通道 11 和通道 17 两者差别明显较大。通道 17 是水汽通道,DCC 上的水汽含量非常小,受水汽影响较小,因此 2σ/Mean 更小,结果也更可靠。平均而言,DCC 的结果要比多场地方法普遍偏小。

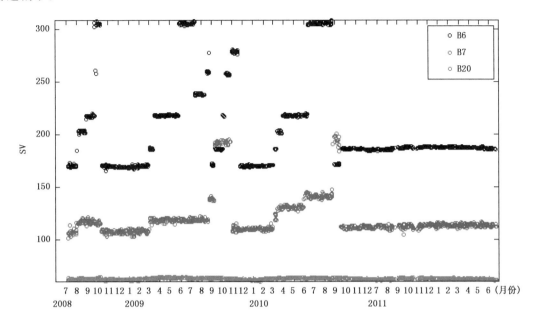

图 5.26 FY-3A/MERSI 通道 6,7 和 20 的冷空变化值

表 5.18 利用深对流云方法得到的 FY-3A/MERSI 衰减率与多场地方法比较

通道	DCC						多场地					多场地 −DCC
	2σ/Mean (%)	总衰减率 (%)	2008.07 — 2009.07	2009.07 — 2010.07	2010.07 — 2011.07	2011.07 — 2012.07	2σ/Mean (%)	总衰减率 (%)	2008.07 — 2009.07	2009.07 — 2010.07	2010.07 — 2011.07	
1	2.232356	14.03	5.24	3.47	2.44	2.76	3.12	17.81	7.85	6.17	5.38	3.78
2	1.867365	5.58	1.97	1.12	1.21	1.16	2.49	8.93	3.94	2.46	2.99	3.35
3	1.946852	−2.26	−1.19	−0.50	−0.73	−0.56	2.31	−2.41	−1.45	−1.18	−0.37	−0.15
4	1.971558	0.34	−1.91	0.73	0.04	0.67	2.08	−0.30	−3.00	−0.80	0.26	−0.64
8	2.920769	35.88	9.98	8.54	8.03	9.61	5.05	37.30	15.40	10.11	8.02	1.42
9	2.141769	19.67	6.34	4.55	4.04	5.93	3.68	23.45	10.19	7.26	6.55	3.78
10	2.016564	11.03	3.82	2.88	2.04	2.20	2.70	15.35	6.72	5.24	4.71	4.32
11	2.284913	2.62	−0.42	0.40	−0.91	0.15	2.68	11.79	6.01	3.49	3.88	9.17
12	1.748952	2.46	1.07	0.64	0.11	0.12	2.03	5.88	2.92	2.21	2.08	3.42
13	1.931398	−1.73	−1.30	−0.33	−0.67	−0.53	2.21	−1.29	−1.62	−1.89	−1.07	0.44
14	1.909306	−1.44	−0.94	−0.41	−0.84	−0.65	2.12	−1.56	−0.91	−1.60	−0.75	−0.12
15	2.127187	1.59	0.96	0.32	0.06	0.02	2.67	1.77	1.04	0.22	0.37	0.18
16	2.446267	−0.65	−2.56	−0.10	−1.58	−0.15	1.54	1.19	−0.83	0.02	1.12	1.84
17	2.487158	4.57	−0.31	1.42	0.58	0.29	4.22	6.98	NA	NA	NA	2.41
18	3.304765	7.32	−0.52	2.00	1.58	1.48	14.95	14.22	NA	NA	NA	6.90
19	2.292024	6.96	−0.15	2.03	1.32	1.34	5.09	9.97	NA	NA	NA	3.01
20	3.573877	13.15	−0.28	4.05	3.32	3.96	1.54	15.73	2.73	3.33	3.58	2.58

5.4.1.3 结论与讨论

辐射传输模式的模拟结果表明发展深厚的云具有辐射校正跟踪物的良好特性。因此采用深对流云目标作为目标跟踪物对 2008 年 7 月到 2012 年 7 月我国极轨气象卫星 FY-3A/MERSI 的所有 19 个太阳反射通道进行了校正衰减跟踪,除了 6、7 通道,其他通道都能得到较好的衰减跟踪结果。监测到的 6、7 通道的增益跳动情况与星上状况相符合。自发射以来至 2012 年 7 月,FY-3A/MERSI 有 9 个通道的衰减率超过 5%,衰变最快的 412 通道衰减率超过 35%。所有通道的归一化的 2 倍标准差指标小于 0.03,特别是在传统辐射校正方法无法很好解决的水汽吸收通道,DCC 校正跟踪的稳定性指标仍然很小,这表明了 DCC 辐射跟踪校正方法稳定性和可靠性。在总衰减大于 5% 的通道中,除了水汽吸收通道,仪器的响应衰减有减缓的趋势,因此利用 2 次项建立的仪器响应变化模型比利用线性关系建立的变化模型相关系数更高,且归一化的 2 倍标准差更小。

利用深对流云进行卫星仪器反射太阳通道的辐射校正跟踪实现方法简便,结果可靠。此外,深对流云的辐射校正方法还适用于对历史数据的重校正。

5.4.2 极地冰雪目标跟踪方法

5.4.2.1 极地冰雪目标选取

极区陆地冰雪目标具有范围大,表面反射率高、均匀性好和季节变化小,极轨卫星观测频率高,大气洁净等特点,适于开展星载光学仪器可见—近红外通道辐射校正跟踪。国际通用的冰雪目标跟踪区有两个:北半球的格陵兰岛和南半球的 Dome C。对于光学仪器校正跟踪,只能选用这两个地方的极昼时期进行。图 5.27 为 Greenland 和 Dome C 冰雪目标跟踪区示意图。

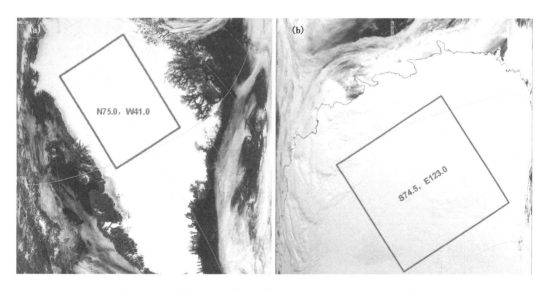

图 5.27　冰雪目标跟踪区示意图,Greenland(a)和 DomeC(b)

这里选取 4—8 月的 Greenland(区域中心为 74.9°N,38.6°W,范围为南北 800 km、东西 600 km,时间取夏至前后 15 d 为最佳)和 10 月至次年 2 月的 Dome C(区域中心为 74.5°S,123.0°

E,范围为南北 1024 km、东西 1024 km,时间取冬至前后 15 d 为最佳),作为 FY-3/MERSI 和 TERRA/MODIS 等光学仪器辐射校正跟踪区域,分别对各仪器的可见—近红外通道校正衰减情况进行分析评价。

5.4.2.2　目标提取方法

采用 Loeb(1997)和 Tanhk(2001a,2001b;2002)研究建立的通道方差比值统计判识晴空冰雪目标的方法。依据经验,设定一个固定尺度(奇数值)的正方形窗口,然后将窗口在目标区内滑动,提取分析信息。采用数学方法,对窗口中的观测信息做统计,公式如下:

$$N = \frac{1}{n} \times \left(\frac{\sigma_1}{\overline{V}_1} + \frac{\sigma_2}{\overline{V}_2} + \cdots + \frac{\sigma_n}{\overline{V}_n}\right) \times 100\% \tag{5.19}$$

式中,n 为选取的传感器通道数,$\overline{V}_i$ 为窗口中 i 通道有效像素点平均值,σ_i 为对应的标准差。

对不同区域、不同季节的传感器观测数据,基于太阳天顶角 θ 和卫星天顶角 φ 的上限阈值 θ_{max} 和 φ_{max} ,计算 N 值;依据设定上限阈值 N_{max}(小于该值的为冰雪),判定窗口是否为冰雪目标,若为冰雪目标,则计算窗口内各个通道有效像素点的平均物理值 $\overline{V}_n$,以及太阳天顶角 θ 和卫星天顶角 φ(观测视角)平均值,同时取窗口中心点的太阳方位角 ψ_{sun} 和卫星方位角 ψ_{sat}(或由两者计算得到的相对方位角 ψ)作为窗口的对应参考值。考虑到一些仪器存在噪声(无效点)情况,另设立一个滑动窗口噪音点比率 $f_{invalid}$,当 $f_{invalid}$ 小于上限阈值 $f_{invalid(max)}$ 时,对窗口进行冰雪点判识及相应数学统计,否则该窗口信息不予采用。

针对不同仪器、不同区域和不同滑动窗口尺度,上述冰雪样本提取方法中,N 值取 0.4～0.6,太阳天顶角 θ 上限阈值 θ_{max} 取 80°～85°、卫星天顶角 φ 上限阈值 φ_{max} 取 15°～20°、滑动窗口噪音点比率 $f_{invalid}$ 的上限阈值 $f_{invalid(max)}$ 取 0.0001～0.05。

图 5.28 给出了基于 TERRA/MODIS 提取的 Greenland 冰雪目标点示意。

5.4.2.3　校正跟踪评价方法

通过下述三个步骤,实现仪器校正的跟踪分析与评价。

(1)以固定长时段内(1～5 个月)连续观测得到冰雪目标某可见—近红外通道 i 的表观反射率 R_i 与太阳天顶角 θ,建立两者的统计关系,即建模:

$$R_i = f_i(\theta) = c_{i0} + c_{i1} \times \theta + c_{i2} \times \theta^2 \tag{5.20}$$

(2)基于上述关系,由后续同时段(与建模时间相隔为年的整数倍)同区域冰雪样本的 θ 计算出对应的表观反射率参考值(或称基准值)R'_i;

(3)比较 R'_i 与对应的仪器实际观测值 R_i,由关系式 R_i / R'_i 判定通道 i 随时间变化的稳定性。若该值为 1,说明通道 i 基本没有变化;若该值小于 1,说明通道 i 有衰减;若该值大于 1,说明通道 i 有其他情况。

5.4.2.4　校正修正方法

在假定冰雪目标反射率特性保持不变的前提下,该方法还可统计得到采用线性校正的某通道 i 的一次项校正系数衰减率。原理如下:

基于线性校正公式,考虑初始校正系数和修正后校正系数的关系:

$$R_i = \alpha_i (DN_i - DN_{0i}) \varepsilon_{se} / \cos\theta \tag{5.21}$$

$$R'_i = \alpha'_i (DN_i - DN_{0i}) \varepsilon_{se} / \cos\theta \tag{5.22}$$

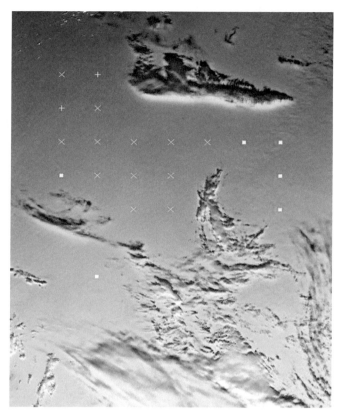

图 5.28 Greenland 冰雪目标点提取示意图

（实心方格、加号和乘号分别代表可信度由低到高的冰雪目标窗口）

式中，R_i 为按初始校正系数计算得到的表观反射率，R'_i 为按修正后校正系数计算得到的表观反射率，α_i 和 α'_i 分别为前两者对应的校正斜率，DN_i 为记数值，DN_{0i} 为暗电流记数值，ε_{se} 为日地距离归一化因子，θ 为太阳天顶角，i 为通道号。

由(5.21)式除以(5.22)式，得到：

$$g_i(t) = \frac{R_i}{R'_i} = \frac{\alpha_i}{\alpha'_i} \qquad (5.23)$$

式中，t 为观测时对应的卫星仪器生命时间，$g_i(t)$ 为 i 通道的校正斜率比值。由(5.20)式，$R'_i = f_i(\theta)$，因此：

$$\alpha'_i = \alpha_i f_i(\theta)/R_i \qquad (5.24)$$

式中，α'_i 即为新的校正斜率，也就是线性校正中的一次项系数。

5.4.2.5 TERRA/MODIS 冰雪目标跟踪结果

按前面提及的冰雪目标校正跟踪评价方法，以 TERRA/MODIS 的 1 通道为例，图示说明方法的具体应用，见图 5.29。图 5.29a 为基于数学统计冰雪目标提取方法得到的 2008 年 4 月 1 日至 8 月 31 日 Greenland 冰雪样本建立的太阳天顶角与大气顶表观反射率散点图（黑点），蓝色实线为二次回归曲线（模型曲线），图中的公式为对应的回归方程，方程下方为提取冰雪样本时采用的相关参数。图 5.29b 为基于数学统计冰雪目标提取方法得到的 2009 年 4 月 1 日至 7 月 31 日 Greenland 冰雪样本建立的太阳天顶角与大气顶表观反射率散点图（红点），蓝色实线为图 5.29a 中对应的二次回归曲线（模型曲线），对于每个观测样本（红点，标注为 Observed），可以得到一个观测值与模型值（蓝色实线对应的观测点太阳天顶角处的理论计算值，或称真值，标注为 Calculated）的比值（g）。依前所述，g 可反映 TERRA/MODIS 的 1 通道在跟踪期内观测值的变化情况。图 5.29c 为 2009 年 4 月 1 日至 7 月 31 日各样本的 g 值随时间变化分布情况。如果将建模期间的 g 值按时间权重求得 $t1$ 时刻的均值 $g1$，将跟踪期的 g 值按时间权重求得 t_2 时刻的均值 g_2，则 $(g_2 - g_1)/(t_2 - t_1)$ 即为观测值的阶段变化。

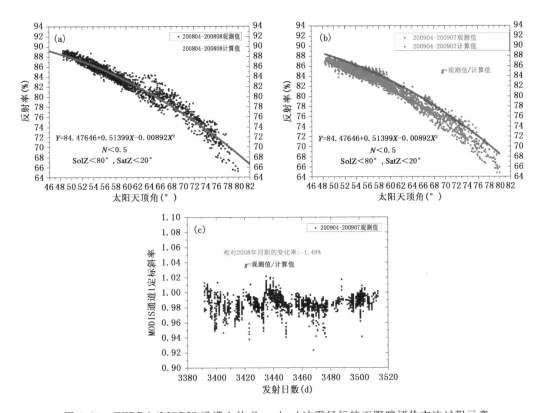

图 5.29　TERRA/MODIS 通道 1 的 Greenland 冰雪目标校正跟踪评价方法过程示意

　　为了验证 2000—2009 这 10 年间 TERRA/MODIS 可见—近红外通道校正的稳定性，这里选取 2000 年 4 月 1 日至 8 月 31 日 Greenland 冰雪样本建模，跟踪评估 TERRA/MODIS 在 2001—2009 年通道 1～4 校正变化情况，参见图 5.30。图中自上而下的 4 幅图，分别为通道 1～4 g 对应于 2000 年夏季（各图中的黑点平均值，实际为 1）的比值。表 5.19 列出了各通道 g 值的变化统计值。由图 5.30 和表 5.19 可见，10 年间，TERRA/MODIS 的通道 1～4 校正十分稳定，虽然通道 3 的稳定性稍差，但变化值也不超过 5%。这与 TERRA/MODIS 可见—近红外通道校正误差在 2% 以内的官方结论相吻合，同时也说明，基于极地冰雪目标跟踪监测光学仪器校正的方法可行。

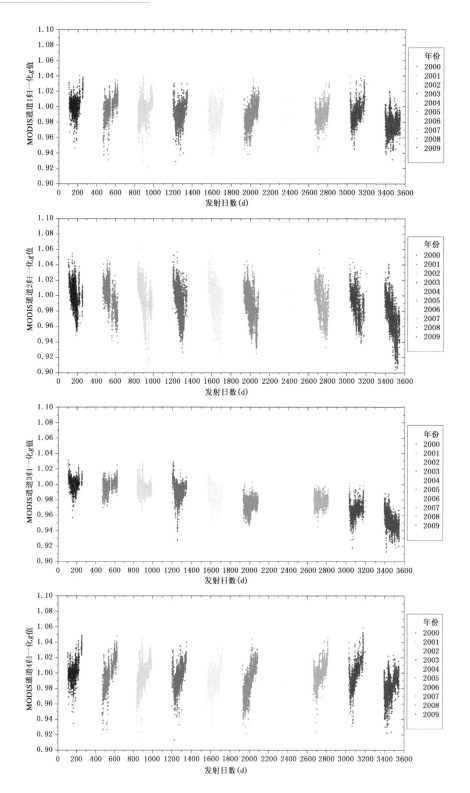

图 5.30　基于 Greenland 冰雪目标的 TERRA/MODIS 通道 1～4 校正跟踪

表 5.19 TERRA/MODIS 通道 1～4 g 值在 2000—2009 年间的变化统计情况

通道	参数指标	2000 年	2001 年	2002 年	2003 年	2004 年	2005 年	2006 年	2007 年	2008 年	2009 年
/	参考日期[1]	169.7	535.5	895.9	1271.2	1622.6	1998.5	2366.3	2732.5	3094.6	3462.3
1	g 值[2]	0.99994	0.99823	0.99560	0.99038	0.98822	0.98706	0.98760	0.98792	0.99048	0.97628
2	g 值[2]	0.99986	1.00061	0.99667	0.99187	0.99429	0.98783	0.99579	0.99119	0.99087	0.97277
3	g 值[2]	0.99981	0.99736	0.99463	0.98948	0.98771	0.97286	0.96979	0.97783	0.9646	0.95096
4	g 值[2]	1.00015	0.99695	0.99566	0.99366	0.99004	0.98667	0.99025	0.99722	0.99588	0.98201
1	年变化值[3]	/	−0.00171	−0.00263	−0.00522	−0.00216	−0.00116	0.00054	0.00032	0.00256	−0.01420
2	年变化值[3]		0.00075	−0.00394	−0.0048	0.00242	−0.00646	0.00796	−0.0046	−0.00032	−0.01810
3	年变化值[3]		−0.00245	−0.00273	−0.00515	−0.00177	−0.01485	−0.00307	0.00804	−0.01323	−0.01364
4	年变化值[3]		−0.00320	−0.00129	−0.0020	−0.00362	−0.00337	0.00358	0.00697	−0.00134	−0.01387
1	累计变化(%)[4]	/	−0.171	−0.434	−0.956	−1.172	−1.288	−1.234	−1.202	−0.946	−2.366
2	累计变化(%)[4]		0.075	−0.319	−0.799	−0.557	−1.203	−0.407	−0.867	−0.899	−2.709
3	累计变化(%)[4]		−0.245	−0.518	−1.033	−1.210	−2.695	−3.002	−2.198	−3.521	−4.885
4	累计变化(%)[4]		−0.320	−0.449	−0.649	−1.011	−1.348	−0.990	−0.293	−0.427	−1.814

注:(1)参考日期为相对于 TERRA 卫星发射日 1999/12/18 的日记数;(2)g 值是指本年相对于 2000 年的情况;(3)年变化值是指本年参考日期相对于上一年参考日期的 g 值差;(4)累计变化(%)是指本年参考日期相对于 2000 年参考日期的变化百分比;(5)后面此类表中的释义同上。

事实上,从图 5.31 所给出的 2000—2008 这 9 年间 Greenland 冰雪目标 TERRA/MODIS 通道 1～4 太阳天顶角与大气顶表观反射率散点分布,可以发现,除了 3 通道略有差异外,其他通道各年度的样本分布基本重合。这同样说明 TERRA/MODIS 通道 1～4 校正具有很好的稳定性。

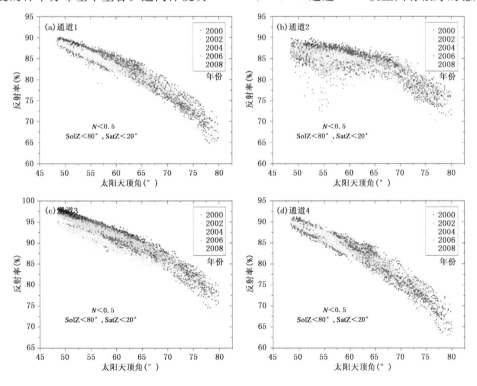

图 5.31 2000—2008 年 Greenland 冰雪目标 TERRA/MODIS 通道 1～4 太阳天顶角
与大气顶表观反射率的散点分布情况

5.4.2.6 FY-3A/MERSI 冰雪目标跟踪结果

（1）MERSI 通道建模适用性

图 5.32 给出了利用不同时段数据对 FY-3A/MERSI 的 3 个典型通道进行 Greenland 冰雪目标大气顶表观反射率建模结果的对比。结果表明，470 nm 蓝光通道的适用性好，650 nm 红光通道次之，940 nm 水汽吸收通道的适用性差。

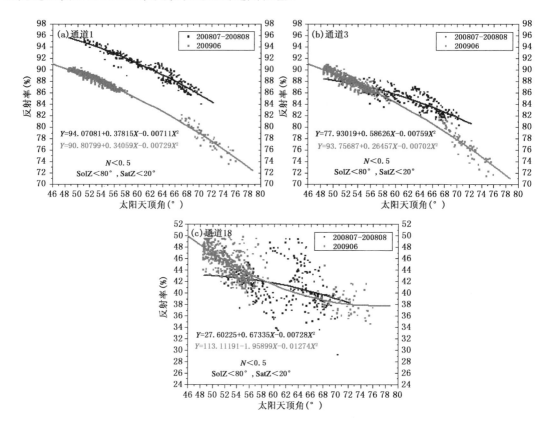

图 5.32　基于不同时段 Greenland FY-3A/MERSI 数据获得的大气顶表观反射率
建模结果对比（3 个典型通道，分别为（a）470 nm、（b）650 nm 和（c）940 nm）

（2）Greenland 与 Dome C 跟踪结果

以 2008 年 7 月 1 日至 8 月 31 日时段 Greenland 冰雪样本建模，跟踪监测 FY-3A/MERSI 在 2009 年 4 月 1 日至 2009 年 8 月 31 日和 2010 年 4 月 1 日至 8 月 31 日两个时段可见—近红外通道校正的变化情况。同时，以 2008 年 10 月 1 日至 2009 年 2 月 28 日时段 Dome C 冰雪样本建模，跟踪评估 FY-3A/MERSI 在 2009 年 10 月 1 日至 2010 年 2 月 28 日和 2010 年 10 月 1 日至 12 月 31 日两个时段校正的变化情况。

图 5.33 给出了基于 Greenland 冰雪目标的 FY-3A/MERSI 通道 1～4 校正跟踪结果图；图 5.34 给出了基于 Dome C 冰雪目标的 FY-3A/MERSI 通道 1～4 校正跟踪结果图。表 5.20 则给出了 2008—2010 年，基于 Greenland 和 Dome C 冰雪目标的 FY-3A/MERSI 全部 19 个可见—近红外通道 g 值变化跟踪统计情况。图 5.35 给出了基于 Greenland 和 Dome C 冰雪目标获得的近 3 年内 FY-3A/MERSI 衰减率随波长的变化。

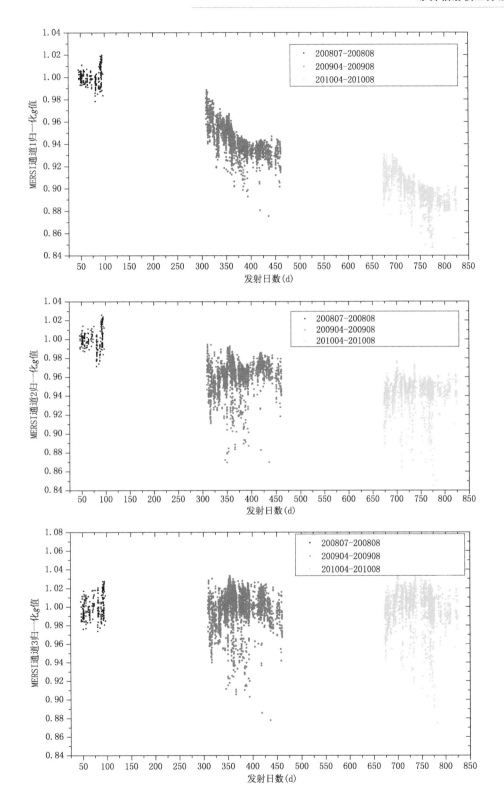

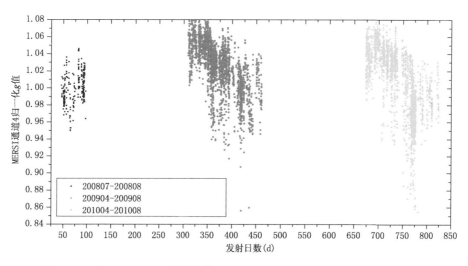

图 5.33　基于 Greenland 冰雪目标 FY-3A/MERSI 通道 1～4 校正跟踪结果

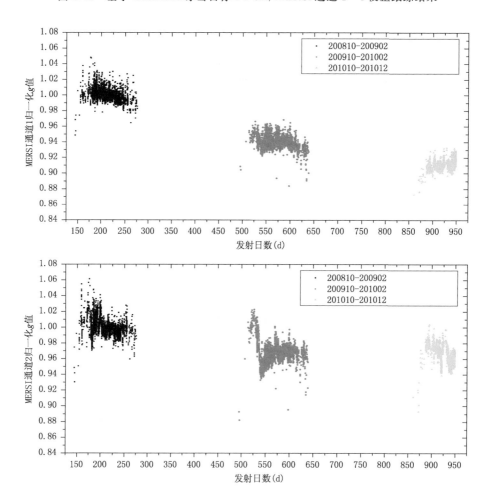

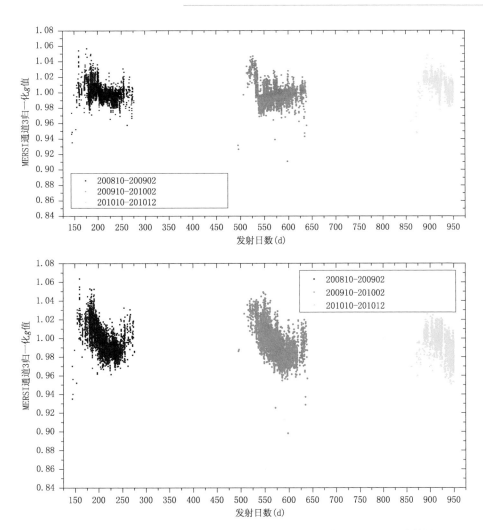

图 5.34 基于 Dome C 冰雪目标的 FY-3A/MERSI 通道 1～4 校正跟踪结果

表 5. 20 FY-3A/MERSI Greenland(夏)和 Dome C(冬)冰雪目标跟踪的响应衰变率(%)统计

通道	中心波长(μm)	2008—2009 年夏	2008—2009 年冬	2009—2010 年夏	2009—2010 年冬
1	0.470	6.38	6.10	4.67	3.24
2	0.550	3.52	3.48	2.10	−0.04
3	0.650	−0.13	0.59	0.08	−1.43
4	0.865	−1.12	0.37	1.69	0.26
8	0.412	15.04	10.98	10.15	9.80
9	0.443	8.51	6.23	5.28	4.93
10	0.490	4.90	4.55	3.57	2.74
11	0.520	4.32	3.59	2.36	1.12
12	0.565	2.18	2.38	1.17	−1.10
13	0.650	1.01	0.63	0.28	−1.19

续表

通道	中心波长（μm）	2008—2009 年夏	2008—2009 年冬	2009—2010 年夏	2009—2010 年冬
14	0.685	0.99	0.50	0.32	−0.57
15	0.765	−0.19	1.03	1.33	0.45
16	0.865	0.23	0.02	1.02	0.32
17	0.905	1.22	2.37	2.84	0.68
18	0.940	−1.29	2.93	4.95	0.27
19	0.980	0.96	2.43	3.72	1.42
20	1.030	4.37	2.62	5.09	2.90

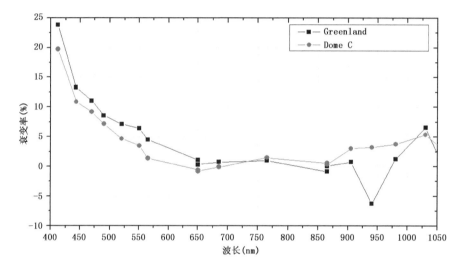

图 5.35 基于 Greenland 和 Dome C 冰雪目标获得的 2008—2010 年 FY-3A/MERSI 各通道衰变率

无论从图 5.33、图 5.34 和图 5.35，还是从表 5.20 中，都可以看到，在 2008—2010 年，采用 2 个冰雪目标的跟踪结果都表明 FY-3A/MERSI 多数通道出现了衰减，如通道 1、2、8、9、10、11 和 20。940 nm 水汽通道及其附近通道（如通道 17 和 19），可能受雪面反射特性和大气中水汽的季节变化影响，校正效果并不理想。事实上，这些通道的建模样本的分布本身就不规律，离散性很强，由此得到的建模曲线与其他通道，特别是与建模效果很好的可见光通道相比，形状异常，且拟合近似性不高，缺乏使用的可靠性。

将得到的 2008—2009 年 Greenland 地区校正跟踪监测结果与同期的场地辐射校正、场地交叉校正、VOC 跟踪分析等三种校正方法对比（表 5.21），结果表明，主要通道衰减幅度基本一致。

表 5.21 基于多种校正跟踪方法获得的 MERSI 太阳反射通道响应衰减率(%)

通道	场地辐射校正		场地交叉校正		积雪跟踪分析		VOC 跟踪分析	
	日衰减率	年衰减率	日衰减率	年衰减率	日衰减率	年衰减率	日衰减率	年衰减率
1	0.0230	8.4007	0.015182	5.55	0.02185	7.98	0.0366	13.3754
2	0.0189	6.9109	0.006969	2.55	0.01205	4.40	0.0034	1.2315
3	0.0162	5.9242	−0.003646	−1.33	−0.00045	−0.16	−0.0024	−0.8662
4	0.0221	8.0896	−0.009833	−3.59	−0.00382	−1.40	−0.0096	−3.5158
8	0.0427	15.5837	0.046783	17.09	0.05151	18.80	0.0509	18.5918
9	0.0281	10.2628	0.023183	8.47	0.02914	10.64	0.0434	15.8450
10	0.0207	7.5730	0.010916	3.99	0.01679	6.13	0.0271	9.8735
11	0.0207	7.5666	0.010409	3.80	0.01480	5.40	0.0083	3.0310
12	0.0165	6.0436	0.003082	1.13	0.00746	2.72	−0.0040	−1.4616
13	0.0168	6.1401	−0.005795	−2.12	0.00347	1.27	−0.0040	−1.4611
14	0.0196	7.1605	−0.002833	−1.03	0.00339	1.24	−0.0045	−1.6603
15	0.0286	10.4568	0.005029	1.84	−0.00064	−0.23	−0.0030	−1.1057
16	0.0254	9.2840	−0.001681	−0.61	0.00079	0.29	−0.0019	−0.6755
17	0.0300	10.9721	−0.020646	−7.54	0.00416	1.52	0.0033	1.2071
18	0.0296	10.8057	−0.078617	−28.71	−0.00442	−1.61	0.0007	0.2594
19	0.0337	12.3050	−0.022070	−8.06	0.00330	1.20	0.0002	0.0877
20	0.0397	14.5149	0.004897	1.79	0.01495	5.46	0.0071	2.5781

(3)Greenland 与 Dome C 冰雪目标特性差异

图 5.36 给出了 FY-3A/MERSI 4 个典型通道的 Greenland 和 Dome C 冰雪目标大气顶表观反射率订正前后对比情况。其中,观测值由发射前校正系数估算得到,模式计算值为使用各自模型的估计值。分析发现,基于 Greenland 和 Dome C 冰雪目标所得到的反射率结果存在差异。无论订正前还是订正后,Dome C 冰雪目标对应的 FY-3A/MERSI 通道 1~4 大气顶表观反射率都要比 Greenland 的高。这种差异,可能主要与两地的雪面特性差异(积雪年代、积雪粒子半径、前向/后向散射)、地形差异(坡度与坡向)、天气和气候差异(地表水汽的多少和水汽的蒸腾/凝华)、大气透过率差异(大气水汽、气溶胶)、时间差异(一个为全球的夏季,一个为全球的冬季)等因素有关。这说明两极冰雪目标存在差异,不能将两处的积雪样本混合起来协同开展校正跟踪评价。同时,还可以发现,基于数学统计方法得到的积雪样本,Dome C 的离散度较小,不像 Greenland 那样可能存在一些噪音点(位于图中弧形分布样本点下方相对孤立的点)。

(4)结论与讨论

基于极地冰雪目标跟踪监测星载光学仪器辐射校正的方法,对可见—近红外通道具有一定适用性和可行性,但在 940 nm 近红外水汽通道及其附近通道的应用效果不好;Greenland 和 Dome C 冰雪目标的反射率存在差异,不能将两处的积雪样本混合起来协同开展校正跟踪评价,而应分别考虑;基于数学统计方法得到的积雪样本,Dome C 的离散度较小,因此,Dome C 的校正跟踪结果可信度更高。

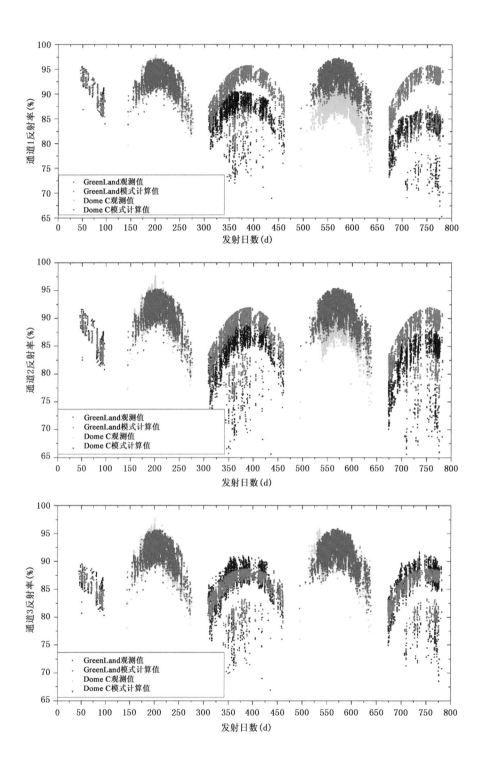

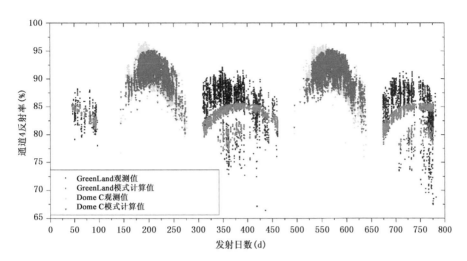

图 5.36　FY-3A/MERSI 4 个典型通道的 Greenland 和 Dome C 冰雪目标大气顶表观反射率订正前后对比
实时观测值为使用发射前校正系数的结果

采用数学统计方法提取极地冰雪目标,方法虽然简单,但冰雪样本提取的可靠性并不能保证。当前,只是按照国外已有的参数结合我国仪器的特点,在实际应用中做了一点调整。还需要在纯冰雪样本提取方法方面加强研究。

极地冰雪的表面特性差异(积雪年代、积雪粒子半径、前向/后向散射)、地形差异(坡度与坡向)、天气和气候差异(地表水汽的多少和水汽的蒸腾/凝华)、大气透过率差异(大气水汽、气溶胶)、时间差异(一个为全球的夏季,一个为全球的冬季)等因素,对积雪样本的准确提取,以及积雪样本的归类分析,都存在一定影响。

5.5　基于高精度参考遥感器的交叉校正和验证

5.5.1　参考遥感器选择

以国外高精度卫星遥感器观测为辐射参考,采用同时呈下点观测(SNO)方法进行风云卫星遥感器的交叉比对,可选用的基准卫星遥感器包括通道式仪器 EOS/MODIS(主要针对太阳反射通道)和高光谱式 EOS/AIRS 和 METOP/IASI(针对红外通道)。以 EOS/MODIS 相应的探测通道为参考基准,对 FY-3/VIRR 和 MERSI 的太阳反射通道进行交叉校正;以 EOS/AIRS、METOP/IASI 和 EOS/MODIS 相近通道作为参考基准对 FY-3/MERSI 和 VIRR 的红外通道进行交叉校正。通过遥感器间的交叉比对可以对被标定仪器实现高精度、高频次的在轨辐射校正,同时也可以实现校正质量的跟踪分析。

5.5.2　交叉校正流程

5.5.2.1　基于高光谱遥感器的交叉校正流程

以高光谱仪器为参考基准,针对两颗卫星共同观测区域,进行数据的时空匹配,筛选出相同或相近观测条件下的观测资料,将高光谱仪器的匹配样本数据与风云通道式遥感器的光谱响应函数进行卷积得到与之对应通道的参考入瞳辐射,通过回归算法建立参考传感器入瞳辐亮度与风云遥感器测量值之间的关系,实现对后者的辐射校正。目前该方法主要用于对红外通道的校正,基准传感器选用 IASI 或 AIRS。

图 5.37 为高光谱交叉校正的算法流程。通过对观测数据进行匹配、转换、过滤和分析,最终确定校正订正模型,将风云遥感器观测数据校正到参考基准。样本的时空匹配和过滤以及光谱转换是其中最关键的步骤。数据转换主要包括光谱卷积计算和光谱匹配或补偿处理(Xu et al. ,2014a,b)。

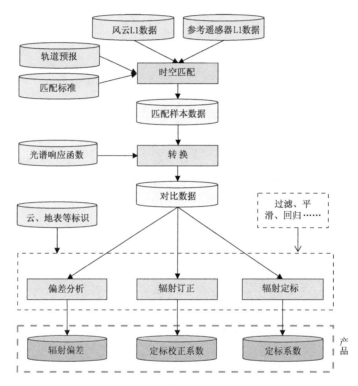

图 5.37　基于高光谱遥感器的交叉校正流程

5.5.2.2　基于通道式遥感器的交叉校正流程

由于缺乏光谱覆盖足够的高光谱仪器,风云卫星反射太阳通道主要利用 AQUA(或 TEERA)上搭载的 MODIS 仪器进行交叉校正。通道式交叉校正方法与前面所述方法略有不同,其流程见图 5.38。首先计算参考卫星与待校正卫星轨道轨迹及交叉点位置,选取 FY-3 与 AQUA 过交叉点时差小于 10 min 的位置;对 FY-3/MERSI(或 VIRR)与 AQUA/MODIS 星下点轨迹交叉点处进行等面积投影,区域大小为 1024 km×1024 km;为了减小地量定位偏差的影响,对 8×8 像元窗口求平均,以 8×8 像元窗口的标准差作为目标均匀性的判据;MERSI(或 VIRR)的 DN 值与 MODIS 的表观反射率(太阳天顶角和日地距离修正后)做线性回归计算,一天内的匹配样本一起参与回归。

交叉校正的关键是两个遥感器光谱响应的一致性和观测目标几何状态的一致性。不同遥感器光谱响应差异及空间时间匹配差异带来的误差不容小视,特别是光谱差异最难以解决。

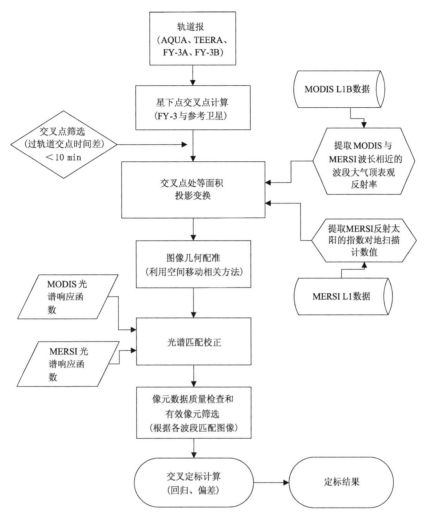

图 5.38　基于通道式遥感器的交叉校正流程

与场地交叉校正不同的是 SNO 的匹配目标并不固定,且目标多样。通常只对两个遥感器中心波长和通道宽度相对接近的通道进行交叉校正。

5.5.3　FY-3/MERSI 太阳反射通道交叉校正

图 5.39 给出了基于 AQUA/MODIS 的 FY-3B/MERSI 反射太阳通道的单次 SNO 校正计算结果示意,R^2 图中只展示了光谱响应函数较为接近的通道。由图可见,各通道样本相关性很高,R^2 都在 0.95 以上。对 2010 年 11 月至 2011 年 2 月进行的 SNO 校正计算结果表明(图 5.40):对于 FY-3A/MERSI 的大部分通道,相邻天 SNO 校正结果一致性很好,相对标准差小于 5%。但是在 12、18 这两个通道不够稳定,相对标准差大于 10%,前者主要是由于光谱响应差异造成的,而后者主要只因为水汽强吸收带的影响。通过与敦煌场地校正结果比较可见,这两种独立校正方法获得校正结果有比较好一致性,特别是第 1、2、3、4、8、9、10、13、14 等通道。

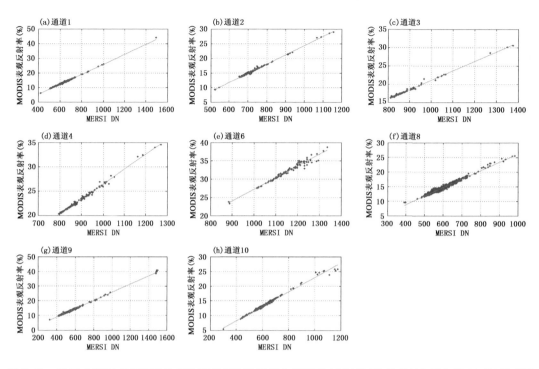

图 5.39 基于 AQUA/MODIS 的 FY-3B/MERSI 反射太阳通道交叉校正结果(2011 年 8 月 26 日)示意图

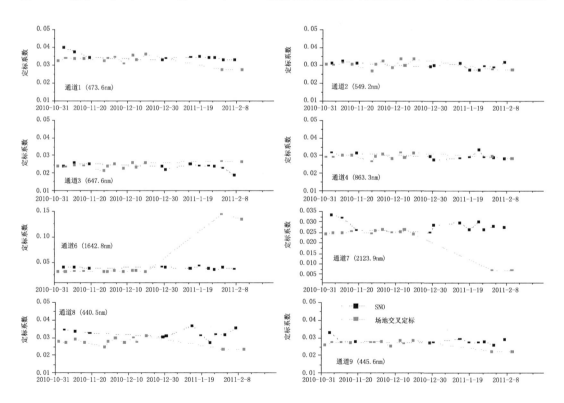

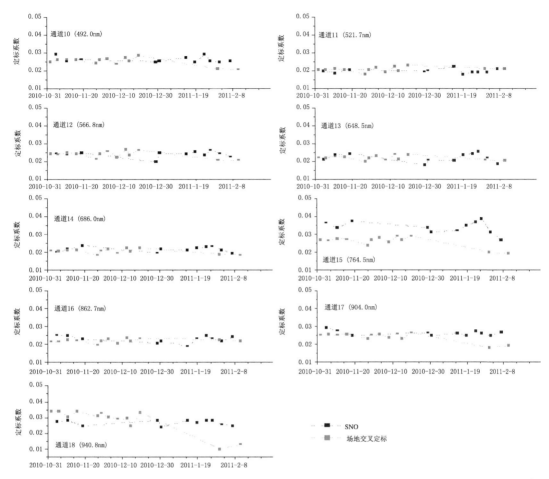

图 5.40　FY-3A/MERSI 与 TERRA/MODIS/SNO 的交叉校正斜率的时间变化趋势及与
敦煌场地交叉校正结果的比较

（黑色:SNO 校正;红色:敦煌场地交叉校正 ）

5.5.4　FY-3/MERSI 校正质量检验

5.5.4.1　与 MODIS 的交叉比对

表 5.22 列出了 MERSI 与 MODIS 相近通道的信息,它们之间共有 17 个反射太阳通道（通道 1～4,6～18)和 1 个红外通道(通道 5)可以实现 SNO 交叉对比。MERSI 与 MODIS 大部分对应通道的中心波长比较接近,但是通道带宽有一定差别,总体看 MERSI 比 MODIS 通道宽,也有部分通道中心波长有偏移,如通道 12、13 和 15。MERSI 红外通道比 MODIS 宽 5 倍。

以 2012 年 8 月 24 日的结果为例,图 5.41 显示了 AQUA/MODIS 与 FY-3A/MERSI 反射太阳通道的交叉比对结果,交叉点附近等面积投影及匹配点空间位置图像示于图 5.42。由结果来看,大部分通道样本相关性较高,说明样本质量可靠。从比对结果来看,通道 1～4、6、10 以及 17,两星观测结果一致性较好;通道 7、11、13 和 19,FY-3 结果偏高;通道 8、9 和 18,FY-3 结果偏低。

表 5.22　FY-3/MERSI 与 EOS/MODIS 通道特征比较(波长单位：nm)

FY-3A/MERSI			EOS/MODIS			FY3A/MERSI			EOS/MODIS		
通道	中心波长	带宽	通道	中心波长	带宽	通道	中心波长	带宽	通道	中心波长	带宽
1	470	50	3	469	20	11	520	20	11	531	10
2	550	50	4	455	20	12	565	20	12	551	10
3	650	50	1	645	50	13	650	20	13	667	10
4	865	50	2	858	35	14	685	20	14	678	10
5	11250	2500	31	11030	500	15	765	20	15	748	10
6	1640	50	6	1640	24	16	865	20	16	869	15
7	2130	50	7	2130	50	17	905	20	17	905	30
8	412	20	8	142	15	18	940	20	18	936	10
9	443	20	9	443	10	19	980	20			
10	490	20	10	488	10	20	1030	20			

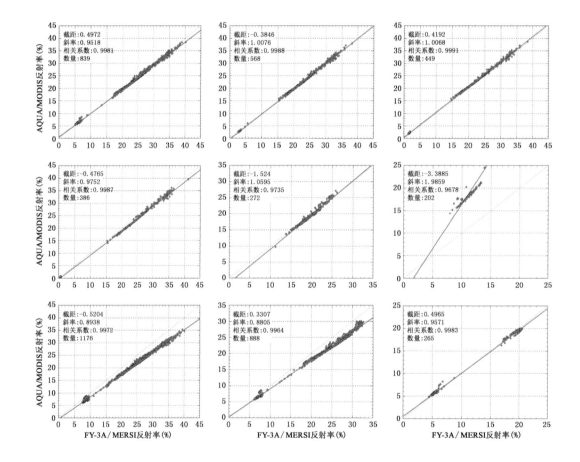

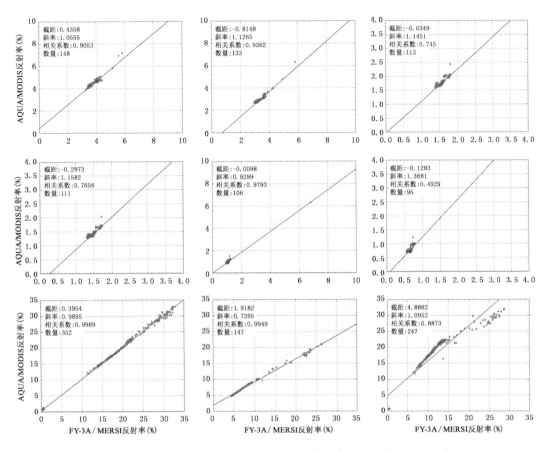

图 5.41　MERSI 与 MODIS 可见—近红外通道表观反射率交叉比对

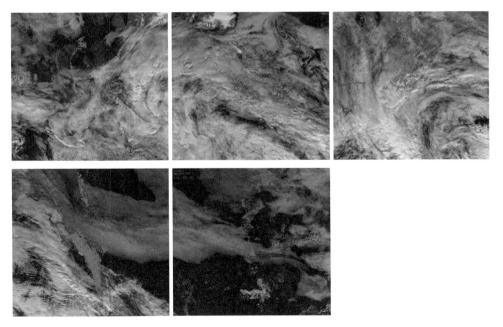

图 5.42　交叉点等面积投影图及匹配点空间位置示意

5.5.4.2 与 METOP-A IASI 的交叉比对

利用 SNO 交叉比对方法(徐娜 等,2014),基于搭载在 METOP-A 上的高光谱传感器 IA-SI 对 FY-3/MERSI 红外通道进行校正质量检验。

图 5.43 以 2012 年 8 月 24 日为例,给出了 FY-3A/MERSI 红外通道与 IASI 经过时空匹配筛选后的匹配点空间分布图。匹配点基本位于北极地区。图 5.44 显示了 FY-3A/MERSI 第 5 通道与 IASI 的亮温(TBB)偏差及亮温散点图。匹配样本相关系数约 0.998。由图 5.45 可见,FY-3A/MERSI 第 5 通道校正结果偏高,与 IASI 观测亮温间有 2~3 K 偏差,且随着目标温度降低偏差增大。

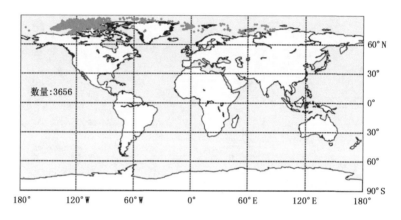

图 5.43 交叉匹配点空间分布图(2012 年 8 月 24 日)

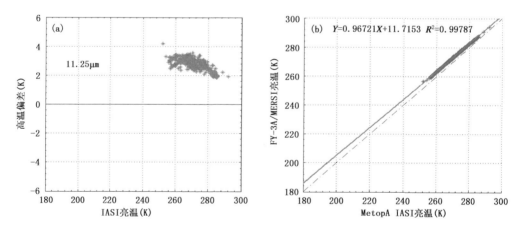

图 5.44 亮温偏差(a)及亮温散点图(b)

5.5.5 FY-3A/VIRR 校正质量检验

5.5.5.1 与 MODIS 的交叉比对

表 5.23 列出了 VIRR 与 MODIS 相近通道的信息,它们之间共有 7 个反射太阳通道(通道 1~2,6~10)和 3 个红外通道(通道 3~5)可以实现 SNO 交叉比对。VIRR 的大部分通道与 MODIS 对应通道的中心波长比较接近,但是 VIRR 通道比 MODIS 的宽。

表 5.23　VIRR 与 MODIS 通道对应关系

FY-3A/VIRR			EOS/MODIS		
通道号	中心	带宽	通道号	中心	带宽
1	0.63 μm	100 nm	1	645 nm	50 nm
2	0.865 μm	50 nm	2	858 nm	35 nm
3	3.75 μm	0.38 μm	20	3.75 μm	0.18 μm
4	10.8 μm	1 μm	31	11.03 μm	0.50 μm
5	12.0 μm	1 μm	32	12.02 μm	0.50 μm
6	1.60 μm	90 nm	6	1640 nm	24.6 nm
7	0.455 μm	50 nm	9	443 nm	10 nm
8	0.505 μm	50 nm	10	488 nm	10 nm
9	0.555 μm	50 nm	12	551 nm	10 nm
10	1.360 μm	70 nm	26	1375 nm	30 nm

以 2012 年 8 月 24 日的结果为例,图 5.45 显示了 AQUA/MODIS 与 FY-3A/MERSI 反射太阳通道的交叉比对结果,交叉点附近等面积投影及匹配点空间位置图像示于图 5.46。由结果来看,大部分通道样本相关性较高,说明样本质量可靠。比对结果表明,通道 1、2,两星观测结果一致性较好;其他通道,FY-3A 结果偏低。

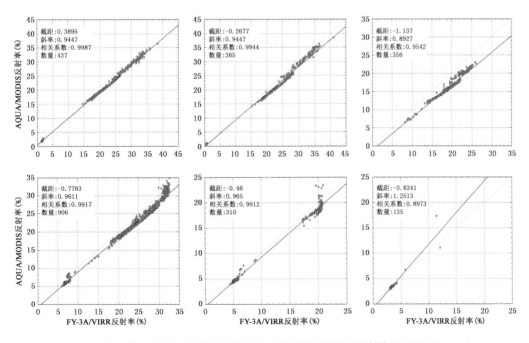

图 5.45　VIRR 与 MODIS 可见—近红外通道表观反射率交叉比对

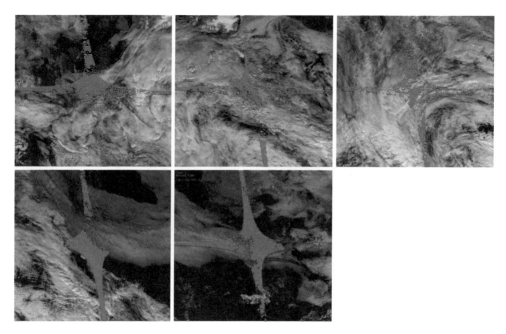

图 5.46　交叉点等面积投影图及匹配点空间位置示意

5.5.5.2　与 METOP-A IASI 的交叉比对

图 5.47 同样以 2012 年 8 月 24 日为例,给出了 FY-3A/VIRR 三个红外通道与 IASI 经过时空判据筛选后的匹配点空间分布图。图 5.48 显示了 FY-3A/VIRR 红外通道与 IASI 的亮温偏差及亮温散点图,上、中、下分别为 VIRR 3、4 和 5 通道,样本相关系数分别为 0.977、0.999 和 0.999(Xu et al.,2014)。

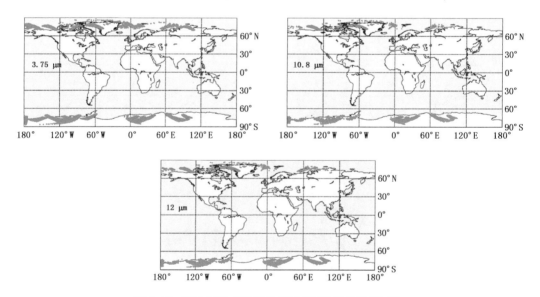

图 5.47　交叉匹配点空间分布图(2012 年 8 月 24 日)

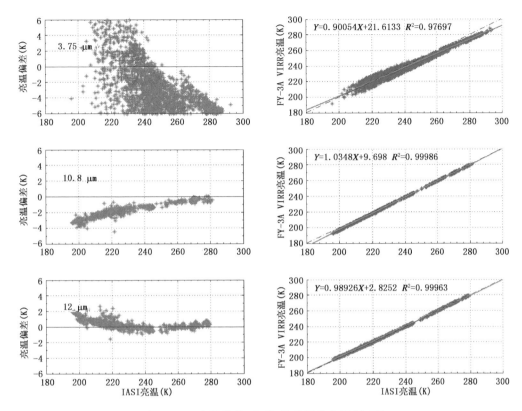

图 5.48　亮温偏差(左列)及亮温散点圆(右列)

FY-3A/VIRR 与 IASI 亮温比较结果表明:

(1)中红外通道,由于 IASI 光谱不能完全覆盖该光谱通道,因此样本较为离散,但可以定性看出该通道 VIRR 高温端校正偏低,低温端偏高;

(2)10.8 μm 窗区通道,样本相关性非常高,说明匹配样本可靠,偏差图显示 VIRR 高温端(约 270 K)偏低约 0.5 K,随着温度降低偏差增大,低温端(约 200 K)偏差 2~4 K;

(3)12 μm 窗区通道,样本相关性非常高,说明匹配样本可靠,偏差图显示 VIRR 中高温校正结果与 IASI 非常接近,平均差异小于 0.2 K,低温端(<220 K)偏差增大,偏高 1~2 K。

5.6　基于浮标观测的 MERSI 热红外通道辐射校正检验

本节介绍了一种利用浮标数据在轨进行卫星遥感器红外通道是标检验的方法,给出了利用浮标数据短期监测 FY-3A/MERSI 热红外通道的结果,并针对该方法如何在未来进行完善和所面临的挑战进行了初步探讨。

5.6.1　方法和数据

对地观测卫星所观测到的入瞳单色红外辐亮度 L 可以表示为:

$$L = \varepsilon \cdot L_s \cdot \tau_s + \int_0^\infty B[T(z)] \frac{\partial \tau(z,\theta)}{\partial z} dz \qquad (5.25)$$

式中,ε 是地表发射率;L_s 是地表发射辐亮度;τ_s 是整层大气透过率;$B[T(z)]$ 是与 z 高度气温相对应的黑体辐射值;$\tau(z,\theta)$ 是天顶角 θ 处自 z 高度到大气层顶的大气透过率;z 为海拔高度。

公式(5.25)中 L 为待求量。εL_s 可由地面观测仪器测量得到。采用大洋浮标数据,所以将发射率设为 0.99。直接将浮标测量的海温代入普朗克公式计算获取 L_s。τ_s 和(5.25)式右边第二项(大气贡献)由辐射传输模式计算获得。由于一般卫星遥感器通道较宽,所以中、低分辨率模式就可满足校正要求。采用 MODTRAN 4.0,该模式光谱分辨率为 2 个波数,吸收带模式采用 HITRAN 96 数据集。输入参数包括:大气参数(温、湿、压廓线;气溶胶类型与浓度参数)、卫星观测几何参数(从卫星产品中获取)、遥感器通道光谱响应函数(SRF)等。利用公式(5.26)和传感器的 SRF 将计算的海表光谱辐射卷积成波数等效的卫星辐亮度。

$$L_s = \frac{\int_{\lambda_1}^{\lambda_2} L_\lambda \cdot \mathrm{SRF}(\lambda)\mathrm{d}\lambda}{\int_{\lambda_1}^{\lambda_2} \mathrm{SRF}(\lambda)\mathrm{d}\lambda} \qquad (5.26)$$

公式(5.26)中 λ 代表波长,λ_1 和 λ_2 代表光谱响应的起止范围;L_λ 代表的是通过普朗克公式计算得的波长 λ 处的辐亮度。

在大洋浮标跟踪监测中主要采用 NCEP 再分析场资料中的大气廓线输入到辐射传输模式。由于 NCEP 资料只有 4 个时刻(世界时:0、6、12 和 18 时)的观测值,所以为了减小误差,只使用与 NCEP 对应整点附近±30 min 的卫星数据进行跟踪监测(如果为了提高精度还可以控制在±15 min 的范围内)。图 5.49 为全球大洋浮标分布图。

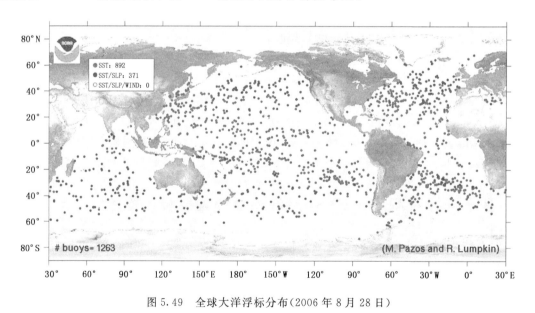

图 5.49　全球大洋浮标分布(2006 年 8 月 28 日)

5.6.2　检验结果

针对 FY-3A/MERSI 第五通道进行辐射校正检验的跟踪试验。MERSI 第五通道的中心波长为 11.5 μm 左右,原始空间分辨率为 250 m,该通道主要用于云检测和地表温度反演。采用经过平均处理的 1 km 空间分辨率的 FY-3A/MERSI L1B 数据。进行严格的云检测筛选，且只取卫星观测天顶角小于 30°的结果进行对比。

图 5.50 给出了 5 d 内跟踪监测 MERSI 第五通道的检验结果。可以看出，模拟亮温和卫星观测亮温间的差距比较小，大部分温度都集中在 293 K 左右，总的平均偏差在 0.30 K 左右，MERSI 观测亮温偏高于模拟结果。从趋势分布上看，MERSI 观测和利用浮标和 NCEP 再分析资料的模拟结果趋势一致。图 5.51 给出了对应的浮标分布，可以看出，浮标的分布从高纬度到低纬度都有。

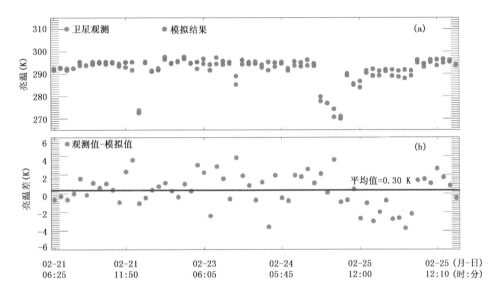

图 5.50　FY-3A/MERSI 第五通辐射偏差跟踪图，(a)亮温时间序列，
(b)亮温差值时间序列。时间范围是 2012 年 2 月 21—25 日

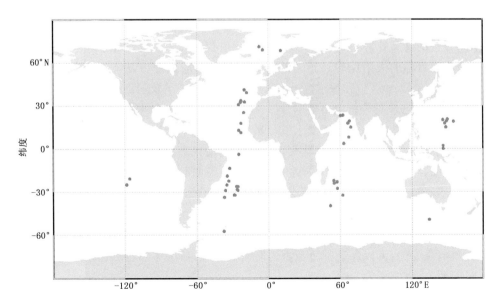

图 5.51　2012 年 2 月 21—25 日期间所采用浮标的地理位置分布

5.6.3 结论

本节描述了利用大洋浮标和 NCEP 资料进行 FY-3A/MERSI 红外通道辐射校正检验分析的方法。试验结果表明,该方法的结果稳定可靠。

尽管如此,该方法还存在一些问题和挑战。

(1)由于只适用于晴空观测,需要发展严格的云检测算法作为支撑。

(2)NCEP 提供的大气温、湿、压廓线的空间分辨率是 $1°×1°$,需要对 NCEP 资料引入的误差做详细分析和评价。

(3)浮标所测的是水下 30~40 cm 的水温,而卫星红外遥感海洋表层温度。所以如何更好地由水下温度推导海洋表层温度需要进一步的研究。相关的误差也需要进行准确的评估。

5.7 小结

通过在轨综合辐射校正方法的论述,给出结论如下。

(1)基于同步观测的敦煌场地反射通道替代校正方法。针对 FY-3/MERSI 的同步校正试验结果表明,除了水汽吸收中心通道 18 之外,校正的不确定度小于 5%,而除了通道 17~20 之外,不确定度小于 3%。以 AQUA/MODIS 为辐射基准的大气顶辐射计算分析表明,对于波长<1 μm 的窗区通道大气顶辐射计算平均偏差小于 3%,水汽吸收翼区的偏差小于 4%,波长>1 μm 的小于 5%(除了 2.1 μm 通道)。

(2)基于全球多场地的在轨高频次辐射校正方法。以稳定目标物的辐射传输模拟值作为校正基准,无需同步现场观测,实现了遥感器反射通道在轨高频次辐射校正跟踪,给出了太阳反射通道在轨衰变规律:短波通道的衰减大;红光和近红外通道(600~900 nm)较为稳定;900 nm 以上的通道,也有明显衰减;在红光和近红外通道,部分通道具有响应增加的趋势。校正分析的不确定性(2σ/Mean)普遍低于 3%(除了水汽通道 17~19,以及蓝光通道)。

(3)反射通道辐射校正质量监测方法。以 MODIS 等为参考仪器,通过 SNO 直接交叉比对、基于双差分析的交叉比对等,实现了反射通道辐射校正质量跟踪评估。

(4)基于稳定目标的太阳反射通道遥感器在轨辐射响应跟踪方法。以辐射特性稳定的极地冰雪(Greenland 和 Dome C)和深对流云为校正示踪物,实现了反射通道遥感器在轨辐射响应变化的跟踪。深对流云校正分析的不确定性(2σ/Mean)小于 3%,所获得的遥感器在轨响应变化信息与全球多场地一致性良好。由于受水汽影响很小,非常适用于水汽吸收通道的应用。

(5)SNO 交叉校正方法。利用通道式仪器和高光谱仪器的同时过星下点的数据,经过时间匹配、空间匹配、观测几何匹配以及样本空间均匀性等的筛选,以及光谱一致性修正等,实现了基于参考遥感器对风云卫星遥感器的交叉校正,获得了交叉校正系数与观测辐射偏差。

(6)太阳反射通道遥感器在轨辐射定标更新方法。通过高频次的辐射校正跟踪确定辐射响应的衰减率,结合参考时刻的校正系数,实现以日为单位的校正斜率在轨更新,及时监测并校正仪器在轨响应变化,可以保证卫星数据的时间稳定性,解决了目前太阳反射通道在轨校正校正不及时问题。

(7)利用大洋浮标和 NCEP 资料跟踪监测 FY-3A/MERSI 红外通道辐射偏差的方法。试验结果稳定可靠,具有很好的推广作用。

第6章　遥感产品真实性检验

6.1　概述

气象卫星作为综合气象观测系统立体观测之天基观测载体,近年来得到了迅猛发展。作为遥感应用定量化的关键环节,真实性检验工作越来越引起工程建设、业务建设和科学研究的重视。

国际上,以美国、欧洲为主的遥感应用部门,积极开展遥感产品的真实性检验测量与数据处理工作,他们不仅开展地面检验测量,还开展航空测量来检验遥感产品的反演精度,分析处理结果,改善产品反演方法,极大地促进了卫星遥感应用技术的提高。为了加强校正工作的国际合作和交流,国际地球观测卫星委员会(CEOS)专门成立了"校正和检验工作组(WGCV)",以协调相关领域的国际活动(Fernandes et al.,2014;Guillevic et al.,2018;Wang et al.,2019)。

美国对地观测系统计划(EOS)积极开展了大量卫星产品的真实性检验工作。这些真实性检验工作大多围绕相应的传感器或观测内容分别开展。涉及不同的卫星、传感器和目标类型,以及不同的观测手段。例如,EOS/MODIS Land Team 的 Validation 计划,开展了众多陆表产品的真实性检验工作,包括 Albedo/BRDF、Fire、LAI/FPAR、LandCover、LST、Surface reflectance 和植被指数等(Morisette et al.,2006;Zhang et al.,2019)。真实性检验途径包括地面实测,站网观测以及同类卫星产品比对等,国内外同行建立了相对完整的参数指标、工作流程和方法框架。部分校正与真实性检验相关观测网络和工作组见表6.1。

表6.1　校正与真实性检验观测网络和工作组

	校正与真实性检验观测网络和工作组	网址
1	CEOS 陆表产品真实性检验小组(CEOS Land Product Validation, LPV)	https://lpvs.gsfc.nasa.gov/
2	CEOS 校正和真实性检验工作组(CEOS Working Group on Calibration & Validation, WGCV)	http://ceos.org/ourwork/workinggroups/wgcv/
3	澳大利亚陆地生态系统研究网络(Terrestrial Ecosystem Research Net, TERN)	https://www.tern.org.au/
4	测量不确定度描述指南(Guide to the Expression of Uncertainty in Measurement, GUM)	https://www.bipm.org/en/publications/guides/gum.html
5	地球观测质量保证框架(Quality assurance framework for earth observation)	http://qa4eo.org/
6	美国国家生态观测网络(National Ecological Observatory Network,NEON))	https://www.neonscience.org/
7	全球能量与水交换项目(Global Energy and Water Exchanges, GEWEX)	http://www.gewex.org/
8	欧洲哨兵三号卫星真实性检验组(Sentinel-3 Validation Team)	https://www.s3vt.org/
9	美国通量观测网络(FLUXNET Network)	https://fluxnet.fluxdata.org/
10	中国生态系统研究网络(China Ecosystem Research Net, CERN)	http://www.cern.ac.cn

随着卫星产品定量化的发展,陆表遥感卫星产品真实性检验的需求日益迫切。针对陆表遥感产品的特点,需要选择森林、草地、荒漠等不同下垫面类型的场地或台站,开展真实性检验工作。根据辐射校正技术的发展需要,以及新型星载遥感仪器性能的不同,建立更多、更全面的校正场。可以寻找具有均匀反射或辐射特性的下垫面,开展辐射校正场场址的勘察测量试验,选择适合标定探测器性能的辐射校正场,以及陆表遥感产品的真实性检验场地或台站。

20 世纪 90 年代以来,中国遥感卫星辐射校正场建立了敦煌、青海湖与普洱等多个不同代表性下垫面的校正场地。近年来,以现有气象部门观测台站为基础,结合陆表产品真实性检验的观测需求,通过真实性检验试点业务建设、项目合作等方式,联合锡林浩特国家气候观象台、敦煌气象局、中国科学院千烟洲试验站等野外观测台站,陆续建立了针对陆表产品真实性检验的站点观测网络。研制完成"观测数据收集处理软件(CPOD)",实现了多参数、多台套野外固定观测仪器数据的定期传送和收集。

观测要素包括:反照率、土壤湿度、土壤温度、冠层辐射收支、植被光谱、植被指数、陆表温度等。这些观测数据可用于反照率(Albedo)、陆表温度(LST)、土壤湿度(SW)、叶面积指数(LAI)、光合有效辐射吸收比(FPAR)、净初级生产力(NPP)等陆表遥感产品的真实性检验。观测要素见表6.2。

表 6.2　真实性检验观测要素

	仪器名称	观测参数	观测频次	观测方式	数据观测起始时间	观测地点	数据管理
1	CMP11 返照率表	返照率	10 min	自动	2009 年 7 月—2017 年 9 月	锡林浩特	CPOD 软件
2	EC-TM 土壤温湿度观测系统	土壤温度、土壤湿度	60 min	自动	2009 年 7 月—2017 年 9 月	锡林浩特	CPOD 软件
3	草地光合有效辐射观测系统	冠层 PAR,FPAR	10 min	自动	2009 年 7 月—2017 年 9 月	锡林浩特	CPOD 软件
4	森林光合有效辐射观测系统	冠层 PAR,FPAR	10 min	自动	2009 年 7 月—2017 年 9 月	千烟洲	CPOD 软件
5	ASD 光谱仪	草地光谱、NDVI	旬	人工	2008 年 7 月,2009 年 7 月,2011 年 7 月	锡林浩特	CPOD 软件
6	地温观测系统	土壤温度	1 min	自动	2009 年 7 月—2017 年 9 月	敦煌	

6.1.1　锡林浩特国家气候观象台——典型草原观测场

锡林浩特国家气候观象台位于锡林浩特市东郊,占地面积约 150 亩[①](43°57′N、116°07′E,海拔高度 1003.0 m),开展地面、高空、牧业气象、GPS/MET、沙尘暴、酸雨等观测业务。野外观测基地地处锡林浩特市以东 25 km,占地面积 14000 亩(44 °09′N、116 °19′E,海拔高度 1170.0 m),下垫面是以克氏针茅和羊草为建群种的典型草原,观测项目包括近地层通量、基准辐射、自动气候站、大气成分、风能、卫星辐射地面校正等新的气候观测业务。野外观测基地地处"国家天然草原保护工程"项目区内,占地面积约 10 km²。

---

① 1 亩＝666.67 m²

　　针对陆表遥感产品真实性检验的观测数据需求,自主集成设计了组网式土壤温湿度系统、四分量冠层光合有效辐射观测系统,分别布设于内蒙古锡林浩特国家气候观象台和中国科学院千烟洲试验站,建立了用于陆表温度(LST)、土壤湿度和光合有效植被吸收比(FPAR)等遥感产品地基验证的自动观测设施。土壤温湿度系统位置及布设示意图见图 6.1 和图 6.2。

　　开展观测的仪器包括:

(1)组网式土壤温湿度系统;

(2)四分量冠层光合有效辐射观测系统;

(3)LI-6400XT 便携式光合作用测量系统。

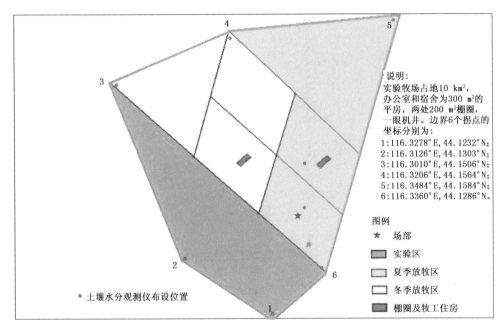

说明:
实验牧场占地10 km²,
办公室和宿舍为300 m²的
平房,两处200 m²棚圈,
一眼机井。边界6个拐点的
坐标分别为:
1:116.3278° E, 44.1232° N;
2:116.3126° E, 44.1303° N;
3:116.3010° E, 44.1506° N;
4:116.3206° E, 44.1564° N;
5:116.3484° E, 44.1584° N;
6:116.3360° E, 44.1286° N。

图例
★　场部
实验区
夏季放牧区
冬季放牧区
棚圈及牧工住房

· 土壤水分观测仪布设位置

图 6.1　土壤温湿度系统布设位置示意图

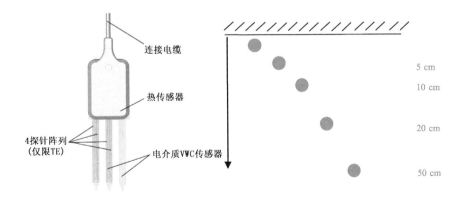

连接电缆

热传感器

4探针阵列
(仅限TE)

电介质VWC传感器

5 cm
10 cm
20 cm
50 cm

图 6.2　土壤温湿度传感器及布设深度示意图

6.1.2　千烟洲试验站——常绿针叶林观测场

千烟洲试验站是中国科学院生态系统研究网络的基本站之一,始建于 1982 年,位于江西省泰和县境内。经纬度为 26°44′N,115°04′E,属典型中亚热带红壤丘陵区,土地总面积 204 hm² ,含 3 个小流域,81 个小山丘。该站在红壤丘陵综合开发治理试验研究方面富有特色,创建的"丘上林草丘间塘,河谷滩地果渔粮"立体农业模式被誉为"千烟洲模式"。

针对陆表遥感产品真实性检验的观测数据需求,自主集成设计了 1 套四分量光合有效辐射观测系统(图 6.3),布设在千烟洲试验站作为森林观测试验场,为项目提供森林参数观测数据。其中,190 为总辐射计,191 为光合有效辐射计。

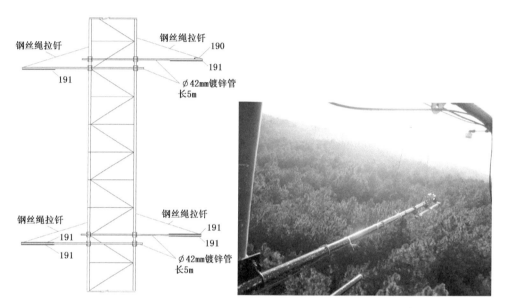

图 6.3　四分量光合有效辐射观测系统示意图

6.1.3　敦煌辐射校正场——荒漠观测场

中国遥感卫星辐射校正场——敦煌,位于我国甘肃省敦煌市以西 15 km。场区近正方形。场区各边长约 20 km。在大区南部置有中心场区,其各边长 500 m,中心点座标为 40°05′N、94°23′E。校正场座落在党河洪积扇中部。场区处于北半球中纬度(35°～45°N)干旱气候带内,位于沙漠带的边缘。根据敦煌气象台资料,本区年降雨量平均不足 30 mm,而年蒸发量可达 2200～2400 mm,夏季炎热,冬季寒冷多风。场区没有经常性地表径流,植被稀少,地面主体为裸露平坦的碎石组成的戈壁滩(图 6.4)。场区地理位置及地形地物特点为光谱测量创造一个时空变化幅度较小的场所,这有利于场地的建设和长年使用。

针对陆表遥感产品真实性检验的观测数据需求,选择敦煌辐射校正场作为荒漠试验场。利用 5 套敦煌自动地温测量系统(图 3.13、图 3.14)开展地表温度观测(表 3.1),为遥感卫星定量陆表遥感产品的真实性检验工作提供星地同步观测数据,以分析产品与实际测量值的差异,进一步完善陆表定量遥感产品的反演算法。自动地温测量系统是在自动气象站测量系统的技术基础上,针对敦煌辐射校正场地温测量需要设计的。安装在敦煌辐射校正场中,测量数据将自动传输到敦煌市气象局气象观测站机房。

图 6.4　场地表面特征

获取的数据主要包括：A 站的气温、风速、风向，以及 320 cm、160 cm、40 cm、20 cm、15 cm、10 cm、5 cm、0 cm 处的地温数据，B 站的气温、320 cm、160 cm、40 cm、20 cm、15 cm、10 cm、5 cm、0 cm 处的地温数据，C、D、E 站的气温、160 cm、40 cm、20 cm、15 cm、10 cm、5 cm、0 cm 处的地温数据；所有数据的采样间隔为 1 h。

6.2　陆表参数地面观测与空间采样——VEX-2011 星地同步观测试验

6.2.1　VEX-2011 试验介绍

2011 年 7 月，在锡林浩特组织实施了 VEX-2011 星地同步试验，实现了 LAI 产品检验、陆表发射率测量和同步光谱测量。通过 VEX-2011 星地同步试验等研究手段，开展多项卫星产品真实性检验研究，发展了多项适用于卫星产品检验的地面观测技术与检验方法（王猛 等，2011；王圆圆 等，2011a，2011b；王圆圆 等，2014；王园香 等，2013；张勇 等，2009）。这些技术与方法包括：

（1）适用于千米级像元水平叶面积指数地面观测的样线采样技术，应用于风云三号叶面积指数（FY-3A/MERSI/LAI）检验；

（2）基于循环采样技术的卫星叶面积指数检验；

（3）基于遥感 LST 的气温估算方法；

（4）基于偏差估计的 FY-3/OLR 产品检验。

6.2.2　草地发射率测量

地表发射率是描述地表红外辐射特性的基本参数，也是利用陆表作为卫星遥感器红外遥感器红外通道场地绝对辐射校正靶区和进行陆表热红外遥感产品真实性检验所必须掌握的关键陆表参数之一。因此地表发射率的准确测量具有重要意义。

地表发射率不仅依赖于地表物体的组成成分，而且与物体的表面状态（表面粗糙度等）及物理性质（介电常数、含水量及温度等）有关。草原天气变化迅速，会给地表水分和温度造成影响，地表草生长状况也会在短期发生变化。研究地表覆盖为不同的草，以及同样的草覆盖下地表在时间范围内，地表比辐射率是否存在差异，对红外遥感的精确研究有重要意义。

（1）试验时间

2011 年 7 月 22—26 日。

（2）试验仪器

五通道式 CE-312、漫反射大金板、接触式点温计、黑体源 M340、GPS。

（3）试验方案

选择晴空无云天气，清晨或傍晚温度变化缓慢时间段，每天同一时间测量实验区（天然无人为干扰）草场、已割草地、未割草地，以及观测台前低洼草地三种不同草的发射率。

测量前，将金板放置在测量点旁边使其与大气达到热平衡状态。测量时先用 CE-312 测量地表辐射，再测量金板辐射，同时测量地表和金板温度，完成一组测量。在同一片草区选择三个测点，每个测量重复测量三组。

（4）测量结果

①红外辐射计黑体校正

黑体校正表达式为：

$$L_s - L_m = A(DC_s - DC_m) + B \tag{6.1}$$

式中，L_s 为目标辐亮度，L_m 为背景辐亮度，单位为 $W/(m^2 \cdot sr \cdot \mu m)$。$DC_s$ 为目标辐射计数值，DC_m 为背景辐射计数值，无量纲。A、B 为斜率与截距。

结果见表 6.3 至表 6.8。

表 6.3　2011 年 7 月 22 日上午辐射计标定数据及校正系数拟合（$\varepsilon_{黑体} = 0.98$；$\varepsilon_{镜片} = 0.9974$）

时间	黑体 $T(℃)$	探头 $T_m(℃)$	8~14 μm DC_m	DC_s	11.5~12.5 μm DC_m	DC_s	10.3~11.3 μm DC_m	DC_s	8.2~9.2 μm DC_m	DC_s	10.5~12.5 μm DC_m	DC_s
08:16	15	26.29	28085	29236	28082	28200	28080	28334	28078	28311	28074	28454
08:19	25	26.36	28074	28229	28074	28088	28074	28106	28074	28105	28073	28122
08:22	35	26.41	28073	27040	28070	27973	28068	27862	28066	27859	28065	27746
08:26	45	26.48	28078	25453	28074	27826	28075	27566	28074	27553	28073	27274
08:29	55	26.52	28089	24522	28086	27764	28086	27366	28085	27324	28086	26945
系数 A			0.0013		0.0109		0.0060		0.0074		0.0035	
系数 B			−0.2293		−0.1827		−0.1764		−0.2262		−0.1968	
拟合 R^2			0.9926		0.9892		0.9960		0.9971		0.9968	

注：辐亮度单位为 $W/(m^2 \cdot sr \cdot \mu m)$

表 6.4　2011 年 7 月 22 日下午辐射计标定数据及校正系数拟合

时间	黑体 T(℃)	探头 T_m(℃)	8～14 μm		11.5～12.5 μm		10.3～11.3 μm		8.2～9.2 μm		10.5～12.5 μm	
			DC_m	DC_s	DC_m	DC_s	DC_m	DC_s	DC_m	DC_s	DC_m	DC_s
17：10	55	29.30	28084	24573	28083	27707	28082	27269	28081	27483	28078	27152
17：14	45	29.24	28105	26499	28100	27952	28100	27726	28100	27669	28098	27441
17：18	35	29.16	28111	27476	28107	28048	28106	27972	28107	27932	28105	27823
17：21	30	29.10	28100	27953	28095	28080	28095	28067	28090	28062	28089	28044
17：24	20	29.09	28094	28982	28091	28179	28091	28275	28090	28271	28089	28376
系数 A			0.0012		0.0094		0.0053		0.0087		0.0040	
系数 B			−0.2318		−0.2211		−0.2533		−0.2886		−0.2657	
拟合 R^2			0.9975		0.9915		0.9927		0.9933		0.9936	

表 6.5　2011 年 7 月 23 日上午辐射计标定数据及校正系数拟合

时间	黑体 T(℃)	探头 T_m(℃)	8～14 μm		11.5～12.5 μm		10.3～11.3 μm		8.2～9.2 μm		10.5～12.5 μm	
			DC_m	DC_s	DC_m	DC_s	DC_m	DC_s	DC_m	DC_s	DC_m	DC_s
06：06	15	24.16	28073	29063	28076	27752	28075	28293	28069	28291	28068	28427
06：11	20	24.31	28077	28428	28071	27940	28071	28148	28073	28146	28072	28189
06：15	25	24.44	28070	27963	28070	28057	28068	28044	28067	28044	28068	28028
06：19	35	24.56	28073	26725	28077	28109	28074	27795	28071	27791	28070	27645
06：24	50	24.67	28077	24677	28072	28175	28071	27372	28074	27337	28073	26954
系数 A			0.0012		0.0102		0.0056		0.0068		0.0032	
系数 B			−0.2422		−0.2187		−0.2167		−0.2214		−0.1972	
拟合 R^2			0.9994		0.9985		0.9987		0.9986		0.9983	

表 6.6　2011 年 7 月 23 日下午辐射计标定数据及校正系数拟合

时间	黑体 T(℃)	探头 T_m(℃)	8～14 μm		11.5～12.5 μm		10.3～11.3 μm		8.2～9.2 μm		10.5～12.5 μm	
			DC_m	DC_s	DC_m	DC_s	DC_m	DC_s	DC_m	DC_s	DC_m	DC_s
17：36	45	25.35	28091	25263	28088	27820	28086	27507	28083	27485	28079	27172
17：39	35	25.49	28055	26910	28056	27945	28054	27821	28055	27819	28052	27682
17：41	30	25.64	28028	27406	28029	27969	28027	27898	28026	27895	28024	27817
17：43	25	25.80	28022	28048	28027	28029	28025	28031	28025	28032	28027	28038
17：45	15	25.98	28025	29075	28026	28129	28025	28254	28024	28254	28025	28414
系数 A			0.0012		0.0101		0.0055		0.0067		0.0031	
系数 B			−0.2840		−0.2617		−0.2641		−0.2726		−0.2226	
拟合 R^2			0.9934		0.9939		0.9941		0.9943		0.9959	

表 6.7　2011 年 7 月 26 日上午辐射计标定数据及校正系数拟合

时间	黑体 T(℃)	探头 Tm(℃)	8~14 μm		11.5~12.5 μm		10.3~11.3 μm		8.2~9.2 μm		10.5~12.5 μm	
			DC_m	DC_s	DC_m	DC_s	DC_m	DC_s	DC_m	DC_s	DC_m	DC_s
10:08	10	21.65	28042	29163	28042	28153	28042	28273	28041	28261	28040	28404
10:04	20	21.38	28040	28019	28041	28038	28041	28029	28040	28031	28039	28048
10:01	30	21.08	28041	27011	28041	27941	28039	27823	28040	27824	28040	27694
09:56	40	20.71	28046	25398	28045	27794	28045	27505	28044	27500	28042	27200
09:50	50	20.20	28053	23813	28051	27649	28055	27181	28050	27148	28049	26687
系数 A			0.0011		0.0099		0.0054		0.0065		0.0031	
系数 B			−0.2495		−0.2404		−0.2657		−0.2881		−0.2426	
拟合 R^2			0.9958		0.9955		0.9946		0.9941		0.9948	

表 6.8　2011 年 7 月 26 日下午辐射计标定数据及校正系数拟合

时间	黑体 T(℃)	探头 Tm(℃)	8~14 μm		11.5~12.5 μm		10.3~11.3 μm		8.2~9.2 μm		10.5~12.5 μm	
			DC_m	DC_s	DC_m	DC_s	DC_m	DC_s	DC_m	DC_s	DC_m	DC_s
16:02	10	23.55	28088	29676	28086	28247	28085	28423	28084	28412	28082	28623
16:05	20	23.63	28064	28499	28064	28107	28063	28154	28062	28153	28061	28200
16:07	30	23.74	28054	27215	28056	27975	28055	27878	28054	27877	28054	27773
16:10	40	23.84	28053	26243	28054	27874	28053	27663	28053	27655	28051	27431
16:15	50	24.05	28065	24234	28063	27699	28063	27280	28064	27255	28062	26841
系数 A			0.0011		0.0094		0.0052		0.0064		0.0030	
系数 B			−0.1066		−0.1099		−0.1203		−0.1077		−0.1216	
拟合 R^2			0.9908		0.9933		0.9940		0.9942		0.9948	

②同草种不同时间比辐射率测量结果

选择三个晴天 7 月 22 日、23 日和 26 日,期间有降水,三天草地含水量存在差异。选择围栏内的实验区、实验区外绿色草地以及实验区外黄色草地(图 6.5、图 6.6)进行三天重复测量。不同次观测结果存在一定差异,但不同天测量结果并无明显差异。不同草区多天多次比辐射率重复测量结果差异在 0.02 以内(图 6.7)。

(a)实验区内自然草地　　　　(b)实验区旁绿色草地　　　　(c)实验区外黄色草地

图 6.5　三种草地分区

③不同草种比辐射率测量结果

五种草地的测量结果见图 6.7。图 6.7 中不同样式线条对应图 6.6 中不同种类的草（a. 平车前，b. 蒲公英，c. 大车前，d. 结缕草，e. 针茅），同种样式不同颜色表示对同种草不同时间测量结果。从测量结果可知，不同种类草地地表比辐射率存在差异，但差异仅在 0.01 内。

图 6.6　各测量地表草种图示

（a. 平车前，b. 蒲公英，c. 大车前，d. 结缕草，e. 针茅）

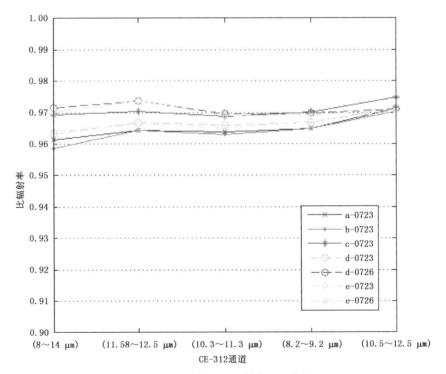

图 6.7　不同草地比辐射率测量结果

（5）结果分析

对同种草地不同时间测量,结果差异在 0.02 以内;测量不同草种地表比辐射率,差异仅在 0.01 以内,此差异还包括不同次测量时的测量误差。对热红外温度反演中比辐射率敏感性分析可见,0.01 的比辐射率误差可导致约 0.4 K 温度误差,0.02 的比辐射率误差可导致约 0.8 K。因此,草地比辐射率在短期内的时间变化,以及不同草种之间的差异对热红外遥感影响较小。

从以上分析可知,在校正实验中,对局部草地测量有限次数的比辐射率,可用于大范围内红外校正,引入的误差较小。

6.2.3　星地同步光谱观测

（1）观测内容:草地光谱。

（2）仪器:GPS、ASD、白板、越野车。

（3）人员:两人观测,一位司机。

（4）走场路线（方案 1）:同步时,至观象台围栏西北角出发,逆时针沿围栏内（图 6.8）开车走场,每 500 m 测一点,每点沿一条 10 m 样采样 10 次;测 10～12 个点,并记录航点。第二次同步同上。

（5）走场路线（方案 2）:沿图 6.8 箭头路线走场,1000 m 为一测量,测 10 个点,并记录航点。

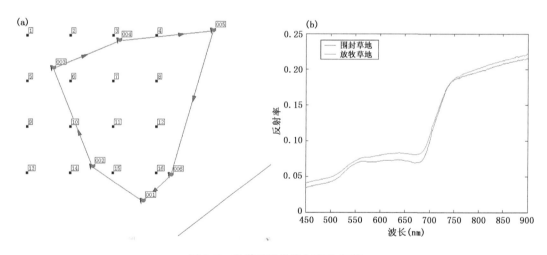

图 6.8　光谱观测样线与草地光谱

（a）光谱观测样线;（b）草地光谱

6.3　基于样线采样的风云三号叶面积指数检验

6.3.1　引言

叶面积指数（LAI）是陆面生态过程模型的重要参数。利用遥感的手段,建立叶面积指数反演模型,对区域及全球尺度的碳水循环机制和气候变化研究具有重要意义。目前已初步建立了基于 FY-3A/MERSI 数据的全球叶面积指数反演系统,需要针对不同地表覆盖类型进行广泛验证。

草地是陆地生态系统重要的地表覆盖类型之一。选择我国典型草地,进行生长期叶面积指数的连续观测,可以积累草地叶面积指数的大量实测数据,有助于对基于我国自主风云卫星的叶面积指数产品进行验证和改进。

6.3.2 研究区概况

本次试验在锡林浩特国家气候观象台实施完成。主要植被类型为典型草原,优势群落物种为羊草。研究区概况见本章 6.1.1 小节。

6.3.3 样线采样设计

本次实验采用 LAI2000 进行草地叶面积指数测量。试验时间是 2011 年 7 月 22—27 日。试验仪器采用 LAI2000 叶面积指数仪和 GPS 等。观测时段主要选择在清晨或傍晚,散射光比较均匀,可最大程度减少散射光对测量的影响。

在观象台草场范围内,按地表覆盖特征,以观象台为中心,建立 3 km×3 km 网格。每个网格对应 1 个像元。为满足代表性,同时考虑人力物力因素,对上述 3 km×3 km 网格实行梅花五点采样方法,即优先在网格的四个顶点和中心点建立 1 km×1 km 网格进行采样,像元网格如图 6.9 所示。

图 6.9　像元网格采样示意图

　　在每一个像元网格内,采取对角线的方式,进行样线采样,每隔 30～50 m 测量三组叶面积指数数据,并取平均值代表该点的有效叶面积指数测量值。在最后一个网格 i 内,采用梅花五点在 1 km 和 100 m 两种尺度采样。两种不同采样方式既考虑到采样的均匀性,同时兼顾测量数据覆盖不同空间尺度,有利于后期实测数据和遥感叶面积指数产品的尺度转换与验证。

　　实验步骤如下:

　　(1)GPS 定位;

　　(2)照相,测量草的高度并记录;

　　(3)LAI2000 测量:在该位置附近随机选取三个点,用 LAI2000 测量叶面积指数,在每个点测量时,采取一次冠层上和三次冠层下配合的测量方式。

6.3.4　分析结果

　　本次实验完成了五个千米级网格的 LAI 测量(即网格 a、c、e、g 和 i),同时增加了样方 b 的观测。经过汇总和整理,共获取 LAI 有效实地测量记录 240 条,相应草地实地拍摄照片 660 组。网格内样点分布如图 6.10 所示。样方 LAI 测量结果见表 6.9 与图 6.13。此外,比较了不同草地利用类型(图 6.11)的 LAI 均值(表 6.10),数据显示放牧对植被 LAI 影响很大。

图 6.10　LAI 采样数据分布

表 6.9　样方 LAI 测量数据统计结果

样方编号	样本数	LAI 均值	LAI 中位数	LAI 标准差	LAI 范围
a	120	0.31	0.30	0.08	0.17～0.54
b	115	0.31	0.27	0.13	0.13～0.74
c	120	0.40	0.38	0.11	0.16～0.73
e	103	0.30	0.28	0.10	0.12～0.66
g	120	0.27	0.27	0.07	0.13～0.45
i	125	0.25	0.25	0.14	0.00～0.59

表 6.10　不同草地利用类型的 LAI

草地利用类型	放牧区	围封未割干草	围封割干草	洼地放牧	洼地未放牧
LAI 均值	0.29	0.39	0.38	0.14	0.38

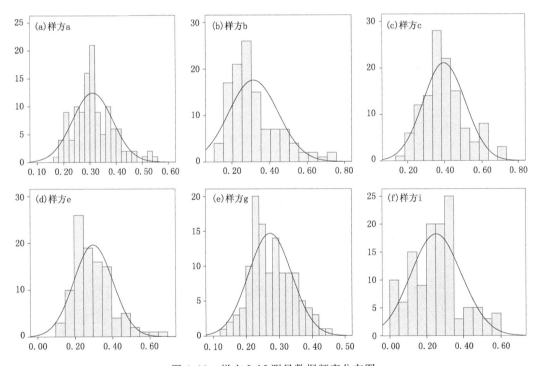

图 6.11　样方 LAI 测量数据频率分布图

图 6.12　不同草地利用类型的照片（a. 放牧区；b. 围封未割干草；c. 围封割干草）

323

6.3.5 结论

根据 LAI 实地采样结果,对基于 FY-3A/MERSI 数据的 LAI 算法和实验产品进行了检验。首先检验了由 MERSI 计算的简单植被指数(Simple Ratio,SR)和实地 LAI 测量数据的相关性。图 6.13 显示,SR 和实地 LAI 测量数据存在较好的相关性,R^2 达到 0.46,说明了 SR 进行叶面积指数反演的可靠性。为了和 FY-3A/MERSI 1 km 尺度的 LAI 反演产品的比较,下载了同时期的研究区 TM 影像(30 m 分辨率),利用图 6.13 所示拟合关系建立了高分辨率影像上的 LAI 结果。将 TM/LAI 尺度扩展至 1 km,验证 TM/LAI 和 MERSI/LAI 之间的关系。结果表明,在考虑到尺度转化、定位和混合像元误差的条件下,MERSI/LAI 与 TM/LAI 存在较好的相关性,R^2 达到 0.32(图 6.14)。

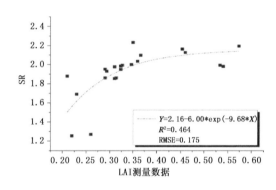

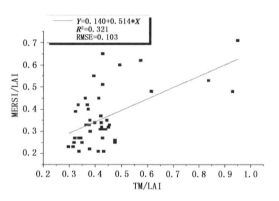

图 6.13　SR 和实测 LAI 的相关性　　　图 6.14　MERSI/LAI 和由实测数据反演
　　　　　　　　　　　　　　　　　　　　　　　　TM/LAI 的相关性

6.4　基于循环采样的 MODIS 叶面积指数检验

6.4.1　引言

基于循环采样方法,测量了典型草原通量贡献区植被生物量和叶面积指数,分析了二者的空间分布格局。针对叶面积指数、净初级生产力和光合有效辐射吸收比等产品,进行产品真实性检验。通过生长季三期 LAI 野外观测和 TM 图像处理分析,对锡林浩特典型草原 MODIS/LAI 产品精度从时空两种维度进行了评估(王猛,等 2011;王圆圆,等,2011b)。

6.4.2　研究区概况

本次试验在锡林浩特国家气候观象台实施完成。主要植被类型为典型草原,优势群落物种为羊草。研究区概况见本章 6.1.1 小节。

6.4.3　循环采样方法

为定量描述地面样本分布的空间异质性特征,以及异质性特征对采样间隔和采样距离的敏感性,本研究设计循环采样方法进行生物量和叶面积地面测量。循环采样设计见图 6.15。

通过在相互垂直的两个方向设置递增间距的采样点,可以定量描述样本在不同方向和不同距离尺度上的空间异质性及其变异特征。

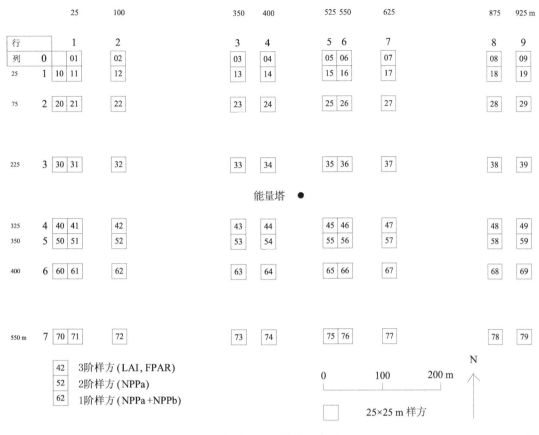

图 6.15　循环采样示意图

6.4.4　风云三号叶面积指数检验

针对风云三号叶面积指数(FY-3A/MERSI/LAI)产品,在中国不同区域进行了真实性检验。

风云三号叶面积指数(FY-3A/MERSI/LAI)在植被生长期开始和结束阶段与 MODIS/LAI 具有较高一致性。生长期峰值阶段不同地区的 MERSI/LAI 与 MODIS/LAI 对比见图 6.16、6.17、6.18。

利用一致性指数(Agreement Index,AI)计算了 MERSI/LAI 和 MODIS/LAI 间的空间一致性(图 6.19)。分析表明,空间一致性指数和对应的两种传感器在红光通道的反射率的差值(图 6.20)之间有较好的正相关关系。说明 LAI 的计算精度很大程度上受输入数据精度影响,特别是输入地表反射率的精度。

2011 年 7 月 11—19 日在内蒙古锡林浩特典型草原完成 80 个样方的 LAI 地面测量。结果表明,MERSI/LAI 和实地测量 LAI 具有较好的一致性(图 6.21、图 6.22)。

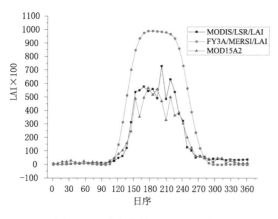

图 6.16　大兴安岭地区 LAI 对比

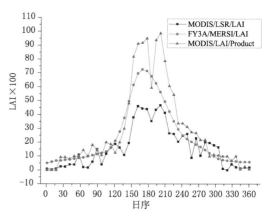

图 6.17　锡林浩特草原 LAI 对比

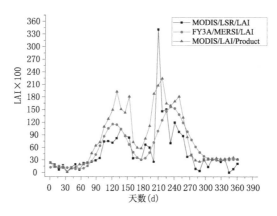

图 6.18　山东禹城农作物 LAI 对比

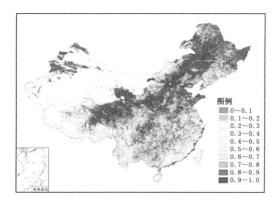

图 6.19　MERSI/LAI 和 MODIS/LAI 产品
一致性比较

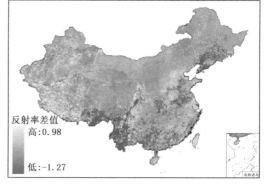

图 6.20　MERSI 和 MODIS 地表反射率在
红光通道的差值

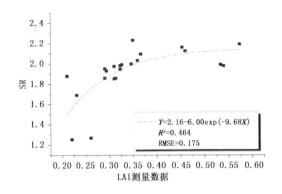

图 6.21 SR 和实测 LAI 的相关性

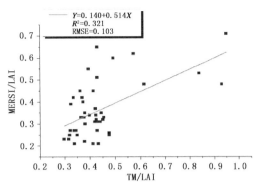

图 6.22 MERSI/LAI 和由实测数据反演
TM/LAI 的相关性

6.4.5 MODIS 叶面积指数检验

基于锡林浩特典型草原 2008 年生长季三期 80 个地面样方(图 6.23)的 LAI 测量和 TM 图像分析,对 MODIS/LAI 从时空两种维度进行评估(图 6.24)。结果显示,MODIS/LAI 精度主要受土壤背景光谱以及地表均匀程度等因素影响,相对均方根误差约 40%,并存在 6% 的正偏置。MODIS/LAI 在时间维上可准确体现草地植被的生长轨迹,在空间维上基本反映了地表变化的细节。

图 6.23 580 个地面测量样方示意图
(白点为样方,底图为 2008 年 8 月 25 日 TM 影像)

(1)密集采样区对比分析结果

经检查,发现 MODIS/LAI 产品质量控制参数(QC)在研究区均为 0,说明 LAI 反演可信度很高。密集采样区在产品图像上覆盖了四个相邻像元,其 LAI 平均值和标准差见表 6.11 与图 6.25(蓝线所示)。MODIS/LAI 产品时间序列可较好地反映草地植被在生长季由稀疏到

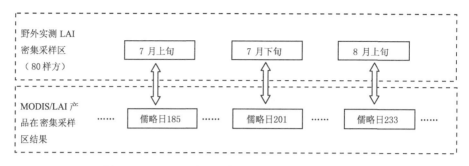

图 6.24　地面观测 LAI 与 MODIS/LAI 的对应关系

茂密的生长过程。6 月下旬至 7 月初，LAI 迅速增加，由 0.4 上升到 1 以上，到 8 月下旬，LAI 回落至 0.7 左右。在 7 月 20—27 日（儒略日 201），MODIS/LAI 产品值相比前后两期偏低，原因有待进一步研究。

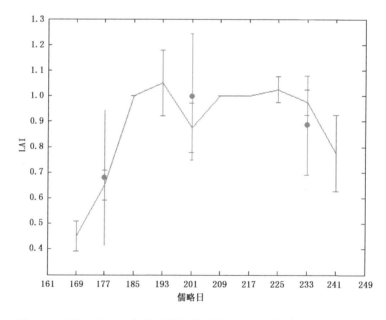

图 6.25　MODIS/LAI 产品时间序列（蓝色）和地面实测 LAI（红色）对比

地面测量 LAI（图 6.25 中红线所示）表现出开始迅速增加之后缓慢下降的趋势。其与 MODIS/LAI 均值的吻合程度在 7 月初最好，在 7 月下旬和 8 月下旬偏离程度较大，且偏离方向不一致。7 月下旬，MODIS/LAI 产品值偏小，8 月下旬偏大。地面测量 LAI 标准差高，变异系数大，显示出样方尺度 LAI 具有一定的空间异质性。由于研究对象是典型草地，空间分布相对比较均匀，其变异系数低于 40%（表 6.11）。

表 6.11　密集采样区地面测量 LAI 与 MODIS/LAI 对比

	密集采样区地面测量 LAI			MODIS/LAI		
	平均值	标准差	变异系数	平均值	标准差	变异系数
7 月上旬	0.6800	0.2632	0.3871	0.6500	0.0577	0.0888
7 月下旬	0.9959	0.2466	0.2476	0.8750	0.0957	0.1094
8 月下旬	0.8849	0.1950	0.2203	0.9750	0.0500	0.0513

（2）基于反演 TM/LAI 的 MODIS/LAI 检验

通过 LAI 和光谱的相关分析，发现 LAI 与位于 SWIR 的第 5 通道（中心波长 1.6 μm）相关性最好，这和其他一些研究结果一致。但是相关系数仍然不高，仅为 0.5。如果采用最小二乘法则会产生方差压缩，为了保持 LAI 观测值的变异程度，采取了 RMA（Reduced Major Axis）回归方法，回归式如图 6.26 所示。

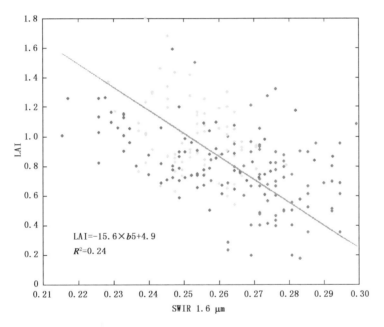

图 6.26　基于 TM 通道 5 的 LAI 估算回归式

（红点、绿点、蓝点分别表示 7 月上、下旬和 8 月下旬观测数据）

利用上述回归式可以得到三期 TM/LAI 图，将其空间分辨率和投影转换至 MODIS/LAI 产品格式，进行逐像元的对比。图 6.27 显示，MODIS/LAI 在 LAI<0.8 情况下误差更大，而在 LAI>0.8 情况下误差减小。整体来看，相对均方根误差约为 40%。

在锡林浩特稀疏的典型草原，MODIS/LAI 质量较好。在时间维上准确体现了植被的生长轨迹，在空间维上反映了地表变化的细节。产品精度主要受土壤背景以及地表均匀程度等因素影响。受采样点空间分布范围的局限，选定的研究区域相对较小。扩大采样区域和增加观测植被类型，有助于更全面地评估 MODIS/LAI 产品质量。

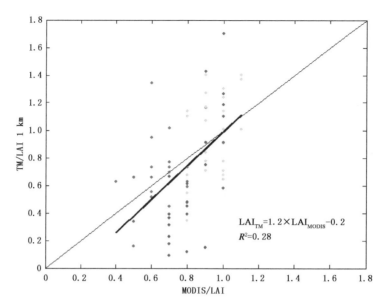

图 6.27　MODIS/LAI 与 TM/LAI 的散点图
（细黑线表示 1:1 对角线，加粗黑线表示回归线。红点、绿点、蓝点分别表示
7 月上旬、下旬和 8 月下旬的观测数据）

6.4.6　小结

在时间维度上，EOS/MODIS/LAI 产品可以较为准确地体现草地植被生长轨迹。在空间维度上，MODIS/LAI 产品与 TM/LAI 反演结果有相似的变化趋势。以 TM/LAI 结果为参考值，MODIS/LAI 产品的相对均方根误差约为 24%，并存在 10.8% 的正偏差，表明有一定程度的高估。误差分析显示，MODIS/LAI 产品精度主要受土壤背景光谱及地表均匀程度影响，在 LAI 较小的区域，以及草地空间异质性因受人类活动而增强的 7 月初和 8 月末，MODIS/LAI 产品误差更大。

6.5　基于陆表温度的气温估算与站点空间代表性评价

6.5.1　引言

以藏东南为研究区，通过提取林芝站、米林站的气温和 MODIS 地表温度产品（MOD11A2）信息，对 MODIS/LST 进行了检验（王圆圆 等，2011a，2014）。采用回归树算法，建立了基于遥感的气温估算模型，发现 MODIS/LST 与观测站气温有较好的相关关系。利用鲁朗站 2008 年气温对模型进行验证，得出均方根误差为 1.4718，决定系数达 0.95。将模型应用于研究区（70 km×70 km），可以估算 1 km 空间分辨率的区域气温信息，发现从 2001—2010 年，年均气温增高的像元占研究区的比例超过了 90%，且海拔越高，增温幅度越大。

6.5.2 研究区概况

藏东南地区即青藏高原东南缘,是南亚气候系统与青藏高原相互作用的关键区,是青藏高原转运水汽的主要区域,该区地表特征也极为多样,天气气候复杂。然而受到气候恶劣、维持条件差等因素的影响,藏东南地区站点稀少,无法满足对该区域的全面认识,充分开发利用卫星资料是主要解决途径。研究区内有两个气象站点:林芝站(94.36°E,29.60°N)和米林站(94.21°E,29.21°N),另外还有一个由中国科学院青藏高原研究所设立的鲁朗站(94.74°E,29.77°N)(图6.28)。

图 6.28　研究区 TM 图像以及站点位置

6.5.3 数据与方法

(1)数据

采用 MODIS/TERRA 的 LST 产品(MOD11A2)为数据源,该数据是由每日晴空地表温度合成为 8 d 晴空 LST 平均值,空间分辨率 1 km,时间跨度为 2000—2011 年,共 12 年的数据(其中 2000 年数据从日序 65 开始,2011 年数据到日序 145 结束)。除 LST,MOD11A2 还提供合成天数,即由 8 d 内的哪几天 LST 平均得到合成值,以及平均太阳天顶角等信息。根据气象站点经纬度信息,从遥感数据中提取 LST 时间序列、合成期晴天数量、太阳天顶角。由于 LST 一般在当地时 10:30 获取,因此本节将 8 d 平均日最高气温作为估算对象(如果是利用夜间获取的 LST,则可以估算最低气温)。首先从气象数据共享网下载了林芝和米林站 2001—

2011 年每日最高气温值,为了与 LST 产品相对应,处理成为 8 d 平均的日最高气温(后文均用符号 T_air 代表)。

(2)Cubist 回归树模型

首先分析了晴空天数、日序、太阳天顶角对 LST 和 T_air 之间相关性的影响。根据分析结果,选定合适的参数作为 T_air 估算模型的输入。在模型方面,采用 Cubist 回归树模型算法。该方法不断分裂节点,并针对节点上的所有样本建立线性拟合模型。模型自变量是到达该节点前分裂时用到的属性,最后的估算主要利用叶节点的拟合模型,回归树模型将会简化成一系列的规则,形式如下:

当满足规则 1 时,采用回归模型 1;

当满足规则 2 时,采用回归模型 2;

……

当满足规则 n 时,采用回归模型 n。

之所以采用回归树模型,是因为它有许多优点:①可以自动生成多条规则,回归树算法过程相当于将样本空间分成多个子空间,每个子空间用一个线性模型去拟合(即一条规则),总体上构成非线性的模型;②可以同时处理离散和连续数据,本研究中的晴空天数和日序属于离散型变量,而 LST、太阳高度角、高程等属于连续型变量;③可以不对数据作正态分布或其他分布类型的假设;④可以评价输入特征的重要性,一个特征如果频繁地被用于分裂节点,则暗示该特征非常重要。

由 Cubist 回归树算法生成模型后,即可应用于区域尺度。考虑到藏东南地区海拔落差大,对气温有很大影响,但训练样本仅来自林芝站和米林站(两站的海拔均只有 3000 m 左右),无法将海拔高度作为自变量引入模型,因此本节按照高程每增加 1 km 气温下降 6 ℃ 的规律对模型气温估算结果进行修正。

6.5.4 LST 与气温的关系

(1)LST 和 T_air 的相关性

通过合成处理后,林芝和米林站共有 943 个可用样本。图 6.29 显示,LST 和 T_air 具有较好的线性关系(相关系数为 0.7172),但离散程度仍然较大。LST 的变化范围在 0～35 ℃,T_air 的变化范围在 5～25 ℃,LST 的变化范围明显大于气温。从图中可以看出有多个点的 LST 值明显低于 T_air,这可能是由于像元受到了云污染。

(2)晴空天数对 LST 和 T_air 之间关系的影响

从表 6.12 中可以看出,随着晴空天数的增加,LST 和 T_air 的相关性逐渐增大,差值亦逐渐减小。当晴空天数在达到 4 d 以上,相关性稳定在 0.8 以上,差值稳定在 3 ℃ 以内,因此晴空天数会对利用 LST 估算 T_air 造成影响。

(3)季节因素对 LST 和 T_air 之间关系的影响

将日序转化为季节,评价了季节对于 LST 和气温之间相关性和差异性的影响。表 6.13 显示,夏季进入雨季,晴空少,有效数据少,LST 和气温相关性小,差值很大。其余三个季节,相关系数较接近。但 LST 和气温的差值在春、秋季更高,冬季更低,可能和冬季温度偏低有关。

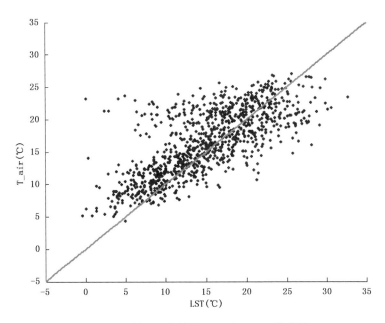

图 6.29　林芝和米林站 LST 和 T_air 散点图

表 6.12　LST 与 T_air 的相关性及差值随晴空天数的变化

合成期内晴空天数	相关系数	绝对差平均值	样本个数
1	0.3133	5.3501	133
2	0.5705	4.1669	172
3	0.7377	3.0918	169
4	0.8084	3.0544	150
5	0.8354	2.6941	115
6	0.8826	2.2999	96
7	0.8369	2.5766	108

表 6.13　LST 与 T_air 差值的季节变化

季节	相关系数	绝对差平均值	样本个数
春	0.6389	3.5431	243
夏	0.3437	4.6084	216
秋	0.6344	2.9951	235
冬	0.6235	2.6410	249

（4）太阳天顶角对 LST 和 T_air 之间关系的影响

太阳天顶角反映了到达地表的能量值大小，由于卫星每日过境时间不固定，获取数据时的太阳天顶角也在发生变化，一般研究认为，当天顶角小且无云的时候，地表会吸收更多的能量，LST 会比气温高出更多，但根据我们的数据计算，天顶角余弦和 LST 与 T_air 的差值之间不存在明显的正相关，相关系数只有 0.0635，说明太阳天顶角的影响较小。这可能是由于太阳天顶角与气温日变化更相关。

（5）模型结果分析

根据前面分析结果，选择了 LST、日序、晴空日数，作为自变量，建立 T_air 估算模型，回归树算法共生成了 8 条规则和相应的 8 个回归式，其中日序在所有分裂节点和建立模型的时候都会用到，说明对于 T_air 的估算很重要。一方面气温本身具有明显的季节变化，而本文估算 T_air 是 8 d 平均每日最高气温，季节影响因素得以进一步提高。分裂时所用日序的数值包括 25,153,209,273，对应日期为 1 月 25 日，5 月 2 日，6 月 28 日，9 月 30 日，在日序小于 25 或大于 273 时，分别只用一个模型即可估算 T_air，说明冬季的模型比较简单。而当日序在 25～273 时，T_air 和自变量之间的规律更加复杂，需要根据 LST 或晴空个数的情况，建立多个具有针对性的模型。LST 和晴空日数也是非常重要的两个变量，它们在节点分裂时出现的比例分别是 54% 和 34%，而且在所有回归模型中都被用到。从模型的形式来看，LST 和晴空日数前的回归系数总为正，说明它们对气温的影响总是正向的；日序前的回归系数在日序小于 209 时为正，而在大于 209 时为负，和气温随季节的变化规律也是相符的。

经过计算，模型的训练精度很高，决定系数为 0.9328，均方根误差 1.3129 ℃。为防止过学习，又试验了用 70% 的样本（随机选取）作为训练，剩下 30% 的样本作为检验样本，得出决定系数为 0.9251，均方根误差 1.4246 ℃，精度只是略为下降，说明模型不存在过学习。用 T_air 估算模型结合气温随高程的变化规律对鲁朗站 2008 年气温进行计算，结果显示，决定系数为 0.9479，均方根误差 1.4718 ℃，再次证明模型效果很好。图 6.30 散点图显示，估算值与地面观测值有非常好的一致性。图 6.31 显示，多数估算值略高于观测值。这是 LST 推算气温经常出现的问题，可能与 LST 接近近地面气温，而百叶箱测量高度一般是 1.5 m 有关，也可能与气温随高程变化的速度有关。

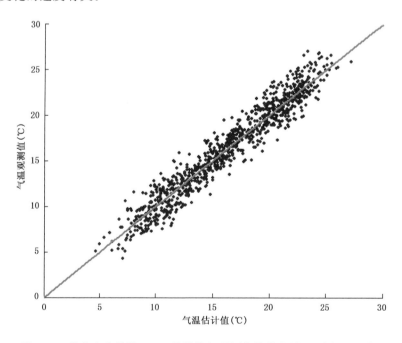

图 6.30　林芝和米林站 T_air 估算值与观测值的散点图（红线是 1:1 线）

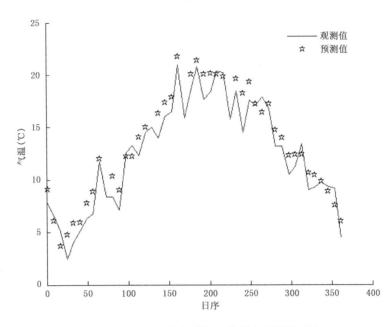

图 6.31　2008 年鲁朗站气温估算与观测值对比

6.5.5　陆表温度与气温的空间代表性分析

由 Cubist 回归树模型估算结果结合区域高程因素修正(利用 1 km 空间分辨率的 DEM)，即可计算全区 2000－2011 年的 T_air。选定 70 km×70 km 区域，计算区域内每个像元的 T_air。图 6.32 显示，T_air 的格局与 LST 接近，但是均一性更好，而且值域范围小。

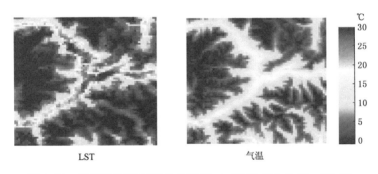

图 6.32　藏东南地区 LST 及估算 T_air(2000 年 3 月 21－28 日)

采用文献中方法，在林芝站点周围逐渐增大窗口。大小由 3×3 像元按步长 2 递增到 51×51 像元，计算站点所在像元对窗口 LST 或 T_air 时间序列距平的解释方差(即代表性)。图 6.33 显示，随着窗口增加，基于 LST 和 T_air 计算的空间代表性都有明显下降，并都存在一个拐点。但二者结果存在明显不同：(1)基于 LST 计算的空间代表性明显偏小，随窗口增加代表性下降速度很快。拐点出现较早，之后解释方差仍然随着窗口的增大有较为明显下降，但是下降速度较拐点出现以前变小。(2)基于 T_air 计算的代表性明显偏大，随窗口增加代表性迅速下降，拐点出现较晚，之后空间代表性随窗口增加变化较小。说明拐点以前，站点空间代表性受空间距离的影响较大，但当达到一定距离以后，距离的作用减小。可能因为林芝站和窗口内像元同属一个大气候带,具备相似的气候特征,距离在代表性的计算中不再发挥重要作用。这和实际情况相符。如果以解释方差超过 0.75 作为判断空间代表性的阈值,基于 LST 的代表窗口为 3×3 像元,明显偏低。而基于 T_air 计算林芝站可代表范围为 15×15 像元,更符合气温空间变异率偏低的实际情况。

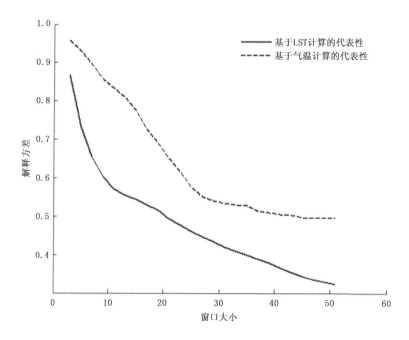

图 6.33　林芝站对于不同窗口大小气温(或 LST)时间序列距平的解释方差

6.6　基于偏差估计的风云三号射出长波辐射检验

6.6.1　引言

以 NOAA-18/AVHRR/OLR 日平均产品为检验源,使用相关系数、平均偏差等检验方法,对 FY-3A/VIRR/OLR 日平均产品进行了产品质量检验。结果表明,两种 OLR 资料大部分相关系数较大、平均偏差、相对误差等较小,但有个别日数的资料相关系数较小、平均偏差、相对误差等较大(王园香等,2013)。发现这些偏差主要发生在高山和海洋地区,并且暖季相对冷季偏差较大,可能是由于高山、海洋地区和暖季较强的对流活动造成两种资料的检验结果存在一定的差异。

6.6.2　数据与方法

采用 2010 年 FY-3A/VIRR/OLR 日平均产品作为被检验数据,同期的 NOAA-18/AVHRR/OLR 日平均产品作为检验源数据,并进行匹配处理。OLR 是射出长波辐射,当有云的时候,由于云的辐射作用和云顶温度低于同高度的空气温度的缘故,OLR 值降低;当晴空时,OLR 由下垫面和大气层的温度所决定。一般来说,较小的 OLR 值代表多云,而较大的 OLR 值代表晴空。

FY-3A/VIRR/OLR 产品来自于国家卫星气象中心数据服务网站（http://satel-lite. cma. gov. cn/），NOAA-18/AVHRR/OLR 产品来源于美国国家环境预报中心（NCEP）数据网站（ftp://ftp. cpc. ncep. noaa. gov/）。由于 FY-3A 卫星过境时间在当地时 11 时（白天）和 11 时（夜间），对白天、夜间卫星过境时刻的 OLR 做平均计算，得到 FY-3A 日平均 OLR；而 NOAA-18 在当地时 13—14 时（白天）和 01—02 时（夜间）过境，对白天、夜间卫星过境时刻的 OLR，也做平均计算，得到 NOAA18 日平均 OLR。

由于 NOAA-18 日平均产品的分辨率为 1°，FY-3A 日平均产品为 0.01°，将 FY-3A/VIRR/OLR 日平均产品每个文件每隔 100×100 像元，进行数据平均处理，最终将 1000 × 1000 像元的数据处理成 10 × 10 像元的数据。由于 FY-3A/VIRR 日平均产品每天 648 个文件，所以需要把 FY-3A/VIRR 数据进行数据拼接，拼接时按照文件属性中的经纬度信息的最大范围进行拼接，没有数据的地区用填充值（−9999）填充。

检验的方法为分别计算匹配数据的相关系数、平均偏差、相对误差、绝对误差、均方根误差等参数。这些参数计算公式如下：

（1）相关系数 Cor（黄嘉佑，2004）：

$$cor = \frac{\sum_{i=1}^{n}(X_i - \overline{X})(X_{0i} - \overline{X_0})}{\sqrt{\sum_{i=1}^{n}(X_i - \overline{X})^2}\sqrt{\sum_{i=1}^{n}(X_{0i} - \overline{X_0})^2}} \tag{6.2}$$

（2）平均偏差 Bias（黄嘉佑，2004）：

$$Bias = \frac{1}{N}\sum_{i=1}^{N}(X - X_0) \tag{6.3}$$

（3）绝对误差 ABVR（黄嘉佑，2004）：

$$ABVR = \frac{1}{N}\sum_{i=1}^{N}abs(X - X_0) \tag{6.4}$$

（4）相对误差 REVR（黄嘉佑，2004）：

$$REVR = \frac{1}{N}\sum_{i=1}^{N}abs(\frac{X - X_0}{X_0}) * 100\% \tag{6.5}$$

（5）均方根误差 RMS（黄嘉佑，2004）：

$$RMS = \sqrt{\frac{1}{N}\sum_{i=1}^{N}(X - X_0)^2} \tag{6.6}$$

6.6.3　结果与成因分析

（1）FY-3A/VIRR 与 NOAA-18/AVHRR/OLR 日平均产品平均偏差的时序变化

对 2010 年每日的 FY-3A/VIRR 与 NOAA-18/AVHRR/OLR 日平均产品进行检验，在这里分别用 2010 年 1 月、4 月、7 月和 10 月来代表冬、春、夏和秋季进行检验。

2010 年 1 月两种资料的相关系数、平均偏差等的时间序列如图 6.34a 所示。二者的相关系数在 0.93~0.96，总的来说，相关性比较好；平均偏差在 −1.5~1.5 W/m²，相对误差在 0.042~0.058，绝对误差在 9~12 W/m²，均方根误差在 13~17 W/m²，偏差都不是太大。即 2010 年 1 月两种资料的相关系数较大、偏差较小。

2010 年 4 月两种资料的相关系数、平均偏差等的时间序列如图 6.34b 所示。二者的相关系数大部分在 0.75～0.95,只有 4 月 23 日仅为 0.63 左右;大部分平均偏差在 -1～3 W/m^2,4 月 23 日却为 7 W/m^2;大部分相对误差在 0.05～0.1,4 月 23 日却为 0.12;大部分绝对误差在 10～20 W/m^2,4 月 23 日却为 25 W/m^2;大部分均方根误差在 17～27 W/m^2,4 月 23 日却为 31 W/m^2。即 2010 年 4 月两种资料总体来说相关系数较大、偏差较小,但是 4 月 23 日相关系数较小、偏差较大。

2010 年 7 月两种资料的相关系数、平均偏差等的时间序列如图 6.34c 所示。二者的相关系数大部分在 0.65～0.85,只有 7 月 13 日仅为 0.5 左右;大部分平均偏差在 -1～3 W/m^2,7 月 13 日却为 -5 W/m^2;大部分相对误差在 0.085～0.105,7 月 13 日却为 0.125;大部分绝对误差在 19～21 W/m^2,7 月 13 日却为 27 W/m^2;大部分均方根误差在 20～30 W/m^2,7 月 13 日却为 45 W/m^2。即 2010 年 7 月两种资料总体来说相关系数较大、偏差较小,但是 7 月 13 日相关系数较小、偏差较大。

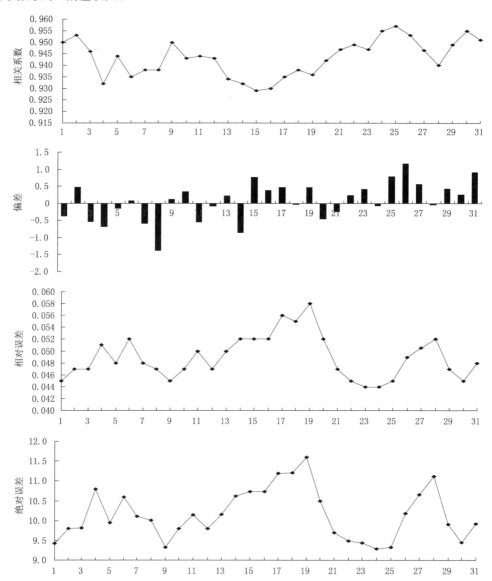

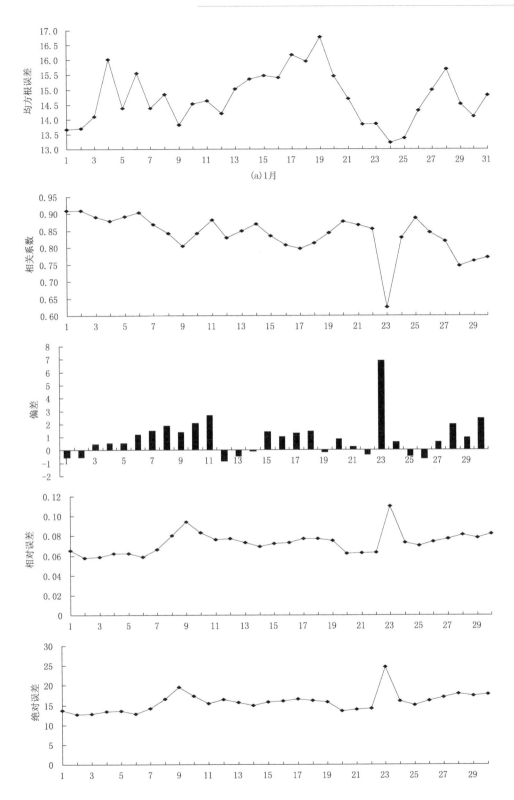

(a)1月

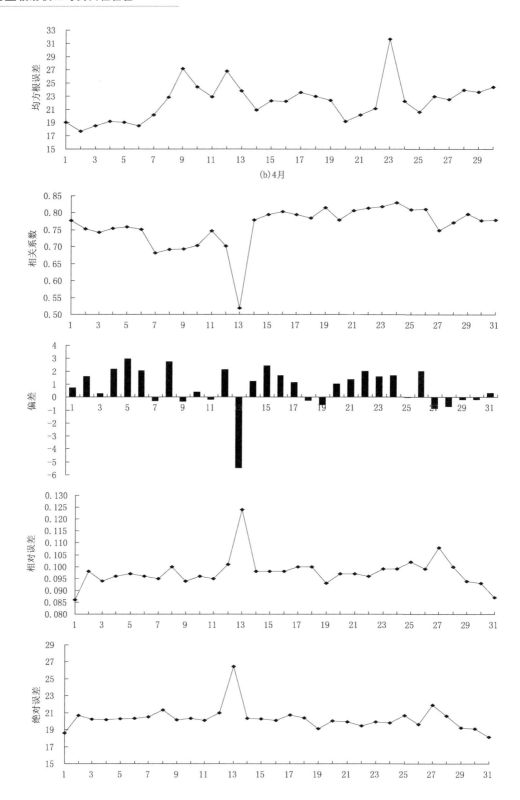

(b) 4月

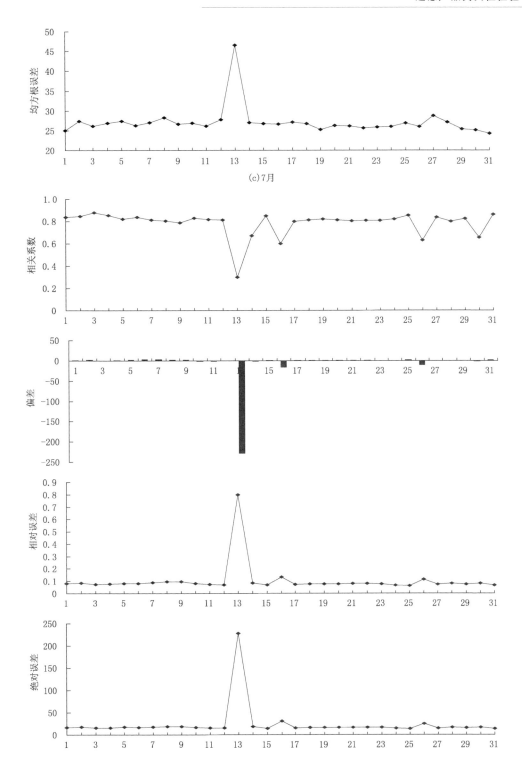

(c)7月

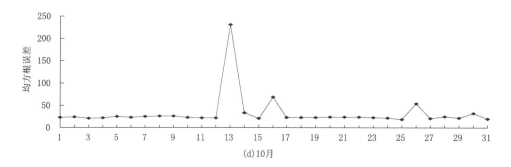

图 6.34 FY-3A/VIRR 与 NOAA-18/AVHRR/OLR 日平均产品的比较结果

(a)2010 年 1 月，(b)2010 年 4 月，(c)2010 年 7 月，(d)2010 年 10 月

2010 年 10 月两种资料的相关系数、平均偏差等的时间序列如图 6.36(d)所示。二者的相关系数大部分在 0.65～0.85，只有 10 月 13 日仅为 0.3；大部分平均偏差在 0～－50 W/m²，10 月 13 日为－200 W/m²；大部分相对误差在 0～0.2 W/m²，10 月 13 日为 0.85；大部分绝对误差在 0～50 W/m²，10 月 13 日为 225 W/m²；大部分均方根误差在 0～100 W/m²，10 月 13 日为 225 W/m²。即 2010 年 10 月两种资料总体来说相关系数较大、偏差较小，但是 10 月 13 日相关系数较小、偏差较大。

进一步的比较发现，2010 年 1 月两种资料的相关系数均大于 0.92，最大约达到 0.96（图 6.34a）；4 月两种资料的相关系数均小于 0.92（图 6.34b）；7 月两种资料的相关系数均小于 0.85（图 6.34c）；10 月两种资料的相关系数均小于 0.9（图 6.34d）。平均偏差、相对误差、绝对误差、均方根误差等也有相似的反应。即暖季(4、7、10 月)相对于冷季(1 月)来说，相关系数较小，偏差较大。

对 FY-3A/VIRR 与 NOAA-18/AVHRR/OLR 日平均产品的相关系数、平均偏差等时间序列的检验发现，2010 年 1 月两种资料的相关系数比较大、平均偏差、相对误差等都比较小；2010 年 4 月、7 月、10 月两种资料的相关系数大部分都比较大、平均偏差、相对误差等大部分都比较小，但有个别日数，如 4 月 23 日、7 月 13 日和 10 月 13 日相关系数较小，平均偏差、相对误差等较大。并且暖季相对于冷季相关系数较小、偏差较大。

(2)FY-3A/VIRR 与 NOAA-18/AVHRR/OLR 日平均产品的散点图

从相关系数、平均偏差等时间序列方面对 FY-3A/VIRR 与 NOAA-18/AVHRR/OLR 日平均产品进行了检验，下面将从散点图方面对偏差较大的几天资料(2010 年 4 月 23 日、7 月 13 日和 10 月 13 日，1 月选择偏差最大的一天 1 月 8 日)做进一步的检验。

图 6.35 是 2010 年 1 月 8 日、4 月 23 日、7 月 13 日、10 月 13 日 FY-3A/VIRR 与 NOAA18/AVHRR/OLR 日平均产品的散点图。从图 6.35a 可以看出，2010 年 1 月 8 日两种资料的散点图分布比较好，二者的线性方程为 $y=0.9583x+10.36$；从图 6.35b 可以看出，2010 年 4 月 23 日两种资料的散点图分布有一定的离散度，二者的线性方程为 $y=0.6281x+85.40$；从图 6.35c 可以看出，2010 年 7 月 13 日两种资料的散点图分布离散度较大，二者的线性方程为 $y=0.4003x+136.13$；从图 6.35d 可以看出，2010 年 10 月 13 日两种资料的散点图分布离散度较大，二者的线性方程为 $y=0.1154x+201.92$。

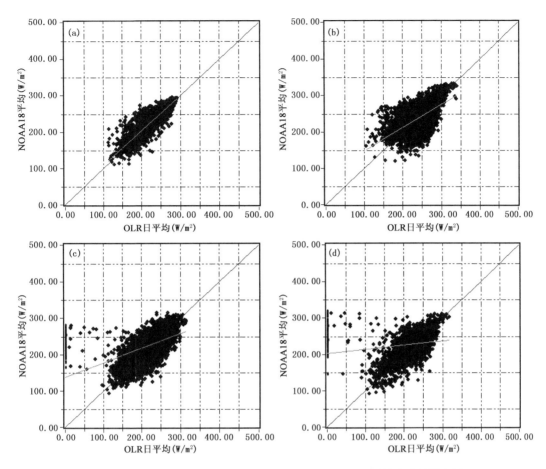

图 6.35　FY-3A/VIRR 与 NOAA-18/AVHRR/OLR 日平均产品的散点图

(a)2010 年 1 月 8 日，(b)2010 年 4 月 23 日，(c)2010 年 7 月 13 日，(d)2010 年 10 月 13 日

　　从散点图分布可以看出，2010 年 1 月 8 日两种资料的散点图分布比较好，4 月 23 日、7 月13 日、10 月 13 日两种资料的散点图有一定的离散度或者离散度较大，这与这几个月中的个别日数相关系数较小、偏差较大是相一致的。

　　(3)FY-3A/VIRR 与 NOAA-18/AVHRR/OLR 日平均产品平均偏差等的空间分布

　　从相关系数、平均偏差等时间序列和散点图方面对 FY-3A/VIRR 与 NOAA-18/AVHRR/OLR 日平均产品进行了检验，都发现 2010 年 4 月 23 日、7 月 13 日、10 月 13 日两种资料偏差较大。

　　图 6.36 是 2010 年 4 月 23 日、7 月 13 日、10 月 13 日两种资料的平均偏差、相对误差等的空间分布图。从图中可以看出，2010 年 4 月 23 日两种资料的平均偏差、相对误差等，在东亚大部分地区都比较小，但是在新疆天山山区(约 40°N)和热带海洋地区(20°N 以南)，却有些偏大；2010 年 7 月 13 日两种资料的平均偏差、相对误差等，在东亚大部分地区都比较小，但是在热带海洋地区(20°N 以南)，却有些偏大；2010 年 10 月 13 日两种资料的平均偏差、相对误差等，在青藏高原和热带海洋地区(20°N 以南)有些偏大。

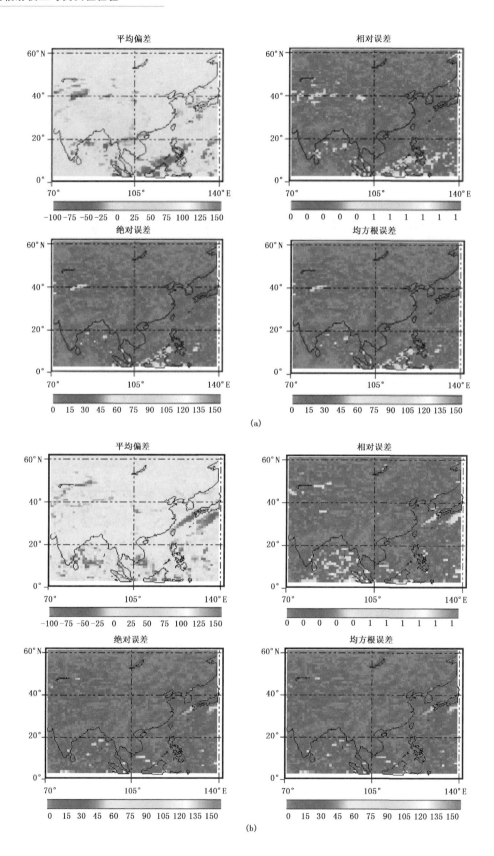

(a)

(b)

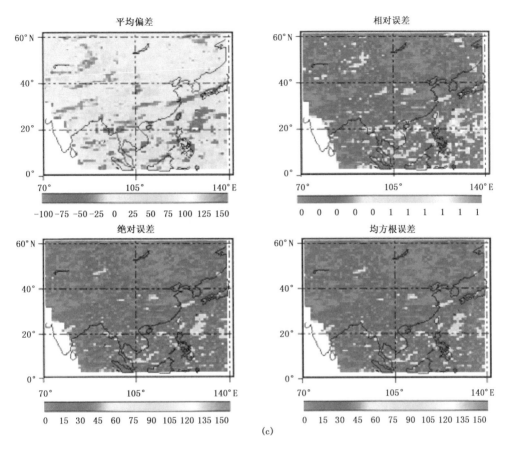

图 6.36 FY-3A/VIRR 与 NOAA-18/AVHRR/OLR 日平均产品平均偏差等参数的空间分布
(a)2010 年 4 月 23 日，(b)2010 年 7 月 13 日，(c)2010 年 10 月 13 日

以上分析可以看出，2010 年 4 月 23 日、7 月 13 日、10 月 13 日两种资料的平均偏差、相对误差等，在东亚大部分地区都比较小，但是在新疆天山地区、青藏高原的部分地区和热带海洋地区（20°N 以南），尤其是热带海洋地区偏大。

(4)FY-3A/VIRR 与 NOAA-18/AVHRR/OLR 日平均产品偏差成因分析

从 4 月 23 日、7 月 13 日、10 月 13 日平均偏差、相对误差等的空间分布图（图 6.36）可以看出，两种资料在东亚大部分地区偏差较小，而在山区和海洋偏差较大。即 FY-3A 和 NOAA-18 在这些地区监测有差异，这种差异可能是由这些地区较强的对流活动引起的，即特殊的气候变化（较强的对流活动）导致不同卫星对这些地区气象要素的观测出现了差异。这些区域性的偏差使得整个空间平均值也出现偏差，即在相关系数、平均偏差等的时间序列图上（图 6.34），4 月 23 日、7 月 13 日、10 月 13 日两种资料的偏差较大。

这种情况也反映在季节变化上。前面的研究发现，暖季（4、7、10 月）相对于冷季（1 月）来说，相关系数较小，偏差较大。这可能与暖季较强的对流活动有关。即特殊的气候变化（夏季较强的对流活动）导致不同卫星对气象要素的观测出现了季节性差异。

同时由于 FY-3A 为上午星，NOAA-18 为下午星，过境时间存在一定的差异，这可能对二者的检验结果带来一定的差异。因为上午星和下午星扫描的地表温度在有些日照条件好的晴朗天气中相差甚大,午后热力作用可使 OLR 增加,因此在个别日数会使两种资料偏差较大。

6.6.4 结论

为满足业务和科研工作高精度、时空一致性的需求,对卫星产品进行检验是非常必要的,射出长波辐射(OLR)在天气和气候研究中起着重要的作用,它与其他产品一样由于仪器和观测方面的原因会存在一些误差,并且国内对 FY-3A/VIRR/OLR 的检验工作很少,因此对其进行检验就显得尤为重要。

针对 FY-3A/VIRR 与 NOAA-18/AVHRR/OLR 日平均产品,使用相关系数、平均偏差、相对误差等时间序列和空间分布以及散点图检验方法,对两种资料进行了比较检验。

对于大部分时段和区域,FY-3A/VIRR 与 NOAA-18/AVHRR/OLR 日平均产品相关度较高、偏差较小,但有个别数据对比差异较大。发现新疆天山山区和青藏高原以及热带海洋地区差异较大,可能与这些地区较强的对流活动有关,导致两种资料出现了差异。冷季(1 月)误差相对较小,而暖季(4、7、10 月)误差相对较大,这与暖季较强的对流活动有关,夏季较强的对流活动导致两种资料出现了较大的差异。此外,由于 FY-3A 为上午星,NOAA-18 为下午星,过境时间存在一定的差异,也给两种资料的检验结果带来一定的差异。

6.7 基于四分量辐射平衡观测的光合有效吸收比检验

6.7.1 引言

以中国科学院千烟洲试验站为研究区,基于四分量式冠层辐射观测,完成了陆表遥感产品 FPAR 的真实性检验试验。

6.7.2 研究区概况

千烟洲试验站始建于 1982 年,位于江西省泰和县境内,26°44′N,115°04′E,属典型中亚热带红壤丘陵区。现为中国科学院生态系统研究网络(CERN)的基站之一。该地是典型的红壤区,成土母质多为红色砂岩、砂砾岩或泥岩,以及河流冲积物。该地主要的土壤类型有红壤、水稻土、潮土、草甸土等,具有典型亚热带季风气候特征,植被属中亚热带常绿阔叶林带,但原始植被已破坏殆尽,现主要为人工林或草、灌丛次生植被。

6.7.3 数据与方法

为获取地面观测的光合有效辐射比(FPAR),设计了四分量式冠层辐射观测系统。观测设计见图 6.37。基于森林冠层内外的上下行光合有效辐射(PAR)观测,可以计算冠层的光合有效吸收比。数据采样间隔为 1 次/1 min。观测数据时间范围为 2009 年 12 月至 2010 年 9 月,分析参考了同期的气象观测数据。卫星产品数据源为 MOD15A2/FPAR。

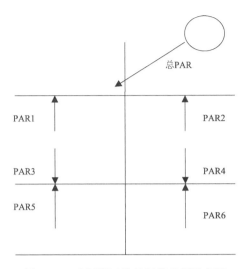

图 6.37　千烟洲四分量辐射观测示意图

6.7.4　结果分析

　　分析发现,千烟洲地区 MOD15A2/FPAR 具有明显的季节变化规律,冬、春两季在 0.35~0.55,夏、秋两季多在 0.6~0.9。基于地面四分量辐射观测系统计算的 FPAR,最高可达 0.90,夏秋两季多在 0.8~0.9。MOD15A2/FPAR 比地面观测 FPAR 平均低 5%~10% 以上,说明由于地表植被的空间镶嵌,导致 FPAR 遥感产品比地面站点观测 FPAR 偏低。可以初步判断,在千烟洲地区,由于丘陵地貌和植被与非植被的镶嵌,MOD15A2/FPAR 比地面观测 FPAR 平均低 5%~10% 以上。

　　(1)地面观测 FPAR

　　利用自行设计的千烟洲四分量辐射观测系统,获取了 2010—2011 年的森林冠层内外光合有效辐射观测数据,观测频次为 1 次/10 min,计算得到光合有效辐射吸收比 FPAR。图 6.38 显示,晴空条件下森林冠层 FPAR 大多在 0.8~0.9。日出后,随太阳高度角升高,FPAR 迅速升高至 0.7~0.8 以上。下午 17:00 以后,随太阳高度角快速下降,FPAR 迅速降低,日落时接近为零。

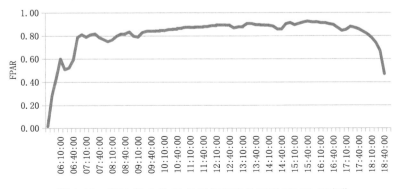

图 6.38　2010 年 5 月 16 日千烟洲森林观测 FPAR 日变化

（2）MODIS/FPAR

取 7×7 和 3×3 像元 MODIS/FPAR 值,分别计算 FPAR 平均值(2010 和 2011 年,每 8 d)。图 6.39 显示,2010—2011 年(每 8 d)卫星观测的 49 像元和 9 像元平均的 FPAR 值变化趋势基本一致,1—3 月较小,约为 50%,4—12 月较大,约为 70%。

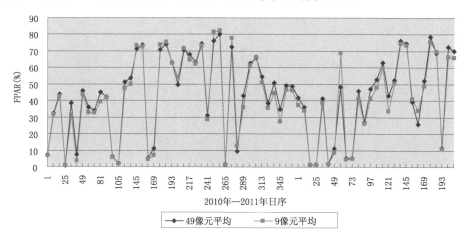

图 6.39　2010—2011 年千烟洲 MODIS/FPAR 变化

（3）MODIS/FPAR 与地面观测 FPAR 比较

MODIS/FPAR 与地面观测 FPAR 时序变化显示(图 6.41),除个别时段外,二者的变化趋势基本一致。图 6.40 散点图表明二者具有较好的一致性。

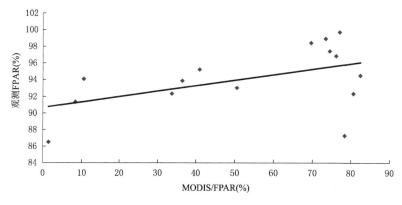

图 6.40　MODIS/FPAR 与观测 FPAR 散点图

6.8　遥感产品真实性检验观测数据收集与处理系统(CPOD)

6.8.1　系统概述

基于真实性检验常见野外观测系统和观测数据,遥感产品真实性检验数据收集处理系统 (Collecting and Processing System for Observing Data,CPOD)实现了的观测数据的汇集、处理与管理。针对 ASD 光谱仪、CMP11 反照率表、EC-TM 土壤温湿度测量系统、LI2000 冠层分析仪、LI6400 光合仪、PAR 观测系统等 6 种观测仪器,系统实现了文本数据导出、属性入库查询管理、数据分析与可视化等基本功能,并支持行计算、列计算、反射率校正等功能。系统具有以不同时间尺度对数据进行处理和分析的能力,有较强的数据合并、拆分功能。

6.8.2　系统组成

CPOD 包括系统管理、数据管理、数据显示、数据处理、产品输出、帮助等软件模块。系统功能组成与业务流程见图 6.41、图 6.42,系统界面见图 6.43。主要功能模块如下。

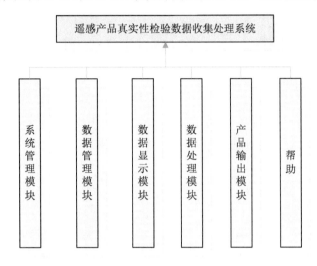

图 6.41　系统功能组成

(1)系统管理

系统管理模块负责用户界面控制和各模块间调度与通信,并协调各模块之间的接口关系。

(2)数据管理

数据管理模块负责数据访问、数据入库、数据更新、数据编辑和数据查询。

(3)数据显示

数据显示模块主要是提供辅助数据值显示和曲线图查功能。

(4)数据处理

基本数据处理分析,包括数据头文件信息读取、合法值判识、数据格式转换、行计算、列计算、文件合并/拆分等。

(5)产品输出

对数据可视化的专题图、处理产生的数据、数据库中数据导出。

(6)帮助

包括帮助文档和关于两部分。

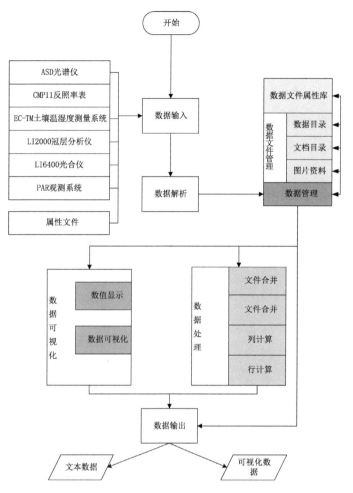

图 6.42　系统业务流程

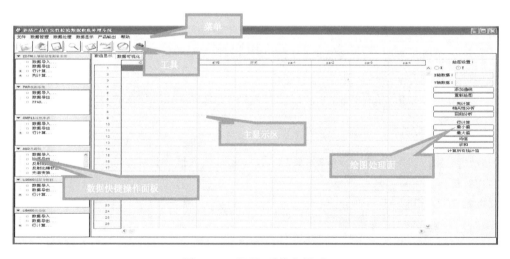

图 6.43　CPOD 系统主界面

6.8.3 观测数据处理

系统可以实现多种观测要素的处理,观测要素见表 6.2。涉及观测数据包括:
(1)ASD 光谱仪,光谱数据;
(2)CMP11 反照率表,反照率数据;
(3)EC-TM 土壤温湿度测量系统,土壤温湿度数据;
(4)LI2000 冠层分析仪,叶面积指数数据;
(5)LI6400 光合作用分析系统,CO_2 数据;
(6)PAR 观测系统,PAR、FPAR 数据。

6.8.4 观测数据管理

CPOD 具备常见地面观测数据的管理功能。包括数据入库、数据查询检索等。数据入库界面见图 6.44。

图 6.44 CPOD 数据属性入库界面

6.9 陆表产品真实性检验数据处理系统(RS-Val)

6.9.1 系统概述

陆表产品真实性检验数据处理软件(RS-Val)建立了软件化的陆表遥感产品真实性检验的方法和功能,包括被检验产品和检验源数据获取、数据处理、产品检验与分析、检验结果综合显示等功能,实现对定量遥感产品的反演精度(Precision)进行检验及检验结果可视化显示的软件功能目标。

检验的对象是卫星定量产品,检验的内容是产品反演精确度(Accuracy & Precision),通过利用其他来源的观测或反演数据的比较,或者反演结果本身的统计分析指标,来检验反演结果与真值间的误差。检验内容包括定量产品反演结果的值域分布、均值、绝对偏差、相对偏差、RMSE、值域范围等。本系统主要针对 FY-3A 陆表遥感产品(以陆表温度 LST 和归一化植被指数 NDVI 为例)和 TERRA/MODIS 的光合有效辐射比率 FPAR 产品设计,具备针对其他产品进行检验的系统扩展性。

6.9.2 系统组成

"陆表遥感产品真实性检验数据处理系统"目标是针对陆表定量遥感产品反演结果精度进行检验的软件系统。通过地面观测资料比对,同类卫星产品比对和固定特征目标跟踪分析等方式对遥感产品的值域分布范围、时间动态特征、偏差范围等指标进行定量分析,得到实现对产品反演精度定量评价结果。系统主要组成如下(图 6.45)。

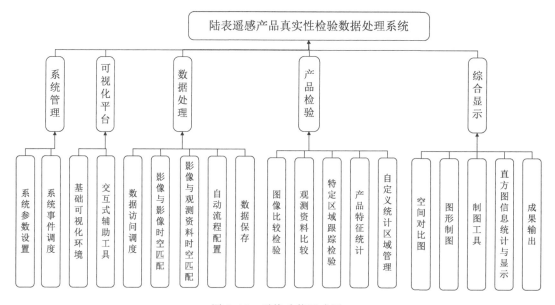

图 6.45　系统功能组成图

（1）系统管理模块

系统管理负责系统常用参数的设置和事件调度。包括系统参数设置、系统事件调度。

（2）可视化平台模块

可视化平台提供数据可视化功能，包括基础可视化环境和交互式负责工具。

（3）数据处理模块

数据处理提供产品检验前的数据准备。提供数据访问、数据保存、数据裁剪、投影转换、数据拼接、格式转换、空间重采样、数据组合、自动化流程配置等功能。主要是针对 FY-3A/VIRR 和 TERRA/MODIS 数据产品检验前的自动处理。支持 HDF4、HDF5、TIFF、ENVI 标准格式、PIX、IMG 等格式。

（4）产品检验模块

针对 FY-3A 的 LST、NDVI 数据与 MODIS 和敦煌、锡林浩特观测数据进行比较检验，MODIS 的 FPAR 数据与千烟洲观测数据进行比较检验。包括异源同参影像进行比较检验、观测数据比较检验、固定区域跟踪检验、产品特征统计、区域管理工具。

（5）综合显示模块

提供检验数据显示。包括空间对比、图形制图、制图工具、直方图信息统计与显示等。

6.9.3 产品可视化对比

系统提供左右窗口直观的对比分析检验数据，并提供数据信息框和统计直方图工具、探针工具、影像直方图以及统计信息显示等，以及提供鼠标当前位置的文件坐标、数据值、地理坐标等信息。产品可视化对比与统计直方图界面见图 6.46、图 6.47。

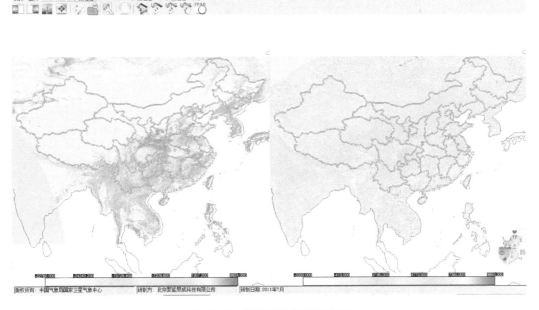

图 6.46 产品可视化对比界面

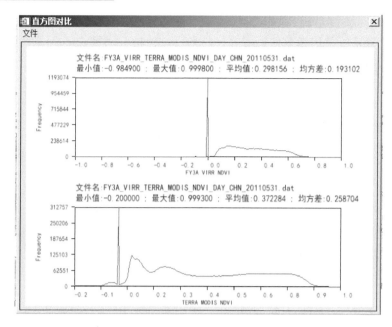

图 6.47　统计直方图

6.9.4　陆表温度产品检验

（1）预处理

系统需要对数据进行批量的预处理工作，设计数据解析、检验、拼接、转投影、转格式、插值、裁剪、输出、提取、时间匹配、空间匹配等步骤，计算量大，耗时长。系统提供日志管理工具，在对数据进行预处理时，用户可以直观地查看系统运算状态和进度。系统日志界面见图 6.48。

图 6.48　系统日志界面

（2）空间特征统计

在预处理后获得同参的匹配数据集后，可以进行空间特征统计。支持单个和匹配的处理。空间特征统计界面见图6.49。

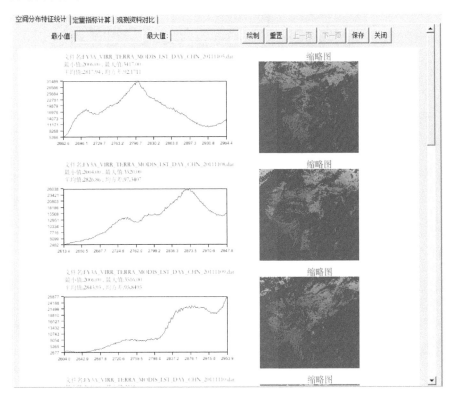

图6.49　空间特征统计界面

（3）定量指标计算

定量指标计算包括产品散点图、产品空间分布对比、时序标准差曲线、时序均值对比曲线、时序最大值对比曲线、时序最小值对比曲线、时序定量指标曲线图、时序空间对比图。定量指标计算界面见图6.50。

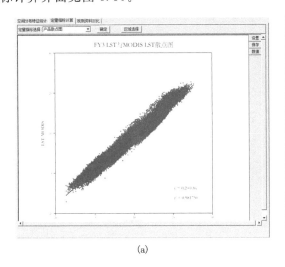

（a）

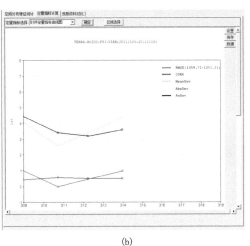

（b）

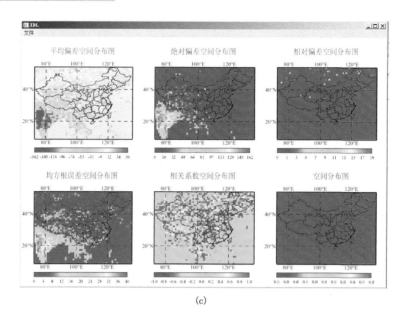

(c)

图 6.50   定量指标计算

（4）观测资料对比

RS-Val 系统支持基于地面观测数据的卫星产品检验。检验前，需要先对被检验产品（卫星产品）与检验数据（地面观测）进行时空匹配。数据匹配界面见图 6.51。匹配完成后自动加载到匹配数据集中，可以进行曲线图绘制和相关散点图绘制。观测资料对比折线图、散点图见图 6.52、图 6.53。

图 6.51   数据匹配界面

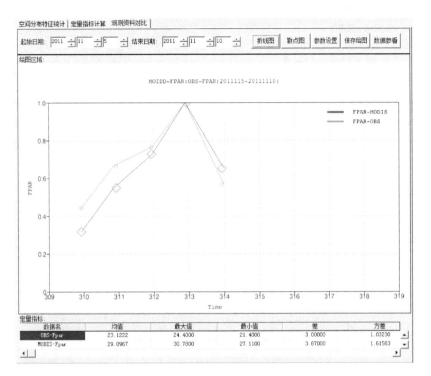

图 6.52　观测资料对比折线图

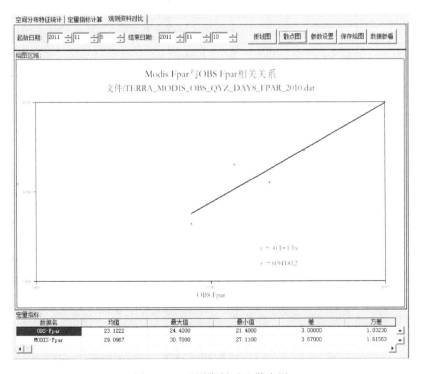

图 6.53　观测资料对比散点图

6.9.5 植被指数产品检验

植被指数产品检验功能与陆表产品检验功能基本相同,包括产品图像对比、空间特征统计、定量指标计算、观测资料对比等。由于不同指标的地面观测资料格式不同,系统提供了针对性的数据解析与处理功能。植被指数地面观测数据来源于地物光谱仪观测,在连续谱反射率的基础上,换算为相应待检验卫星通道平的反射率,进而计算为基于地面观测的植被指数,用于卫星观测植被指数检验。植被指数空间特征统计与定量指标计算界面见图 6.54、图 6.55。

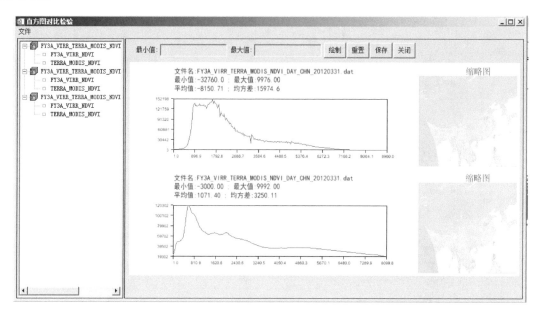

图 6.54　FY-3A/VIRR/NDVI 产品空间特征统计

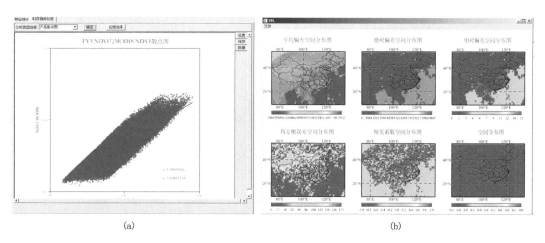

(a)　　　　　　　　　　　　　　(b)

图 6.55　FY-3A/VIRR/NDVI 产品定量指标计算

（1）空间特征统计

同 LST 检验相同。

（2）定量指标计算

同 LST 检验，定量指标计算包括产品散点图、产品空间分布对比、时序标准差曲线、时序均值对比曲线、时序最大值对比曲线、时序最小值对比曲线、时序定量指标曲线图、时序空间对比图。

6.9.6　光合有效辐射吸收比产品检验

光合有效辐射吸收比产品检验功能同其他产品检验功能类似。包括产品图像对比、空间特征统计、定量指标计算、观测资料对比等。针对 FY-3A 暂未提供 FPAR 产品的情况，系统支持基于植被指数的 FPAR 计算。同时，系统实现了基于地面观测辐射四分量的 FPAR 计算。在此基础上，完成卫星 FPAR 与地面观测 FPAR 的对比检验。图 6.56、图 6.57 为系统观测资料对比界面与观测资料处理界面。

（1）光合有效辐射吸收比（FPAR）产品检验

光合有效辐射吸收比（FPAR）产品检验采用 MODIS/FPAR 8 天产品与地面观测计算得到的 FPAR 进行对比分析。包括 MODIS/FPAR 数据区域均值、观测站点 FPAR 数据计算、时空匹配等预处理，散点图、曲线图绘制、参数设置等（图 6.56）。

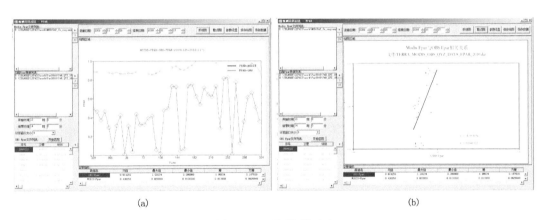

（a）　　　　　　　　　　　　　　　　　　（b）

图 6.56　观测资料对比

（2）FPAR 观测数据处理工具

FPAR 观测数据处理工具是用来计算观测的 FPAR 数据，通过对不同数据段数据选择或者对不同高度角数据选择来分析 FPAR 数据分布规律（图 6.57）。

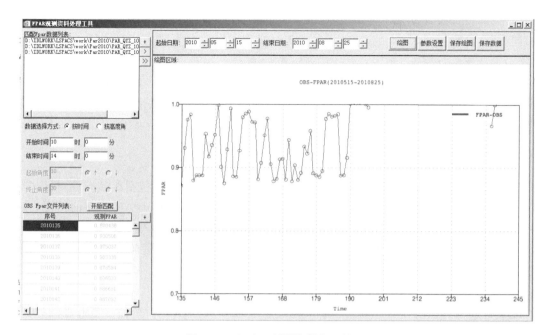

图 6.57　FPAR 观测数据处理界面

参考文献

毕研盟，杨忠东，李元，2011. 应用全球定位系统、太阳光度计和探空仪探测大气水汽总量的对比分析[J]. 气象学报，69(3)：528-533.

董双林，崔宏光，1992. 饱和水汽压计算公式的分析比较及经验公式的改进[J].应用气象学，4：501-508.

胡菊旸，唐世浩，董立新，等，2013,我国西北沙源区地表热红外发射率特征分析[J].红外与毫米波学报，32(6)：550-554.

胡秀清，张星阳，郑照军，等，2010.FY-3A中分辨率光谱成像仪热红外通道的多探元辐射校正[J].光学精密工程，18(9)：1972-1980.

黄嘉佑，2004.气象统计分析与预报方法.北京：气象出版社.

李元，戎志国，郑照军，等，2009b. FY-3A扫描辐射计的可见近红外通道在轨场地校正[J]. 光学精密工程，17(12)：2966-2974.

李元，张勇，刘京晶，等，2009a. 风云二号静止气象卫星可见光通道辐射校正场校正方法研究[J]. 光学学报，29(1)：41-46.

闵敏，张勇，胡秀清，等，2012. FY-3A中分辨率光谱成像仪红外通道辐射校正的场地评估[J]. 红外与激光工程，08：1995-2001.

孙凌，郭茂华，徐娜，等，2012. 基于敦煌场地校正的FY-3 MERSI反射太阳通道在轨响应变化分析[J]. 光谱学与光谱分析，32(7)：1869-1877.

王猛，李贵才，王军邦，2011. 典型草原通量贡献区生物量和叶面积指数的时空变异[J]. 应用生态学报，22(3)：637-643.

王园香，李贵才，戎志国，等，2013. NOAA18/AVHRR与FY-3A/VIRR的OLR产品一致性和差异性分析[J].遥感学报，17(5)：1311-1323.

王圆圆，李贵才，闵文彬，等，2014.利用遥感估算区域气温评价站点代表性——以藏东南林芝站点为例[J].气象，40(3)：373-380.

王圆圆，李贵才，张艳，2011a.利用MODIS/LST产品分析基准气候站环境代表性[J].应用气象学报，22(2)：214-220.

王圆圆，王猛，李贵才，等，2011b.基于野外观测和TM数据的锡林浩特典型草原MODIS/LAI产品验证[J].草业学报，20(4)：252-260.

徐娜，胡秀清，陈林，等，2014. FY-3A/MERSI热红外通道在轨辐射校正精度评估[J].光谱学与光谱分析，34(12)：3429-3434.

张立军，2011. 基于循环采样统计的敦煌辐射校正场表面反射比空间变异特征研究[J].铀矿地质，27(5)：316-320.

张勇，李元，戎志国，等，2009a. 利用大洋浮标数据和NCEP再分析资料对FY-2C红外分裂窗通道的绝对辐射校正[J]. 红外与毫米波学报，03：188-193.

张勇，李元，戎志国，等，2009b.中国遥感卫星辐射校正场陆表热红外发射率光谱野外测量[J].光谱学与光谱分析，29(05)：1213-1217.

张勇，杨虎，郑照军，等，2009c. 锡林浩特草原陆表热红外发射率光谱野外测量[J]. 草业学报，18(5)：31-39.

张勇，祁广利，戎志国，2015.卫星红外遥感器辐射校正模型与方法[M].北京:科学出版社.

张勇，戎志国，闵敏，2016.中国遥感卫星辐射校正场热红外通道在轨场地辐射校正方法精度评估[J].地球科学进展,31(2):171-179.

张玉香,2002. FY-1C 遥感器可见—近红外各通道在轨辐射校正[J]. 气象学报,60(6):740-747.

Barnes W, Xiong X, Eplee R, et al, 2006. Use of the Moon for calibration and characterization of MODIS, SeaWiFS, and VIIRS, in Earth Science Satellite Remote Sensing, Vol. 2: Data, Computational Processing, and Tools (Qu J J, Gao W, Kafatos M, et al. Ed.)[M]. New York: Springer, 98-119.

Biggar S F, 1990. In-flight methods for satellite sensor absolute radiometric calibration: [Thesis]. Tucson: Arizona University.

Biggar S F, Slater P N, Gellman D, 1994. Uncertainties in the in-Flight calibration of sensors with reference to measured ground sites in the 0. 4 to 1. 1 μm range[J]. Remote Sensing of Environment, 48(2): 245-252.

Biggar S F, Thome K J, Wisniewski W, 2003. Vicarious radiometric calibration of EO-1 sensors by reference to high-reflectance ground targets[J]. IEEE Trans Geosci Remote Sensing, 41(6):1174-1179.

Boucher Y, Françoise V, Andrew D, et al, 2011. Spectral reflectance measurement methodologies for tuz golu field campaign[J]. IGARSS, 2011:3875-3878.

Cao C, Vermote E, Xiong X, 2009. Using AVHRR lunar observations for NDVI long-term climate change detection[J]. J Geophys Res, 114(D20): D20105.

Chen L, Hu X, Xu N, et al, 2013. The application of deep convective clouds in the calibration and response monitoring of the reflective solar bands of FY-3A MERSI(Medium Resolution Spectral Imager)[J]. Remote Sensing, 5(12):6958-6975.

Clinger W, Van N J. 1976. On Unequally Spaced Time Points in Time Series. Annals of Statistics, 4(4):736-745.

Doelling D R, Hong G, Morstad D, et al. 2010. The characterization of deep convective cloud albedo as a calibration target using MODIS reflectances[J]. Proc. SPIE Vol 7862: 78620I.

Drummond J, 1956. On the measurements of sky radiation[J]. Arch Meteorol Geophys Bioklimatol, 7: 413-436.

Duffie J A, Beckman W A, 1980. Solar engineering of thermal process[M]. New York: John Wiley and Sons.

Fernandes R, Plummer S, Nightingale J, et al, 2014. A global leaf area index product validation good practices. Version 2. 0. //Schaepman-StrubG, Román M, Nickeson J. Best practice for satellite-derived land product validation[J]. Land Product Validation Subgroup (WGCV/CEOS), 76.

Frouin R J, Simpson J J, 1995. Radiometric calibration of GOES-7 VISSR solar channels during the GOES pathfinder benchmark period[J]. Remote Sensing of Environment, 52(2): 95-115.

Govaerts Y M, Clerici M, Clerbaux N, 2004. Operational calibration of the Meteosat radiometer VIS band. IEEE Trans[J]. Geosci. Remote Sensing, 42(9): 1900-1914.

Gueymard C, 1987. An anisotropic solar irradiance model for titled surfaces and its comparison with selected engineering algorithms[J]. Solar Energy, 38: 367-386.

Guillevic P, Göttsche F, Nickeson J, et al, 2018. Land surface temperature product validation best practice protocol. Version1. 1. 0. //Guillevic P, Göttsche F, Nickeson J, et al. Best practice for satellite-derived Land Product Validation[J]. Land Product Validation Subgroup(WGCV/CEOS), 58.

Hay J E, 1978. Measurement and modeling of shortwave radiation of inclined surfaces[J]. Proceedings of the Third Conference on Atmospheric Radiation. Davis: American Meteorology Society, 150-153.

Heidinger A K, Cao C, Sullivan J T, 2002. Using Moderate Resolution Imaging Spectrometer (MODIS) to calibrate advanced very high resolution radiometer reflectance channels[J]. J Geophys Res, 107(0): AAC-1-AAC-10.

Hooper F C, Brunger A P, 1980. A model for the angular distribution of sky radiance[J]. Journal of Solar Energy Engineering, 102: 196-202.

Hu X Q, 2010. Characterization of CRCS Dunhuang test site and vicarious calibration utilization for Fengyun (FY) series sensors[J]. Canadian Journal of Remote Sensing, 36(5): 566-583.

Hu X, Liu J, Sun L, et al, 2010. Characterization of CRCS Dunhuang test site and vicarious calibration utilization for FengYen(FY) series sensors[J]. Can J Remote Sensing, 36(5): 566-582.

Hu X, Sun L, Liu J, et al, 2012. Calibration for the solar reflective bands of medium resolution spectral imager onboard FY-3A[J]. IEEE Trans. Geosci. Remote Sensing, (12):4915-4928.

Ingram P, M Henry, 2001. Sensitivity of iterative spectrally smooth temperature/emissivity separation to algorithmic assumptions and measurement noise[J]. IEEE Transon Geoscience and Remote Sens, 39(10): 2158-2167.

Kaufman Y J, Holben B N, 1993. Calibration of the AVHRR visible and near-IR bands by atmospheric scattering, ocean glint and desert reflection[J]. Int J Remote Sen, 14(1):21-52.

Kotchenova S Y, Vermote E F, Levy R, et al, 2008. Radiative transfer codes for atmospheric correction and aerosol retrieval: intercomparison study[J]. Applied Optics, 47(13):2215-2226.

Li Y, Zhang Y, Rong Z G, et al, 2010. FY-2D VISSR visible band degradation determined using the Dunhuang monitored calibration site[J]. GSICS Quarterly, 4(2): 1-2.

Li Zhenglong, Li Jun, Li Yue, et al, 2012. Determining diurnal variations of land surface emissivity from geostationary satellites[J]. Journal of Geophysical Research, VOL. 117, D23302.

Liu J, Li Z, Qiao Y, et al, 2004. A new method for cross-calibration of two satellite sensors[J]. Int J Remote Sen, 25(23):5267-5281.

Loeb N G, 1997. In-flight calibration of NOAA AVHRR visible and near-IR bands over Greenland and Antarctica[J]. Int J Remote Sen, 18(3):477-490.

Morisette J T, Baret F, Liang S, 2006. Special issue on global land product validation[J]. IEEE Transactions on Geoscience and Remote Sensing, 44(7): 1695-1697.

Okuyama A, Hashimoto T, Nakayama R, et al, 2009. Geostationary imager visible channel recalibration[J]. Proc. 2009 EUMETSAT Meteorological Satellite Conference(CD), ISBN 978-92-9110-086-6.

Özen H, Fox N, Gürbüz S Z, et al, 2012. Preliminary results of the comparison of satellite imagers using tuz gölü as a reference standard[J]. ISPRS, XXXIX-B1: 145-148.

Prasad C R, Inamdar A K, et al, 1987. Computation of diffuse solar radiation[J]. Solar Energy, 39: 521-532.

Rao C R N, Chen J, 1999. Revised post-launch calibration of the visible and near-infrared channels of the Advanced Very High Resolution Radiometer (AVHRR) on the NOAA-14 spacecraft[J]. Int J Remote Sen, 20(18):3845-3491.

Robertson J D, 1963. The occurrence of a subunit pattern in the unit membranes of club endings in mauthner cell synapses in goldfish brains. The Journal of Cell Biology, 19: 201-221.

Siala F M F, Hoopper F C, 1990. A model for the directional distribution of the diffuse sky radiance with an application to a CPC collector[J]. Soolar Energy, 44: 291-296.

Slater P N, Biggar S F, 1995. Vicarious radiometric calibration of EOS sensors[J]. Journal of atmospheric and Oceanic Technology, 13(2): 349-359.

Sohn B J, Ham S H, Yang P, 2009. Possibility of the visible-channel calibration using deep convective clouds overshooting the TTL[J]. J Appl Meteor Climatol, 48: 2271-2283.

Sonntag D, et al, 1975. Effektivpyranographen mit galvanisch erzeugter Thermosäule und ihre Erprobung in

Berlin, Potsdam, Stockholm, Leningrad und Bergen[J]. Rapport Institut meteor. 15(115): 80.

Sun L, Hu X, Chen L, 2012a. Long-term calibration monitoring of medium resolution spectral imager (MERSI) solar bands onboard FY-3[J]. Proc. SPIE Vol. 8528: 852808.

Sun L, Hu X, Guo M, et al, 2012b. Multi-site calibration tracking for FY-3A MERSI solar bands[J]. IEEE Trans Geosci Remote Sensing, 50(12):4929-4942.

Sun L, Hu X, Guo M, et al, 2013. Post-launch calibration tracking for FY-3B MERSI solar bands[J]. IEEE Trans. Geosci. Remote Sensing, 51(3):1383-1392.

Tanhk W R, Coakley J A, 2001a. Updated calibration coefficients for NOAA-14 AVHRR channels 1 and 2. Int J Remote Sen, 22(15): 3053-3057.

Tanhk W R, Coakley J A, 2001b. Improved calibration coefficients for NOAA-14 AVHRR visible and near-infrared channels[J]. Int J Remote Sen, 22(7): 269-1283.

Tanhk W R, Coakley J A, 2002. Improved calibration coefficients for NOAA-12 and NOAA-15 AVHRR visible and near-IR Channels[J]. Journal of Atmospheric and Oceanic Technology, 19(11):1826-1833.

Tanre D, Deroo C, Duhaut P, et al, 1990. Description of a computer code to simulate the satellite signal in the solar spectrum the 5s code. International Journal of Remote Sensing, 11: 659-668.

Vermote E F, Tanré D, Deuzé J L, et al. 1997. Second simulation of the satellite signal in the solar spectrum, 6S: An Overview[J]. IEEE Transactions on Geoscience and Remote Sensing, 35(3): 675-686.

Wang Z, Schaaf C, Lattanzio A, et al, 2019. Global surface albedo product validation best practices protocol [C]. Version 1.0. //Wang Z, Nickeson J, Román M. Best Practice for Satellite Derived Land Product Validation. Land Product Validation Subgroup (WGCV/CEOS), 45.

Wu X, Sullivan J T, Heidinger A K, 2010. Operational calibration of the advanced very high resolution radiometer (AVHRR) visible and near-infrared channels[J]. Can J Remote Sensing, 36(5): 602-616.

Xu N, Chen L, Hu X Q, et al, 2014a. Assessment and correction of on-orbit radiometric calibration for FY-3 VIRR thermal infrared channels. Remote Sensing, 6(4), 2884-2897.

Xu N, Chen L, Hu X Q, et al, 2014b. In-flight intercalibration of FY-3C visible channels with AQUA MODIS. SPIE, 9264.

Yang Z, Lu N, Shi J, et al, 2012. Overview of FY-3 payload and ground application system[J]. IEEE Trans Geosci Remote Sensing, 50(12):4846-4853.

Zhang Taiping, Stackhouse Paul W, Cox Stephen J, et al, 2019. Clear-sky shortwave downward flux at the Earth's surface: Ground-based data vs. satellite-based data[J]. Journal of Quantitative Spectroscopy and Radiative Transfer, 224: 247-260.

Zhang Y X, Qiu K M, Hu X Q, et al, 2004. Vicarious radiometric calibration of satellite FY-1D sensors at visible and near infrared channels[J]. Journal of Meteorological Research, 18(4): 505-516.

Zhang Y X, Zhang G S, 2001. Spectral reflectance measurements at the China radiometric calibration test site for the remote sensing satellite sensor. Journal of Meteorological Research, 15(3): 377-382.

Zhang Y, Z Li, J Li, 2014. Comparisons of emissivity observations from satellites and the ground at the CRCS Dunhuang Gobi site[J]. J Geophys Res Atmos, 119: 13026-13041.